U0168286

“十四五”时期国家重点出版物出版专项规划项目

碳中和交通出版工程 · 氢能燃料电池动力系统系列

氢燃料电池多物理过程建模与仿真

屈治国　王　宁　张国宾　胡宝宝　涂正凯
王文凯　朱跃强　赖　涛　杨海涛　编著

以氢气为燃料的质子交换膜燃料电池在交通运输、分布式能源等领域具有巨大应用潜力，其内能量转换和热质传输现象是一个典型的多尺度、多相流、多维度的电化学与热物理耦合过程。本书首先介绍了质子交换膜燃料电池基本原理和相关的热力学与电化学基础知识；其次系统介绍了燃料电池涉及的膜电极、单电池、电堆和系统多个尺度层面的“气 - 水 - 热 - 电”输运过程的模拟仿真方法，并对膜电极衰减过程建模仿真方法进行了探讨；最后给出了一种电热氢联供系统的建模仿真方法。

本书适合从事质子交换膜燃料电池热质传输过程建模仿真技术研究、产品开发等相关学者和工程设计人员阅读使用，还可作为高年级本科生和研究生课程参考教材，供能源动力、储能、化工等相关学科的教师和学生使用。

图书在版编目（CIP）数据

氢燃料电池多物理过程建模与仿真 / 屈治国等编著 . —北京：机械工业出版社，2023.10

碳中和交通出版工程 . 氢能燃料电池动力系统系列

国家出版基金项目“十四五”时期国家重点出版物出版专项规划项目

ISBN 978-7-111-74283-8

Ⅰ . ①氢…　Ⅱ . ①屈…　Ⅲ . ①氢能 – 燃料电池 – 系统建模 – 研究 ②氢能 – 燃料电池 – 系统仿真 – 研究　Ⅳ . ① TM911.4

中国国家版本馆 CIP 数据核字（2023）第 223403 号

机械工业出版社（北京市百万庄大街 22 号　邮政编码 100037）

策划编辑：王　婕　　　　责任编辑：王　婕　何士娟

责任校对：樊钟英　张　薇　　责任印制：常天培

北京铭成印刷有限公司印刷

2024 年 1 月第 1 版第 1 次印刷

180mm × 250mm ・23.25 印张・2 插页・440 千字

标准书号：ISBN 978-7-111-74283-8

定价：199.00 元

电话服务　　　　　　　　网络服务

客服电话：010-88361066　机　工　官　网：www.cmpbook.com

010-88379833　机　工　官　博：weibo.com/cmp1952

010-68326294　金　书　网：www.golden-book.com

　机工教育服务网：www.cmpedu.com

丛书编委会

丛书序

PREFACE

2022 年 1 月，国家发展改革委印发《“十四五”新型储能发展实施方案》，其中指出到 2025 年，氢储能等长时间尺度储能技术要取得突破；开展氢（氨）储能关键核心技术、装备和集成优化设计研究。2022 年 3 月，国家发展改革委、国家能源局联合印发《氢能产业发展中长期规划（2021—2035 年）》，明确了氢的能源属性，是未来国家能源体系的组成部分，充分发挥氢能清洁低碳特点，推动交通、工业等用能终端和高耗能、高排放行业绿色低碳转型。同时，明确氢能是战略性新兴产业的重点方向，是构建绿色低碳产业体系、打造产业转型升级的新增长点。

当前我国担负碳达峰、碳中和等迫切的战略任务，交通领域的低排放乃至零排放成为实现碳中和目标的重要突破口。氢能燃料电池已经体现出了在下一代交通工具动力系统中取代传统能源动力的巨大潜力，发展氢能燃料电池必将成为我国交通强国和制造强国建设的必要支撑，是构建清洁低碳、安全高效的现代交通体系的关键一环，也是加快我国技术创新和带动全产业链高质量发展的必然选择。

本丛书共 5 个分册，全面介绍了质子交换膜燃料电池和固体氧化物燃料电池动力系统的原理和工作机制，系统总结了其设计、制造、测试和运行过程中的关键问题，深入探索了其动态控制、寿命衰减过程和优化方法，对于发展安全高效、低成本、长寿命的燃料电池动力系统具有重要意义。

本丛书系统总结了近几年“新能源汽车”重点专项中关于燃料电池动力系统取得的基础理论、关键技术和装备成果，另外在推广氢能燃料电池研究成果的基础上，助力推进燃料电池利用技术理论、应用和产业发展。随着全球氢能燃料电池的高度关注度和研发力度的提高，氢燃料电池动力系统正逐步走向商业化和市场化，社会迫切需要系统化图书提供知识动力与智慧支持。在碳中和交通面临机遇与挑战的重要时刻，本丛书能够在燃料电池产业快速发展阶段为研发人员提供智力支持，促进氢能利用技术创新，能够为培养更多的人才做出贡献。它也将助力发展“碳中和”的国家战略，为加速在交通领域实现“碳中和”目标提供知识动力，为落实近零排放交通工具的推广应用、促进中国新能源汽车产业的健康持续发展、促进民族汽车工业的发展做出贡献。

丛书编委会

序

PREFACE

以氢气为燃料的质子交换膜燃料电池（氢燃料电池）是一种清洁高效的电化学能源转化装置，是构建清洁低碳安全高效的新型能源体系以实现我国“双碳”目标的重要一环。近年来我国不断加强在氢燃料电池产业的投入力度，并批准建设了多个氢燃料电池汽车示范城市群，但氢燃料电池技术的商业化推广应用仍受限于燃料电池本身的高成本、低功率密度和低寿命等因素的限制。

氢燃料电池工作原理涉及非常复杂的从微观、介观再到宏观的多尺度“气-水-热-电”传输和电化学反应过程，深刻理解氢燃料电池中的多物理过程机理是实现高性能燃料电池设计的关键基础。建模仿真技术是深刻理解燃料电池运行过程机理的必备手段，相比实验测试方法可大幅降低成本，并且非常灵活便捷，目前也已成为各国内外燃料电池企业进行产品开发的必要设计手段。我们西安交大热流科学与工程系自 2003 年开始执行国家基金委关于质子交换膜燃料电池水热管理的第一个重点基金以来，研究氢燃料电池至今已经 20 年了，其间曾执行过国家基金委的多个有关项目，并与国内质子交换膜燃料电池的多个头部企业紧密合作，取得了积极的成果。特别是屈治国教授主持了科技部“十三五”重点研发计划项目“燃料电池堆过程建模仿真、状态及寿命评价方法研究”，带领项目的研究团队在这一方面取得了丰富研究成果。

屈治国教授及其合作者基于已有研究基础完成了《氢燃料电池多物理过程建模与仿真》一书的撰写工作。本书属于“十四五”时期国家重点出版物出版专项规划项目，“碳中和交通出版工程 · 氢能燃料电池动力系统系列”丛书，获得了国家科学技术学术著作出版基金资助，书籍内容符合国家“双碳”目标的发展需求，顺应氢燃料电池推广应用这一发展趋势。本书的特点是理论和综合性强，书中首先对氢燃料电池的相关热力学基础知识做了系统介绍，然后分别从单电池、膜电极、电堆和系统层次对氢燃料电池建模仿真技术进行了详细阐述，特别介绍了膜和催化层相关衰减机理和相应的建模仿真技术，都是当前学界和企业十分关心的问题。本书介绍的燃料电池仿真技术很多都是面向工程设计应用需求进行研究的结果，包含了大量的实验验证和模型标定工作，其中部分模型工作为东方电气（成都）氢燃料电池科技有限公司的燃料电池产品设计开发提供了理论指导。因此本书的出版一定会推动我国氢燃料电池产品正向设计方法的深入研究与开发。

本人非常高兴看到本书在国家出版基金的资助下出版，乐为之序。

陶文铨，西安交通大学教授
中国科学院院士
2023 年 10 月 20 日

前　言

PREFACE

质子交换膜燃料电池作为一种清洁高效的电化学能源转换装置，具有效率高、功率密度大、运行温度低、环境友好和无噪声等优点，被广泛认为是交通运输、固定电站和便携式能源等领域的下一代动力设备。为更好地提升燃料电池的性能，理解并优化其内部多物理场传输过程已经成为其研究领域中的重要方向之一。燃料电池内部复杂的跨尺度“气－水－热－电－力”过程相互耦合，相互制约，合理调控电池内多尺度多相态多物理场传输，进一步实现燃料电池的高性能、低成本和长寿命是目前基础研究和工程应用中共同面临的技术瓶颈和挑战。

攻读博士期间，我在陶文铨院士的指导下开展高效传热与节能技术相关的工作，在强化换热和数值算法领域开展研究。2005 年工作以后，我在陶文铨院士的继续支持下将传热传质过程的数值仿真拓展至燃料电池电化学过程和可再生能源高效利用等多个方面。通过多年的努力和不断的探索，在国家重点研发项目、自然科学基金项目以及企业横向项目的支持下，团队在质子交换膜燃料电池建模与仿真领域的研究工作取得了显著的进展，深入揭示了燃料电池在不同应用场景下的质子 / 电子传导、氧气 / 氢气传输、水热管理、寿命衰减等关键电化学热物理过程，并开发了精确可靠的数学模型和仿真工具。这些成果不仅在学术界受到广泛的认可，也得到了工业界的重视和应用。我将多年来的研究成果、经验和实例进行总结形成了本书，旨在为对燃料电池多物理场建模感兴趣的读者提供参考。

本书第 1 章绪论着重介绍质子交换膜燃料电池的基本原理及发展现状；第 2 章为燃料电池热力学及电化学理论，介绍其内部的反应动力学及电压损失和性能描述方法；第 3 章、第 4 章分别基于宏观性能预测模型、介观孔尺度方法以及微观分子动力学模型等揭示电池内部不同部件下多物理场输运过程及建模方法，涵盖了全电池、质子交换膜、催化层、扩散层等；第 5 章介绍了面向工程的电堆设计方法与仿真建模手段；第 6 章总结了燃料电池系统机理模型，对电堆和系统部件的耦合建模进行归纳；第 7 章讲解了膜和催化层衰减机理及相应的建模仿真方法；第 8 章对电热氢联供系统建模仿真方法进行了详细介绍。

在本书编写过程中，得到了单位、团队、学界与企业同仁的大力支持与帮助。在此特别感谢西安交通大学热流科学与工程教育部重点实验室、陕西省氢燃料电池性能提升协同创新中心的全体师生，他们对书稿内容的完善和修正提供了有益的帮助，感谢华中科技大学的涂正凯教授重点对本书第 8 章电热氢联供系统建模仿真所做的贡献，感谢东方电气（成都）氢燃料电池科技有限公司提供的产品实物照片。此书得到国家出版基金的资助并在机械工业出版社出版，在此一并表示感谢。

编者水平有限，书中错误与不足之处在所难免，敬请读者批评指正。

屈治国

目 录

CONTENTS

绪　论

1.1 发展燃料电池的重大需求

1.1.1 氢能在可再生能源体系中的重要作用

当前以煤炭、石油和天然气为代表的化石能源在人类社会的能源体系中仍占据绝对主导地位，化石能源的过度使用引起的大量二氧化碳排放造成了日益严重的“温室效应”。近年来温室效应导致的全球气候变化问题日益显著，如南北极冰川消融、海平面上升、极端天气频发、洪涝和干旱灾害增多等。在过去几年间，包括我国在内的世界各主要国家和地区陆续制定了在21世纪中叶（2050—2060年）前实现“碳中和”目标的路线图。“碳中和”目标的实现必然伴随着以化石能源为主体的社会经济体系转向以可再生能源为主体的新一轮能源革命。

人类的能源利用过程基本是以“减碳加氢”过程为主导。早期人类社会获取能源的主要方式是通过柴薪燃烧，其碳氢原子个数比例约为10∶1；经过以蒸汽机大规模使用为标志的能源革命之后，煤炭开始成为能源利用的主要形式，其碳氢比约为2∶1；当前大规模使用的石油和天然气碳氢比分别约为1∶2和1∶4；而目前逐步推广应用的氢能不含任何碳元素，其最终产物只有水，是一种清洁高效的二次能源。作为能源载体，氢能具有能量密度高（热值为143kJ/g，约为石油的3倍，煤炭的4.5倍）、可储运和应用场景广泛等优势。氢能还可以实现长周期、大规模存储，从而有效弥补电能作为二次能源的不足。目前广泛应用的太阳能、风能等可再生能源受地域、气候、日照等因素的影响波动性很大，将其直接纳入电网体系会引起短时功率不平衡和长时电量不平衡这两大难题，致使“弃风”“弃光”问题严重。利用电解水将绿色的弃电转化为氢气加以存储，再经燃料电池进行发电，可有效解决可再生能源利用过程中严重的“弃风”“弃光”问题，有望成为重要的可再生能源利用形式。氢能与电能的相互转化可以有效促进可再生能源的大规模利用，在未来可再生能源体系中起到能源转换中枢的作用。

氢气根据氢制备方式的不同可分为灰氢、蓝氢和绿氢。灰氢是指通过煤炭、天然气或石油等化石燃料燃烧产生的氢气，这一过程会伴随二氧化碳等碳排放，目前市面上绝大多数的氢气都属于灰氢；蓝氢是由天然气重整制备而来的，在这一过程中通过碳捕捉技术可捕获二氧化碳，实现低碳制氢；绿氢则是利用太阳能、风能或核能等可再生能源通过电解水制备而来，可真正实现零碳制氢。目前绿氢生产成本仍然很高，尚处于起步阶段。尽管氢能在使用环节是零排放，但目前主流的氢能制备方式尚不能完全做到零碳排放，未来仍需大力发展绿氢，实现氢能利用全过程的零碳排放。2022 年 11 月，我国谢和平院士团队和他指导下的深圳大学 / 四川大学博士生团队在《自然》杂志发表的研究论文开创了海水原位直接电解制氢的全新路径[1]，同时该团队还研制出了全球首套 400L/h 海水原位直接电解制氢设备，并在深圳湾海水中连续运行超过 3200h，实现了从海水中稳定规模化制氢，解决了困扰该领域达半个世纪之久的重大难题，这一技术方案有望实现低成本规模化绿氢生产。

以氢的多领域使用推广为标志，世界经济正在进入一个以“减碳加氢”为主导实现“双碳”目标的时代，同时也将迎来新一轮的能源革命。我国在“十四五”规划中着重加大了氢能产业的整体布局和制氢、储氢、输氢、加氢、用氢等全产业链关键技术研发。2021 年 10 月 24 日，《中共中央 国务院关于完整准确全面贯彻新发展理念做好碳达峰碳中和工作的意见》发布，氢能也被上升至国家层面的战略能源地位，将在“双碳”目标的实现过程中发挥重要作用。2022 年，国家发展改革委、国家能源局联合印发的《氢能产业发展中长期规划（2021—2035 年）》首次明确了氢的能源属性，是未来国家能源体系的组成部分。

1.1.2 燃料电池的发展历程

燃料电池（Fuel Cell，FC）是氢能利用过程中的一种非常重要的电化学反应装置，其基本工作原理是通过电化学反应将燃料和氧化剂中的化学能直接转化为电能，被认为是继水力发电、热能发电和原子能发电之后的第 4 种发电技术，曾被美国《时代》杂志列为 21 世纪改变人类生活的十大新科技。燃料电池的能量转化过程与目前广泛应用的热机（如内燃机）有本质区别。传统热机是将反应物中的化学能首先通过燃烧等化学反应转化为热能，然后再转化为机械能，热机最大能量转化效率受卡诺循环限制。而燃料电池能量转化过程不受卡诺循环限制，其实际工作效率通常可达 50% 以上，一般要高于传统热机。虽被称为“电池”，但燃料电池与铅酸电池和锂电池等二次电池显著不同，后者是能量存储装置，反应物（燃料和氧化剂）存储在电池内部，其所提供的最大能量和一次供电时间取决于其存储的反应物量，而燃料电池是一种发电装置，燃料和氧化剂由外部进行供给，如果能持续供给燃料和氧化剂且持续排出生成物，理论上燃料电池就可持续发电，但是在实际应用过程中可靠性和寿命等因素会限制燃料电池的实际工作时间。

燃料电池技术至今已有180余年发展历史。1839年，英国法官和科学家威廉·罗伯特·格罗夫爵士（William Robert Grove）第一次对燃料电池原理进行了准确阐释，他用铂作为电极，硫酸溶液作为电解质，氢气和氧气作为反应物，展示了现代意义上的第一个燃料电池。他本人将其称为“气态伏特电池”。1889年，英国化学家蒙德（Ludwig Mond）和兰格（Charles Langer）以铂黑为催化剂，以打孔的铂为电极，同时和浸润了硫酸溶液的吸附材料层压在一起组装出燃料电池，工作电流密度为3.5mA/cm^{2}时的输出电压为0.73V，这与现代燃料电池已经非常接近，同时，这也是“燃料电池（Fuel Cell）”这个名字首次出现。1959年，英国剑桥大学的培根（Francis T. Bacon）教授建造了第一台实用的5kW燃料电池，可为焊接机提供动力，这也是燃料电池首次得到实际应用，同年阿里斯-查莫斯制造有限公司（Allis-Chalmers Manufacturing Co.）也推出了世界上第一辆以燃料电池为动力的农用拖拉机，该燃料电池由1008片单电池组成，功率达到了15kW。20世纪60年代，燃料电池在美国“双子星座”宇宙飞船和阿波罗登月飞船上作为辅助电源得到成功应用，这也是燃料电池技术首次应用于航空领域，其中“双子星座”宇宙飞船上应用的燃料电池系统功率为1kW，铂载量为35mg/cm^2，工作电流密度在0.78V电压下达到了37mA/cm^2。由于铂属于贵金属，成本高昂，高铂载量导致了燃料电池的高成本，因此这一阶段燃料电池研究的主要目标就是在降低铂载量的同时提升电池性能，这一目标放在现在也仍然适用。20世纪80～90年代，美国Ian Raistrick提出了将溶有Nafion物质的溶液涂覆在多孔电极表面干燥后，再将该多孔电极与膜层压在一起的技术，Wilson之后发明了将薄片状电极与膜结合的技术，这两种技术的结合使得燃料电池铂载量得以大幅降低，同时燃料电池性能也得以提升[2]。

在过去180余年的发展历史中，燃料电池技术的发展大致经历了3次研究高峰期，分别是1839—1890年，1950—1960年和1980—1990年。燃料电池技术的突破性进展也基本都是在这3个时期产生的，但是受制于材料成本过高、电池性能和寿命不足、对电池内部热质传输和电化学反应机理认识不足等因素，燃料电池未进入大规模商业化应用阶段。自2014年至今，由于化石能源使用导致的环境污染与温室效应问题日益显著以及“碳中和”战略目标的提出，燃料电池技术再一次获得了广泛关注。以日本丰田公司发布第一代氢燃料电池汽车Mirai（2014年，世界第一款量产燃料电池汽车）为标志，燃料电池研究迎来了第4次研究高峰。除丰田外，日本本田、韩国现代、中国上汽、中国一汽等多家世界知名汽车企业都开始布局燃料电池汽车研发，并推出了自己的燃料电池车型。除交通领域之外，燃料电池在分布式能源、发电站、航空航天、便携式能源、热电联供等多个领域都获得了广泛应用。

我国对燃料电池技术的研究始于20世纪50年代，在“七五”到“十二五”规划期间，我国在燃料电池技术研发方面也取得了较大进展，但与国际领先水平存在明显差距。从“十三五”规划开始，我国逐步加大了燃料电池的研究和推广力度。2016年，中国汽车工程学会发布的《节能与新能源汽车技术路线图》确定了“发展燃料电池汽车技术，开发燃料电池汽车产品是新能源汽车的重要技术路线”。2021年我国批准建设了北京、上海、广东氢燃料电池汽车示范城市群，部署开展燃料电池汽车示范应用工作，截至2022年，又新增了河南、河北两大燃料电池汽车示范城市群。目前我国的燃料电池技术与世界领先水平的差距正日益缩小，相信在不久的将来，我国将在燃料电池领域处于领先地位，并以此为契机改变我国在内燃机等动力装置领域的落后局面，引领新一轮能源革命。

1.2 质子交换膜燃料电池的优势及应用

燃料电池类型多种多样，但工作原理大同小异。本书重点关注的是以氢气为燃料的质子交换膜燃料电池，对于其他类型燃料电池本书将不做介绍。氢氧质子交换膜燃料电池具有无污染、工作温度低、能量密度高、动态响应迅速、运行可靠性强、维护方便等优势。燃料电池作为动力源相比现在广为应用的锂离子电池、铅酸电池等蓄电池在能量密度方面具有显著优势，且加氢时间远低于充电时间。对于蓄电池动力系统来说，增加续航时间绝大多数情况下意味着增加蓄电池装置，而对燃料电池系统来说，则只需要增加储氢容器体积，这一点对于实现装置轻量化具有非常重要的意义，尤其是对续航时间有较高需求时（如无人机等）。锂离子电池在低温环境下的储电容量和寿命都将大幅降低，而燃料电池环境适应能力更强。由于没有运动部件，燃料电池工作过程中的噪声远远小于传统内燃机等动力装置，而且其工作温度较低，热辐射量也很小。目前质子交换膜燃料电池已经在交通运输（包括汽车、飞机、叉车、船舶等）、分布式能源、数据中心供电、边远地区电力供应等多个领域获得了广泛应用。

1.2.1 交通运输领域

交通运输领域是碳排放的主要来源之一，电力化是未来实现交通运输领域低碳排放的重要趋势。在过去几年间，除制定了越来越严苛的车辆排放标准外，部分国家已开始着手推出燃油车禁售时间表。以氢为燃料的质子交换膜燃料电池汽车在续驶里程和加氢时间上完全可以和现有燃油车相媲美。2020 年 10 月，中国汽车工程学会发布了《节能与新能源汽车技术路线图 2.0》，明确将燃料电池汽车作为我国新能源汽车战略的重要组成部分，并提出“到 2025 年，新能源汽车销量占总销量 20% 左右，氢燃料电池汽车保有量达到 10 万辆左右；到 2030 年，新能源汽车销量占总销量的 40% 左右；到 2035 年，新能源汽车成为主流，占总销量 50% 以上，氢燃料电池汽车保有量达到 100 万辆左右”。

日本丰田、日本本田、韩国现代、德国梅赛德斯 - 奔驰、德国宝马、中国上汽、中国一汽等世界知名汽车企业均推出了自己的氢燃料电池车型。日本丰田在 2014 年发布的第一代氢燃料电池汽车 Mirai 的核心电堆功率密度达到了 3.1kW/L（含端板），可实现 −30℃冷启动[3]，2020 年底推出的第二代 Mirai 的核心电堆功率密度提升到了 4.4 kW/L（含端板）[4]。我国在 2022 年也推出了首款量产燃料电池轿车（深蓝 SL03 氢电版），上汽、一汽等国内知名整车企业也都推出了自己的氢燃料电池车型，搭载捷氢启源 P390 燃料电池系统的氢燃料电池公交车已于 2022 年下半年在上海嘉定、金山、奉贤等多条线路实现商业化运营。

质子交换膜燃料电池在船舶领域的应用也获得了广泛关注。欧盟、美国、挪威等国家和地区目前已实施船用燃料电池示范项目。2021 年 1 月，武汉众宇动力系统科技有限公司自主设计开发的 TWZFCSZ 系列船用燃料电池系统拿到中国船级社的权威认证——中国第 1 张船用燃料电池产品型式认可证书。质子交换膜燃料电池在飞行器领域的应用目前主要集中在无人机方面。使用蓄电池往往仅可使无人飞行器持续飞行约 30min，而使用氢燃料电池可以将其续航时间增加到 2h 以上，并且可以在 15min 以内完成氢气加注过程。

1.2.2 分布式能源

分布式能源（Distributed Energy Resources）是分布在用户端的能量综合利用系统，一般功率在数千瓦到 50MW 之间，与集中式供能配合使用时可在电网崩溃和意外灾害（如地震、暴风雪、战争）的情况下维持重要用户供电，保证供电可靠性。相比集中式供能的能源系统，分布式能源系统直接面向用户，布置在用户附近，可以大幅简化能量输送环节，降低输送环节的损耗。分布式能源系统的这一特点很容易实现冷热电联供，即使用单一/多种驱动能源同时产生电能和可用冷/热能，实现能量梯级高效利用。冷热电联供对一次能源的利用率可达80%~90%，大大节省了一次能源。燃料电池分布式能源系统可适用于千瓦至兆瓦级的分布式能源系统，不仅可以作为主电网的补充，在主电网供电出现问题时保证供电（如数据中心供电等），也可以作为主电源为山区、岛屿或偏远地区供电。在燃料电池分布式能源商业化应用方面，日本、美国和欧洲处于世界前列。

1.3 质子交换膜燃料电池工作原理

图1-1所示为质子交换膜燃料电池工作原理，其中质子交换膜是一种由高分子聚合物组成的选择透过性材料，只允许质子通过，电子和气体等物质则不被允许穿过，正是质子交换膜的这一特性将氢燃料和氧化剂分隔在燃料电池两侧，分别称为阳极侧和阴极侧。从外界经流场－气体扩散层－微孔层传输进入阳极侧催化层的氢气在催化剂（一般为铂）作用下分解为质子和电子，该反应称为氢氧化反应[Hydrogen Oxidation Reaction，HOR，见式（1-1）]，其中质子直接穿过质子交换膜进入阴极催化层，电子则由阳极催化层经微孔层－气体扩散层－极板进入外电路而形成电流，然后进入阴极侧，经阴极极板－气体扩散层－微孔层进入阴极催化层。在阴极催化层中，质子、电子和外界经阴极流场－气体扩散层－微孔层传输进入催化层的氧气在催化剂（一般为铂）作用下发生电化学反应生成水，该反应称为氧还原反应[Oxygen Reduction Reaction，ORR，见式（1-2）]。上述过程总反应方程式见式（1-3）。

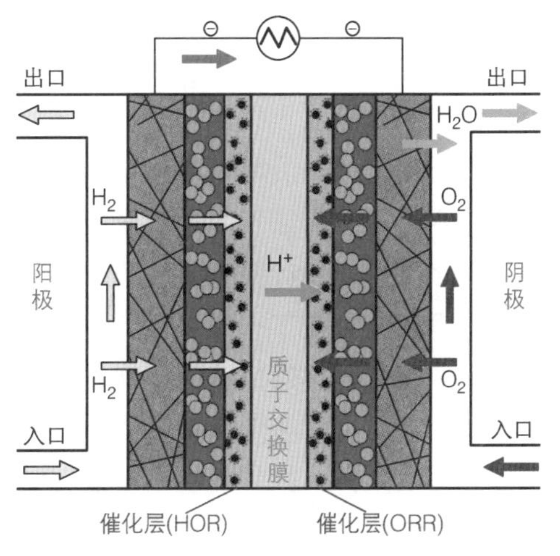

图1-1 质子交换膜燃料电池工作原理

$$阳极：H_2 \to 2H^+ + 2e^- \tag{1-1}$$

$$阴极：\frac{1}{2}O_2 + 2H^+ + 2e^- \to H_2O \tag{1-2}$$

$$全反应：H_2 + \frac{1}{2}O_2 \to H_2O+电能+热能 \tag{1-3}$$

燃料电池中电化学反应是质子交换膜燃料电池工作过程的核心。在质子交换膜燃料电池工作过程中，除电化学反应外还存在反应气体由外界到电池内部及生成物由电池内部向外排出的传质过程。在质子交换膜燃料电池中，阴极侧氧还原反应困难程度远高于阳极侧氢还原反应，所需催化剂的量也相对较高，而且氧气分子量远高于氢气，阴极侧氧气传输过程相比阳极侧氢气传输过程也更为缓慢，因此强化阴极侧热质传输和电化学反应速率在燃料电池优化设计中起到至关重要的作用。受限于现有质子交换膜材料，目前质子交换膜燃料电池工作温度在 60 ~ 95℃之间，一般不超过 100℃ [5]。燃料电池工作时，内部产物水有一部分会以液态水形式存在，气液两相之间存在蒸发、冷凝相变过程，气相则包含氢气、氧气和水蒸气等多个气体组分，当阴极供气为空气时，还包括氮气等气体组分。除水蒸气和液态水外，质子交换膜中还存在“膜态水”这一相态的水，指的是与质子交换膜中磺酸基团以氢键形式进行连接的水。当电池在零下环境启动时（通常称为“冷启动”），电池内部还会存在冰。在燃料电池工作过程中还存在质子和电子的传导过程，其中质子传导仅发生在膜和催化层中，而电子传输则发生在除膜以外的极板、气体扩散层、微孔层和催化层等部件中。上述物理过程往往也伴随着热量的产生与吸收，如电化学反应，质子、电子传导，相变过程等。

燃料电池产生的电流大小与电池面积成正比，同样性能的燃料电池，电池面积增加一倍，电流也将增加一倍，因此燃料电池常常设计成很薄的平板结构。使用电流密度（即电流除以燃料电池面积）这一标准化物理量，更能直观描述燃料电池性能，氢气和氧气中的化学能转化为电能的潜能可根据吉布斯自由能计算得到，据此可进一步计算得出质子交换膜燃料电池在标准状态下的可逆电压，详细计算过程我们将在下一章进行介绍。理论上燃料电池将在可逆电压下工作，但由于工作过程中不可避免地会存在一些损耗，实际工作电压值将小于理论计算得到的可逆电压值。一般来说质子交换膜燃料电池实际开路电压一般不高于 1.0V，远低于可逆电压值，这主要是由于氢气跨膜渗透、反应气体泄漏或电池内部电流等原因造成的。

1.4 质子交换膜燃料电池基本结构

1.4.1 单电池基本结构

图 1-2 所示为质子交换膜燃料电池基本结构，单个质子交换膜燃料电池主要由极板（Bipolar Plate，BP）、气体扩散层（Gas Diffusion Layer，GDL）、微孔层（Micro-Porous Layer，MPL）、催化层（Catalyst Layer，CL）和质子交换膜（Proton Exchange Membrane，PEM）等部件组成。通常将气体扩散层、微孔层、催化层和膜等部件统称为膜电极（Membrane Electrode Assembly，MEA），其中微孔层常常涂覆在气体扩散层靠近催化层的一侧，主要起到优化燃料电池水管理和改善气体扩散层与催化层接触的作用，因此有时也将气体扩散层和微孔层统称为气体扩散层。

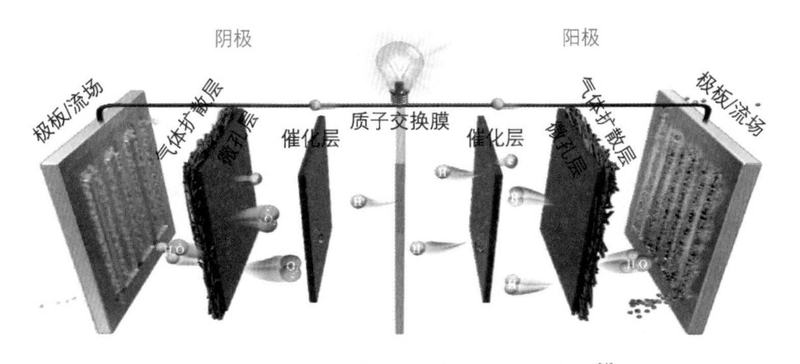

图 1-2 质子交换膜燃料电池基本结构[4]

极板在燃料电池中起到供给反应气体、排出液态水、导电、导热和为膜电极提供机械支撑的作用。在极板上设计有专门的流场结构，在一定流动阻力的约束下，将反应气体由入口尽可能均匀地分配到整个燃料电池。流场结构设计要求其能够强化通道内气体向催化层的传输，提高反应物浓度分布均匀性，同时具有较低压降以降低泵功损耗。质子交换膜燃料电池运行时产生的液态水会堵塞流道和扩散层孔隙，阻碍氧气的传输并造成传质损失，这要求流场的结构设计应具有良好的排出液态水的能力。极板固体区域与扩散层直接接触实现电子收集，需设计有足够有效的接触面积以保证良好的电子传导性。扩散层中流场通道下方的电子需在燃料电池平面方向内横向传输至极板的固体区域下方，这部分电子传导造成的欧姆损失也是流场结构设计过程中应重点考虑的问题。燃料电池电化学反应产生的热量也需传递到极板 / 流场后再排出燃料电池。因此极板和流场结构设计对于电池内部多个物理量（如气体浓度、电流密度、温度等）的分布均匀性具有决定性影响，进而影响电池整体性能和耐久性。极板固体部分还起到机械支撑的作用。图 1-3 所示为石墨极板实物，由西安交通大学陕西省氢燃料电池性能提升协同创新中心加工制造。

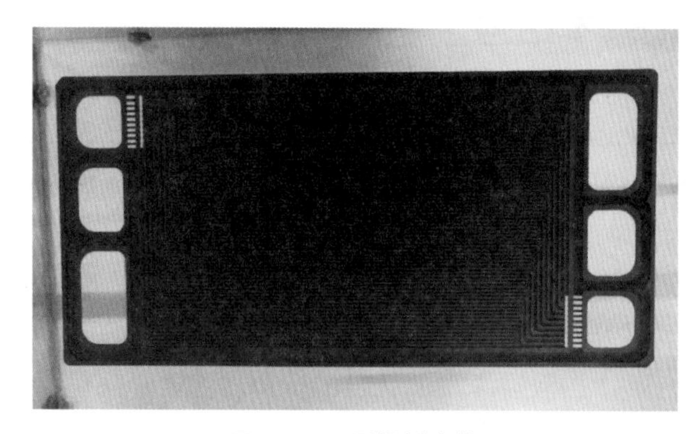

图 1-3　石墨极板实物

气体扩散层在燃料电池中主要起到传输气体和液态水、导电、导热和支撑催化层的作用。气体扩散层需具备较高的孔隙率和适宜的孔隙分布，良好的气体扩散和渗透能力，一定的疏水性，良好的导电性和导热性，同时还需有一定的刚度以支撑膜电极和一定的柔性来保证电接触良好。通常气体扩散层包括基底层和微孔层，基底层多为碳纸或碳布材料，厚度约为 100 ~ 400μm。微孔层通常是碳粉层与疏水剂组成的混合物，布置在基底层靠近催化层一侧，厚度约为 10 ~ 100μm，其主要作用是改善基底层与催化层之间的接触，降低二者之间的接触电阻，改善燃料电池水管理。

催化层是质子交换膜燃料电池电化学反应发生的场所，其内部结构和物理过程也最为复杂，主要由铂颗粒、碳载体和离聚物构成。催化层厚度一般为 5 ~ 15μm，常常将其涂覆在质子交换膜表面，称为催化层涂覆膜（Catalyst Coated Membrane，CCM）。图 1-4 所示为催化层涂覆膜（CCM）实物和阴极催化层电化学反应过程，从图中可以看出催化层中的电化学反应仅发生在催化层中碳载铂、离聚物和孔构成的三相反应界面处，电化学反应界面面积大小与燃料电池活化损失和整体性能直接相关。为降低铂使用量，通常采用碳载铂结构设计将铂颗粒附着在碳载体表面以提升铂催化剂表面可利用面积，碳载体还起到传导电子的作用，离聚物则主要起到传导质子和黏结催化层各物质的作用，上述物质形成的微观孔隙构成反应气体和液态水等物质的传输通道。在质子交换膜燃料电池中，覆盖在碳载铂颗粒表面的离聚物大大增加了反应气体到电化学反应界面参与电化学反应的传质阻力[6]，显著降低燃料电池性能，尤其是阴极催化层内氧气传输过程。催化层孔隙中的液态水不仅会阻碍反应气体传输，还有可能覆盖在电化学反应界面处阻碍电化学反应发生，降低电池性能。优化催化层微观多孔结构降低“气－水－热－电”等多相热质传输阻力，并增加电化学反应界面面积是提升燃料电池性能的关键，而保证催化层在车用工况下的稳定性则是实现燃料电池长寿命的关键。

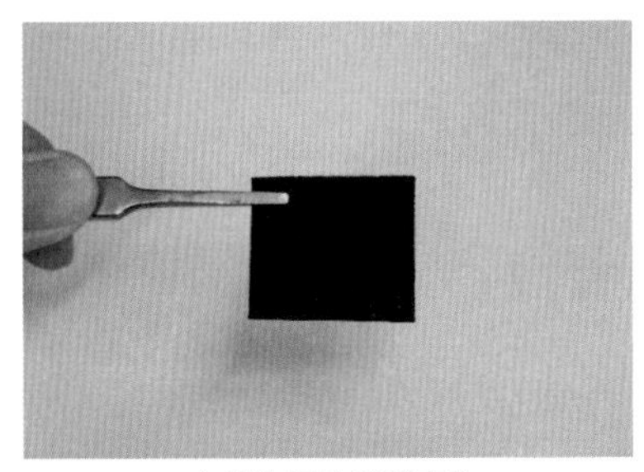

a) 催化层涂覆膜实物

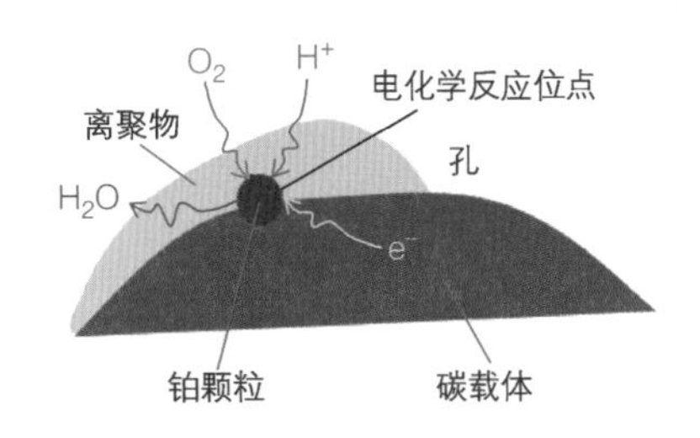

b) 阴极催化层电化学反应过程

图 1-4 催化层涂覆膜实物和阴极催化层电化学反应过程

质子交换膜位于燃料电池中间位置，将燃料电池分隔为阳极侧和阴极侧，质子交换膜需具有高质子传导性、高稳定性、低气体渗透性和电子绝缘性等特性。当前广泛应用的质子交换膜基本均为全氟磺酸（Perfluorosulfonic Acid，PFSA）膜。全氟磺酸膜分为两部分：一部分是离子基团簇，含有大量的亲水的磺酸基团（$-SO_3H$），它既能提供游离的质子，又能吸引水分子；另一部分是憎水骨架，聚四氟乙烯（Polytetrafluoroethylene，PTFE）主链骨架通过醚键与磺酸基全氟支链相连，使膜具有良好的化学稳定性和热稳定性。在适宜的温度条件下，膜充分润湿后，膜中离子基团簇彼此连接时具有较高的质子（以水合质子形式存在）传导率，但是当膜含水量下降时，团簇收缩，通道减少，膜的电导率显著下降，直至成为绝缘体。

1.4.2 电堆基本结构

燃料电池电堆由多个单电池串联组成，以更好地满足实际应用中的电压和功率需求，例如用于驱动汽车的燃料电池堆常常包括 300 ~ 400 片单电池。图 1-5 所示为包含 5 片电池的水冷燃料电池堆内物质传输路径。从图中可以看出，电堆中极板两侧均设计有流场结构，以电池 1 和电池 2 之间的极板为例，该极板左侧设计有电池 1 的阴极流场，右侧则设计有电池 2 的阳极流场，这也是极板部件常常被称为“双极板”的原因，而在两侧流场中间往往还设计有冷却水流场结构，为冷却水流动提供空间，满足电堆散热需求。而且从图中红色箭头表示的电子传输路径可以看出，处于电堆中间位置的燃料电池阳极催化层中，氢氧化反应生成的电子并未进入外电路，而是进入相邻燃料电池阴极催化层参与氧还原反应，如电池 4 阳极催化层产生的电子进入电池 3 阴极催化层，而电池 3 产生的电子则进入电池 2，以此类推，电池 1 阳极催化层产生的电子经外电路进入电池 5。从图 1-5 中质子传输路径可以看出，质子由每片电池阳极催化层跨膜传输至阴极催化层参与氧还原反应。电堆中各单电池在电路上是串联关系，而各单电池之间的氢气、空气和冷却水等物质传输路径在电堆中则是并联关系。

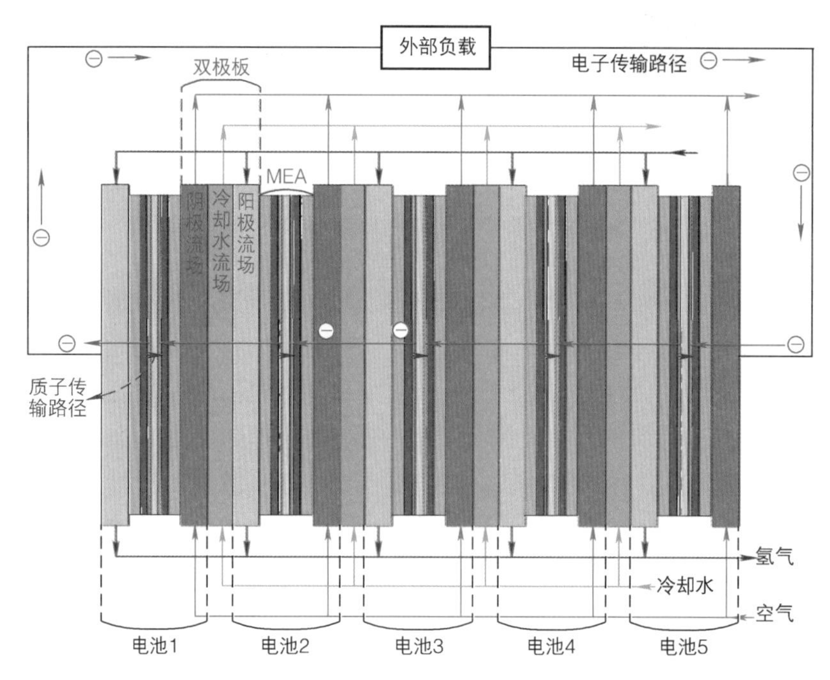

图 1-5 包含 5 片电池的水冷燃料电池堆内物质传输路径

图 1-6 所示为水冷式质子交换膜燃料电池电堆结构，在电堆两端设计有端板结构，其主要功能是将各电池封装成一体。由于组装过程中的封装载荷几乎全部通过端板施加在内部各组件上，因此需要对端板结构进行合理设计，以保证封装载荷尽可能均匀地传递到内部接触面上。理想的端板材料应具有低密度、良好的力学性能、优异的电化学稳定性、电绝缘等特性。现有端板材料主要包括金属、非金属和复合材料三大类。端板形式按照结构可分为实心端板和加强筋端板。实心端板多见于小型电堆，以石墨板或镀银金属为材质，也有部分燃料电池堆采用塑料制实心端板，其优势主要是加工制作简单，但会较大程度地增加燃料电池堆

重量。加强筋端板是现阶段燃料电池堆的主流形式，其端板材料多为带有镀层的金属。燃料电池电堆的端板形式按照功能可划分为两种：普通端板和多功能端板（即功能集成性端板）。普通端板具有氢气、空气和冷却剂的进出口，从端板强度和刚度考虑，只要保证产生预期的封装载荷，并使得封装载荷均匀分布即可。多功能端板除了满足上述要求外，还要满足一定的功能集成要求，比如安装一定数量的机械或电气阀件，例如氢气排水电磁阀、排气电磁阀、氢气压力传感器、空气温度传感器、水压传感器、水温传感器等。

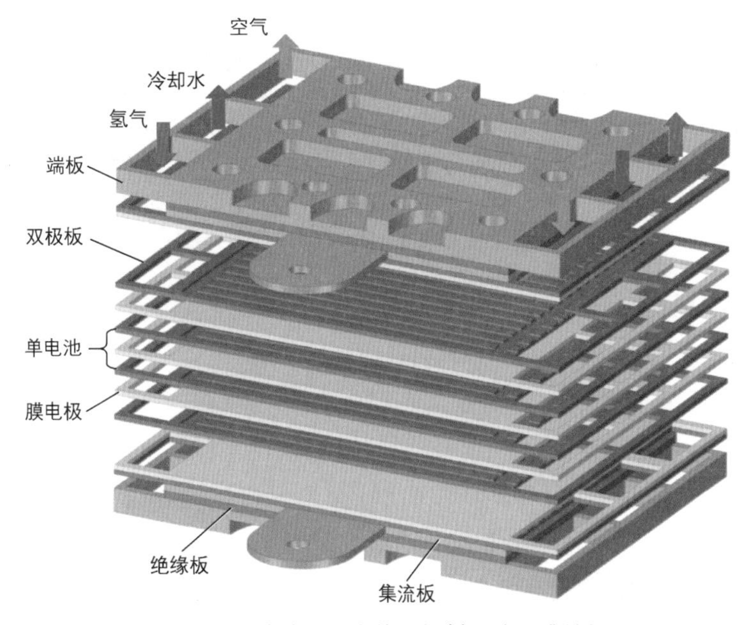

图 1-6 水冷式质子交换膜燃料电池电堆结构

图 1-7 所示为质子交换膜燃料电池电堆实物（东方电气 V 系列，额定功率 200kW）。电堆两侧端板内侧一般都安装有绝缘板来确保电堆使用安全性，其材质一般为硅胶或其他绝缘材料。集流板安装于端板和绝缘板内侧、绝缘板和极板之间，通常由导电性较好的金属或石墨材料制成，其主要作用是收集电流。集流板应具有优良的导电性、较高的机械强度、较高的耐蚀性、低氢气渗透率、低热容、易于组装等特点。按一定顺序将一定数量的膜电极、双极板、密封组件、集流板、端板等堆叠在一起，通过合适的组装形式，即可组装成一个完整的电堆。

在电堆组装和紧固过程中，除需满足密封要求外，还应尽可能降低各层之间的接触电阻。图 1-8 所示为目前常用的两种燃料电池电堆紧固方式：螺栓紧固和钢带紧固。螺栓紧固方式更为简单实用，但这一紧固方式依赖端板将螺杆产生的点压力转化为整个电堆上的压力，导致端板质量和体积往往很大。如果端板的设计不合理，点荷载会增加端板的弯曲。此外这种点载荷的设计方式不可避免地导致装配载荷主要由双极板边缘承担，不利于载荷均匀分布。钢带紧固（多为柔性钢带）可以降低电堆厚度和重量，使电堆结构更加紧凑，而且由于装配载荷的作用区域更大，电堆载荷分布也更为均匀，但钢带紧固会增加电堆结构设计的复杂性。

图 1-7　质子交换膜燃料电池电堆实物

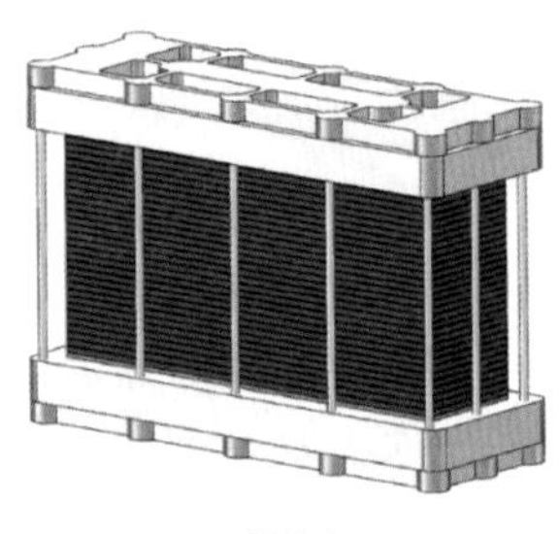

a) 螺栓紧固

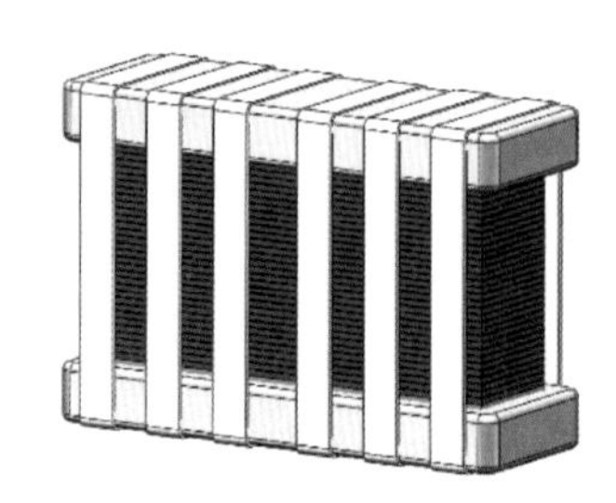

b) 钢带紧固

图 1-8　燃料电池电堆紧固方式

1.4.3　系统基本结构

除电堆外还需要配备必要的氢气供给系统、空气供给系统、冷却系统等来满足燃料电池工作过程中的进气、排水和散热等需求，保障其稳定运行，常常将燃料电池堆和各子系统集成统称为燃料电池系统。图 1-9 所示为典型质子交换膜燃料电池系统。燃料电池系统主要由燃料电池堆、氢气供应回路、空气供应回路、冷却回路、电控单元五部分组成。燃料电池堆是整个系统的“心脏”，在这里氢气和氧气发生电化学反应产生电能和热能；氢气供应回路是“消化系统”，“摄入”适当的氢气并将其供给到燃料电池堆；空气供应回路是“呼吸系统”，为电堆提供正常工作所必需的空气；冷却回路类似人体的“循环系统”，通过冷却液的循环流动带走电堆内产生的热量，控制电堆工作在适宜温度范围内；电控单元是“神经系统”，通过传感器实时监测、处理、控制电堆的运行，确保整个系统合理、高效地工作。图 1-10 所示为东方电气 Olas 60A 60kW 燃料电池系统。

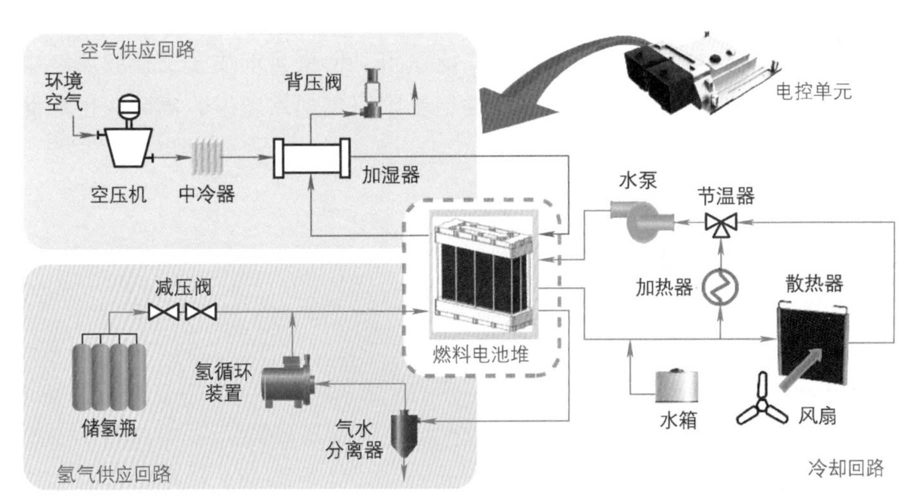

图 1-9 典型质子交换膜燃料电池系统

图 1-10 燃料电池系统（东方电气 Olas 60A 60kW）

1.5 质子交换膜燃料电池关键问题及挑战

目前质子交换膜燃料电池在很多领域都已经得到了应用，其零排放、高效率、响应速度快、长续航等优势已得到广泛认可。但是目前质子交换膜燃料电池仍未进入大规模商业化应用阶段，这主要是受限于高功率密度、高耐久性和面向商业化应用的低成本这几个关键瓶颈。

1.5.1 高功率密度

功率密度是指燃料电池功率与体积或质量的比值，目前已成为评价质子交换膜燃料电池（堆）性能的一个重要性能指标。功率密度的提升不仅意味着燃料电池整体性能的提升，也意味着使用成本的降低，这是由于对于同样的应用场景来说，功率需求基本是固定的，功率密度的提升意味着需要的燃料电池数量也更少，从而成本也将进一步降低。近十年来，质子交换膜燃料电池功率密度一直在不断上升，但距离满足最终商业化应用的需求仍有较大差距。以车用燃料电池堆为例，目前体积功率密度水平大致在 3.5 ~ 4.4kW/L 之间，在 1.6A/cm^2 电流密度下的输出电压大致在 0.65V[7]。但是，日本新能源产业的技术综合开发机构（The New Energy and Industrial Technology Development Organization，NEDO）预计 2030 年燃料电池电堆功率密度需达到 6.0kW/L，其中典型工况点为 3.0A/cm^2 电流密度下的输出电压达到 0.7V，2040 年前需达到 9.0kW/L，典型工况点为 4.4A/cm^2 电流密度下的输出电压达到 0.85V[4]。欧盟燃料电池与氢能联盟（Fuel Cells and Hydrogen 2 Joint Undertaking，FCH 2JU）也提出了 2024 年前，功率密度达到 9.3kW/L 的目标。为实现下一代高功率密度燃料电池堆开发，除更新材料体系提升电池部件性能（如提升催化剂性能、改进催化层制备工艺、提高膜质子电导率）外，燃料电池内部“气 – 水 – 热 – 电”等多物理场传热传质过程有效管理与调控也需相应加速。这就需要对质子交换膜燃料电池工作过程中的多尺度多相传热传质与电化学反应耦合机理有更加深入的理解，从而对氢燃料电池结构设计提出优化设计方案。

1.5.2 高耐久性

质子交换膜燃料电池的使用寿命也是目前制约其发展的一个重要因素，尤其是对于车用燃料电池而言。车用燃料电池工作过程中面临频繁的启停、加减载、怠速等复杂工况，这是降低燃料电池耐久性的最主要因素[8]。在过去几年间，燃料电池寿命有了很大的提升，目前较为先进的车用燃料电池堆使用寿命基本已达到 5000h 以上。相比之下，商用车面临工况相对较为简单，目前其电堆寿命一般可达 10000h 以上。2022 年 10 月，我国东方氢能（东方电气）的 Olas 60A 氢燃料电池系统完成了国内首次 10000h 耐久性实测，系统工况性能衰减率小于 5%。美国能源部（Department of Energy，DOE）指出，用于长途重型货车的氢燃料电池寿命需达到 25000h。

1.5.3 面向商业化应用的低成本

从质子交换膜燃料电池组成结构分析，铂催化剂成本一般最高，占整个燃料电池成本的 40% 左右，其次为双极板和质子交换膜，分别占 25% 和 20% 左右[2]。电池整体成本的降低主要取决于降低铂催化剂使用量，以及质子交换膜和双极板的加工成本。质子交换膜燃料电池的大规模生产形成的“规模效应”也将在一定程度上降低其成本。美国能源部制定的氢燃料电池系统（功率为 80kW）成本目标为 2020 年实现 40 美元 /kW，长期目标为 30 美元 /kW，用于长途重型货车的质子交换膜燃料电池系统成本降至 80 美元 /kW，从而实现与内燃机汽车的生产成本可比性。按照我国现有的技术储备条件，预计 2035 年我国氢燃料电池系统的生产成本将降至约 800 元 /kW。

1.6 质子交换膜燃料电池多物理过程建模与仿真

质子交换膜燃料电池工作过程伴随着气液两相流、多气体组分传输、膜吸放水、电子和离子传导、热传输和电化学反应等多物理过程，这些物理过程之间的

相互耦合对电池性能优化设计提出了巨大挑战。图 1-11 所示为燃料电池多尺度过程，从膜和催化层微观纳米级分子运动到扩散层介观微米级孔内气液两相流再到宏观极板、电池和电堆内毫米至米级多相多物理场传输，燃料电池内部各主要组成部件研究尺度的巨大差异进一步增加了电池内部多物理过程研究的复杂性。燃料电池产品设计开发面向的是一个多尺度、多相流、多维度的电化学热物理过程，除采用传统实验手段对燃料电池进行测试外，通过数学方法建立描述燃料电池多物理过程的数学模型的做法在燃料电池设计优化过程中也得到了非常广泛的应用。模拟仿真技术相比实验测试手段不仅可以显著降低成本，而且更加灵活便捷，更重要的是可以深入揭示燃料电池内部多物理过程之间的耦合影响关系，从而为燃料电池正向优化设计提供准确的理论指导。

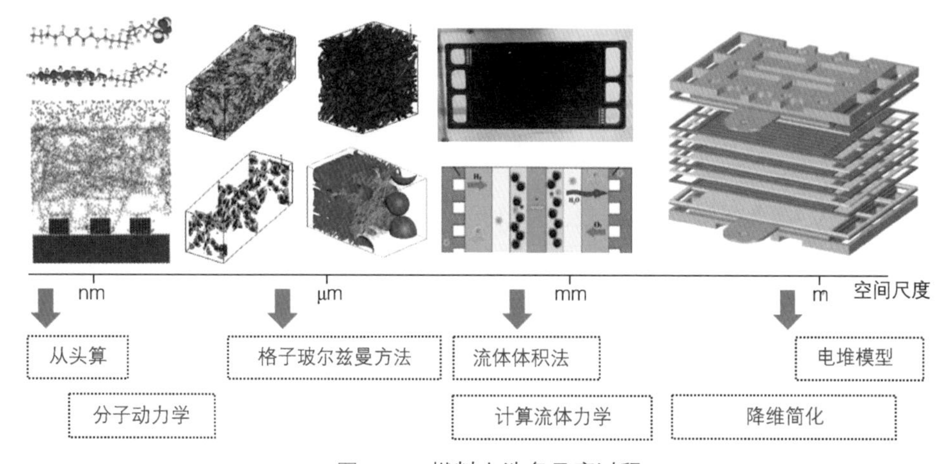

图 1-11　燃料电池多尺度过程

随着燃料电池的推广应用，相应的模拟仿真需求也不断增加，目前已有多种商业软件开发有燃料电池仿真模块，如 ANSYS FLUENT、COMSOL、AVL FIRE 等提供单电池尺度的多物理场模拟仿真模块；gFUELCELL、SIEMENS 等提供系统级燃料电池模拟仿真功能。但是由于燃料电池中电化学热物理过程的复杂性，这些商业软件模块大都存在研究对象单一、仿真功能受限和拓展性差等方面的问题，难以满足实际产品开发过程中大量的定制化模拟仿真需求。因此，当前国内外知名燃料电池或整车企业均选择了自主开发燃料电池模拟仿真技术，以便更好地服务于自身产品开发。

质子交换膜燃料电池工作过程涉及的多物理过程可大致分为“气 - 水 - 热 - 电”等多物理量传输与电化学反应过程两大类。针对燃料电池搭建数学模型主要涉及流体流动与传热传质等的基础知识，读者可参考相关专业书籍，本书不再过多介绍。燃料电池模型基本框架建立在流动与传热传质基本定律和质量、动量与能量守恒定律的基础上，以及耦合表征电化学反应中活化过电势与电化学反应速率之间关系的巴特勒－福尔默方程（Butler-Volmer equation）或塔费尔公式（Tafel equation）。这些基础理论的正确性是保证燃料电池模型准确性的核心基础。最早的质子交换膜燃料电池模型可追溯到 1991 年，Bernardi 与 Verbrugge[9] 和 Springer 等人 [10] 均建立了描述燃料电池垂直极板方向传输与电化学反应过程的一维稳态解析模型。

燃料电池模型根据搭建维度可以分为零维、一维、二维和三维模型，其中零维模型将燃料电池视为一个整体，忽略了具体几何结构参数对燃料电池性能的影响，仅关注少数工况参数对燃料电池性能的影响规律；一维模型主要关注垂直燃料电池平面方向的“气－水－热－电”传输和电化学反应过程，可快速计算出不同运行工况和设计参数的燃料电池性能，多用于燃料电池产品设计初期参数筛选和参数敏感性分析；二维模型除关注垂直燃料电池平面方向外，还考虑了反应气体流动方向或燃料电池宽度方向的传质过程，可分别反映由于气体流动或燃料电池沟脊结构造成的不均匀分布特性；三维模型全面考虑了燃料电池三维几何结构。模型维度越高，计算精度越高，但计算效率也相应降低。为兼顾计算精度和计算效率，学者还会开发一些准二维或准三维模型，这类模型基于一维模型或二维模型在另一个维度简单叠加后搭建而来，与真正的二维或三维模型具有明显区别。根据模型求解方法还可将燃料电池模型分为解析模型和数值模型，其中解析模型往往较为简单，而数值模型则大都需要借助专业的数值计算算法才能得到计算结果。根据模型是针对稳态工况还是瞬态工况还可将模型分为稳态模型和瞬态模型。

质子交换膜燃料电池模型根据研究对象的不同可分为部件、单电池、电堆和系统四个层次，其中部件层面的燃料电池模型是指针对膜、催化层、微孔层、扩散层或极板等部件中的多物理过程进行建模仿真分析，而不同部件由于内部孔隙尺寸的显著差异，所适用的建模方法也大不相同。从图 1-11 中可以看出，目前针对膜和催化层进行的仿真分析往往基于微观尺度的分子动力学方法或介观尺度的格子玻尔兹曼方法；针对微孔层或催化层中气液两相流动分析则往往采用格子玻尔兹曼方法或宏观尺度的流体体积法（Volume of Fluid，VOF）；针对流场进行分析则基本都采用了 VOF 方法。不同部件对应仿真方法的巨大差异也导致无法通过直接耦合各部件模型来构建单电池的仿真模型。现阶段的单电池模型往往忽略气液相界面及气体扩散层、微孔层和膜等部件中的介微观孔结构，采用均质多孔介质假设描述这些部件中的多物理过程。一般来说，单电池模型可以很好地描述燃料电池工作过程中的多物理传输和电化学反应过程，并准确预测燃料电池在各种工况和电池结构下的电化学性能，特别是三维单电池模型。理论上可以将单电池模型进行串联搭建电堆模型，但这往往受限于计算效率导致难以实现。现有电堆模型大都是由单电池模型拓展而来，对电堆中各单电池之间的相互影响进行了一定程度的简化，甚至直接将单电池性能乘以电堆中单电池片数得到电堆性能，或通过耦合单电池模型和描述电堆歧管中流动过程的流量分配模型搭建电堆模型。在电堆模型的基础上，耦合燃料电池系统中的各子系统部件，如空压机、氢气循环泵、散热器等，即可搭建出燃料电池系统模型[11]。

由于实验测试手段、数值计算方法、计算效率等方面的限制，当前燃料电池模型仍有很大欠缺，难以全面满足燃料电池产品正向开发的实际需求。实验手段的缺乏导致有些燃料电池中的物理过程难以精确描述，导致模型结果与实际误差较大，如水生成与相变机理，催化层气体、质子和电子等物质传输过程，在燃料电池长时间运行过程中催化层等部件的结构变化等；现有数值计算方法并不能完全满足燃料电池建模需求，如多尺度建模问题、燃料电池流道两相流与电化学过程耦合建模问题等，此外燃料电池模型的复杂性对数值计算方法的稳定性也提出了更高要求；计算效率不足导致燃料电池模型难以满足实际产品开发需求，而计算效率的提升又往往是以牺牲模型准确度为代价的。

本书后续章节将重点围绕质子交换膜燃料电池中不同尺度下的“气－水－热－电”传输和电化学反应过程机理进行展开，并详细介绍相应的多尺度建模仿真方法。书籍第 2 章主要介绍燃料电池建模所需的热力学和电化学基础理论，第 3 ~ 6 章分别讲解全电池、膜电极、电堆和系统尺度下的氢燃料电池热质传输过程和建模仿真方法，第 7 章讲解了膜和催化层衰减机理及相应的建模仿真方法，第 8 章对电热氢联供系统建模仿真方法进行了详细介绍。

参考文献

[1] XIE H, ZHAO Z, LIU T, et al. A membrane-based seawater electrolyser for hydrogen generation[J]. Nature, 2022, 612(7941): 673-678.

[2] WANG Y, RUIZ DIAZ D F, CHEN K S, et al. Materials, technological status, and fundamentals of PEM fuel cells-A review[J]. Materials Today, 2020, 32: 178-203.

[3] TOSHIHIKO Y, KOICHI K. Toyota MIRAI fuel cell vehicle and progress toward a future hydrogen society[J]. The Electrochemical Society Interface, 2015, 24 (2): 45-49.

[4] ZHANG G, WU L, TONGSH C, et al. Structure Design for Ultrahigh Power Density Proton Exchange Membrane Fuel Cell[J]. Small Methods, 2023, 7 (3): 2201537.

[5] HAIDER R, WEN Y, MA Z F, et al. High temperature proton exchange membrane fuel cells: progress in advanced materials and key technologies[J]. Chemical Society Reviews, 2021, 50(2): 1138-1187.

[6] ZHANG Q, DONG S, SHAO P, et al. Covalent organic framework-based porous ionomers for high-performance fuel cells[J]. Science, 2022, 378(6616): 181-186.

[7] HUO W, XIE B, WU S, et al. Full-scale multiphase simulation of automobile PEM fuel cells

with different flow field configurations[J]. International Journal of Green Energy, 2023, (3): 1-16.

[8] REN P, PEI P, LI Y, et al. Degradation mechanisms of proton exchange membrane fuel cell under typical automotive operating conditions[J]. Progress in Energy and Combustion Science, 2020, 80: 100859.

[9] BERNARDI D M, VERBRUGGE M W. Mathematical model of a gas diffusion electrode bonded to a polymer electrolyte[J]. AIChE journal, 1991, 37(8): 1151-1163.

[10] SPRINGER T E, ZAWODZINSKI T, GOTTESFELD S. Polymer electrolyte fuel cell model[J]. Journal of The Electrochemical Society, 1991, 138(8): 2334.

[11] YANG Z, DU Q, JIA Z, et al. Effects of operating conditions on water and heat management by a transient multi-dimensional PEMFC system model[J]. Energy, 2019, 183: 462-476.

燃料电池热力学及电化学理论

质子交换膜燃料电池是一种复杂的电化学能源转化装置，可将氢气和氧气的化学能直接转化为电能，具有能量转化效率高、运行温度低、环境友好、噪声小、启动速度快以及冷启动性能优异等优点。了解质子交换膜燃料电池运行的热力学理论可以分析其氧化还原反应的自发性，获得理想状态下的反应热、理论电功、可逆电压以及燃料电池能量转化理论效率极限，并引出非标准状态下（不同温度、浓度、气压）质子交换膜燃料电池可逆电压的修正方法，即能斯特方程。由于电化学反应需要克服活化能垒从而引起动力学损耗（即活化过电势），电荷和反应气体传输到反应位点前需克服欧姆和浓差损失，燃料电池实际运行时电池输出性能无法达到热力学理论值。电化学反应速率是决定燃料电池性能的重要因素，关系到燃料电池运行中的活化电势损失，巴特勒－福尔默方程描述电化学反应速率与活化过电势的关系，是燃料电池仿真建模的核心。本章从燃料电池的热力学及电化学理论出发，系统介绍燃料电池中的基本热力学和电化学反应动力学理论，最终引出燃料电池性能的关键影响因素和描述方法。

2.1　热力学理论

本节将阐述质子交换膜燃料电池中所涉及的基本热力学理论，根据热力学第一定律，阐明理想状态下电池反应的反应热、理论电功、可逆电压和电池理论效率的求解方法，然后通过实际运行温度和压强对理想状态下的物理量进行修正，最后引出能斯特方程获得非标准状态下燃料电池的可逆电压。

热力学第一定律的实质是能量守恒定律在热力系统中的应用[1]，它确立了不同系统热力过程中各种能量在数量上的相互关系。图 2-1 所示为系统膨胀过程中系统热力学能与外界热量和功量交换间的关系。从图中可知，微元过程时系统的热力学能变化可表示为外界传入系统中的热量减去系统对外界所做的功：

$$\mathrm{d}U=\delta Q-\delta W \tag{2-1}$$

式中，U 为系统热力学能（J）；Q 为系统与外界交换的热量（J），通常定义系统吸热时为正，放热时为负；W 为系统与外界交换的功量（J），通常定义系统对外做功为正，外界对系统做功为负。

对于可逆过程，若系统与外界功量交换形式仅为容积变化功（即膨胀功或压

缩功），根据可逆过程中热量与功量的定义，上述公式可表达为

$$dU = TdS - pdV \tag{2-2}$$

式中，T 为系统温度（K）；S 为系统的总熵（J/K）；p 为系统的压强（Pa）；V 为系统的总体积（m^3）。

式（2-2）中热力学能 U 为状态参数，可表示为状态参数熵 S 和体积 V 的函数。

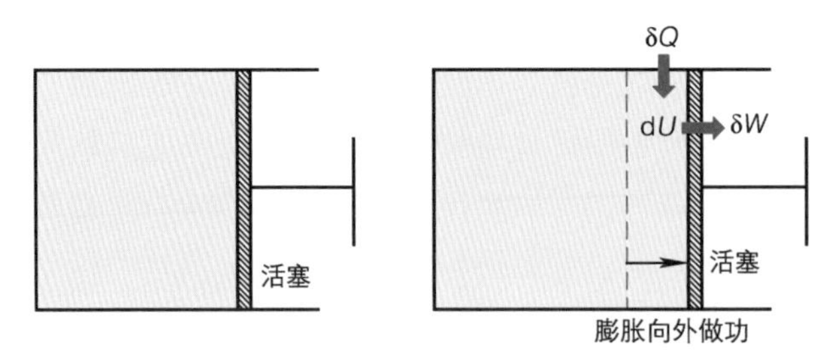

图 2-1　系统膨胀过程中热力学能与外界热量和功量交换间的关系

为进一步展示其他热力学参数的影响，通过勒让德变换（Legendre transformation），可以重新定义 3 个与热力学能等价的热力学势，即焓、吉布斯自由能和亥姆霍兹自由能；焓 H 可以表示为熵 S 和压强 p 的函数[2]，其物理意义为建立一个系统所需的能量加上为系统创建相应的空间所做的功，对应方程式可以表示为

$$H = U + pV \tag{2-3}$$

同时对上式两端微分可得

$$dH = dU + pdV + Vdp \tag{2-4}$$

将式（2-2）代入式（2-4）可得

$$dH = TdS + Vdp \tag{2-5}$$

由式（2-5）可知，当系统进行可逆定压过程时，系统与外界交换的热量等于系统的焓变，即

$$\delta Q = dH = TdS \tag{2-6}$$

式（2-6）也表明，对于等压化学反应体系，其化学反应前后的焓变对应反应系统生成的热能，即定压热效应。

吉布斯自由能 G（即吉布斯函数）为温度 T 和压强 p 的函数，其物理意义为建立一个系统所需的能量加上为系统创建相应空间所做的功，再减去周围环境自

发对系统的传热量，其定义式如下：

$$G = U + pV - TS = H - TS \quad (2\text{-}7)$$

同时对上式两端微分，可得

$$\mathrm{d}G = \mathrm{d}H - T\mathrm{d}S - S\mathrm{d}T \quad (2\text{-}8)$$

将式（2-5）代入式（2-8），可得

$$\mathrm{d}G = -S\mathrm{d}T + V\mathrm{d}p \quad (2\text{-}9)$$

注意上述分析的基本假设在于热力系统与外界环境交换的功量形式仅为容积变化功。对于电化学能量转化系统如质子交换膜燃料电池，其系统与外界交换的功量还包括电功形式，因此对式（2-1）中的功量部分引入电功，对可逆的微元过程，其表达式可变为

$$\mathrm{d}U = T\mathrm{d}S - p\mathrm{d}V - \delta W_{\mathrm{ele}} \quad (2\text{-}10)$$

对吉布斯自由能的定义式（2-7）两边同时取微分可得到

$$\mathrm{d}G = \mathrm{d}U + p\mathrm{d}V + V\mathrm{d}p - T\mathrm{d}S - S\mathrm{d}T \quad (2\text{-}11)$$

将式（2-10）代入式（2-11）中可得

$$\mathrm{d}G = V\mathrm{d}p - S\mathrm{d}T - \delta W_{\mathrm{ele}} \quad (2\text{-}12)$$

对于可逆定压、定温过程（比如燃料电池的电化学反应体系），式（2-12）可简化为

$$\delta W_{\mathrm{ele}} = -\mathrm{d}G \quad (2\text{-}13)$$

对式（2-13）两边同时积分，可得

$$W_{\mathrm{ele}} = -\Delta G \quad (2\text{-}14)$$

上式表明当系统经历可逆定温、定压过程时，系统的吉布斯自由能的降低量等于系统能够向外界环境做的最大电功。

结合热力学第二定律，利用吉布斯自由能还可以判定化学反应进行的方向。对于定温、定压的反应系统，当$\Delta G > 0$时，意味着系统中无法提取多余的能量，化学反应非自发；当$\Delta G = 0$时，化学反应处于平衡状态；当$\Delta G < 0$时，系统在能量学上有利，化学反应自发。值得注意的是，吉布斯自由能变小于 0 并不意味着对应化学反应可以在任意状态下发生，也不能确保化学反应发生的速率，反应是否发生与对应的反应速率大小还受化学反应动力学的影响，具体将在下节内容呈现。

2.1.1 反应热

在氢氧质子交换膜燃料电池中，阳极侧发生氢氧化反应（Hydrogen Oxidation Reaction，HOR）消耗氢气产生质子和电子，质子和电子分别通过离子通道及外部电子通道到达阴极侧的电化学反应位点；阴极侧氧气与阳极传输过来的质子和电子结合，发生氧还原反应（Oxygen Reduction Reaction，ORR）并生成水，反应伴随着电能和副产物热能的产生。

当系统进行可逆定压过程时，系统与外界交换的热量等于系统的焓变，可逆定压化学反应前后的焓变就是反应热效应（又称反应焓）。而在燃料电池中发生的氧化还原反应的热效应对应输入系统的总能量。理论上反应热可由生成物的焓值减去反应物的焓值计算获得。在任一状态下，物质的焓值与系统的温度和压强相关，反应物和生成物的绝对焓值的定义为化学能和显热之和。化学能与物质的化学键有关，在参考温度和压强下为定值，而显热量为真实状态和参考状态下的焓值之差，通常与温度和压强相关。

在标准状态下（温度为 25℃，压强为标准大气压 101325Pa），假设氢氧质子交换膜燃料电池电化学反应产物水为液态时的反应焓为

$$q = \Delta h = h_{\mathrm{f,H_2O}} - h_{\mathrm{f,H_2}} - \frac{1}{2}h_{\mathrm{f,O_2}} = -286.02 - 0 - 0 = -286.02\ \mathrm{kJ/mol} \tag{2-15}$$

式中，$h_{\mathrm{f},i}$为标准状态生成比焓（kJ/mol）。

上述值被称为高热值，即 1mol 氢气和 0.5mol 氧气在标准状态下发生化学反应生成液态水理论上可释放的总热量为 286.02kJ。若反应生成水的状态为气态，则需要考虑液态水蒸发所吸收的热量，此时的反应热被称为低热值。不同压强和温度下的理论反应热也可用上述方法计算获得。由于氢燃料电池的运行温度一般为 60～95℃，因此在理论分析时通常使用高热值的方法。

2.1.2 理论电功

理论电功指的是系统在理想状态下对外输出的最大可用电功，根据式（2-14）可知，理想状态下燃料电池内电化学反应的最大电功转换值为反应吉布斯自由能的变化量。一般情况下可将燃料电池设为在等温条件运行，根据吉布斯自由能的定义，1mol 氢气和 0.5mol 氧气的电化学反应[见本书第 1 章式（1-1）~ 式（1-3）]前后吉布斯自由能的变化量为

$$\Delta g = \Delta h - T\Delta s \tag{2-16}$$

式中，Δh 为反应前后的比焓变（kJ/mol），可由式（2-15）计算获得；Δs 为反应前后的熵变 [kJ/（mol·K）]，其可由生成物的熵减去反应物的熵计算获得。在标准状态下，质子交换膜燃料电池总反应的 Δs 为 −0.163285kJ/(mol·K)。

由式（2-16）可求得电池反应吉布斯自由能变化的理论值为 −237.32kJ/mol。式（2-14）已经表明燃料电池运行过程中吉布斯自由能的降低量等于其输出的最大电功，因此标准状态下氢氧质子交换膜燃料电池的理论电功为 237.32kJ/mol。

2.1.3　可逆电压

可逆电压指的是系统处于热力学平衡状态下的电压，可通过吉布斯自由能和电功的关系计算，电功的定义为电荷与电势差的乘积：

$$W_{\text{ele}} = qE \tag{2-17}$$

式中，q 为电荷（C）；E 为燃料电池正负极电势差（V），即电池电压；q 为燃料电池中 1mol 氢气参加电化学反应所转移的总电荷：

$$q = nN_{\text{Ave}}q_{\text{el}} = nF \tag{2-18}$$

式中，n 为 1mol 氢气发生反应生成的电子量，其值为 2mol；N_{Ave} 为阿伏伽德罗常数，表示单位摩尔所含基本单元数，为 6.022×10^{23} 电子 /mol；q_{el} 为单个电子所带的电荷量，即 1.68×10^{-19}C/ 电子；F 为法拉第常数，可通过阿伏伽德罗常数与单个电子所带电荷量的乘积计算，代表每摩尔电子所带的电荷，其值为 96485C/mol。

结合式（2-14）、式（2-17）和式（2-18）可得

$$W_{\text{ele}} = -\Delta G = nN_{\text{Ave}}q_{\text{el}}E = nFE \tag{2-19}$$

因此燃料电池的可逆电压可表示为

$$E = \frac{-\Delta G}{nF} \tag{2-20}$$

在热力学标准状态下，根据式（2-20）计算可得，氢氧质子交换膜燃料电池的理论电压约为 1.23V，其决定了燃料电池输出电压的上限。在非标准状态下（不同温度、浓度和气压），可逆电压的值随着反应 ΔG 的变化而变化。另外由于反应动力学、电荷和气体传输等方面的限制，燃料电池实际输出电压小于电池可逆电压，二者之间的差值称为电势损失（或极化），其包括由于电化学反应引发的活化过电势、由于电荷传输造成的欧姆过电势以及由于反应气体传输引起的浓差过电势。这三种过电势形成的原因及不同尺度下的仿真计算方法将在后续章节中具体讨论。

2.1.4 理论效率

燃料电池的理论效率为最大可转化为电功的能量与总输入能量之比，由上述理论分析可知，燃料电池中最大可转化为电功的能量为电池反应吉布斯自由能的变化量，而输入能量则对应电池电化学反应的反应热。因此燃料电池的理论效率为

$$\eta_{FC}=\frac{-\Delta G}{-\Delta H} \tag{2-21}$$

根据前述小节的值计算可得在标准状态下氢氧质子交换膜燃料电池的理论最大效率为 83%。相对于传统热机，燃料电池在能量转化效率方面具有很大优势。传统热机的理论转化效率极限由卡诺循环描述，图 2-2 所示为卡诺循环对应的 p-V 图和 T-S 图，其由两个可逆定温过程和两个可逆绝热过程组成，热效率表示为

$$\eta_c=1-\frac{T_L}{T_H} \tag{2-22}$$

式中，T_L 和 T_H 分别为低温热源和高温热源温度（K）。

例如工作于高温热源（温度 673.15K）和低温热源（温度 323.15K）间的传统热机，其最高理论效率为 52% 左右，高温热源和低温热源的温差越大，其理论效率越高。相比燃料电池，传统热机中存在着更多的不可逆损失。传统热机发电是将燃料的化学能先转化为热能，再通过热功转换变为机械能，最后转化为电能，而燃料电池直接把燃料中的化学能转化为电能，减小了整个能量转化过程中的不可逆损失。

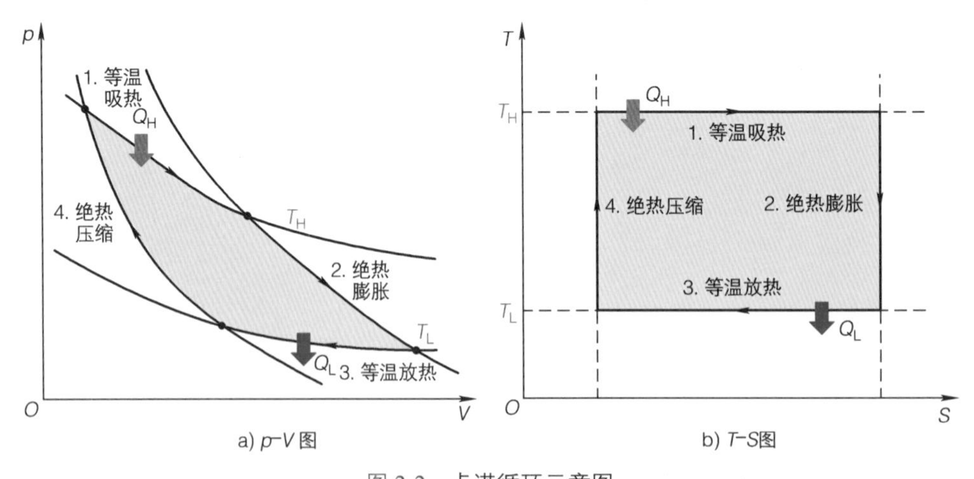

图 2-2 卡诺循环示意图

2.1.5 能斯特方程

燃料电池实际运行时的温度与压强通常不是处于热力学标准状态下。例如对于氢氧质子交换膜燃料电池，其运行温度一般为 60 ~ 95℃，运行压强范围为 1.0 ~ 3.0atm（1atm = 101.325kPa），造成吉布斯自由能变的变化，从而进一步引起可逆电压的变化。电池的可逆电压实际上是运行温度和运行压强的函数，本节分别探讨了电池可逆电压受运行温度的影响趋势，并引入著名的能斯特方程描述了电池可逆电压与物质浓度、压强之间的关系。

电池可逆电压随温度的变化关系可通过吉布斯自由能的变化与温度的关系获得。在恒压状态下，燃料电池吉布斯自由能的变化仅与温度的变化有关，根据式（2-9）可得

$$\left(\frac{\mathrm{d}G}{\mathrm{d}T}\right)_p = -S \tag{2-23}$$

对电池反应而言，吉布斯自由能的变化与温度的关系可表示为

$$\left[\frac{\mathrm{d}(\Delta G)}{\mathrm{d}T}\right]_p = -\Delta S \tag{2-24}$$

将可逆电压与吉布斯自由能变的关系式（2-20）代入到式（2-24）中可得

$$\left(\frac{\mathrm{d}E}{\mathrm{d}T}\right)_p = \frac{\Delta S}{nF} \tag{2-25}$$

式中，ΔS 为反应前后的熵变，燃料电池总反应对应的熵变为负值。并且在一定温度范围内，许多化学反应的熵变值与温度几乎无关，因此可视为常数。在定压条件下对式（2-25）从热力学标准态温度到任意温度进行积分，就可以得到燃料电池的可逆电压与温度的关系式，其表达式为

$$E = E_0 + \frac{\Delta S}{nF}(T - T_0) \tag{2-26}$$

式中，E_0 为标准状态下电池的可逆电压（V）。上式表明随着温度升高，氢氧燃料电池的可逆电压降低。然而在燃料电池实际运行时，提高温度有利于提高电化学反应的活性，减少活化损失。另一方面过高的温度会引发膜干现象，不利于膜内质子传导，并且造成水蒸气浓度升高，稀释氧气浓度。因此选择合适的电池温度和有效的电池水热管理对提升电池性能和寿命等至关重要。

电池可逆电压也受到电池运行压强的影响。可逆电压与压强的关系可通过吉

布斯自由能的变化与压强的关系获得。在定温条件下，燃料电池吉布斯自由能的变化仅与压强的变化有关，根据式（2-9），吉布斯自由能与压强的关系为

$$\left(\frac{\mathrm{d}G}{\mathrm{d}p}\right)_T = V \tag{2-27}$$

对电池反应而言，吉布斯自由能的变化与压强的关系可表示为

$$\left[\frac{\mathrm{d}(\Delta G)}{\mathrm{d}p}\right]_T = \Delta V \tag{2-28}$$

式中，ΔV 为电池反应前后物质总体积的变化（m^3）。

将可逆电压与吉布斯自由能变的关系式（2-20）代入式（2-28），并假设电池反应中气体组分均为理想气体，则有

$$\left(\frac{\mathrm{d}E}{\mathrm{d}p}\right)_T = -\frac{\Delta n_{\mathrm{g}} RT}{nFp} \tag{2-29}$$

式中，Δn_{g} 为反应前后气体总摩尔数的变化（mol）；R 为通用气体常数 [J/(mol·K)]。

对于典型的氢氧燃料电池反应，1mol 氢气和 0.5mol 氧气的反应仅生成 1mol 水，Δn_{g} 为负值。因此随着压强的升高，电池的可逆电压增大。然而对于质子交换膜燃料电池来说，压强对可逆电压的影响很小，更多的是对电池内部气体组分传输的影响。

由于吉布斯自由能为状态函数，其变化仅与初态和终态有关，与反应中间过程的路径无关。因此，质子交换膜燃料电池电化学反应前后吉布斯自由能变化量亦可以表示为

$$\Delta G = G_{\mathrm{H_2O}} - G_{\mathrm{H_2}} - \frac{1}{2} G_{\mathrm{O_2}} \tag{2-30}$$

式中，G_i（i：H_2O，H_2，O_2）为各组分的吉布斯自由能。任意状态下，吉布斯自由能可表示为[3]

$$G = G_0 + RT\ln\frac{p}{p_0} \tag{2-31}$$

式中，G_0 为热力学标准状态下的吉布斯自由能（J）；p_0 为标准大气压（Pa）。

质子交换膜燃料电池电化学反应前后吉布斯自由能变化量式（2-30）可转变为

$$\Delta G = \left(G_{0,\mathrm{H_2O}} + RT\ln\frac{p_{\mathrm{H_2O}}}{p_0}\right) - \left(G_{0,\mathrm{H_2}} + RT\ln\frac{p_{\mathrm{H_2}}}{p_0}\right) - \frac{1}{2}\left(G_{0,\mathrm{O_2}} + RT\ln\frac{p_{\mathrm{O_2}}}{p_0}\right) \tag{2-32}$$

对式（2-32）进一步简化可得

$$\Delta G=\Delta G_0+RT\ln\left[\frac{\frac{p_{H_2O}}{p_0}}{\frac{p_{H_2}}{p_0}\left(\frac{p_{O_2}}{p_0}\right)^{\frac{1}{2}}}\right] \tag{2-33}$$

为计算可逆电压与压强的关系，在式（2-33）中引入可逆电压与吉布斯自由能变的关系，可得到能斯特方程（Nernst Equation），其表达式为

$$E=E_0-\frac{RT}{nF}\ln\frac{\frac{p_{H_2O}}{p_0}}{\frac{p_{H_2}}{p_0}\left(\frac{p_{O_2}}{p_0}\right)^{\frac{1}{2}}} \tag{2-34}$$

式中，p_i 为各组分 i 的分压强（Pa）。能斯特方程可用于计算任意状态下的电池的可逆电压。

对任意化学反应，其通用反应式形式可表示为

$$j\mathrm{A}+k\mathrm{B}\to m\mathrm{C}+n\mathrm{D} \tag{2-35}$$

因此可通过质子交换膜燃料电池的能斯特方程式（2-34）对任意化学反应的能斯特方程式进行推广：

$$E=E_0-\frac{RT}{nF}\ln\frac{\left(\frac{p_C}{p_0}\right)^m\left(\frac{p_D}{p_0}\right)^n}{\left(\frac{p_A}{p_0}\right)^j\left(\frac{p_B}{p_0}\right)^k} \tag{2-36}$$

为综合考虑温度和压强对电池可逆电压的影响，结合式（2-26）和式（2-36）可得

$$E=E_0+\frac{\Delta S}{nF}\left(T-T_0\right)-\frac{RT}{nF}\ln\frac{\left(\frac{p_C}{p_0}\right)^m\left(\frac{p_D}{p_0}\right)^n}{\left(\frac{p_A}{p_0}\right)^j\left(\frac{p_B}{p_0}\right)^k} \tag{2-37}$$

假设氢氧燃料电池的生成水压强为标准大气压，则电池理论电压可表示为[4]

$$E=1.23-0.9\times10^{-3}(T-298.15)+\frac{RT}{2F}\ln\left[\frac{p_{H_2}}{p_0}\left(\frac{p_{O_2}}{p_0}\right)^{\frac{1}{2}}\right] \tag{2-38}$$

以运行温度 80℃，阴、阳极进口气压压强 2.0atm 为例，可计算出氢氧燃料电池的理论可逆电压约为 1.196V。

2.2 电池电压损失与实际输出电压

热力学基础理论指出了氢氧质子交换膜燃料电池运行时的总能量输入（即反应热），以及电池理论电功、可逆电压和理论效率，这些都是燃料电池在热力学可逆状态下的理论极限。但由于燃料电池在工作过程中不可避免地会存在一些损耗，其实际输出电压值将小于理论计算得到的可逆电压值。燃料电池实际运行时因需突破反应能垒而导致的阴、阳极电势损失，一般统称为活化损失。除活化损失外，燃料电池实际电压输出性能还受制于另外两种电压损失的影响。燃料电池内扩散层和催化层等电子导体本身的电阻、各部件交接面上接触电阻以及电解质和膜等离子导体的电阻共同构成了燃料电池的总内阻，导致电池对外供电时的输出电压损失。一般将这种由电子和离子电荷传输造成的电压损失称为欧姆损失。在质子交换膜燃料电池内因质子传输引发的欧姆电势损失在总欧姆损失中占主导地位，现有燃料电池中电子传输的电导率为约 10^3 量级，质子传输的电导率为约 10^1 量级[5]。此外由于电池内反应物传输阻力和消耗等因素，导致反应物到达反应位点时浓度降低，从而引起电极反应的电势损失，称之为浓差过电势（亦称为浓差损失或传质损失）。在氢氧质子交换膜燃料电池中，阳极侧氢气的扩散能力比氧气侧强，因此较大的浓差损失一般发生在阴极，氧气传输受到电极结构、液态水的积聚，以及催化层形态等因素影响，特别是大电流密度放电时由氧气传输引起的浓差损失较为明显[6]。

综上所述，燃料电池的实际输出电压可表示为

$$V = V_{oc} - \eta_{act} - \eta_{ohm} - \eta_{con} \tag{2-39}$$

式中，V_{oc} 为电池开路电压（V），在开路状态下，电池内部燃料串流和装配等因素会导致一定的电压损失，通常氢氧质子交换膜燃料电池开路电压在 0.90 ~ 1.0V，在理论计算中也可以直接使用可逆电压代替开路电压；η_{act}、η_{ohm} 和 η_{con} 分别代表活化损失、欧姆损失和浓差损失（V）。

图 2-3 所示为质子交换膜燃料电池极化曲线（电流密度 – 电压曲线），该曲

线常用来表征燃料电池基本性能。从图中可以看出，低电流密度区域的电压下降主要是由于电化学反应造成的活化损失，中电流密度区域的电压下降主要是由于质子、电子传导造成的欧姆损失，而高电流密度区域的电压下降则主要是由于反应气体从外界向催化层传输过程的浓度下降引起的浓差损失造成。目前降低燃料电池活化损失的主要途径是提高催化剂活性和电化学反应面积，往往是催化剂材料学科重点关注内容；降低欧姆损失的主要途径有提高各主要部件材料电导率和部件之间的接触电阻、降低膜厚度、优化燃料电池水管理提高膜含水量；降低浓差损失则主要依靠合理设计电池及电极结构，强化反应气体供给和液态水排出，属于工程热物理学科的研究范畴。活化、欧姆和浓差损失在整个电流密度区域都是存在的，只不过在不同电流密度区域，起主导作用的损失形式不同。

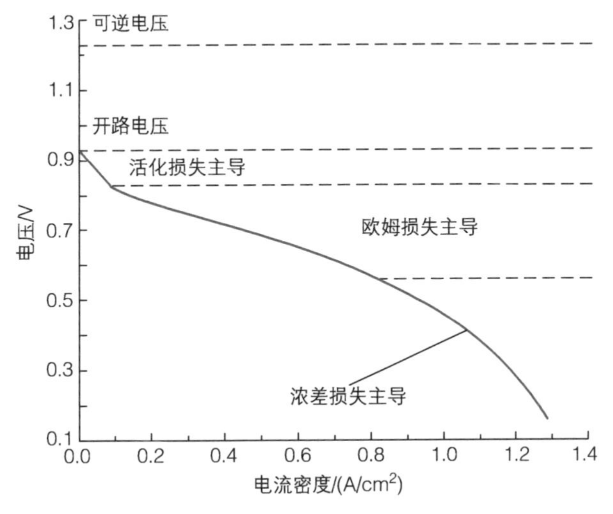

图 2-3 质子交换膜燃料电池极化曲线（电流密度 - 电压曲线）

欧姆损失可根据欧姆定律获得，表达式为

$$\eta_{\mathrm{ohm}} = I \times \mathrm{ASR} \tag{2-40}$$

式中，I 为单位电极面积的电流密度（$\mathrm{A/m^2}$）；ASR 为电荷传输的总阻力（$\Omega\cdot\mathrm{m^2}$）。

在质子交换膜燃料电池运行过程中，电子的传输阻力基本不变，质子传输阻力与电解质中含水量和温度有关，因此在 ASR 的计算过程中需要与电池中水热状态分布的耦合。

另外电池的浓差损失可表示为

$$\eta_{\mathrm{con}} = \frac{RT}{nF}\ln\left(1-\frac{I}{I_{\mathrm{L}}}\right) \tag{2-41}$$

式中，I_L 为极限电流密度（A/m^2），即反应物消耗的速度与氧化剂到达反应位点表面的速率相同时，反应位点表面的氧化剂浓度为 0 时的电流密度，该值可通过实验测试确定（如采用极限电流测试方法[7]）。

2.3 电化学理论

氢氧质子交换膜燃料电池的活化损失与电池内电化学反应进行的速率相关，本节将重点介绍电化学相关理论，包括电化学反应动力学、反应速率、巴特勒－福尔默方程以及简化后的塔费尔方程等。

2.3.1 反应动力学和反应速率

在氢氧质子交换膜燃料电池中，阳极侧氢气通过多孔电极孔隙进入催化层，在催化剂表面发生氧化反应生成电子和质子，电子通过外电路到达阴极，而质子则通过内部电解质传输到阴极。在阴极催化层内，氧气与质子和电子结合发生还原反应生成水。燃料电池中的电化学反应是异相的，必须发生在三种物质能同时到达的界面上。热力学理论表明燃料电池内的电化学反应能够自发进行，但在电化学反应过程中，由于活化能垒的存在阻碍了反应物向生成物的转化过程，限制了电化学反应的速率，图 2-4 所示为活化能垒限制电化学反应速率，从图中可知，从电池反应的初始和最终状态来看，其是能量学上有利的，对应的吉布斯自由能变为负，电化学反应自发。但从中间过程来看，反应的发生必须克服相应的活化能垒才能转化为生成物。

电池反应速率可用电流来表示，表征燃料电池内电化学反应过程中生成或消耗电荷的速率。因此电流是一种电化学反应速率的直接量度，根据法拉第电解定律：

$$i = nF\frac{\mathrm{d}N}{\mathrm{d}t} \tag{2-42}$$

式中，i 为电流（A 或 C/s）；$\mathrm{d}N/\mathrm{d}t$ 为物质的消耗速率或产生速率（mol/s）。

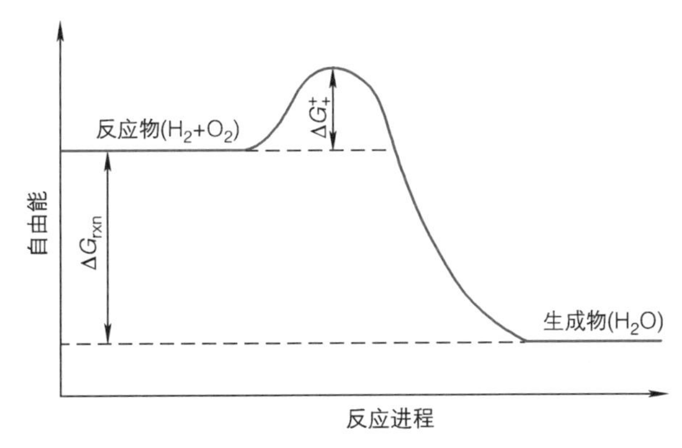

图 2-4　活化能垒限制电化学反应速率

因为电化学反应输出的总电流与三相界面（即活性反应位点）总面积成正比例关系，引入电化学反应电流密度概念，对应单位活性反应面积的电流可表示为

$$j=\frac{i}{A_{Pt}} \tag{2-43}$$

式中，A_{Pt} 为催化层内催化剂的总反应面积（m^2）。

热力学平衡状态下，电极反应的正、逆向反应速率相等，达到动态平衡，净反应速率为零，此时电池向外界不输出电流。当燃料电池运行向外输出净电流时，表明电极上的电化学反应净速率不为零，即正向反应速率大于逆向反应速率。用 j_1 和 j_2 分别表示电极的正向反应电流密度和逆向反应电流密度，通常反应电流密度可表示为

$$j_1=j_0\exp\left(\frac{\alpha nF}{RT}\eta\right) \tag{2-44}$$

$$j_2=j_0\exp\left[-\frac{(1-\alpha)nF}{RT}\eta\right] \tag{2-45}$$

式中，j_0 为平衡状态下的反应交换电流密度（A/m^2），可反映电化学反应速率快慢，与催化剂的活性以及拓扑结构等因素相关；η 为活化过电势（V），表示为克服电化学反应活化能垒所损失的电势；α 为传输系数，其取决于活化能垒的对称性，表示界面电势影响活化能垒大小的程度，对大部分电化学反应 α 的取值范围为 0.2～0.5，对氢氧质子交换膜燃料电池，α 一般取 0.5。

2.3.2　巴特勒－福尔默方程

电化学反应的速率与温度、浓度、压强以及催化剂等各种物理化学因素有关，经典的巴特勒－福尔默方程揭示了电化学反应中活化过电势与电化学

反应电流密度间的关系。电化学反应净反应速率通过反应净电流密度表示，将式（2-44）与式（2-45）相减可得

$$j = j_1 - j_2 = j_0\left[\exp\left(\frac{\alpha nF}{RT}\eta\right) - \exp\left(-\frac{(1-\alpha)nF}{RT}\eta\right)\right] \tag{2-46}$$

上述方程即为经典的巴特勒－福尔默（Butler-Volmer，B-V）方程，为电化学动力学的基本核心方程。需要指出的是在 B-V 方程中过电势η可定义为

$$\eta = \varphi_{\mathrm{e}} - \varphi_{\mathrm{ion}} - \varphi \tag{2-47}$$

式中，φ 为电极反应的可逆电势（V），阳极侧标准氢电极的可逆电势为 0，因此阳极侧活化过电势为正；φ_{e} 和 φ_{ion} 分别为电子电势和离子电势（V）。

对于阴阳极半电池反应，过电势的正负号是不一样的，通常阳极为正，阴极为负。电势损失与过电势的概念不同，电势损失一般为正，为过电势的绝对值。

热力学平衡状态下电化学反应产生的净电流为零，此时正反应速率等于逆反应速率，即电化学交换电流密度j_0。实际上j_0的影响因素极其复杂，其与反应温度、催化剂材料、催化层结构，以及反应物、生成物的浓度均有关系。基于典型的巴特勒－福尔默方程并考虑上述因素，对氢氧质子交换膜燃料电池建模时，阴、阳极两侧电化学反应的电流密度可分别表示为[8]

$$J_{\mathrm{a}} = j_{0,\mathrm{a}}^{\mathrm{ref}} a_{\mathrm{Pt,a}}(1-s)\theta_{\mathrm{T,a}}\left(\frac{C_{\mathrm{H_2}}}{C_{\mathrm{H_2}}^{\mathrm{ref}}}\right)^{\gamma}\left[\exp\left(\frac{\alpha nF}{RT}\eta_{\mathrm{a}}\right) - \exp\left(-\frac{(1-\alpha)nF}{RT}\eta_{\mathrm{a}}\right)\right] \tag{2-48}$$

$$J_{\mathrm{c}} = j_{0,\mathrm{c}}^{\mathrm{ref}} a_{\mathrm{Pt,c}}(1-s)\theta_{\mathrm{T,c}}\left(\frac{C_{\mathrm{O_2}}}{C_{\mathrm{O_2}}^{\mathrm{ref}}}\right)^{\beta}\left[-\exp\left(\frac{\alpha nF}{RT}\eta_{\mathrm{c}}\right) + \exp\left(-\frac{(1-\alpha)nF}{RT}\eta_{\mathrm{c}}\right)\right] \tag{2-49}$$

式中，$j_{0,\mathrm{a}}^{\mathrm{ref}}$和$j_{0,\mathrm{c}}^{\mathrm{ref}}$分别为阳极和阴极的参考交换电流密度（$\mathrm{A/m^2}$），可反映参考状态下（取决于测试条件）电极反应活化能垒的大小。参考交换电流密度与催化剂活性、拓扑形态以及反应温度等密切相关。由于阳极侧的氢氧化反应的活化能垒远小于阴极侧的氧还原反应，通常$j_{0,\mathrm{a}}^{\mathrm{ref}} >> j_{0,\mathrm{c}}^{\mathrm{ref}}$。$C_{\mathrm{H_2}}^{\mathrm{ref}}$和$C_{\mathrm{O_2}}^{\mathrm{ref}}$分别为氢气和氧气的参考摩尔浓度（$\mathrm{mol/m^3}$）；$\gamma$ 和 β 则代表阳极和阴极浓度项的修正指数，通常情况下 γ 取值为 0.5，β 为 1.0 ~ 3.0；$\theta_{\mathrm{T,a}}$ 和 $\theta_{\mathrm{T,c}}$ 为参考交换电流密度的温度修正系数。此外$a_{\mathrm{Pt,a}}$和$a_{\mathrm{Pt,c}}$分别表示阳极和阴极单位催化层体积下 Pt 催化剂的活性反应面积，其可将参考电流密度转化为单位催化层体积的电流密度。a_{Pt} 的定义为单位质量催化剂能呈现的活性反应面积 ECSA（$\mathrm{m^2/g}$）与单位电极面积的铂载量m_{Pt}（$\mathrm{g/m^2}$）的乘积，再除以催化层的厚度，表示为

$$a_{Pt}=\frac{ECSA\times m_{Pt}}{\delta_{CL}} \tag{2-50}$$

式（2-48）和式（2-49）中，s 表示催化层多孔结构内液态水的饱和度，假定液态水堵塞部分孔隙使得气相反应物无法到达反应位点，导致这些区域催化剂活性位点失效。因此引入（$1-s$）项对电极内实际有效反应面积进行修订。

由于电化学反应活化能垒与材料、催化剂活性、结构及工况等多种因素有关，参考电流密度的取值范围较广，表 2-1 展示了现有文献中常用的阳极和阴极参考交换电流密度取值，参考电流密度通常与参考浓度、温度的选择一一对应。可以看出，不同文献中的阴阳极两侧的参考交换电流密度差异较大，这主要是由于催化剂参数、结构、喷涂效果等不同造成。另外现有仿真模型中部分研究人员将式（2-48）和式（2-49）中的$j_{0,c}^{ref}$和a_{Pt}两者的乘积合并，称为体积参考交换电流密度（A/m^3），作为仿真模型的输入参数。

表 2-1　参考电流密度文献选取表

参考交换电流密度种类	阳极参考交换电流密度$j_{0,a}^{ref}$	阴极参考交换电流密度$j_{0,c}^{ref}$	参考氧气浓度$C_{O_2}^{ref}$和氢气浓度$C_{H_2}^{ref}$ /（mol/m³）	参考文献
面积电流密度	$10.0A/m^2$	$1.5\times10^{-5}A/m^2$	3.39，56.4	[9]
体积电流密度	$1.0\times10^9A/m^3$	$1.0\times10^4/5.0\times10^4A/m^3$	—	[10]
面积电流密度	$1.0\times10^2A/m^2$	$1.0\times10^{-4}A/m^2$	3.39，56.4	[11]
体积电流密度	$8.9\times10^{10}A/m^3$	$1.0\times10^4A/m^3$	40.0，40.0	[12]
面积电流密度	$1.0\times10^4A/m^2$	$1.0A/m^2$	3.39，56.4	[13]
体积电流密度	$1.0\times10^9A/m^3$	$1.0\times10^4A/m^3$	—	[14]
体积电流密度	$1.5\times10^9/2.0\times10^9A/m^3$	$2.8\times10^5/4.0\times10^5A/m^3$	—	[15]

2.3.3　塔费尔方程

典型 B-V 方程式（2-46）中有两个指数项相减，当活化过电势的绝对值过高时，可以省略掉其中的一个指数项，进一步简化过电势与反应速率的关系。假定该反应的活化过电势为正值，B-V 方程式（2-46）可简化为

$$j=j_0\exp\left(\frac{\alpha nF}{RT}\eta\right) \tag{2-51}$$

对式（2-51）两侧同时取对数，活化过电势可进一步通过下式求得：

$$\eta=-\frac{RT}{\alpha nF}\ln j_0+\frac{RT}{\alpha nF}\ln j=a+b\ln j \tag{2-52}$$

式（2-52）即为著名的塔费尔（Tafel）方程，其中 b 为塔费尔斜率，Tafel 方

程表明电极反应极化程度较大时，活化过电势与反应电流密度的对数几乎成正比例关系。需要说明的是，初期的 Tafel 方程是通过实验测试确定的，在电化学理论的发展过程中其出现比 B-V 方程更早。

本章系统介绍了质子交换膜燃料电池的热力学和电化学理论，引出非标准状态（不同温度、浓度和压强）下可逆电压的函数关系，可作为电池仿真过程中的输入参数。另外本章通过电化学理论引出电池的 B-V 方程和简化后的塔费尔方程，反映了电化学反应速率和活化过电势的关系，可作为质子交换膜燃料电池仿真模型中的源项或是直接显式求解出活化过电势。在 B-V 方程中通常涉及温度、浓度和液态水饱和度等多物理场的影响，在仿真模型中需要耦合考虑多物理场传输进行求解，具体的求解思路和方法将在后续章节中展开。

参考文献

[1] 沈维道 , 童钧耕 . 工程热力学 [M]. 北京：高等教育出版社 , 2007.

[2] SCHROEDER D V. An introduction to thermal physics[M]. San Francisco: Addison Wesley, 2000.

[3] 傅献彩 , 沈文霞 , 姚天扬 , 等 . 物理化学 [M]. 北京：高等教育出版社 , 2005.

[4] JIAO K, LI X. Three-dimensional multiphase modeling of cold start processes in polymer electrolyte membrane fuel cells[J]. Electrochimica Acta, 2009, 54(27): 6876-6891.

[5] JIAO K, XUAN J, DU Q, et al. Designing the next generation of proton-exchange membrane fuel cells[J]. Nature, 2021, 595(7867): 361-369.

[6] ZHANG G, QU Z, TAO W Q, et al. Porous Flow Field for Next-Generation Proton Exchange Membrane Fuel Cells: Materials, Characterization, Design, and Challenges[J]. Chemical Reviews, 2023, 123(3): 989-1039.

[7] YOSHIMUNE W, YAMAGUCHI S, KATO S. Insights into Oxygen Transport Properties of Partially Saturated Gas Diffusion Layers for Polymer Electrolyte Fuel Cells[J]. Energy & Fuels, 2023, 37(10): 7424-7432.

[8] ZHANG G, JIAO K. Multi-phase models for water and thermal management of proton exchange membrane fuel cell: a review[J]. Journal of Power Sources, 2018, 391: 120-133.

[9] WANG N, QU Z, ZHANG G. Modeling analysis of polymer electrolyte membrane fuel cell with regard to oxygen and charge transport under operating conditions and hydrophobic porous electrode designs[J]. eTransportation, 2022, 14: 100191.

[10] ZHOU J, SEO B, WANG Z, et al. Investigation of a cost-effective strategy for polymer electrolyte membrane fuel cells: high power density operation[J]. International Journal of Hydrogen Energy, 2021, 46(71): 35448-35458.

[11] ZHANG G, WU L, QIN Z, et al. A comprehensive three-dimensional model coupling channel multi-phase flow and electrochemical reactions in proton exchange membrane fuel cell[J]. Advances in Applied Energy, 2021, 2: 100033.

[12] ZUO Q, LI Q, CHEN W, et al. Optimization of blocked flow field performance of proton exchange membrane fuel cell with auxiliary channels[J]. International Journal of Hydrogen En-

ergy, 2022, 47(94): 39943-39960.

[13] ZHOU Y, CHEN B, CHEN W, et al. A novel opposite sinusoidal wave flow channel for performance enhancement of proton exchange membrane fuel cell[J]. Energy, 2022, 261: 125383.

[14] MIN X, XIA J, ZHANG X, et al. Study on the output performance of the proton exchange membrane fuel cells using print circuit board[J]. Renewable Energy, 2022, 197: 359-370.

[15] BAGHERIGHAJARI F, RAMIAR A, ABDOLLAHZADEHSANGROUDI M, et al. Numerical simulation of the polymer electrolyte membrane fuel cells with intermediate blocked interdigitated flow fields[J]. International Journal of Energy Research, 2022, 46(11): 15309-15331.

燃料电池多物理场宏观模型及仿真

3.1　燃料电池结构和物理过程介绍

质子交换膜燃料电池工作过程涉及质量传递、动量传递、热量传递、组分扩散、电荷转移等多种传输现象及电化学反应等多物理场耦合过程，同时伴随着不同状态水的生成、相变、输运和膜吸水 / 放水等过程 [1]。另外质子交换膜燃料电池结构复杂，涉及微观纳米级别（催化剂）到宏观米级别（电堆层面）的结构尺度跨越，是一个典型的跨尺度、多相态、多物理场的复杂电化学能量转化装置 [2]。图 3-1 所示为典型质子交换膜燃料电池结构，从图中可知，燃料电池内部包含双极板（Bipolar Plate，BP）、流道（Channel，CH）、气体扩散层（Gas Diffusion Layer，GDL）、微孔层（Micropores Layer，MPL）、催化层（Catalyst Layer，CL）及质子交换膜（Proton Exchange Membrane，PEM）等部件，各部件结构复杂且相互影响，气 − 水 − 热 − 电 − 力等传输过程高度耦合，对其进行精准快速的预测难度较大。

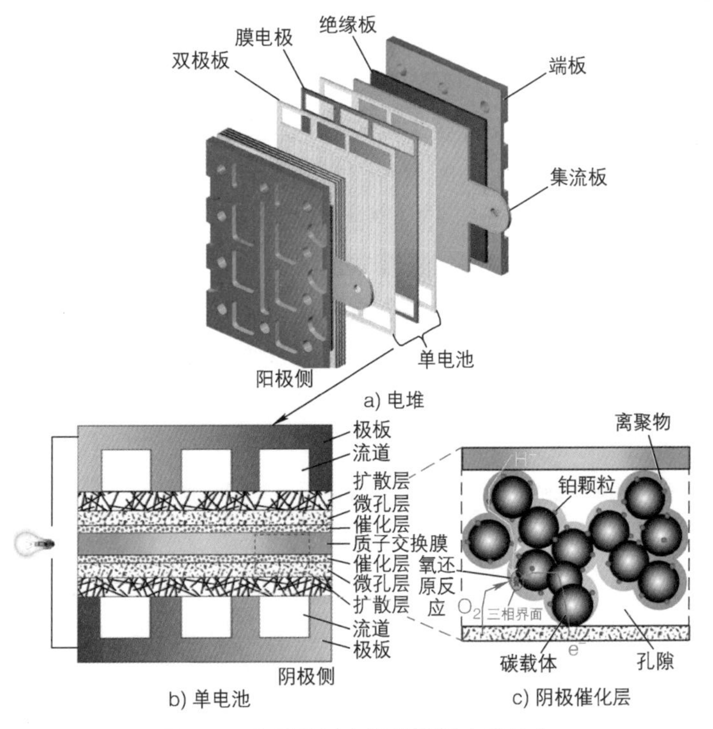

图 3-1　典型质子交换膜燃料电池结构

极板是燃料电池中重要的部件，其内部嵌有的流场结构将反应气体由入口尽可能均匀地分配到整个燃料电池，同时排出燃料电池中的产物水和热量。极板固体部分则起到传导电子、热量和机械支撑的作用。因此极板和流场结构设计对于电池内部多个物理量（如速度、气体浓度、温度、电流密度等）的分布均匀性具有决定性影响，也在很大程度上影响电池整体性能[3]。极板 / 流场结构设计对燃料电池性能的影响机制见表 3-1。

表 3-1　极板 / 流场结构设计对燃料电池性能影响机制[3]

极板	主要功能	对燃料电池性能主要影响物理量
流场	反应气体供给及分布	影响燃料电池浓差损失 对电流密度分布具有重要影响
	液态水排出	影响燃料电池欧姆损失 对电流密度分布具有重要影响
	热量传输	影响燃料电池欧姆损失 影响燃料电池活化损失 影响燃料电池浓差损失 对电池内温度分布起决定性作用
固体区域	电子传导	影响燃料电池欧姆损失
	机械支撑	影响燃料电池电堆结构力学特征

流场结构设计对燃料电池内反应气体向扩散层的传输与液态水的排出过程有着重要影响。因此流场结构设计要求其能够强化通道内气体向催化层的传输，并提高反应物浓度分布均匀性，同时具有较低的压降以降低泵功损耗。由于工作温度较低，质子交换膜燃料电池运行时产生的液态水会堵塞流道和多孔电极孔隙，阻碍氧气的传输并造成传质损失，这要求流场的结构设计应具有良好的排出液态水的能力。其次极板固体区域与扩散层直接接触实现电子收集，需设计有足够有效的接触面积以保证良好的电子传导性。特别是扩散层中流场通道下方的电子需在燃料电池平面方向内横向传输，这部分电子传导造成的欧姆损失也是流场结构设计过程中应重点考虑的问题。

目前广泛应用的流场结构主要有平行流场、蛇形流场、叉指流场，这些流场结构具有明显的沟（即流道）和脊（即固体肋骨区域）两种显著特征。图 3-2 所示为平行流场、蛇形流场和叉指流场结构，如图所示，在平行流场中反应气体经由入口进入歧管分配到每一根直流道，然后汇总到出口歧管流出燃料电池，这种流场形式的最大优点是压降低，但其反应物分配均匀性差，在靠近出口歧管的中间多根流道中很容易出现低反应气体浓度区域，导致燃料电池性能很差[4]。蛇形流场结构的典型特征是从入口到出口之间只有一条流动路径，燃料电池产生的液态水被气体从入口一直“吹”到出口，因此这种流场结构具有比较优异的排水性能，相邻两根平行流道之间的压力差也会促进脊下的对流传质，有利于提升燃料电池性能，然而相比平行流场，蛇形流场结构的压降也较大[5]。在叉指流场中，“死端”结构设计强迫反应气体向气体扩散层进行对流传输，极大改善了相邻流道之间的气体传输，有利于降低脊下的传质损失，相应地燃料电池性能也有较大提升，但这种流场结构造成的压降过高[1]。对于大型燃料电池来说，如电池活化面积为 300 ~ 400cm^2 的车用燃料电池堆，上述三种简单流场结构往往难以满足气体分布均匀性和降低压降等需求，因此需进一步改进设计。例如将平行流场的进出口歧管设计改为点阵结构，尽可能将进口气体均匀分配到每一根流道中，提升整体均匀性[6]。另外目前也有一些基于仿生理念设计的流场结构，如分形结构[7]、叶脉结构、树形结构[8]、肺结构[9]等。考虑到这些仿生流场结构仍具有典型的“沟－脊”结构特征，本书也将其归类到沟脊结构流场范畴。此外还有一些采用泡沫等多孔介质材料的多孔流场结构[10]。

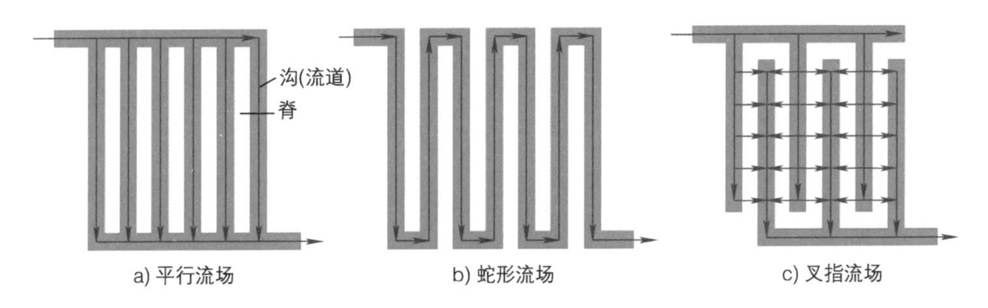

图 3-2 平行流场、蛇形流场和叉指流场结构

极板的材料可大致分为石墨、金属和复合材料三种。石墨作为极板材料具有优异的抗腐蚀性能、化学稳定性和热导率。但是石墨材料力学性能较差，易碎且氢气容易穿透，通常石墨材料极板厚度较大，造成燃料电池体积和重量增大，不利于燃料电池功率密度的提升。因此石墨极板常应用于对燃料电池堆重量和体积不敏感的场合下，如商用车和固定发电站等。金属极板材料有钛合金、不锈钢等，金属材料在电导率方面具有明显优势，而且金属极板力学性能好，容易加工成超薄极板。因此当前几乎所有燃料电池乘用车的极板都选择金属材料，以便提高电堆紧凑性，提升功率密度。但是金属极板在抗化学腐蚀和接触电阻等方面存在不足。特别是质子交换膜燃料电池的酸性环境使得金属容易出现腐蚀现象，溶解的金属离子会攻击膜中的电解质，造成膜耐久性降低。通常人们采用一定措施如在极板表面做涂层或者对极板基材进行表面改性等来提升金属极板的抗腐蚀

性。复合型双极板则利用热固性或热塑性树脂作为原材料，其质量更轻且易于加工。但由于复合树脂材料的导电性差，在复合极板加工过程中，需要额外添加金属或碳基填充材料以增强导电性，但是这些填充材料对极板的力学性能会有一定损害。

除极板外，膜电极（Membrane Electrode Assembly，MEA）的制备和设计也对燃料电池内部多物理场分布有重要的影响。燃料电池内部多物理场分布的不一致性进一步导致电堆中多物理场参数的不一致性差异显著，从而影响电堆性能和寿命。探索燃料电池内部多物理场传输与电化学反应耦合机制，对下一代燃料电池流场与膜电极的优化设计以及关键材料的选型至关重要。受限于传统实验测试方法，目前很难获得电池内部详细的多物理场的传输机制和分布信息，仅能从宏观性能角度展现和分析电池性能，如通过极化曲线、高频阻抗（High Frequency Resistance，HFR）、电化学阻抗谱（Electrochemical Impedance Spectroscopy，EIS）等方法。尽管部分先进的测量技术可以实现电池内局部电流密度、温度和湿度分布的测试[11，12]，但其仍存在分辨率低、关键多物理场分布信息（如组分、液态水以及膜态水分布等）缺失以及无法探测尺度更小的多孔电极的内部信息等不足。另外实验研究中还可以使用光学透明电池[13]、X 射线断层扫描[14]、中子成像技术[15]等方法获得电池内部液态水等分布规律，但其在实验成本和分辨率等方面也面临着诸多挑战。综合考虑实验研究的成本、开发时间及其局限性等因素，亟须结合仿真建模手段揭示电池内部复杂的电化学反应和多物理场传输过程，指导电池和部件层面的优化设计。

由于燃料电池的结构和物理过程跨越多个几何和时间尺度，构建包含跨尺度、全形态、全物理过程的燃料电池仿真模型受到时间、空间尺度的限制[16]，并且各尺度间界面数据的传递和耦合也相当复杂。通常根据研究对象和关注问题的不同之处，人们采用不同尺度模型分别进行研究。例如，为在全电池层面上反映燃料电池的多物理场传输规律，人们通常构建燃料电池单电池的宏观数学模型，模型中需要对燃料电池中微纳尺度的拓扑结构及物理现象做合理的简化，如忽略膜电极的真实拓扑结构，通过引入经验关联式等来反映多孔介质孔隙结构对气体扩散、水传递的影响等[17]；为反映部件层面更为真实的拓扑结构特征和气－液两相流动力学，通常可以采用孔尺度数学模型[18]；在微观层面上阐明不同材料体系下分子传输的过程则可以采用分子动力学方法等[19]。本章主要介绍近年来常用的质子交换膜燃料电池宏观仿真模型，包含正常运行工况下的燃料电池稳态模型、典型瞬态模型和冷启动条件下的宏观模型，基于格子玻尔兹曼方法（Lattice Boltzmann Method，LBM）的多孔电极模型以及基于分子动力学（Molecular Dynamics，MD）的分子传输过程的微观模型将在下一章详细介绍。

3.2　燃料电池三维两相宏观模型

由于质子交换膜燃料电池的运行温度范围为 60 ~ 95℃，通常在流道和多孔电极中液态水和水蒸气共存，如何准确反映其中的气 - 液两相流是燃料电池建模的核心之一。在燃料电池正常运行过程中，流道和多孔电极中涉及液态水团簇的流态转变、聚集、破碎及排出等气 - 液两相流现象，捕捉其气 - 液相界面可以更好地分析对应液滴动力学状态和排出机制。目前一般可使用流体体积方法（Volume of Fluid，VOF）、欧拉 - 欧拉方法以及 LBM 等方法进行研究。然而由于时间和空间尺度的限制，上述可捕捉相界面的方法与电化学反应以及其他传输现象的模型耦合存在困难 [20]，想要同时反映电池的宏观性能必须对气液两相流建模进行合理简化。因此目前通用燃料电池宏观数学模型中均不考虑气液两相流的相界面捕捉，仅通过液态水饱和度来反映液态水的含量与分布状态。根据气 - 液两相流问题的处理方法进行划分，目前存在两种主流的燃料电池宏观尺度两相流模型，分别为两流体（Two-fluid）模型 [21] 和多相混合模型（Multi-phase Mixture，M^2）[22] 模型。两流体模型中气相与液相流体各自建立控制方程，即单独列出液态水的连续性方程，在多孔电极中结合达西定律推导出液压方程进行液压求解，再通过多孔介质中毛细压力与饱和度的关系计算获得液态水饱和度的分布特征；而 M^2 模型中将气态水和液态水看为一种混合物，所求解方程中的物性由气体和液态水各自物性共同决定，该模型中没有单独求解液态水的方程，而是通过混合物质的浓度推断出液态水的饱和度。

3.2.1　模型计算域选取

在燃料电池宏观建模和仿真过程中，首先需要确立模型的计算域，合理的计算域选取和简化（如简化密封区域、几何结构改善等）可以在不影响计算精度的情况下简化烦琐的前处理过程。对于车用燃料电池，其活化面积一般为 300 ~ 500cm^2，考虑到计算消耗和模型收敛性的限制，现有燃料电池仿真研究中通常选用单根代表性的流道或小尺度代表单元（< 50cm^2）进行数值仿真，获得燃料电池性能的定性变化规律。图 3-3 所示为典型燃料电池代表单元计算域，其流道形式为平行直流道，整个计算域由阴阳极两侧的双极板、流道、气体扩散层、微孔层、催化层及质子交换膜等部件组成。对于气体扩散层、微孔层、催化层等多孔

电极区域，宏观模型中采用一整块流体域，不包含其中的复杂拓扑结构，通过达西定律（Darcy's law）和物性修正来描述多孔电极中气、液传输过程。这种代表性单元或单流道燃料电池的数值仿真可以定性反映电池多物理场分布特征，并且辅助电池结构或运行工况的优化，指导研发前期关键参数的选型。但由于计算域过于简化，其通常忽略了实际燃料电池电堆中的重要几何和结构特征，如实际较大的活化面积、单电池进出口处气体的分配、冷却水流动以及进出口歧管的相对位置等，且不能考虑复杂流场结构形式下各个流道间的相互作用。例如有研究表明在考虑入口端点阵分流的大尺度燃料电池的单电池中，相邻流体通道间的压差可以驱动脊下横向对流传质，其有助于强化脊下氧气传输和液态水的排出。

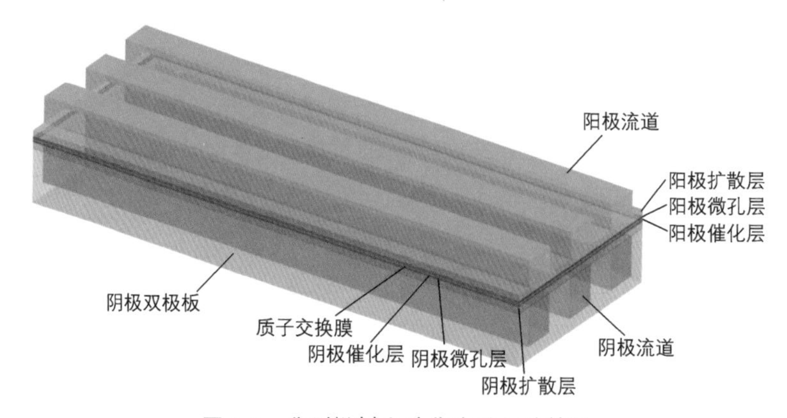

图 3-3　典型燃料电池代表单元计算域

现有燃料电池正逐步向高功率密度、大活化面积发展，电池内的流动分配、水热管理等问题更加显著，代表性单元或单流道模型已经不能满足仿真需求，亟待拓展计算域至大尺度燃料电池层面。近年来文献中报道的典型大尺度燃料电池仿真模型的计算域及其他相关信息见表 3-2。如 Wang 等[23]在 2006 年首次发展了大尺度 PEMFC 宏观数值仿真模型，燃料电池的有效活化面积达到 $200cm^2$，电池流场采用多条平行蛇形流道结构，但在这项模拟工作中并未考虑气液两相流和歧管进出口的相对位置等的影响。Yong 等[24]针对具有沟脊分流结构和冷却液流动通道的燃料电池建立了宏观数学模型，计算域的有效活化面积达到 $107.44cm^2$，但该模型中冷却液入口和出口的相对位置与实际燃料电池堆的布置并不一致。Zhang 等[25]发展了大尺度燃料电池的多相流模型，该电池的有效活化面积为 $109.93cm^2$，模型中将冷却液通道内对流换热过程进行了简化，将冷却液通道壁面设置为沿着流动方向温度线性增加的第一类边界条件。随后 Atyabi 等[26]和 Carcadea 等[27]将燃料电池模型计算域的活化面积扩展至约 $200cm^2$ 量级，

表 3-2　现有大尺度燃料电池数值模型计算域及相关信息

文献	流道结构和双极板材料	反应面积 /cm^2	分配区结构	冷却液流动	进出口的相对位置	计算域	论文发表时间
Wang 等 [23]	平行蛇形流场；石墨双极板	200.0	未考虑	考虑	未考虑	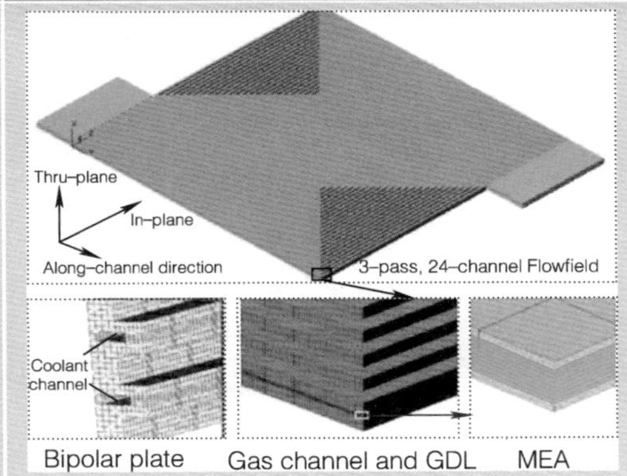	2006
Yong 等 [24]	平行蛇形流场；石墨双极板	107.44	沟脊结构	考虑	考虑；忽略冷却液进出口的相对位置	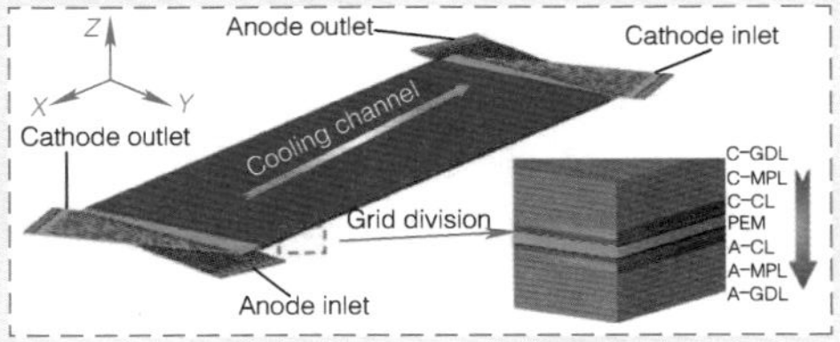	2022
Yin 等 [28]	阳极蛇形流场；阴极平行流场；石墨双极板	406.0 缩小至 23.04	沟脊结构	考虑	考虑	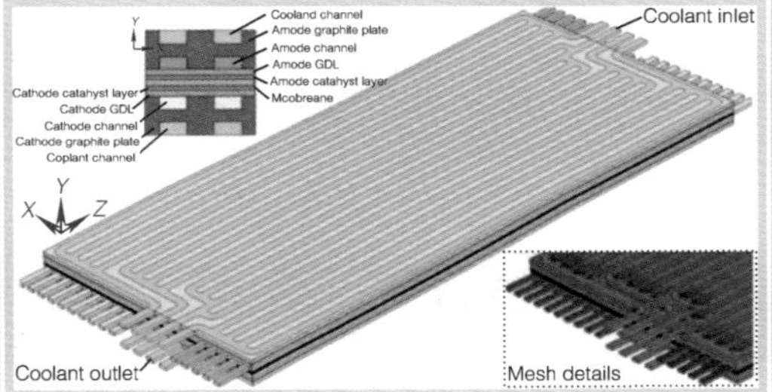	2022

（续）

文献	流道结构和双极板材料	反应面积 /cm^2	分配区结构	冷却液流动	进出口的相对位置	计算域	论文发表时间
Atyabi 等 [26]	平行流场；石墨双极板	225.0	未考虑	考虑	未考虑	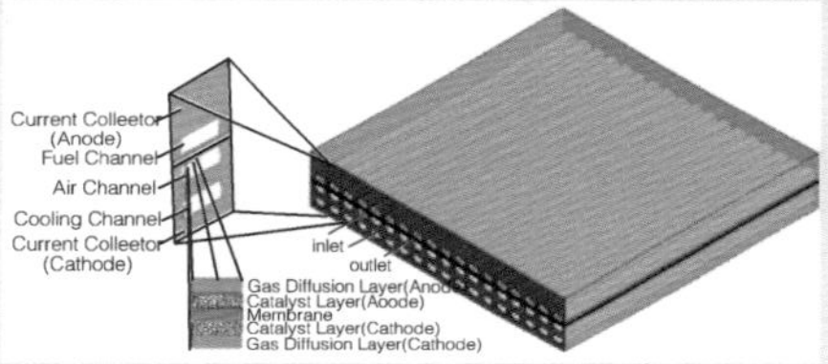 Current Colleetor (Anode) Fuel Channel Air Channel Cooling Channel Current Colleetor (Cathode) inlet outlet Gas Diffusion Layer(Anode) Catalyst Layer(Anode) Membrane Catalyst Layer(Cathode) Gas Diffusion Layer(Cathode)	2021
Tsukamoto 等 [29]	点阵和平行流场；金属双极板	300.0	点阵结构	考虑	考虑	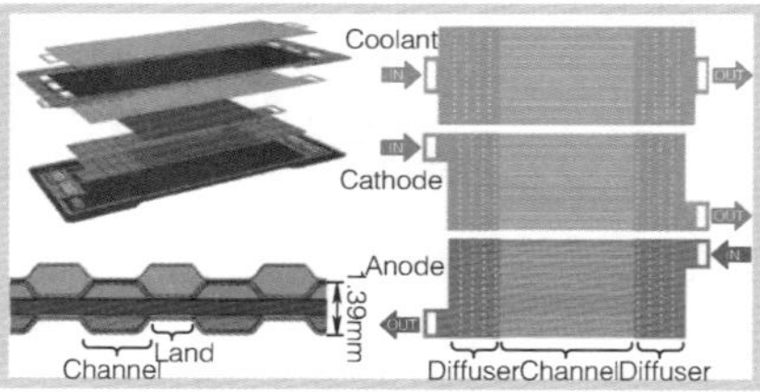 Coolant Cathode Anode 1.39mm Channel Land DiffuserChannelDiffuser	2021
Carcadea 等 [27]	平行蛇形流场；石墨双极板	200.0	未考虑	未考虑	未考虑	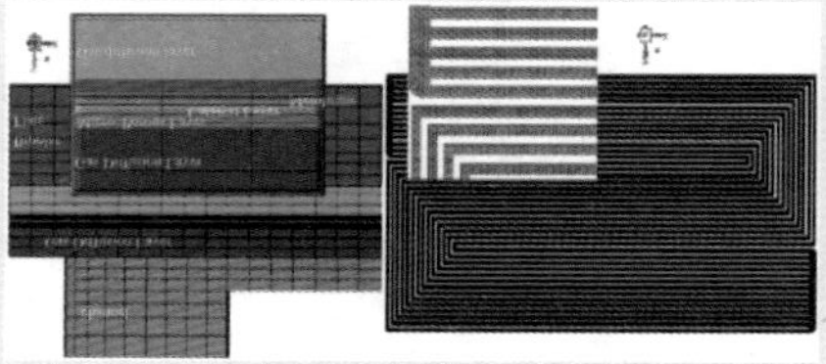	2020
Zhang 等 [25]	平行蛇形流场；石墨双极板	109.93	沟脊结构	未考虑	考虑	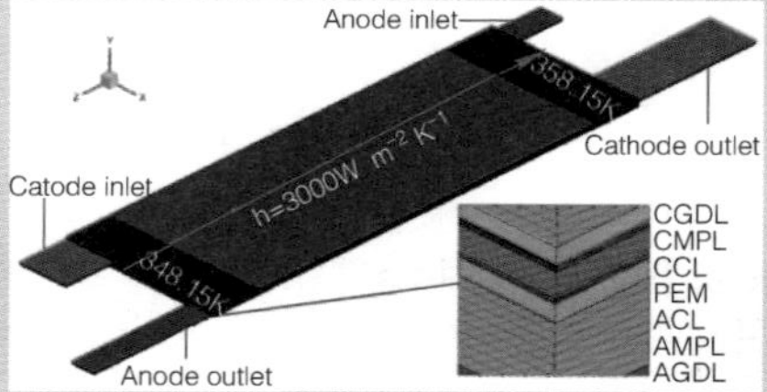 Anode inlet Cathode outlet Catode inlet Anode outlet 358.15K 348.15K h=3000W m⁻² K⁻¹ CGDL CMPL CCL PEM ACL AMPL AGDL	2019

但上述模型中也未考虑气体、冷却液入口和出口的分配区域与相对位置的影响。受制于网格数量限制，Yin 等[28]将大尺度燃料电池计算域从 406.0cm^2 等比例缩小为 23.04cm^2，在严格验证了电流密度分布趋势的基础上，利用模型全面分析了影响宏观性能的局部多物理量分布规律。最近 Tsukamoto 等[29]针对有效活化面积为 300cm^2 的燃料电池建立了全尺寸电池宏观数学模型，并基于该模型通过对膜电极组件的材料选型和物性优化，实现了燃料电池电堆功率密度 6.0kW/L 的目标，明确了膜电极未来的研发方向。

总体而言，代表性单流道或者小尺度燃料电池模型可用于燃料电池内多物理过程定性分析和传输机理揭示，而大尺度燃料电池模型更偏向于实际燃料电池的结构设计与优化。尽管目前燃料电池模型的计算域对应的电池有效活化面积已经开始逐步扩大，但仍需更多的研究将燃料电池仿真模型扩展到车用级别（电池有效面积 > 300cm^2）。此外，为了减少计算消耗和增加燃料电池数值模型的鲁棒性，现有的大尺度燃料电池数值模型通常忽略若干关键的结构特征，如分配区、冷却液流动以及歧管的进出口位置等，后续模型的开发需要进一步克服这些问题，实现全尺寸燃料电池模型的进一步发展，助力完成单电池层面详细的多物理场分析和结构优化。

3.2.2　控制方程

本节将分别对基于两流体和 M^2 模型的燃料电池宏观数学模型进行详细阐述，模型的控制方程包括质量守恒方程、动量守恒方程、组分守恒方程、能量守恒方程以及电荷守恒方程等。值得注意的是该组通用控制方程可适应于不同类型的计算域。模型中引入的基本假设包括：①假设气体为理想气体并且层流流动；②不考虑气体穿过膜的现象，假设电子传输完全被膜阻隔；③忽略重力的影响；④假设电化学反应生成水的状态为膜态水；⑤假设催化层由均匀分布的球形结块组成，结块内部离聚物均匀覆盖于 Pt/C 之上，Pt 颗粒均匀分布在碳载体上。

首先采用两流体模型对流道和多孔电极内的气液两相流动与组分扩散过程进行数学描述。气体相的质量守恒方程可表达为

$$\frac{\partial}{\partial t}\left[\varepsilon(1-s)\rho_{\mathrm{g}}\right]+\nabla\cdot\left(\rho_{\mathrm{g}}\boldsymbol{u}_{\mathrm{g}}\right)=S_{\mathrm{m}} \tag{3-1}$$

式中，t 是时间（s）；ε 是孔隙率，注意对流道区域孔隙率取值为 1；s 是液态水饱和度；ρ_{g} 是混合气体密度（kg/m^3）；S_{m} 是质量方程的通用源项 [kg/（m^3·s）]；$\boldsymbol{u}_{\mathrm{g}}$ 是气体表观速度矢量（m/s）。

气体相的动量守恒方程为

$$\frac{\partial}{\partial t}\left[\frac{\rho_g \boldsymbol{u}_g}{\varepsilon(1-s)}\right]+\nabla\cdot\left[\frac{\rho_g \boldsymbol{u}_g \boldsymbol{u}_g}{\varepsilon^2(1-s)^2}\right]=-\nabla p_g+\mu_g\nabla\cdot\left\{\nabla\left[\frac{\boldsymbol{u}_g}{\varepsilon(1-s)}\right]+\nabla\left[\frac{\boldsymbol{u}_g}{\varepsilon(1-s)}\right]^{\mathrm{T}}\right\}-\frac{2}{3}\mu_g\nabla\cdot\left\{\nabla\cdot\left[\frac{\boldsymbol{u}_g}{\varepsilon(1-s)}\right]\boldsymbol{I}\right\}+\boldsymbol{S}_u \tag{3-2}$$

式中，p_g 是混合气体压力（Pa）；μ_g 是混合气体动力黏度（Pa・s）；$\boldsymbol{S}_u$ 是动量方程源项 [kg/（m^2・s^2）]；$\boldsymbol{I}$ 是单位张量。

在气体流道中，动量方程的源项为 0，而在多孔介质中源项则描述多孔电极对流体流动的阻力作用，一般用达西定律来体现，其表达式将在下一小节控制方程的源项中充分展示。

气体组分守恒方程为

$$\frac{\partial}{\partial t}\left[\varepsilon(1-s)\rho_g Y_i\right]+\nabla\cdot(\rho_g \boldsymbol{u}_g Y_i)=\nabla\cdot(\rho_g D_i^{\mathrm{eff}}\nabla Y_i)+S_i \tag{3-3}$$

式中，Y_i 是组分 i（i 代表 H_2、O_2 或 H_2O）的质量分数；D_i^{eff}表示组分 i 的有效扩散系数（m^2/s）。

考虑到多孔介质孔隙结构及液态水存在对气体组分扩散过程的影响，各组分的有效扩散率可由经典布鲁克曼公式（Bruggeman equation）修正，具体表示为

$$D_i^{\mathrm{eff}}=D_i\varepsilon^{1.5}(1-s)^{1.5} \tag{3-4}$$

式中，D_i 是组分 i 的固有扩散系数（m^2/s），与温度和压力有关 [17]，通常表示为

$$D_i=D_{i,\mathrm{ref}}\left(\frac{T}{T_{\mathrm{ref}}}\right)^{1.5}\left(\frac{p_{\mathrm{ref}}}{p}\right) \tag{3-5}$$

式中，T_{ref} 是参考状态温度（K），设定为 333.15K；p_{ref} 是参考状态压力（Pa），设定为 101325Pa；$D_{i,\mathrm{ref}}$ 是参考状态下组分 i 的扩散系数（m^2/s）。

在流道、扩散层和微孔层孔隙中，气体组分的扩散过程以分子扩散为主，可用式（3-5）计算气体扩散系数。而催化层中的孔隙尺度通常小于 100nm，与气体分子的平均自由程量级相近，因此需要同时考虑分子 / 菲克扩散和克努森扩散的共同作用 [30]，此时气体的扩散系数可定义为

$$D_i=\left(\frac{1}{D_{\mathrm{m},i}}+\frac{1}{D_{\mathrm{Kn},i}}\right)^{-1} \tag{3-6}$$

$$D_{\mathrm{Kn},i}=\frac{d_p}{3}\sqrt{\frac{8RT}{\pi M_i}} \tag{3-7}$$

式中，$D_{\mathrm{Kn},i}$ 是克努森扩散系数（$\mathrm{m^2/s}$）；d_p 是孔隙直径（m）；R 是理想气体常数 [J/（mol · K）]；M_i 是组分 i 的摩尔质量（kg/mol）。

两流体模型处理气 – 液两相流问题的核心是单独考虑液态水的传输过程，多孔电极中液态水的质量守恒方程可表示为

$$\frac{\partial}{\partial t}(\varepsilon s \rho_1) + \nabla \cdot (\rho_1 \boldsymbol{u}_1) = S_1 \tag{3-8}$$

式中，ρ_1 是液态水的密度（$\mathrm{kg/m^3}$）；$\boldsymbol{u}_1$ 是液态水表观速度矢量（m/s）；S_1 是液态水生成的源项 [kg/（$\mathrm{m^3}$ · s）]，一般受到蒸发 / 冷凝或膜吸水 / 放水过程影响。

多孔电极中液态水的动量方程可结合达西定律进行简化，达西定律描述流体通过多孔介质时速度与压力的梯度呈线性关系，即

$$\boldsymbol{u}_1 = -\frac{K k_1}{\mu_1} \nabla p_1 \tag{3-9}$$

式中，μ_1 是液态水的动力黏度（Pa · s）；K 是多孔介质的固有渗透率（$\mathrm{m^2}$）；k_1 是液态水的相对渗透率，考虑气相对液相的阻碍程度，可以表示为液态水饱和度的函数 [31]：

$$k_1 = s^n \tag{3-10}$$

式中，n 可以为 3.0 或 4.0。

结合式（3-8）和式（3-9）可推出液相压力方程，对应的表达式为

$$\frac{\partial}{\partial t}(\rho_1 \varepsilon s) = \nabla \cdot \left(\rho_1 \frac{K k_1}{\mu_1} \nabla p_1 \right) + S_1 \tag{3-11}$$

液态水在多孔电极中受毛细压力的驱动传输，毛细压力等于气相压力和液相压力的差值：

$$p_\mathrm{c} = p_\mathrm{g} - p_1 \tag{3-12}$$

通常毛细压力与多孔介质内的液态水饱和度有关，想要确定多孔电极内液态水饱和度的分布状态，需引入毛细压力和液态水饱和度的对应关系。Leverett-J 公式是典型的毛细压力与饱和度关系式，其来源于对岩石中渗流的实验测试，经常被用于燃料电池宏观两相流模型中，其表达形式为

$$p_\mathrm{c} = \begin{cases} \sigma \cos\theta \left(\dfrac{\varepsilon}{K} \right)^{0.5} \left[1.42(1-s) - 2.12(1-s)^2 + 1.26(1-s)^3 \right], & \theta < 90° \\ \sigma \cos\theta \left(\dfrac{\varepsilon}{K} \right)^{0.5} \left[1.42s - 2.12s^2 + 1.26s^3 \right], & \theta \geqslant 90° \end{cases} \tag{3-13}$$

式中，σ 是液态水的表面张力系数（N/m）；θ 是多孔介质的接触角（°），用以表征多孔电极的亲疏水性，接触角大于 90° 为疏水表面，接触角小于 90° 为亲水表面。

在燃料电池多孔电极中，液相压力和气相压力各自连续分布。但是燃料电池内不同的多孔介质层对应的结构参数与属性（如渗透率、孔隙率和接触角等）不同，从而导致在燃料电池内不同属性的多孔介质（如扩散层、微孔层、催化层等）的交界面上，会出现液态水饱和度阶跃的现象（Liquid jump phenomenon）。近些年学者们发现 Leverett-J 方程在燃料电池中的应用可能存在偏差，后续也有很多研究通过实验 [32] 或孔尺度计算 [33] 的方法对燃料电池实际多孔电极材料内毛细压力和饱和度的关系进行了修正，获得不同工况下的对应关系。

对气体流道中的气液两相流动，液态水的质量守恒方程也可表示为与式（3-8）相同的形式：

$$\frac{\partial}{\partial t}(s\rho_1)+\nabla\cdot(\rho_1\boldsymbol{u}_1)=S_1 \tag{3-14}$$

在模拟流道中气液两相流动时，通常假设气态水的流速和液态水的流速之比为 1。然而在燃料电池实际运行过程中，由于液态水含量、表面张力、壁面接触角和气体流速等的作用，流道内液态水流动呈现出不同的流态 [34]，液体流速和气体流速通常并不相等。因此，有学者假设流场通道中的气体流动和液态水流动均符合描述多孔介质内流动的达西定律 [31]，以此可以推导获得两者之间的速度关系。

基于达西定律，气体的速度可表示为

$$\boldsymbol{u}_{\mathrm{g}}=-\frac{Kk_{\mathrm{g}}}{\mu_{\mathrm{g}}}\nabla p_{\mathrm{g}} \tag{3-15}$$

式中，k_{g} 是气相流动的相对渗透率，可表达为

$$k_{\mathrm{g}}=(1-s)^n \tag{3-16}$$

结合式（3-9）、式（3-14）和式（3-15）可得

$$\frac{\partial}{\partial t}(\rho_1 s)+\nabla\cdot\left[\rho_1 f\left(s\right)\boldsymbol{u}_{\mathrm{g}}\right]=\nabla\cdot(D_{\mathrm{s}}\nabla s)+S_1 \tag{3-17}$$

$$D_{\mathrm{s}}=-\frac{\rho_1 Kk_1}{\mu_1}\frac{\mathrm{d}p_{\mathrm{c}}}{\mathrm{d}s} \tag{3-18}$$

$$f(s)=\frac{\mu_{\mathrm{g}}k_1}{\mu_1 k_{\mathrm{g}}} \tag{3-19}$$

因此求解式（3-17）可以获得气体流道内液态水的分布状态。对于燃料电池多孔电极（扩散层、微孔层和催化层等）区域内的液态水传输，通过求解液压方程式（3-9），并结合 Leverett-J 方程来体现多孔电极交界面上饱和度的阶跃现象。在气体通道与扩散层交界面处还需要关注交界面上的数据交换，保证液态水通量守恒。图 3-4 所示为液态水方程在 CH/GDL 交接面上数据交换的耦合处理方法，对于多孔电极中的液压方程，在交接面上采用通过式（3-12）求解的液压作为第一类边界条件；而对于流道中液态水守恒方程，考虑电极内部液态水向流道的排出过程，基于通量守恒，将液压通量转化为近壁面处的“假想源项”进行处理。

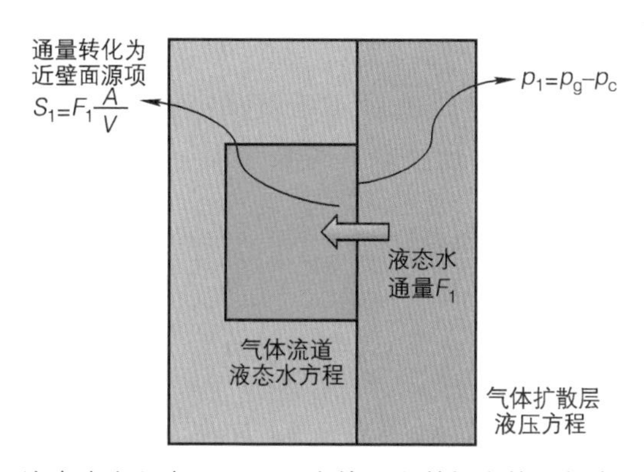

图 3-4　液态水方程在 CH/GDL 交接面上数据交换的耦合处理方法

除两流体模型外，M^2 模型也常被用于燃料电池内气 – 液两相流动与多组分传输过程的数值模拟。与两流体模型不同，M^2 模型的核心思想是将气相和液相视为一个混合相，通过一组混合相的质量、动量和组分守恒方程来实现两相流模拟，其主要的模型控制方程 [35] 为

$$\frac{\partial(\rho\varepsilon)}{\partial t}+\nabla\cdot(\rho\boldsymbol{u})=0 \tag{3-20}$$

$$\frac{1}{\varepsilon}\left[\frac{\partial(\rho\boldsymbol{u})}{\partial t}+\frac{1}{\varepsilon}\nabla\cdot(\rho\boldsymbol{u}\boldsymbol{u})\right]=\nabla\cdot(\mu_{\text{eff}}\nabla\boldsymbol{u})-\nabla p-\frac{\mu_{\text{eff}}}{K}\boldsymbol{u} \tag{3-21}$$

$$\frac{\partial(C_i)}{\partial t}+\nabla\cdot(\gamma_{\text{c}}\boldsymbol{u}C_i)=\nabla\cdot\left[D_{\text{g}}^{i,\text{eff}}\nabla C_{i,\text{g}}\right]-\nabla\cdot\left[\left(\frac{mf_{1,i}}{M_i}-\frac{C_{i,\text{g}}}{\rho_{\text{g}}}\right)\boldsymbol{j}_1\right]-\nabla\cdot\left(\frac{n_{\text{d}}}{F}\boldsymbol{I}_{\text{ion}}\right)+S_i \tag{3-22}$$

式中，C_i 是组分的摩尔浓度（mol/m^3）；γ_{c} 是对流修正系数。

在上述方程中，混合相的物性采用下列公式进行确定：

$$\rho=\rho_{\text{g}}(1-s)+\rho_{\text{l}}s \tag{3-23}$$

$$\mu = \frac{\rho_g(1-s)+\rho_l s}{k_g / \nu_g + k_l / \nu_l} \tag{3-24}$$

式中，k_g 和 k_l 分别是气体相和液体相的相对渗透率；ν_g 和 ν_l 是气体和液体的运动黏度（m^2/s）。

对流修正系数 γ_c 可以通过以下方式求解：

$$\gamma_c = \begin{cases} \dfrac{\rho}{C_{H_2O}}\left(\dfrac{\lambda_l}{M_{H_2O}} + \lambda_g \dfrac{C_{sat}}{\rho_g}\right), & \text{对于水混合相} \\ \dfrac{\rho\lambda_g}{\rho_g(1-s)}, & \text{对于其他气体组分} \end{cases} \tag{3-25}$$

式中，C_{H_2O}和C_{sat}分别是水混合相的摩尔浓度和水蒸气的饱和浓度（mol/m^3）；λ_l 和 λ_g 分别是液体和气体的相对迁移数，可表示为

$$\lambda_l(s) = \frac{k_{rl} / \nu_l}{k_{rl} / \nu_l + k_{rg} / \nu_g} \tag{3-26}$$

$$\lambda_g(s) = 1 - \lambda_l(s) \tag{3-27}$$

式（3-22）中，$\boldsymbol{j}_l$表示毛细通量 [kg/（$m^2 \cdot s$）]，可以通过下式求得：

$$\boldsymbol{j}_l = \frac{\lambda_l \lambda_g}{\nu} K \nabla p_c \tag{3-28}$$

在 M^2 模型中，通常需假设气－液两相达到热力学平衡态。因此在获得气液混合相的摩尔浓度后，液态水的饱和度可由混合相的浓度和当地饱和水蒸气浓度计算获得：

$$s = \frac{C_{H_2O} - C_{sat}}{\rho_l / M_{H_2O} - C_{sat}} \tag{3-29}$$

在燃料电池内还需对膜内的水传输过程进行单独建模。质子交换膜 / 离聚物中全氟磺酸基团结合的水称为膜态水，质子传导过程以水合氢离子的形式存在，因此在电渗拖曳作用下会将膜态水从阳极转移到阴极，电流密度越大，电渗拖曳的作用越强烈。除该作用外，膜态水的传输还包括由膜态水浓度梯度引发的扩散现象，以及阴、阳极液相压力差引起的渗流现象。综合考虑上述三种主要传输机制，膜态水的传输和守恒方程如下：

$$\frac{\rho_{PEM}}{EW}\frac{\partial}{\partial t}(\omega\lambda) + \nabla \cdot \left(n_d \frac{\boldsymbol{I}_{ion}}{F}\right) = \frac{\rho_{PEM}}{EW}\nabla \cdot (D_d^{eff}\nabla\lambda) + S_{mw} \tag{3-30}$$

式中，λ 是膜态水含量，其物理意义为每个全氟磺酸侧链上对应的水分子数；ω 是催化层中离聚物的体积分数；ρ_{PEM} 是干膜密度（$\mathrm{kg/m^3}$）；EW 是干膜当量（kg/mol）；n_{d} 是电渗拖曳系数，可表述为

$$n_{\mathrm{d}} = \frac{2.5\lambda}{22} \tag{3-31}$$

式（3-30）中，$D_{\mathrm{d}}^{\mathrm{eff}}$是膜态水的有效扩散系数（$\mathrm{m^2/s}$），通常与温度和膜态水的含量有关：

$$D_{\mathrm{d}}^{\mathrm{eff}} = \begin{cases} 3.1\times10^{-7}\lambda\left[\exp(0.28\lambda)-1\right]\exp\left(\dfrac{-2346}{T}\right), & (0<\lambda<3) \\ 4.17\times10^{-8}\lambda\left[161\exp(-\lambda)+1\right]\exp\left(\dfrac{-2346}{T}\right), & (3\leqslant\lambda<17) \end{cases} \tag{3-32}$$

膜中离子的电流密度矢量用$\boldsymbol{I}_{\mathrm{ion}}$（$\mathrm{A/cm^2}$）表示，其与离子电势梯度的关系为

$$\boldsymbol{I}_{\mathrm{ion}} = -\kappa_{\mathrm{ion}}^{\mathrm{eff}}\nabla\varphi_{\mathrm{ion}} \tag{3-33}$$

式中，φ_{ion} 为离子电势（V）。根据电子电荷和离子电荷守恒可进一步推出电子电势和离子电势的控制方程，其分别为

$$0 = \nabla\cdot(\kappa_{\mathrm{ele}}^{\mathrm{eff}}\nabla\varphi_{\mathrm{ele}}) + S_{\mathrm{ele}} \tag{3-34}$$

$$0 = \nabla\cdot(\kappa_{\mathrm{ion}}^{\mathrm{eff}}\nabla\varphi_{\mathrm{ion}}) + S_{\mathrm{ion}} \tag{3-35}$$

式中，$\kappa_{\mathrm{ele}}^{\mathrm{eff}}$和$\kappa_{\mathrm{ion}}^{\mathrm{eff}}$分别是电子导体和离子导体中的有效电导率（S/m）。同样地，为考虑多孔电极和离聚物形态结构的影响，电子或离子导体有效电导率可参考 Bruggeman 公式进行修正：

$$\kappa_{\mathrm{ele}}^{\mathrm{eff}} = (1-\varepsilon-\omega)^{\mathrm{n}}\kappa_{\mathrm{e}} \tag{3-36}$$

$$\kappa_{\mathrm{ion}}^{\mathrm{eff}} = \omega^{\mathrm{n}}\kappa_{\mathrm{ion}} \tag{3-37}$$

式中，κ_{e} 和 κ_{ion} 分别是多孔电极骨架和质子交换膜的固有电导率（S/m）。通常多孔电极骨架的固有电导率可视为常数，而质子交换膜中的离子电导率则取决于膜/离聚物内的润湿程度和运行温度。例如 Springer 等[36] 在 1991 年对 Nafion117 膜内质子电导率进行了实验测试，并得到质子电导率经验关联式如下：

$$\kappa_{\mathrm{ion}} = (0.5139\lambda-0.326)\exp\left[1268\left(\frac{1}{303.15}-\frac{1}{T}\right)\right] \tag{3-38}$$

对于燃料电池内温度场模拟，早期燃料电池宏观数学模型通常假设整个电池内温度均匀相等，即等温模型[17]。然而研究表明，燃料电池内的温度梯度造成其内部存在很明显的“热管”效应，结合气液相变过程可以造成内部多物理场分布

的变化。另外在大尺度单电池或是电堆的仿真过程中，较高或较低的局部温度通常会引起氧气浓度的减小或增加，因此在燃料电池模型中考虑实际热量传输过程和非均匀温度场分布特征非常重要。燃料电池运行时包含不可逆热、反应热、欧姆热和相变热四种产热现象。由于质子交换膜燃料电池整体运行温度较低，因此在仿真建模中通常不考虑辐射传热的影响，热量传递过程主要依靠对流和热传导两种方式。对于燃料电池中多孔电极部件的传热模型，一般采用局部热平衡方法来处理 [37]，即认为当地的固相和流体相的温度相等。此时燃料电池内能量守恒方程可表示为

$$\frac{\partial}{\partial t}\left[(\rho c_p)_{\mathrm{eff}}T\right]+\nabla\cdot\left[(\rho c_p)_{\mathrm{f}}\boldsymbol{u}T\right]=\nabla\cdot(k_{\mathrm{eff}}\nabla T)+S_{\mathrm{T}} \tag{3-39}$$

式中，S_{T} 是能量方程的通用源项（W/m^3），其由燃料电池中的四种产热过程共同决定；$(\rho c_p)_{\mathrm{eff}}$是等效热容 [J/（m^3·K）]；$k_{\mathrm{eff}}$ 是等效导热系数 [W/（m·K）]，其可由流体和固体各自属性加权平均获得，具体表达式为

$$(\rho c_p)_{\mathrm{eff}}=\varepsilon\rho_{\mathrm{f}}c_{p,\mathrm{f}}+(1-\varepsilon)\rho_{\mathrm{s}}c_{p,\mathrm{s}} \tag{3-40}$$

$$k_{\mathrm{eff}}=\varepsilon k_{\mathrm{f}}+(1-\varepsilon)k_{\mathrm{s}} \tag{3-41}$$

式中，ρ_{f} 和 ρ_{s} 分别为流体和固体的密度（kg/m^3）；k_{f} 和 k_{s} 分别为流体和固体的热导率 [W/（m·K）]；$c_{p,\mathrm{f}}$ 和 $c_{p,\mathrm{s}}$ 分别为流体和固体的比热容 [J/（kg·K）]。

对于冷却液通道内的流动与换热过程建模，大多数模型采用恒定壁温的方法进行了简化 [38]。实际上在燃料电池建模时需要考虑真实的冷却液流动与对流换热过程，特别是在大尺度燃料电池中，以反映冷却液流动换热对燃料电池单电池/电堆内温度分布的影响。在冷却液通道内，可结合质量守恒、动量守恒和能量守恒等建立对应的模型，相应的控制方程如下：

$$\nabla\cdot(\rho_{\mathrm{cool}}\boldsymbol{u}_{\mathrm{cool}})=0 \tag{3-42}$$

$$\nabla\cdot(\rho_{\mathrm{cool}}\boldsymbol{u}_{\mathrm{cool}}\boldsymbol{u}_{\mathrm{cool}})=-\nabla p_{\mathrm{cool}}+\mu_{\mathrm{cool}}\nabla\cdot(\nabla\boldsymbol{u}_{\mathrm{cool}}) \tag{3-43}$$

$$\frac{\partial}{\partial t}\left[(\rho c_p)_{\mathrm{cool}}T_{\mathrm{cool}}\right]+\nabla\cdot\left[(\rho c_p)_{\mathrm{cool}}\boldsymbol{u}_{\mathrm{cool}}T_{\mathrm{cool}}\right]=\nabla\cdot(k_{\mathrm{cool}}\nabla T_{\mathrm{cool}}) \tag{3-44}$$

式中，ρ_{cool} 是冷却液的密度（kg/m^3）；$\boldsymbol{u}_{\mathrm{cool}}$ 是冷却液的速度矢量（m/s）；μ_{cool} 是冷却液的动力黏度（Pa·s）；p_{cool} 是冷却液的压强（Pa）；T_{cool} 是冷却液的温度（K）；$c_{p,\mathrm{cool}}$ 是冷却液的比热容 [J/（kg·K）]。

1 控制方程源项

在基于两流体模型的宏观模型的控制方程中，流体流动的阻力、相变过程、电化学反应速率及组分消耗、膜吸放水等过程均是通过源项来体现，气体连续性

方程式（3-1）中的源项反映了气体的生成与消耗，可表示为

$$S_{\mathrm{m}}=S_{\mathrm{H_2}}+S_{\mathrm{O_2}}+S_{\mathrm{H_2O}} \tag{3-45}$$

式中，$S_{\mathrm{H_2}}$和$S_{\mathrm{O_2}}$分别表示氢气或者氧气的消耗速率 [kg /（m^3·s）]，其与燃料电池反应的电流密度有关；$S_{\mathrm{H_2O}}$是水蒸发 / 冷凝过程和膜态水的吸附 / 解吸过程等引起的水蒸气产生或消耗速率 [kg /（m^3·s）]，分别表达如下：

$$S_{\mathrm{H_2}}=\begin{cases}-\dfrac{J_{\mathrm{a}}}{2F}M_{\mathrm{H_2}} & \mathrm{ACL}\\ 0 & \mathrm{ACH,\ AGDL,\ AMPL}\end{cases} \tag{3-46}$$

$$S_{\mathrm{O_2}}=\begin{cases}-\dfrac{J_{\mathrm{c}}}{4F}M_{\mathrm{O_2}} & \mathrm{CCL}\\ 0 & \mathrm{CH,\ CGDL,\ CMPL}\end{cases} \tag{3-47}$$

$$S_{\mathrm{H_2O}}=-S_{\mathrm{v\text{-}l}}+S_{\mathrm{m\text{-}v}} \tag{3-48}$$

式中，J_{a} 和 J_{c} 分别表示阳极和阴极的电化学反应速率（$\mathrm{A/m^3}$）；$S_{\mathrm{v\text{-}l}}$ 是蒸发 / 冷凝过程对应的水蒸气的消耗率 [kg/（m^3·s）]；$S_{\mathrm{m\text{-}v}}$ 是膜态水的吸附 / 解吸过程引起的水蒸气的生成率 [kg/（m^3·s）]。

由于低温质子交换膜燃料电池运行温度通常低于 100℃，当水蒸气浓度高于局部饱和浓度时，其内部容易发生冷凝相变，考虑非平衡的气液相变模型：

$$S_{\mathrm{v\text{-}l}}=\begin{cases}\gamma_{\mathrm{v\text{-}l}}\varepsilon(1-s)(C_{\mathrm{H_2O}}-C_{\mathrm{sat}})M_{\mathrm{H_2O}}, & C_{\mathrm{H_2O}}>C_{\mathrm{sat}}\\ \gamma_{\mathrm{v\text{-}l}}\varepsilon s(C_{\mathrm{H_2O}}-C_{\mathrm{sat}})M_{\mathrm{H_2O}}, & C_{\mathrm{H_2O}}\leqslant C_{\mathrm{sat}}\end{cases} \tag{3-49}$$

式中，$\gamma_{\mathrm{v\text{-}l}}$是蒸发冷凝速率（1/s）；$C_{\mathrm{sat}}$ 是水蒸气的饱和浓度（$\mathrm{mol/m^3}$），可由下式求得：

$$C_{\mathrm{sat}}=\frac{p_{\mathrm{sat}}}{RT} \tag{3-50}$$

水蒸气的饱和压力与局部温度相关：

$$\lg\left(\frac{p_{\mathrm{sat}}}{101325}\right)=-2.1794+0.02953(T-273.15)-9.1837\times10^{-5}(T-273.15)^2+1.4454\times10^{-7}(T-273.15)^3 \tag{3-51}$$

考虑膜态水与水蒸气的非平衡吸附 / 解吸过程，其对应表达式为

$$S_{\mathrm{m\text{-}v}}=\gamma_{\mathrm{m\text{-}v}}\frac{\rho_{\mathrm{PEM}}}{\mathrm{EW}}(\lambda-\lambda_{\mathrm{eq}})M_{\mathrm{H_2O}} \tag{3-52}$$

式中，$\gamma_{\mathrm{m\text{-}v}}$是膜态水到水蒸气的转化速率（1/s）；$\lambda_{\mathrm{eq}}$是平衡状态下膜态水含量，其

与对应位置的水活度相关：

$$\lambda_{eq}=\begin{cases}0.043+17.81a-39.85a^2+36.0a^3\text{,} & 0\leqslant a\leqslant 1\\ 14.0+1.4(a-1.0)\text{,} & 1<a\leqslant 3\end{cases} \tag{3-53}$$

$$a=\frac{C_{H_2O}RT}{p_{sat}}+2s \tag{3-54}$$

需要指出的是，在燃料电池实际运行过程中，目前气液相变或者膜的吸放水过程的转化机理尚无法完全掌握，膜态水与气态水或液态水转化的数量占比（即施罗德悖论，Schroeder's paradox）以及反应生成水的具体状态等方面也较为模糊。为保证模型预测的准确性，在模型标定过程中通常会根据实验结果人为调整相关参数 [39]。因此仍需要进一步的实验或者微观层面的机理解释来完善相关数学模型。

气体动量方程中则引入达西定律来反映流动阻力，其源项可表示为

$$\boldsymbol{S}_u=-\frac{\mu_g}{Kk_g}\boldsymbol{u}_g \tag{3-55}$$

在液态水传输控制方程中，液态水通过水蒸气的冷凝过程生成，具体表达式如下：

$$S_l=S_{v\text{-}l} \tag{3-56}$$

在膜态水传输的控制方程中，除考虑电渗拖曳，反向扩散以及相变过程外，源项中也应该考虑液压作用对膜态水传输的影响，源项的具体表达式为

$$S_{mw}=\begin{cases}-S_{m\text{-}v}/M_{H_2O}-S_p & \text{ACL}\\ -S_{m\text{-}v}/M_{H_2O}+S_p+\dfrac{J_c}{2F} & \text{CCL}\\ 0 & \text{PEM}\end{cases} \tag{3-57}$$

$$S_p=\frac{\rho_l K_{PEM}}{M_{H_2O}\mu_l}\frac{p_l^a-p_l^c}{\delta_{PEM}\delta_{CL}} \tag{3-58}$$

式中，K_{PEM} 是质子交换膜的渗透率（m^2）；p_l^a和p_l^c分别是阳极侧液相压力和阴极侧液相压力（Pa）；δ_{PEM} 和 δ_{CL} 分别是质子交换膜和催化层的厚度（m）。

能量方程中的源项由不可逆热、反应热（熵产热）、欧姆热以及相变热共同决定。实际上在燃料电池运行中约有 30% 的产热由燃料电池反应热提供，而不可逆热约占总产热的 60%，气体对流换热所带走的热量不足 5%[40]。燃料电池各组成部件内的产热源项具体表达式如下：

$$
S_{\mathrm{T}} = \begin{cases} \left|\nabla \varphi_{\mathrm{e}}\right|^2 \kappa_{\mathrm{e}}^{\mathrm{eff}} & \mathrm{BP} \\ \left|\nabla \varphi_{\mathrm{e}}\right|^2 \kappa_{\mathrm{e}}^{\mathrm{eff}} + S_{\mathrm{v\text{-}l}} h & \mathrm{GDL,\ MPL} \\ J_{\mathrm{a}}\left|\eta_{\mathrm{act}}^{\mathrm{a}}\right| + \left|\nabla \varphi_{\mathrm{e}}\right|^2 \kappa_{\mathrm{e}}^{\mathrm{eff}} + \left|\nabla \varphi_{\mathrm{ion}}\right|^2 \kappa_{\mathrm{ion}}^{\mathrm{eff}} & \\ +J_{\mathrm{a}} \dfrac{\left|\Delta S_{\mathrm{a}}\right| T}{2F} + (S_{\mathrm{v\text{-}l}} - S_{\mathrm{m\text{-}v}}) h & \mathrm{ACL} \\ J_{\mathrm{c}}\left|\eta_{\mathrm{act}}^{\mathrm{c}}\right| + \left|\nabla \varphi_{\mathrm{e}}\right|^2 \kappa_{\mathrm{e}}^{\mathrm{eff}} + \left|\nabla \varphi_{\mathrm{ion}}\right|^2 \kappa_{\mathrm{ion}}^{\mathrm{eff}} & \\ +J_{\mathrm{c}} \dfrac{\left|\Delta S_{\mathrm{c}}\right| T}{4F} + (S_{\mathrm{v\text{-}l}} - S_{\mathrm{m\text{-}v}}) h & \mathrm{CCL} \\ \left|\nabla \varphi_{\mathrm{ion}}\right|^2 \kappa_{\mathrm{ion}}^{\mathrm{eff}} & \mathrm{PEM} \\ S_{\mathrm{v\text{-}l}} h & \mathrm{CH} \end{cases} \tag{3-59}
$$

式中，ΔS_{a}和ΔS_{c}是阳极和阴极侧反应的熵变 [J/（mol · K）]；h 是相变潜热值（J/kg）。

2 基于结块模型修正的电化学反应动力学

在燃料电池建模过程中，气体消耗，反应物生成，电子、离子电势以及能量方程等控制方程源项中均需要用到电化学反应速率，燃料电池中反应速率与过电势间的关系用典型的巴特勒 - 福尔默方程描述，宏观控制方程的源项中需要频繁使用电化学反应速率反映质量损失、组分消耗、电荷转移以及产热过程。另外质子交换膜燃料电池中阴阳极两侧的电化学反应速率计算需要考虑温度、反应物浓度、液态水饱和度以及催化层活性的影响，如 2.3.2 小节所述，一般采用下式：

$$
J_{\mathrm{a}} = j_{0,\mathrm{a}}^{\mathrm{ref}} \theta_{\mathrm{T,a}} a_{\mathrm{Pt,a}}^{\mathrm{eff}} (1-s) \left(\frac{C_{\mathrm{H_2}}^{\mathrm{Pt}}}{C_{\mathrm{H_2}}^{\mathrm{ref}}} \right)^{0.5} \left[\exp\left(\frac{2F\alpha_{\mathrm{a}}}{RT} \eta_{\mathrm{act,con}}^{\mathrm{a}} \right) - \exp\left(-\frac{2F\alpha_{\mathrm{c}}}{RT} \eta_{\mathrm{act,con}}^{\mathrm{a}} \right) \right] \tag{3-60}
$$

$$
J_{\mathrm{c}} = j_{0,\mathrm{c}}^{\mathrm{ref}} \theta_{\mathrm{T,c}} a_{\mathrm{Pt,c}}^{\mathrm{eff}} (1-s) \left(\frac{C_{\mathrm{O_2}}^{\mathrm{Pt}}}{C_{\mathrm{O_2}}^{\mathrm{ref}}} \right) \left[-\exp\left(\frac{4F\alpha_{\mathrm{a}}}{RT} \eta_{\mathrm{act,con}}^{\mathrm{c}} \right) + \exp\left(-\frac{4F\alpha_{\mathrm{c}}}{RT} \eta_{\mathrm{act,con}}^{\mathrm{c}} \right) \right] \tag{3-61}
$$

式中，$j_{0,\mathrm{a}}^{\mathrm{ref}}$和$j_{0,\mathrm{c}}^{\mathrm{ref}}$分别表示阳极和阴极的参考交换电流密度（$\mathrm{A/m^2}$）；$C_{\mathrm{H_2}}^{\mathrm{ref}}$和$C_{\mathrm{O_2}}^{\mathrm{ref}}$分别表示氢气和氧气的参考浓度（$\mathrm{mol/m^3}$）；$\alpha_{\mathrm{a}}$和$\alpha_{\mathrm{c}}$分别表示传递系数；$C_{\mathrm{H_2}}^{\mathrm{Pt}}$和$C_{\mathrm{O_2}}^{\mathrm{Pt}}$分别表示阳极和阴极催化层反应位点处的氢气和氧气的浓度（$\mathrm{mol/m^3}$）；$\theta_{\mathrm{T,a}}$和$\theta_{\mathrm{T,c}}$分别表示阳极和阴极的温度修正系数；$a_{\mathrm{Pt,a}}^{\mathrm{eff}}$和$a_{\mathrm{Pt,c}}^{\mathrm{eff}}$分别表示阳极和阴极催化层单位体积内 Pt 催化剂的活性表面积（$\mathrm{m^2/m^3}$），可表达为

$$
a_{\mathrm{Pt}} = \frac{m_{\mathrm{Pt}} \mathrm{ECSA}}{\delta_{\mathrm{CL}}} \tag{3-62}
$$

式中，m_{Pt} 是铂载量（mg/cm^2）；ECSA 是单位质量催化剂对应的活性表面积（cm^2/mg）；δ_{CL} 是催化层的厚度（m）。

在式（3-60）和式（3-61）中，$\eta_{act,con}^{a}$和$\eta_{act,con}^{c}$分别表示阳极和阴极侧的电极反应的过电势（即电势损失），由活化损失和浓差损失共同决定（V）。在燃料电池内阳极和阴极电极反应引起的电势损失可分别表达为

$$\eta_{act,con}^{a}=\varphi_{e}^{a}-\varphi_{ion}^{a},\ \eta_{act,con}^{c}=\varphi_{e}^{c}-\varphi_{ion}^{c} \tag{3-63}$$

对 B-V 方程中的活化和浓差损失进行进一步拆解，当阳极和阴极两侧的反应位点的浓度分别改为进口氧气浓度时，所求得的反应过电势为活化过电势，具体的表达式为

$$J_{a}=j_{0,a}^{ref}\theta_{T,a}a_{Pt,a}^{eff}(1-s)\left(\frac{C_{H_2}^{in}}{C_{H_2}^{ref}}\right)^{0.5}\left[\exp\left(\frac{2F\alpha_{a}}{RT}\eta_{act}^{a}\right)-\exp\left(-\frac{2F\alpha_{c}}{RT}\eta_{act}^{a}\right)\right] \tag{3-64}$$

$$J_{c}=j_{0,c}^{ref}\theta_{T,c}a_{Pt,c}^{eff}(1-s)\left(\frac{C_{O_2}^{in}}{C_{O_2}^{ref}}\right)\left[-\exp\left(\frac{4F\alpha_{a}}{RT}\eta_{act}^{c}\right)+\exp\left(-\frac{4F\alpha_{c}}{RT}\eta_{act}^{c}\right)\right] \tag{3-65}$$

式中，$C_{H_2}^{in}$和$C_{O_2}^{in}$分别为阳极和阴极进口氢气和氧气的摩尔浓度（mol/m^3）。因此对应的浓差损失可以通过过电势的差值获得：

$$\eta_{con}^{a}=\left|\eta_{act,con}^{a}-\eta_{act}^{a}\right| \tag{3-66}$$

$$\eta_{con}^{c}=\left|\eta_{act,con}^{c}-\eta_{act}^{c}\right| \tag{3-67}$$

研究表明，氧气从孔隙中穿过离聚物造成的局部氧气传输阻力是浓差损失中不可忽视的部分，特别是在低铂载量下[41]，因此必须求解到达催化层反应位点表面的氧气浓度。根据组分扩散方程式（3-3）中获得的组分质量分数可以获得对应催化层孔隙中的摩尔浓度，需要进一步引入结块模型考虑氧气局部传输阻力获得催化层反应位点表面的氧气浓度。图 3-5 所示为氧气局部传输阻力，可以看出氧气需要经过液态水（如果存在）和离聚物，最后到达 Pt 反应位点进行电化学反应。在此过程中存在四个局部氧气传输阻力：液态水中气体扩散阻力 R_1、离聚物 / 气体或离聚物 / 液态水交界面处阻力$R_{ion,int}$、离聚物中扩散阻力R_{ion}^{eff}以及离聚物 / 铂交界面处的阻力$R_{Pt,int}^{eff}$。目前常采用结块模型考虑催化层中局部传输阻力，其忽略了催化层真实的拓扑结构，仅通过简单的几何关系表示催化层的构成、结块的大小以及离聚物的厚度等[30]，其优点是可以直接与宏观性能模型耦合，反映典型催化层参数和局部传输阻力对电池性能的影响。

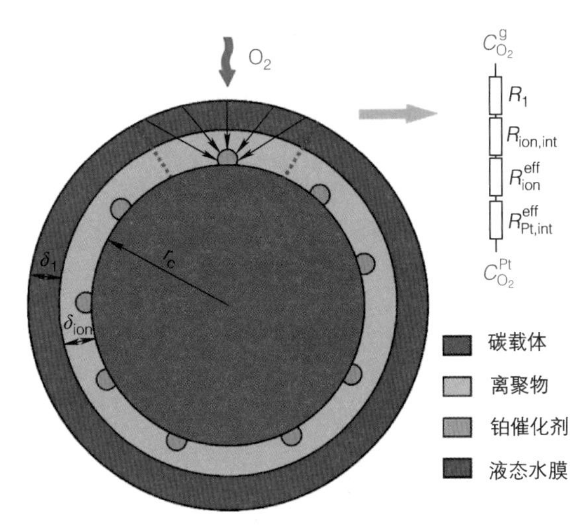

图 3-5　氧气局部传输阻力

催化层中氧气的局部传输阻力为上述四部分阻力之和：

$$R_{tot} = R_1 + R_{ion,int} + R_{ion}^{eff} + R_{Pt,int}^{eff} \tag{3-68}$$

在计算各部分局部阻力之前，首先需要通过典型催化层参数确定催化层内各组成部分的体积分数、孔隙率以及离聚物厚度等相关参数。碳载铂颗粒的体积分数由下式计算：

$$\varepsilon_{Pt/C} = \varepsilon_{Pt} + \varepsilon_{C} = \frac{m_{Pt}}{\delta_{CL}}\frac{1}{\rho_{Pt}} + \varepsilon_{C} \tag{3-69}$$

式中，ε_{Pt} 和 ε_{C} 是催化层中 Pt 和碳载体的体积分数；m_{Pt} 是铂载量（mg/cm^2）；δ_{CL} 是催化层的厚度（m）；ρ_{Pt} 是铂的密度（kg/m^3）。

在催化层结块模型中考虑不同水含量下离聚物的膨胀 / 收缩现象，离聚物的体积分数可定义为

$$\omega = \zeta_{I/C}\varepsilon_{C}\frac{\rho_{C}}{\rho_{ion}}\left(1 + \frac{M_1\rho_{ion}}{\rho_1 EW}\lambda\right) \tag{3-70}$$

式中，ω 和 $\zeta_{I/C}$ 分别是离聚物体积分数和 I/C 比（离聚物与碳载体质量比）；ρ_{C} 和 ρ_{ion} 是碳载体和离聚物的密度（kg/m^3）。

催化层由离聚物、孔隙率和碳载铂三部分组成，因此催化层的孔隙率可表示为

$$\varepsilon = 1 - \omega - \varepsilon_{Pt/C} \tag{3-71}$$

单位体积催化层中碳载铂颗粒的数目可由碳载体的体积分数计算得到：

$$n_{\mathrm{Pt/C}} = n_{\mathrm{C}} = \frac{3}{4}\frac{\varepsilon_{\mathrm{C}}}{\pi r_{\mathrm{C}}^3} \tag{3-72}$$

式中，r_{C} 是碳载体的半径（m）。

若假定离聚物薄膜和铂颗粒均匀覆盖在碳载体表面，则离聚物比表面积可通过简单的几何关系求得，具体的表达式为

$$A_{\mathrm{ion}} = 4\pi\left(r_{\mathrm{C}} + \delta_{\mathrm{ion}}\right)^2 n_{\mathrm{Pt/C}} \tag{3-73}$$

式中，δ_{ion} 是离聚物厚度（m），由下式计算得到：

$$\delta_{\mathrm{ion}} = \left[\left(\frac{\omega}{\varepsilon_{\mathrm{Pt/C}}} + 1\right)^{\frac{1}{3}} - 1\right] r_{\mathrm{C}} \tag{3-74}$$

根据上述获得的催化层结构参数可以计算各部分氧气传输阻力。由于液膜厚度极薄，氧气在液态水膜中的扩散阻力近似可表示为

$$R_{\mathrm{l}} = \frac{\delta_{\mathrm{l}}^{\mathrm{eq}}}{D_{\mathrm{O_2,l}}} \tag{3-75}$$

式中，$\delta_{\mathrm{l}}^{\mathrm{eq}}$是等效液态水膜厚度（m）；$D_{\mathrm{O_2,l}}$是氧气在液态水中扩散系数（$\mathrm{m^2/s}$）。

其中催化层内当量液态水膜厚度可通过液态水饱和度折算：

$$\delta_{\mathrm{l}}^{\mathrm{eq}} = \frac{s\varepsilon}{A_{\mathrm{ion}}} \tag{3-76}$$

式中，A_{ion} 是单位催化层体积内结块覆盖的离聚物膜的表面积（$\mathrm{m^2/m^3}$）。

气体 / 离聚物交界面处的传输阻力可以近似表示为

$$R_{\mathrm{ion,int}} = k_1 \frac{\delta_{\mathrm{ion}}}{D_{\mathrm{O_2,ion}}} \tag{3-77}$$

式中，k_1 是气体 / 离聚物交界面阻力系数。

对于离聚物中的氧气扩散阻力，由于氧气实际传输路径长度远远大于离聚物平均厚度，Hao 等人 [42] 引入了针对氧气传输路径的几何修正系数，从而可以准确计算氧气在离聚物中的扩散阻力：

$$R_{\mathrm{ion}}^{\mathrm{eff}} = \frac{\delta_{\mathrm{ion}}}{D_{\mathrm{O_2,ion}}} \frac{(r_{\mathrm{C}} + \delta_{\mathrm{ion}})^2}{r_{\mathrm{Pt}}^2 (1 - \theta_{\mathrm{PtO}})} \frac{\rho_{\mathrm{Pt}}}{\rho_{\mathrm{C}}} \left(\frac{r_{\mathrm{Pt}}}{r_{\mathrm{C}}}\right)^3 \left(\frac{1 - \zeta_{\mathrm{Pt/C}}}{\zeta_{\mathrm{Pt/C}}}\right) \tag{3-78}$$

式中，r_{Pt} 是铂颗粒半径（m）；$\zeta_{\mathrm{Pt/C}}$ 表示铂碳比，可表示为

$$\zeta_{\mathrm{Pt/C}}=\frac{m_{\mathrm{Pt}}}{m_{\mathrm{Pt}}+m_{\mathrm{C}}} \tag{3-79}$$

通过修正氧气在离聚物中的扩散阻力，可以获得铂和离聚物表面处的传输阻力，计算公式为

$$R_{\mathrm{Pt,int}}^{\mathrm{eff}}=k_2R_{\mathrm{ion}} \tag{3-80}$$

式中，k_2 为修正系数。

基于式（3-68）求得的总氧气局部传输阻力，铂反应位点表面处的氧气浓度可根据催化层中的局部氧气传输通量等于消耗量计算得到：

$$C_{\mathrm{O_2}}^{\mathrm{Pt}}=C_{\mathrm{O_2}}^{\mathrm{H}}-\frac{R_{\mathrm{tot}}J_{\mathrm{c}}}{4FA_{\mathrm{ion}}} \tag{3-81}$$

式中，J_{c} 为阴极侧的反应速率（$\mathrm{A/m^3}$），$C_{\mathrm{O_2}}^{\mathrm{H}}$ 为离聚物和气体交界面处的氧气浓度（$\mathrm{mol/m^3}$），其可通过亨利定律（Henry’s law）计算得到：

$$C_{\mathrm{O_2}}^{\mathrm{H}}=\frac{RTC_{\mathrm{O_2}}^{\mathrm{CL}}}{H_{\mathrm{O_2}}} \tag{3-82}$$

式中，$C_{\mathrm{O_2}}^{\mathrm{CL}}$ 是催化层孔隙中的氧气浓度（$\mathrm{mol/m^3}$），一般其值通过电池模型中的组分质量守恒方程获得。

由式（3-68）获得的是结块表面上的局部氧气传输阻力，为更好地进行对比，可以通过粗糙因子将结块表面的氧气传输阻力转化为单位活化面积上的氧气传输阻力，具体的转换公式如下：

$$r_{\mathrm{local}}=\frac{R_{\mathrm{tot}}}{f}=\frac{R_{\mathrm{tot}}}{\mathrm{ECSA}\times m_{\mathrm{Pt}}} \tag{3-83}$$

3.2.3 边界条件及求解方法

假设燃料电池中所有的产热最终都由冷却液带走，则电池外壁面可采用绝热边界条件。对于气体 / 冷却液流道入口，通常设定恒定入口温度边界条件，出口则采用定压边界条件。此外在阳极和阴极气体通道的入口处提供了质量通量和恒定组分质量分数边界条件，对应的计算公式分别表示为

$$m_{\mathrm{a}}=\frac{\rho_{\mathrm{g}}^{\mathrm{a}}I\xi_{\mathrm{a}}A_{\mathrm{act}}}{2FC_{\mathrm{H_2}}A_{\mathrm{inlet,a}}},\ m_{\mathrm{c}}=\frac{\rho_{\mathrm{g}}^{\mathrm{c}}I\xi_{\mathrm{c}}A_{\mathrm{act}}}{4FC_{\mathrm{O_2}}A_{\mathrm{inlet,c}}} \tag{3-84}$$

$$C_{H_2}=\frac{p_{g,in}^{a}-RH_{a}p^{sat}}{RT},\ C_{O_2}=\frac{0.21(p_{g,in}^{c}-RH_{c}p^{sat})}{RT} \tag{3-85}$$

$$Y_{i}=\frac{M_{i}C_{i}}{\sum M_{i}C_{i}} \tag{3-86}$$

式中，ρ_g^a和ρ_g^c分别是阳极和阴极进口处的气体密度（kg/m^3）；ξ_a和ξ_c分别是阳极和阴极的化学计量比；A_{act}、$A_{inlet,a}$ 和 $A_{inlet,c}$ 分别是活化面积、阳极进口面积、阴极进口面积（m^2）；I 是燃料电池运行的电流密度值（A/m^2）；$p_{g,in}^a$和$p_{g,in}^c$分别是阳极和阴极进口气压（Pa）；RH_a 和 RH_c 是阳极和阴极的相对湿度。

对于电子电势控制方程，燃料电池侧表面设定为绝缘边界（即电流为 0），而阴极端和阳极端双极板表面分别设定为零参考电势和电池运行电流密度边界，即

$$\varphi_e^c=0,\ -\kappa_e^{eff}\nabla\varphi_e^a=\frac{A_{act}}{A_{terminal,a}}I \tag{3-87}$$

式中，$A_{terminal,a}$是阳极端面面积（m^2）。

离子电势和膜态水的控制方程仅对催化层和膜区域求解。因此在 CL/MPL 交界面和所有侧表面上设置为零通量边界条件（即绝缘边界）。

对于上述介绍的控制方程、源项以及边界条件，可以基于有限容积法（Finite Volume Method，FVM）或有限元方法（Finite Element Method，FEM）进行方程的离散，通过自主开发程序（如 OpenFOAM）实现求解。另外还可以借助现有商业软件的二次开发接口，如 Ansys Fluent 中的 User Defined Function（UDF）以及 COMSOL 中的微分方程接口等，利用现有的计算模块（流动、组分方程）结合二次开发编写的控制方程、源项和物性进行个性化求解。目前一些商用软件也逐步开始引入燃料电池性能仿真模块，本质上是对上述模型的迭代求解。例如基于 FVM 的 Ansys Fluent，基于 FEM 的 COMSOL Multiphysics、AVL FIRE M 等。另外还有一些专门针对燃料电池开发的软件，如 P-Stack、FAST-FC、OpenFCST 等。由于质子交换膜燃料电池多相、多尺度以及多物理场传输的复杂性，人们对于燃料电池内物理化学过程规律与机理并未完全掌握，各软件中应用的燃料电池模型也不尽相同，在使用商业软件时一定要弄清内部求解的数学模型以及其适用范围。

3.2.4 燃料电池单流道模型影响特性

为探究代表单元计算域选择对燃料电池宏观模型计算关键物理量分布的影响，本节通过不同长度的单流道模型和无点阵的全尺寸模型对比进行计算域选择

的影响说明。图 3-6 所示为单流道模型（Single Channel，SC）计算域，包含不同单流道长度（SC1：62.5mm，SC2：125mm，SC3：250mm）。该算例中计算模型选用两流体模型处理燃料电池内的气 - 液两相流问题，控制方程和边界条件如前文所述。基于有限体积方法，借助于商业软件 Ansys Fluent 的内部模块求解气体连续性、动量、组分和能量方程等，其他的标量方程、源项、部分边界条件和物性则通过用户定义函数（User Defined Function，UDF）实现。采用典型的 SIMPLEC（Semi-Implicit Method for Pressure Linked Equations Consistent）方法处理压力和速度的耦合问题。为了提高精度，将二阶迎风格式应用于所有方程的对流项离散中，并通过中心差分格式离散扩散项。

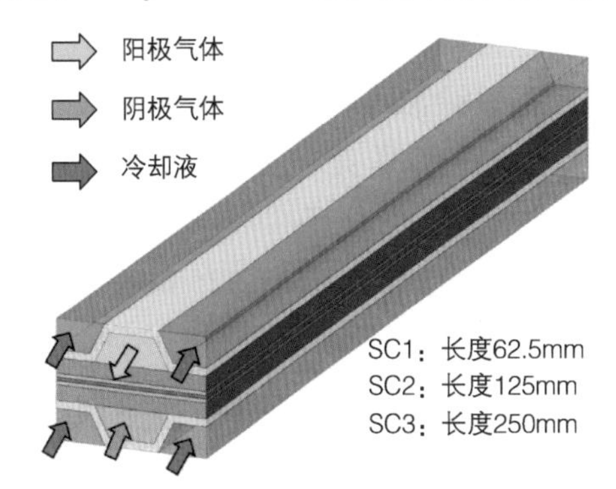

图 3-6　单流道模型计算域

首先进行网格独立性验证以确定不同部件的网格划分方案。由于质子交换膜燃料电池的主要物理量变化发生在垂直于膜方向（Through-plane），该方向上网格节点的确定至关重要。1.5A/cm^2 电流密度下不同网格方案对电池输出电压和 HFR 的影响见表 3-3，考虑计算精度和消耗之间的平衡选择，从表中可知 Mesh5 方案（GDL、MPL、CL 和膜的网格层数分别为 6 层、6 层、8 层、6 层）是最佳的网格方案。

表 3-3　网格无关性验证

网格方案	垂直于膜方向层数 GDL、MPL、CL、PEM	流动方向网格层数	电压 /V	HFR/mΩ · cm^2
Mesh1	3、3、3、3	250	0.604	89.133
Mesh2	4、4、4、4	250	0.613	83.575
Mesh3	5、5、5、5	250	0.618	80.818
Mesh4	6、6、6、6	250	0.621	79.196
Mesh5	6、6、8、6	250	0.620	80.193
Mesh6	6、6、8、6	300	0.620	80.337

另一方面为确保所应用模型的准确性，应进行模型验证。保证模型计算结构和操作条件与参考文献 [43] 中实验参数完全一致，基本参数为阳极 RH：100%、阳极气体入口温度：353.15K、电池温度：353.15K、阴极 RH：100%、阴极气体入口温度：353.15 K。图 3-7 所示为在不同电流密度下模型计算结果与实验测试数据的极化曲线与欧姆损失的模型验证，从图中可知，在电流密度的变化范围

内，模型计算的电压和欧姆损失与实验测试结果吻合良好，证明了所使用的模型的准确性。

为对比计算域的选择对燃料电池宏观模型计算关键物理量分布的影响，本节选用膜态水、氧气浓度以及电流密度三种关键物理量进行分析，从其平面内的分布以及垂直于膜方向上的分布进行探讨。图 3-8 所示为不同单流道长度（SC1：62.5mm，SC2：125mm，SC3：250mm）燃料电池模型所预测的膜态水含量、氧气浓度以及电流密度等关键物理特性分布，结果显示不同流道长度下沿垂直于膜和沿流道方向上的膜态水分布基本一致，表明不同计算域下模型的欧姆损失几乎相同。如图 3-8 所示，在固定化学计量比下较长的流道尺寸对应较大的进口流体速度，造成阴极催化层内平均氧气浓度整体升高，但其分布规律相似，表明这几种不同计算域下模型的浓差损失预测值也基本一致。另外，不同单流道长度下燃料电池的电流密度的无量纲分布基本相同，因此在进行燃料电池仿真与模拟时，为保证计算效率一般常采用长度较短的单流道计算域代替实际上更长的计算域，可以定性体现燃料电池性能的分布规律。需要指出的是，单流道或是代表单元燃料电池计算域并不能完全替代大尺度的燃料电池计算域。车用燃料电池的活性面积一般大于 $100cm^2$，且随着更大的功率需求面积不断提升，仅考虑代表单元计算域常常不能考虑实际存在的气体分配、三腔歧管的进口相对位置、冷却液流动以及流道间相互作用等方面，从而造成多物理场分布预测的偏差。

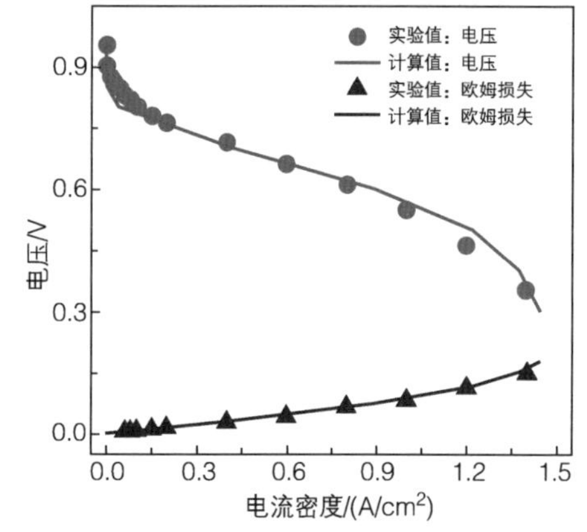

图 3-7 极化曲线与欧姆损失的模型验证 [43]

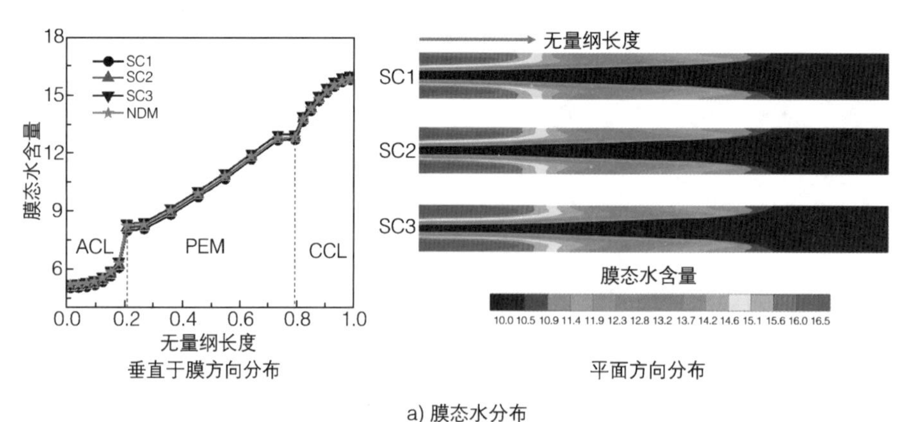

a) 膜态水分布

图 3-8 不同单流道长度下燃料电池内关键物理特性分布

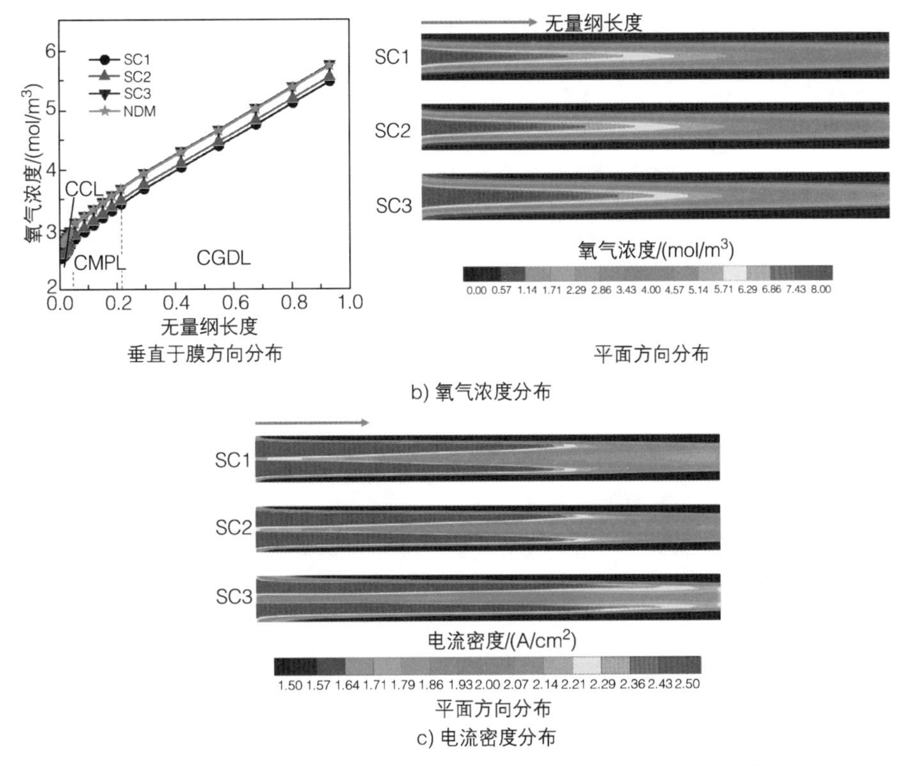

图 3-8 不同单流道长度下燃料电池内关键物理特性分布（续）

3.2.5 基于单电池全尺寸模型的计算案例

本节对全尺寸单电池的多物理场分布进行研究，基于上节所验证的网格方案，单电池全尺寸计算域的网格数约为 2681 万，其中反应区采用结构化网格，分配区采用非结构化网格。图 3-9 所示为基于金属双极板（Metallic Bipolar Plate，MBP）的燃料电池单电池计算域。整个计算域由反应区（120mm × 250mm）和分配区组成，反应区包括阴极侧气体 / 冷却液流道、阴极扩散层、阴极微孔层、阴极催化层、质子交换膜、阳极催化层、阳极微孔层、阳极扩散层以及阳极侧的气体 / 冷却液流道。流场板采用最常见的平行直流道形式，整个计算域由 60 个通道组成，通道高度为 0.4mm，双极板材料的厚度为 0.1mm。分配区指的是阴、阳极气体和冷却液流动的入口和出口汇集区，该算例采用圆形点阵流道布置形式。为保证所模拟的单电池在燃料电池电堆中具有更真实的温度分布，将冷却液计算域分成两个相同的半部分，分别位于单电池的顶部和底部。阳极和阴极的气体流向设为逆流布置，冷却液流动方向与空气流动方向相同。此外还考虑了流体进出口的相对位置，以匹配实际商业电堆中歧管的设计，并延长了所有入口和出口区域，以保证数值计算过程中流动充分发展并且避免回流。该燃料电池计算实例的几何结构参数见表 3-4。

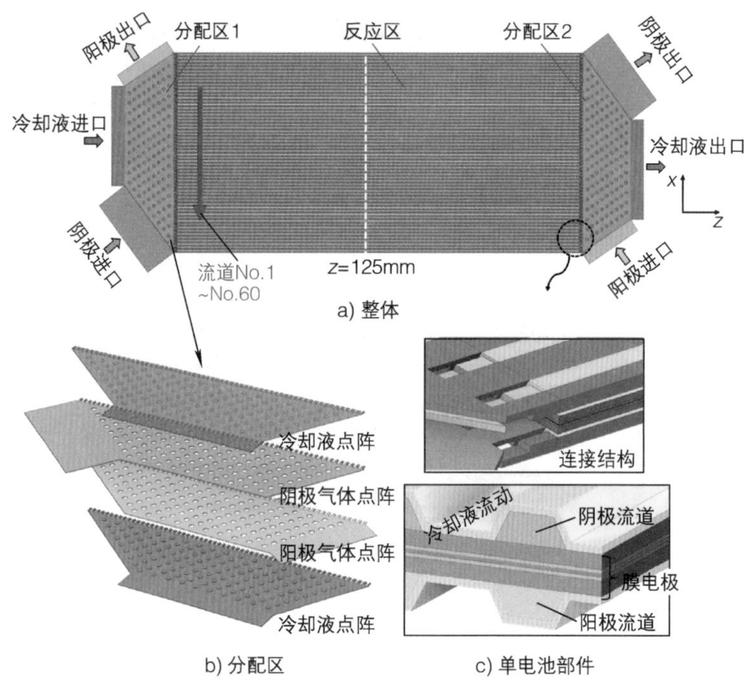

图 3-9　基于金属双极板的燃料电池单电池计算域

表 3-4　计算实例的几何结构参数

参数	值
电池有效活化面积，总面积 /cm^2	300，366.6
阳极侧点阵面积，阴极侧点阵面积，冷却液侧点阵面积 /cm^2	26.4，34.2，33.3
阳极进口面积，阴极进口面积，冷却液进口面积 /mm^2	7.2，10.0，12
气体 / 冷却液流道数量	60
气体和冷却液流道高度 /mm	0.4，0.4
气体和冷却液流道长度 /mm	250，250
气体流道上底和下底长度 /mm	0.6，1.0
冷却液流道上底和下底长度 /mm	0.88，1.28
GDL、MPL、CL、PEM 的厚度 /μm	200，50，10，25.4

该算例分别对比了单流道模型（Single-Channel model，SC）、无点阵模型（No-Dot-Matrix model，NDM）和全尺寸模型（Full-Scale model，FS）对燃料电

池综合性能的预测效果。图 3-10 所示为三种模型分别预测的燃料电池性能 *I-V* 曲线、电势损失占比以及阴极侧总压降的对比。从图 3-10a 可知，在中低电流密度区域（<1.5A/cm^2），不同模型预测的燃料电池电压及功率密度的变化曲线完全一致。在较高的电流密度区域，全尺寸燃料电池模型预测的燃料电池电压和功率密度高于其余两种模型，且差距随着电流密度的增大逐步增加。具体原因可通过图 3-10b 进行解释。三种不同模型预测的活化损失几乎完全相同，但高电流密度下全尺寸燃料电池模型预测的浓差损失和欧姆损失低于单流道模型和无点阵模型，这是因为单流道模型和无点阵模型忽略了分配区结构对于电池内组分供应与传输的促进作用。全尺寸模型中考虑了分配区结构的影响，预测的浓差损失和欧姆损失分别减少 16.0% 和 8.2%。另外由图 3-10c 可得，与全尺寸模型相比，单流道和无点阵模型预测的阴极空气压降较小，原因是该算例结构下的压降主要来自入口点阵分配和出口点阵集流区。经过对压降的详细分析，当电流密度从 0.08A/cm^2 增加至 2.5A/cm^2 时，反应区压降占总压降的比例从 30.2% 降至 17.6%。

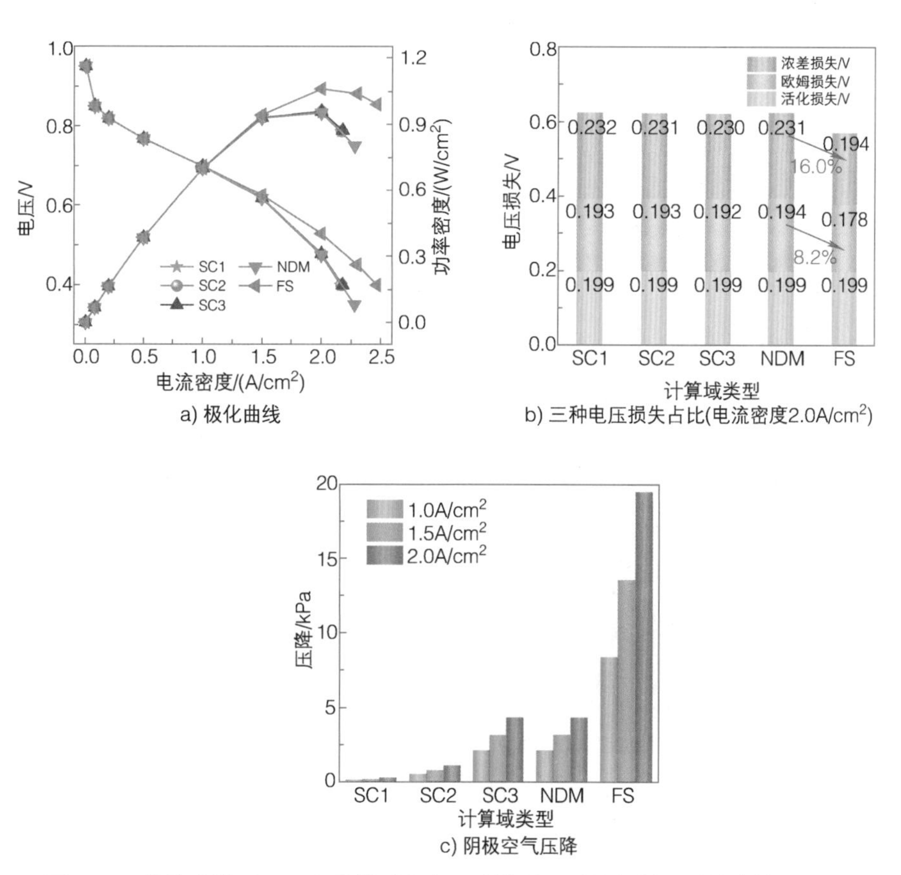

图 3-10　单流道模型、无点阵模型和全尺寸模型预测的燃料电池综合性能对比

燃料电池内部多物理场分布状态与电池性能和耐久性密切相关。图 3-11 所示为采用无点阵模型和全尺寸模型预测的不同电流密度下燃料电池内氧气浓度、膜态水含量以及温度场的分布状态。对于无点阵模型（即不考虑分配区），如图 3-11a 所示，由于电化学反应的消耗，沿着流动方向上阴极催化层中间平面内的氧气分布呈现均匀下降趋势。当采用全尺寸电池模型考虑点阵分配区后，流动方向上氧气浓度出现非均匀下降趋势，两侧的氧浓度高于中间区域，下游中部区域出现严重的局部缺氧，造成该现象的原因是点阵分配区引起各流道中速度分布不均匀。当电流密度从 1.0A/cm^2 增加到 2.0A/cm^2 时，阴极气体入口质量流量和消耗同时增加，这加剧了上述局部缺氧现象，但整体提高了进口区域的氧气浓度。图 3-11b 显示了使用无点阵模型和全尺寸模型预测的不同电流密度下的膜态水含量分布状态。当采用无点阵模型忽略点阵区的存在时，模拟的结果不能描述膜态水实际分布的非均匀特征。采用全尺寸模型考虑点阵区结构时，膜态水含量分布呈现明显的不均匀分布状态，燃料电池两侧的膜态水含量低于中间区域的膜态水含量，这也是由于阴极气体通道中的不均匀速度分布引起的。另外随着电流密度的增加，膜态水含量最高区域从中心移动到入口区域。如图 3-11c 所示，这是因为当电流密度增加时，较高温度区域从下游区域逐步延伸到上游区域，引发下游区域的膜干和上游区域的润湿现象。

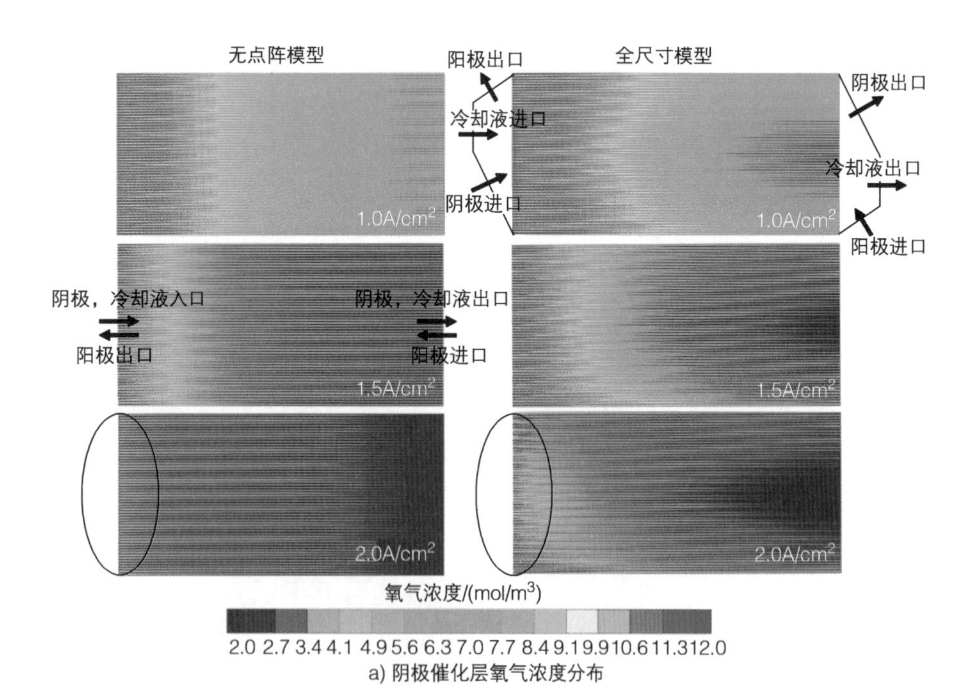

图 3-11　无点阵模型和全尺寸模型预测的燃料电池内关键物理场分布状态

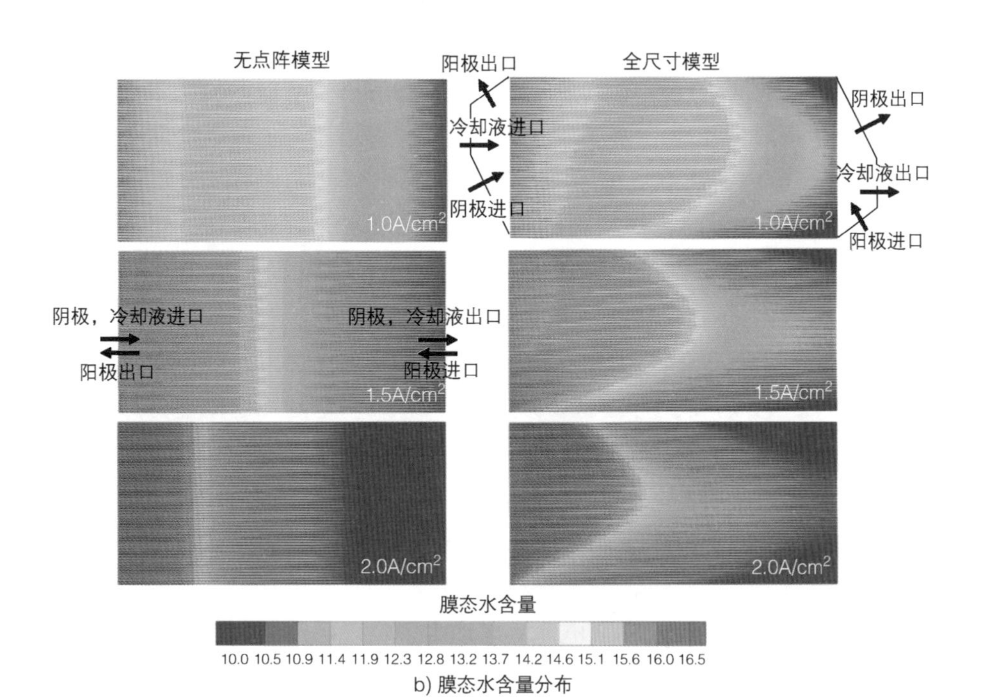

b) 膜态水含量分布

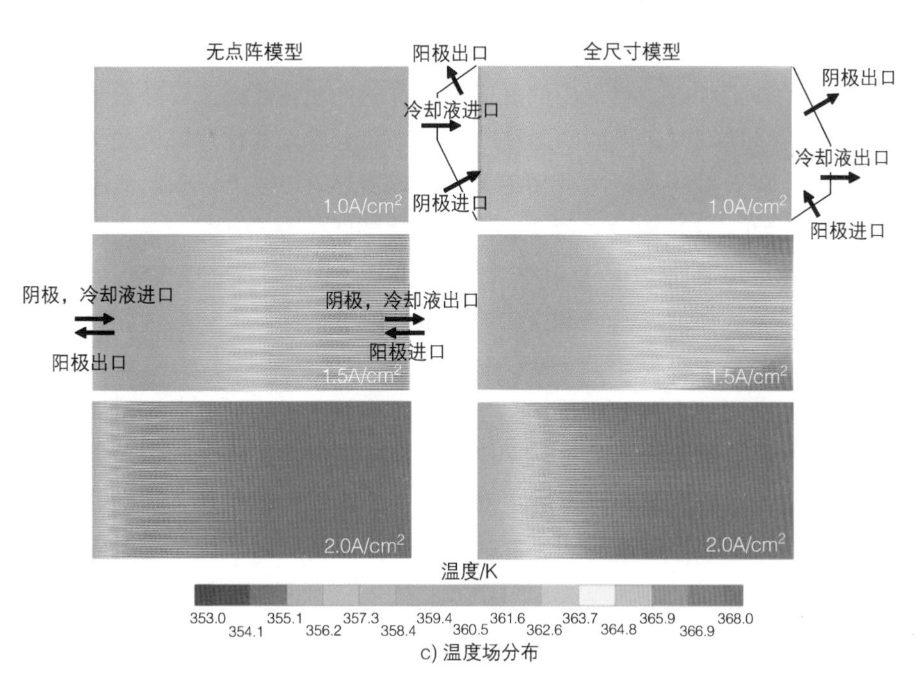

c) 温度场分布

图 3-11 无点阵模型和全尺寸模型预测的燃料电池内关键物理场分布状态（续）

3.2.6 冷启动过程以及三维宏观仿真模型

在氢燃料电池应用过程中，不可避免地会面临在0℃以下的低温环境中启动的情况，通常将燃料电池在零下低温环境中的启动过程称为“冷启动”或“低温启动”。燃料电池在低温环境下冷启动过程的机制及优化是其发展的重要方向之一。当温度低于0℃时，燃料电池内水可能将以冰的形式存在，造成电极孔隙堵塞，阻碍气体传输，且可能覆盖催化层内活性位点从而降低电化学反应有效面积。因此燃料电池在反应位点完全被冰覆盖前能否迅速升温至冰的融化点之上，是电池能否在寒冷环境中顺利启动的关键。低温环境下，燃料电池内冰的产生也会造成多孔电极与质子交换膜的结构损伤。燃料电池冷启动能力与其设计结构、材料容水能力、吹扫后的初始状态以及所采用的启动模式和策略相关。与燃料电池的正常运行工况相比，电池低温冷启动面临更为严峻的水、热管理挑战，其内部多物理过程的建模更为复杂。本节基于前节所述的通用宏观模型，在考虑冷启动特性的基础上，系统介绍了宏观冷启动模型及介观孔隙尺度的冰凝固融化模型，上述模型有助于深入研究电池冷启动中多物理场传输过程和开发高效启动策略。

1 冷启动概述

燃料电池冷启动时，电池内的反应产热可使电池温度升高，并融化电池内的冰。如果低温冷启动时，电池的温度不能在冰完全覆盖催化层内电化学反应活性位点或完全阻碍孔隙内反应气体传输路径之前升至0℃以上，则燃料电池冷启动过程失败[44]。通常在冷启动过程中，环境温度越低，冷启动越容易失败。因此在实际应用中往往将燃料电池可成功启动的最低环境温度、冷启动过程的耗能和冷启动的时间等参数作为燃料电池冷启动性能的评价指标。当前各主要汽车厂商推出的氢燃料电池基本都实现了−30℃环境下30s快速启动[40]。2022年，我国大连新源动力自主研发的金属双极板燃料电池电堆实现了−40℃低温无辅助启动，达到国际领先水平。需要指出的是，冷启动问题目前仍是阻碍燃料电池商业化应用的关键挑战之一。探究燃料电池冷启动过程中的热质传输机理，查明燃料电池结构和运行工况对燃料电池冷启动性能的影响规律等研究对于优化燃料电池冷启动性能至关重要。

本书前面章节中已对正常工作温度下质子交换膜燃料电池内部多物理过程进行了详细介绍。电池冷启动时，电池内水的结冰、融化等相变过程进一步增加了燃料电池内部多物理过程的复杂性。图3-12所示为氢燃料电池在正常工况和冷启动工况中各部件的水状态及相变过程[21]。如图所示，在流道、气体扩散层、微孔层和催化层孔隙中，除液态水和冰之间的结冰、融化过程，水蒸气也可能直接凝

华结冰，而冰也可能直接升华成为水蒸气。需要注意的是，冷启动过程中冰的形成机理十分复杂，经典成核理论认为冰的形成需要特定的核存在才能生成冰，这一点目前已被实验证实[45]，而在没有冰核存在时，即使温度低于 0℃，也会有液态水存在，这部分液态水常常称为“过冷却水”[46]。通常情况下，在冷启动过程中液态水的量很少，多是以水蒸气和冰的形式存在。但是当电池温度上升至 0℃以上或下降至 0℃以下时，由于冰融化或者水结冰过程，液态水与冰则有很大可能处于共存状态。

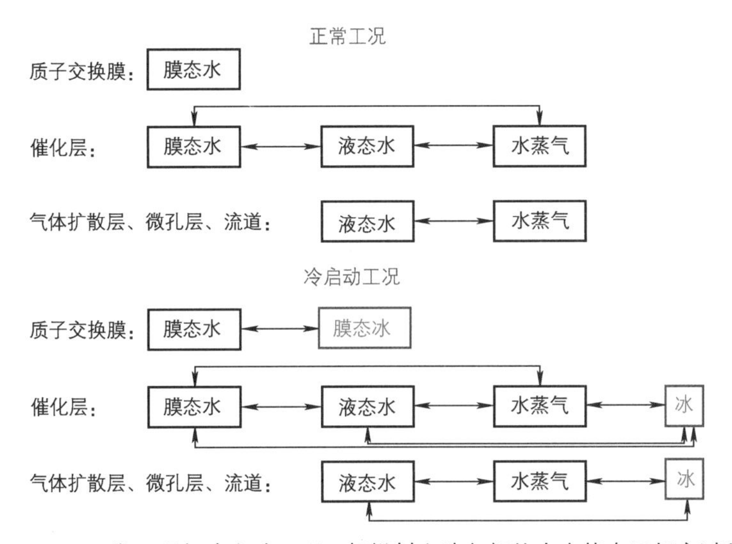

图 3-12　正常工况与冷启动工况下氢燃料电池各部件内水状态及相变过程

在质子交换膜和催化层电解质中，水分子与磺酸基团紧密结合形成所谓的膜态水，在零下温度环境有一部分膜态水会被冻结成冻结膜态水（或称为膜态冰）。但实验研究表明：膜态水可根据与磺酸基团结合的紧密程度分为不可冻结膜态水、可冻结膜态水和自由膜态水。其中，不可冻结膜态水与磺酸基团结合最紧密，此时膜态水含量最大值约为 4.837[7]，可冻结膜态水与磺酸基团结合不够紧密，并使得冰点下降，这一点目前已有相关实验观测证实。在膜态水含量足够高时，则会有一部分自由膜态水存在。目前有学者根据相关实验结果给出了计算不同温度下最大非冻结膜态水含量（或称为饱和膜态水）的经验式，如下所示：

$$\lambda_{\mathrm{sat}}\begin{cases}=4.837, & T<223.15\ \mathrm{K}\\ =(-1.304+0.01479T-3.594\times10^{-5}T^{2})^{-1}, & 223.15\ \mathrm{K}\leqslant T<T_{\mathrm{N}}\\ >\lambda_{\mathrm{nf}}\quad, & T\geqslant T_{\mathrm{N}}\end{cases} \tag{3-88}$$

式中，λ_{sat} 和 λ_{nf} 分别是饱和膜态水含量和非冻结膜态水含量。

在前面章节内容中，我们给出了膜质子电导率的计算公式，其适用温度区间为 30～80℃。在零下温度区间内，考虑到处于冻结状态下的膜态水无法为质子传导提供助力，膜态冰的形成也意味着膜质子电导率的降低，需对低温时膜的质子电导率进行修正。在冷启动模型中，常常将膜电导率计算公式中的膜态水含量修正为非冻结膜态水含量 λ_{nf}，如下所示：

$$\kappa_{\mathrm{ion}} = (0.5139\lambda_{\mathrm{nf}} - 0.326)\exp\left[1268\left(\frac{1}{303.15} - \frac{1}{T}\right)\right] \tag{3-89}$$

此外在正常情况下，冰点 T_{N} 为 0℃，然而，有学者实际观测到燃料电池催化层中实际冰点会略低于正常冰点，这与催化层中孔径和表面润湿性有关，可通过吉布斯－汤姆森公式计算冰点降低值（T_{FPD}）[21]，如下式所示：

$$T_{\mathrm{FPD,\ CL\ or\ GDL}} = \frac{T_{\mathrm{N}}\,\sigma|_{273.15\mathrm{K}}\cos\theta_{\mathrm{CL\ or\ GDL}}}{\rho_{\mathrm{ice}} h_{\mathrm{fusn}} r_{\mathrm{CL\ or\ GDL}}} \tag{3-90}$$

式中，h_{fusn} 是冰融化潜热（J/kg）；$r_{\mathrm{CL\ or\ GDL}}$ 是催化层或气体扩散层孔径（m）；σ 是水的表面张力系数（N/m）；ρ_{ice} 是冰密度（$\mathrm{kg/m^3}$）；$\theta_{\mathrm{CL\ or\ GDL}}$ 是催化层或气体扩散层接触角（°）。

一般来说，催化层中的冰点降低值大约为 1K，而气体扩散层的冰点降低值往往很小[47]。

2 模型描述和求解方法

基于上述小节中的燃料电池通用宏观模型，本节介绍冷启动条件下对应的冷启动宏观模型，主要不同之处涉及以下几个方面：①冷启动模型的初始条件为低温状态，需要根据电堆停机的吹扫工况来确定电堆中各种水含量；②在通用模型中需要添加冰和膜态冰的控制方程，并考虑扩展冰－过冷水－膜态水－膜态冰－气态水等多种相态水之间的相变转化过程；③冰的存在会堵塞多孔介质孔隙，影响流体的流动与传输过程，因此部分输运系数关联式需要重新修正。

在冷启动过程中，固体冰和膜态冰的控制方程（即质量守恒方程）不包含对流项和扩散项，其形式分别如下：

$$\frac{\mathrm{d}(\varepsilon s_{\mathrm{ice}}\rho_{\mathrm{ice}})}{\mathrm{d}t} = S_{\mathrm{ice}} \tag{3-91}$$

$$\frac{\rho_{\mathrm{PEM}}}{EW}\frac{\mathrm{d}(\omega\lambda_{\mathrm{f}})}{\mathrm{d}t} = S_{\mathrm{fmw}} \tag{3-92}$$

式中，ρ_{ice} 是冰的密度（$\mathrm{kg/m^3}$）；λ_{f} 是冻结膜态水的含量；S_{ice} 和 S_{fmw} 分别是冰和膜态冰的源项 [kg/（$\mathrm{m^3}$·s）]。

由于冷启动过程中新出现了两种水的形态，通用燃料电池宏观模型中各控制方程的源项需要修正。修正后燃料电池冷启动模型中的源项表达式见表 3-5。

表 3-5　燃料电池冷启动模型中的源项表达式

源项	单位
$S_{vp}=\begin{cases}-S_{v\text{-}l}-S_{v\text{-}i}+S_{n\text{-}v} & \text{CL}\\ -S_{v\text{-}l}-S_{v\text{-}i} & \text{CL, MPL, GDL, CH}\end{cases}$	kg/（m³·s）
$S_l=S_{v\text{-}l}-S_{l\text{-}i}$	kg/（m³·s）
$S_{ice}=\begin{cases}S_{v\text{-}i}+S_{l\text{-}i}+S_{n\text{-}i}M_{H_2O} & \text{CL}\\ S_{v\text{-}i}+S_{l\text{-}i} & \text{CL, MPL, GDL, CH}\end{cases}$	kg/（m³·s）
$S_{nmw}=\begin{cases}-S_{n\text{-}f} & \text{PEM}\\ \dfrac{j_c}{2F}-S_{n\text{-}v}-S_{n\text{-}i} & \text{CCL}\\ -S_{n\text{-}v}-S_{n\text{-}i} & \text{ACL}\end{cases}$	mol/（m³·s）
$S_{fmw}=S_{n\text{-}f}$	mol/（m³·s）

当多孔电极内的温度低于实际冰点温度时，通过判断水蒸气分压与饱和分压的关系，可求得水蒸气与冰之间的转化速率，其可表示为

$$S_{v\text{-}i}=\begin{cases}\begin{cases}\gamma_{desb}\,\varepsilon(1-s_{lq}-s_{ice})\dfrac{(p_gX_{vp}-p_{sat})M_{H_2O}}{RT}, & p_gX_{vp}\geqslant p_{sat},\\ 0, & p_gX_{vp}<p_{sat}\end{cases} & T<T_N+T_{FPD}\\ 0, & T\geqslant T_N+T_{FPD}\end{cases}\tag{3-93}$$

式中，γ_{desb} 是凝华速率（1/s）；X_{vp} 是水蒸气摩尔分数；T_N 和 T_{FPD} 分别是理想冰的凝固点和冰点降低值（K）。

液态水和冰的相变转化速率与局部温度有关，可表示为

$$S_{l\text{-}i}=\begin{cases}\gamma_{sld}\,\varepsilon s_{lq}\rho_{lq}, & T<T_N+T_{FPD}\\ -\gamma_{melt}\,\varepsilon s_{ice}\rho_{ice}, & T\geqslant T_N+T_{FPD}\end{cases}\tag{3-94}$$

式中，γ_{sld} 和 γ_{melt} 分别为凝固和融化速率（1/s）；s_{lq} 为液态水饱和度；ρ_{lq} 为液态水密度（kg/m³）。

在冷启动模型中，以最大非冻结膜态水含量 λ_{sat} 为判据，判断非冻结膜态水与冰或者膜态冰之间的转换关系，其转化速率可分别表示为

$$S_{n\text{-}i}=\begin{cases}\zeta_{n\text{-}i}\dfrac{\rho_{PEM}}{EW}(\lambda_{nf}-\lambda_{sat})(1-s_{lq}-s_{ice}), & \lambda_{nf}\geqslant\lambda_{sat}\\ 0, & \lambda_{nf}<\lambda_{sat}\end{cases}\tag{3-95}$$

$$S_{n\text{-}f}=\begin{cases}\zeta_{n\text{-}f}\dfrac{\rho_{PEM}}{EW}(\lambda_{nf}-\lambda_{sat}), & \lambda_{nf}\geqslant\lambda_{sat}\\ \zeta_{n\text{-}f}\dfrac{\rho_{PEM}}{EW}\lambda_f, & \lambda_{nf}<\lambda_{sat}\end{cases}\tag{3-96}$$

另一方面，由于冰会堵塞多孔电极中气体和液态水的传输通道，因此需要考虑冰对有效输运系数的修正，包括有效组分扩散率、多孔电极中气体的相对渗透率等，其表达式为

$$D_i^{\text{eff}} = D_i \varepsilon^{1.5} (1 - s_{\text{lq}} - s_{\text{ice}})^{1.5} \tag{3-97}$$

$$k_{\text{g}}^{\text{eff}} = (1 - s_{\text{lq}} - s_{\text{ice}})^{4.0} \tag{3-98}$$

式中，D_i 表示气体组分的固有扩散率（m^2/s），通常与温度、压力有关。

结合燃料电池通用宏观数学模型与上述模型，形成完整的电池冷启动宏观数学模型。基于该冷启动模型，可以探究不同冷启动模式、策略、电池结构下的冷启动性能，针对性地发展和优化冷启动策略。在实际模拟过程中，针对恒定电压、恒定电流和恒定功率等不同启动模式的处理，仅需改变该模型的边界条件即可。值得指出的是，目前相关研究工作并未深入揭示冷启动下多种水的相变过程和转化机制 [16]，宏观模型中对相变传递过程的考虑通常采用经验公式 [17]。为提高宏观模型的准确性，还需要在微观尺度层面揭示水的相变转化机理，明晰多种状态水的相变传输规律等。

图 3-13 和图 3-14 所示分别为利用上述燃料电池宏观冷启动模型计算得到的平行流道燃料电池低温启动过程的性能变化及内部关键物理场的分布变化情况。模拟过程中主要工况参数：启动温度为 −15℃；输出电压为 0.75V；工作压力为 101.325kPa；阴、阳极进气化学计量比分别为 2.0 和 1.5；阴、阳极进气相对湿度分别为 0 和 0.1。由图 3-13 可知，随着低温启动过程的进行，催化层中冰的体积分数线性增加。恒电压启动模式下，燃料电池的电流密度在开始阶段迅速下降。随着冷启动过程的进行，造成质子交换膜逐渐润湿、电池温度升高、阴极催化层中冰的体积分数增加，上述现象的共同作用致使电流密度的变化趋缓。随着

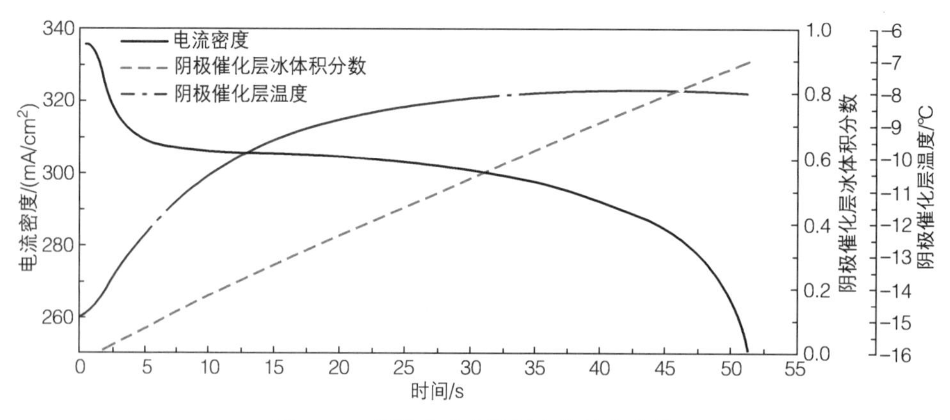

图 3-13　低温启动中燃料电池性能变化

冰逐渐填满催化层的孔隙，电流密度在启动阶段后期迅速下降。对于低温启动过程中电池内部关键物理场的分布特征变化，如图 3-14 所示，随着低温启动过程的进行，阴极催化层中的温度、膜态水含量及冰的体积分数逐渐增加，而膜电极其他组件部分的变化则较阴极催化层变化滞后。

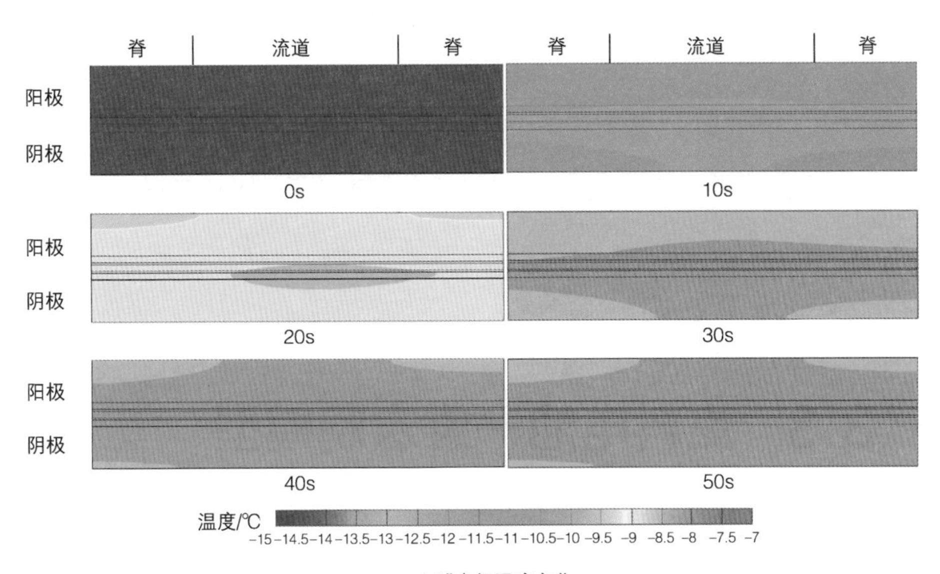

a) 膜电极温度变化

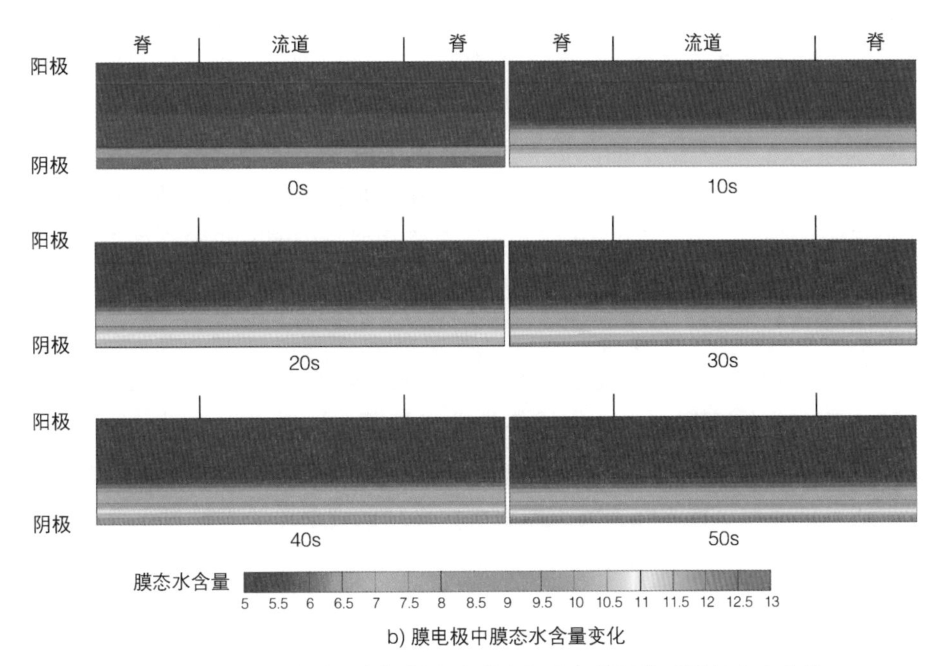

b) 膜电极中膜态水含量变化

图 3-14 低温启动过程中燃料电池膜电极内部关键物理场的分布变化

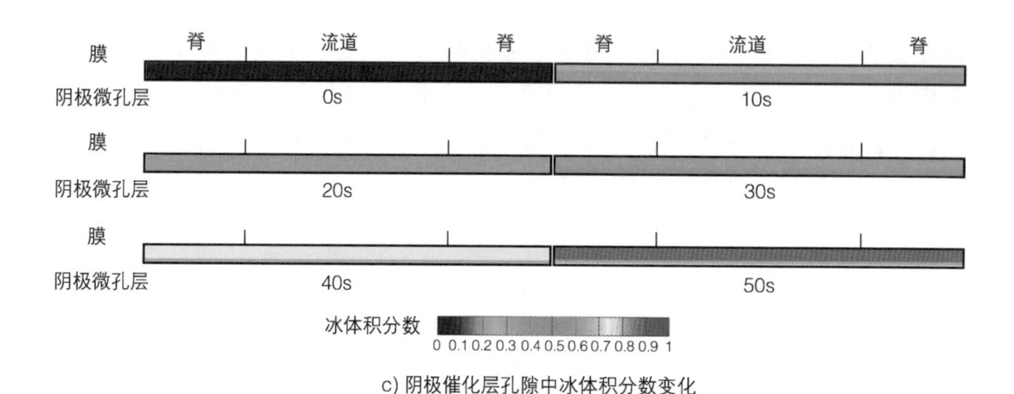

c) 阴极催化层孔隙中冰体积分数变化

图 3-14 低温启动过程中燃料电池膜电极内部关键物理场的分布变化（续）

3.3 燃料电池一维宏观模型

燃料电池三维宏观模型可以预测质子交换膜燃料电池内部各方向上的多物理量分布信息，有助于真实燃料电池结构的设计与优化。但是三维燃料电池模型前处理烦琐，计算量大且收敛性差。不仅如此，三维模型也很难与燃料电池系统其他部件的模型进行耦合连接，这导致燃料电池三维模型难以在材料快速选型、瞬态工况模拟、电堆 / 系统层面分析等方面发挥作用 [48]。低维燃料电池模型（如一维模型）具有优异的计算速度和收敛性，且在一定程度上能够反映燃料电池内关键物理场分布特征。在实际应用中，可将多维和低维模型有机结合应用于燃料电池多物理场仿真，满足燃料电池核心部件 – 单电池 – 电堆 – 系统等多个层面的设计开发需求。

在燃料电池内，垂直于膜电极方向的传输过程和物理量分布状态最为显著。因此建立膜电极厚度方向上一维燃料电池模型不会过度丧失燃料电池的预测精度。一维模型的简化思路是不考虑燃料电池流场流道中的对流过程，并且将多孔电极中的气体流动过程简化为纯扩散过程，这样处理避免了求解 Navier-Stokes 方程以及压力和速度的耦合问题，可以忽略各标量控制方程中的对流项，有效提高了燃料电池模型的计算速率和收敛性。另外一维模型通常忽略电子和质子电势的分布，可通过求解三种电势损失直接获得电池的输出电压。本节将介绍一维模型构建和求解的具体思路，并提供了一维宏观模型的计算案例。

3.3.1 控制方程

图 3-15 所示为质子交换膜燃料电池一维宏观模型计算域，其由阴阳极的双极板、通道、扩散层、微孔层和催化层以及质子交换膜组成，模型重点考虑垂直于膜方向上（x 方向）的组分传输、液态水传输、膜内水传输以及热量传输等物理过程。对于气体组分而言，多孔电极内气体传输以扩散方式为主，可忽略式（3-3）中的对流项。

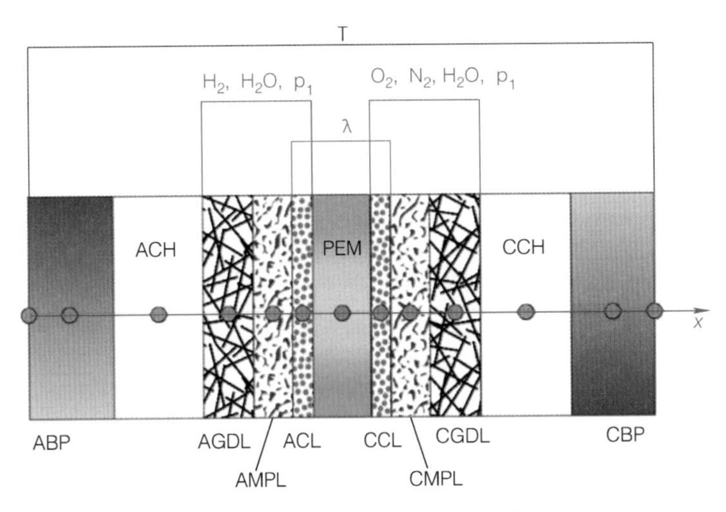

图 3-15　质子交换膜燃料电池一维宏观模型计算域

为方便处理，将求解变量由组分的质量分数转化为摩尔浓度，燃料电池阴极和阳极不同区域涉及的组分不同，其中氢气和水蒸气在 AGDL、AMPL 和 ACL 中求解，而氧气、氮气和水蒸气存在于 CGDL、CMPL 和 CCL 中。对应的组分扩散控制方程表达形式为

$$\frac{\partial}{\partial t}\left[\varepsilon(1-s)C_i\right]=\frac{\partial}{\partial x}\left(D_i^{\mathrm{eff}}\frac{\partial C_i}{\partial x}\right)+S_i \tag{3-99}$$

式中，组分 i 可分别表示氧气、氢气、氮气和水蒸气；S_i 是组分 i 的通用源项 [mol/(m^3 · s)]，其由电化学反应或气液相变产生；D_i^{eff}表示多孔电极内组分 i 的有效扩散率（m^2/s）。

燃料电池的多孔电极由 GDL、MPL 和 CL 组成，不同多孔电极界面处的液体压力是连续的。正如前文所述，扩散层、微孔层和催化层等多孔介质结构具有不同的孔隙参数（如孔隙率、渗透率、接触角等），会导致液态水饱和度在各层交界面处出现阶跃现象。与三维模型的处理方式相同，通过结合液态水的质量守恒方程和达西定律描述多孔电极内液态水传输方程，可表示为

$$\frac{\partial}{\partial t}(\rho_1 \varepsilon s)=\frac{\partial}{\partial x}\left(\rho_1 \frac{K_1 k_1}{\mu_1}\frac{\partial p_1}{\partial x}\right)+S_1 \tag{3-100}$$

质子交换膜和催化层内主要考虑膜态水一维传输过程。与三维模型不同，为简化模型，可将电渗拖曳的作用项设置为方程的源项。考虑到阴阳极催化层内也存在电解质，因此需要在阳极催化层、质子交换膜和阴极催化层三个区域中求解膜态水含量方程，具体表达式为

$$\frac{\rho_{\mathrm{PEM}}}{\mathrm{EW}}\frac{\partial}{\partial t}(\omega\lambda)=\frac{\rho_{\mathrm{PEM}}}{\mathrm{EW}}\frac{\partial}{\partial x}\left(D_{\mathrm{mw}}^{\mathrm{eff}}\frac{\partial \lambda}{\partial x}\right)+S_{\mathrm{mw}} \tag{3-101}$$

式中，S_{mw}的求解方法须在三维模型源项（3-57）的基础上引入反映电渗拖曳作用的源项S_{EOD}，具体的表达式如下：

$$S_{\mathrm{EOD}}=\begin{cases}-n_{\mathrm{d}}\dfrac{I}{\delta_{\mathrm{CL}}F} & \mathrm{ACL}\\ 0 & \mathrm{PEM}\\ n_{\mathrm{d}}\dfrac{I}{\delta_{\mathrm{CL}}F} & \mathrm{CCL}\end{cases} \tag{3-102}$$

燃料电池一维模型的能量方程中也可忽略对流作用的影响，主要考虑热传导过程。对于气体在流道中的对流换热过程，理论分析表明依靠反应气流带走的热量小于电池总产热量的5%[40]，因此这部分热量交换忽略不计。而对于冷却流道中冷却液的对流换热过程，可将冷却液对流换热量转化为相应的源项在方程中予以考虑。能量方程具体形式如下：

$$\frac{\partial}{\partial t}\left[(\rho c_p)_{\mathrm{eff}}T\right]=\frac{\partial}{\partial x}\left(k_{\mathrm{eff}}\frac{\partial T}{\partial x}\right)+S_{\mathrm{T}} \tag{3-103}$$

在前节所述的三维模型中，通过求解电子电势方程（3-34）和离子电势方程（3-35）确定燃料电池的电学性能，这种方法源项中的过电势也与电子和离子电势有关，需要对方程进行反复迭代求解。另一方面离子的传输只能在催化层和膜中进行，离子电势方程的边界条件在 CL/MPL 为零通量 / 绝缘边界条件时，相对难以收敛。在燃料电池的低维模型中，为简化上述问题，不求解电子和离子的电势方程，采取简化方式计算三种电势损失（即活化、欧姆和浓差损失）的大小，燃料电池的实际输出电压可表示为

$$V=E_{\mathrm{rev}}-\eta_{\mathrm{act}}-\eta_{\mathrm{ohm}}-\eta_{\mathrm{con}} \tag{3-104}$$

式中，E_{rev}是燃料电池可逆电压（V）；η_{act}、η_{ohm}和η_{con}分别表示活化、欧姆和浓差损失（V）。

活化损失可根据 B-V 方程求得。欧姆损失的计算式下：

$$\eta_{\text{ohm}} = I \times \text{ASR} \tag{3-105}$$

式中，ASR 是电池的面积比欧姆电阻（Ω · m^2）；I 是电流密度（A/m^2）。

在质子交换膜燃料电池内，浓差损失主要是阴极侧引起的。浓差损失可通过极限电流密度求得，其计算公式为

$$\eta_{\text{con}} = \frac{RT}{nF} \ln\left(\frac{I_{\text{L}} - I}{I_{\text{L}}}\right) \tag{3-106}$$

式中，I_{L} 是极限电流密度（A/m^2）。

3.3.2　初始条件与边界条件

瞬态模型中的初始条件取决于燃料电池初始时刻各物理量所处的状态，对于经典的瞬态过程（如加减载等），可以采用稳态模型计算结果作为其瞬态计算的初始值。组分扩散方程中气体流道与气体扩散层的界面边界条件设置为狄利克雷（Dirichlet）边界条件，与三维边界条件不同，一维模型通常不考虑反应气体在流道内部的流动过程，而是引入进出口浓度的平均值作为边界条件来体现其在流动方向上的消耗。另外催化层与膜的交接面边界条件设置为纽曼（Neumann）边界条件，具体如下：

$$C_{i,\text{CCH/CGDL}} = \frac{C_{i,\text{in}} + C_{i,\text{out}}}{2},\ \left.\frac{\partial C_i}{\partial x}\right|_{\text{CCL/PEM}} = 0 \tag{3-107}$$

$$\left.\frac{\partial C_i}{\partial x}\right|_{\text{ACL/PEM}} = 0,\ C_{i,\text{AGDL/ACH}} = \frac{C_{i,\text{in}} + C_{i,\text{out}}}{2} \tag{3-108}$$

对于液态水压力方程，催化层与膜的交界面设为零通量边界条件：

$$\left.\frac{\partial p_{\text{l}}}{\partial x}\right|_{\text{CLs/PEM}} = 0 \tag{3-109}$$

流道与气体扩散层界面上的压力边界也设为狄利克雷边界条件，具体值取决于模型对气体流道中气－液两相流的处理方法。若假设气体流道中液态水很快被气体吹走，即液态水饱和度为 0，则边界上的液相压力与气相压力相同：

$$p_{\text{l,CCH/GDLs}} = p_{\text{g,CCH/GDLs}} \tag{3-110}$$

若考虑气体流道中的气液两相流问题，液压方程的边界条件取决于边界上的气体压力和毛细压力，其中毛细压力可根据流道中的液态水饱和度通过 L-J 方程求得，具体如下：

$$p_{\text{l,CHs/GDLs}} = p_{\text{g,CHs/GDLs}} - p_{\text{c,CHs/GDLs}} \tag{3-111}$$

膜态水仅存在于离聚物和质子交换膜中，不会在扩散层和催化层的交界面上流通。因此不论三维模型还是一维模型，膜态水的边界条件均可表示为

$$\left.\frac{\partial \lambda}{\partial x}\right|_{\text{CCL/CMPL}} = 0,\ \left.\frac{\partial \lambda}{\partial x}\right|_{\text{ACL/AMPL}} = 0 \tag{3-112}$$

为计算方便，一维单电池模型中通常忽略冷却液的流动冷却作用，假设燃料电池系统的冷却能力充足，因此能量方程的边界条件设置为等温边界条件：

$$T_{\text{CCH/CGDL}} = T_0,\ T_{\text{ACH/AGDL}} = T_0 \tag{3-113}$$

3.3.3 模型耦合求解及验证

上述控制方程可采用有限体积法（FVM）离散，方程中扩散项的离散采用中心差分格式，利用附加源项方法处理纽曼边界条件。通过高斯 - 赛德尔（Gauss-Seidel）方法迭代求解离散后的线性方程组，在每次迭代时依据当前物理量值更新模型中的物性和源项。图 3-16 所示为上述一维模型的耦合求解过程，从图中可知，首先需要设置电流密度，输入运行和结构参数，对各物理量场进行初始化；基于现有物理场更新模型计算中需用到的物性和源项；进一步分别求解各组分扩散方程；进一步求解液压守恒方程并内迭代获得多孔电极内的液态水饱和度；进一步求解膜态水守恒方程；求解相互耦合的电化学模型和催化层结块模型；判断电流密度是否到达极限电流密度，若达到则结束求解，若未达到则继续求解能量守恒方程；最后判断所求组分扩散方程、液压守恒方程、膜态水守恒方程和能量守恒方程是否达到残差标准，若达到则更新电流密度，以上一电流密度计算结果作为初始值开始下一电流密度的计算；若未满足收敛准则，需对物理量进行超松弛或亚松弛更新，返回更新物性和源项的步骤继续进行计算。

为保证计算结果的网格无关性，通常需要对模型进行网格独立性验证。表 3-6 展示了一维燃料电池模型的网格独立性验证结果，验证的指标参数包括欧姆损失、Pt 表面氧浓度、电压和功率密度等，计算中设定燃料电池电流密度为 1.26A/cm^2。从表中数据可知，当网格数超过 160 时，所有验证指标参数结果与网格数无关。在考虑精度和计算效率的情况下，本计算实例选择 160 个网格作为合适的网格方案。

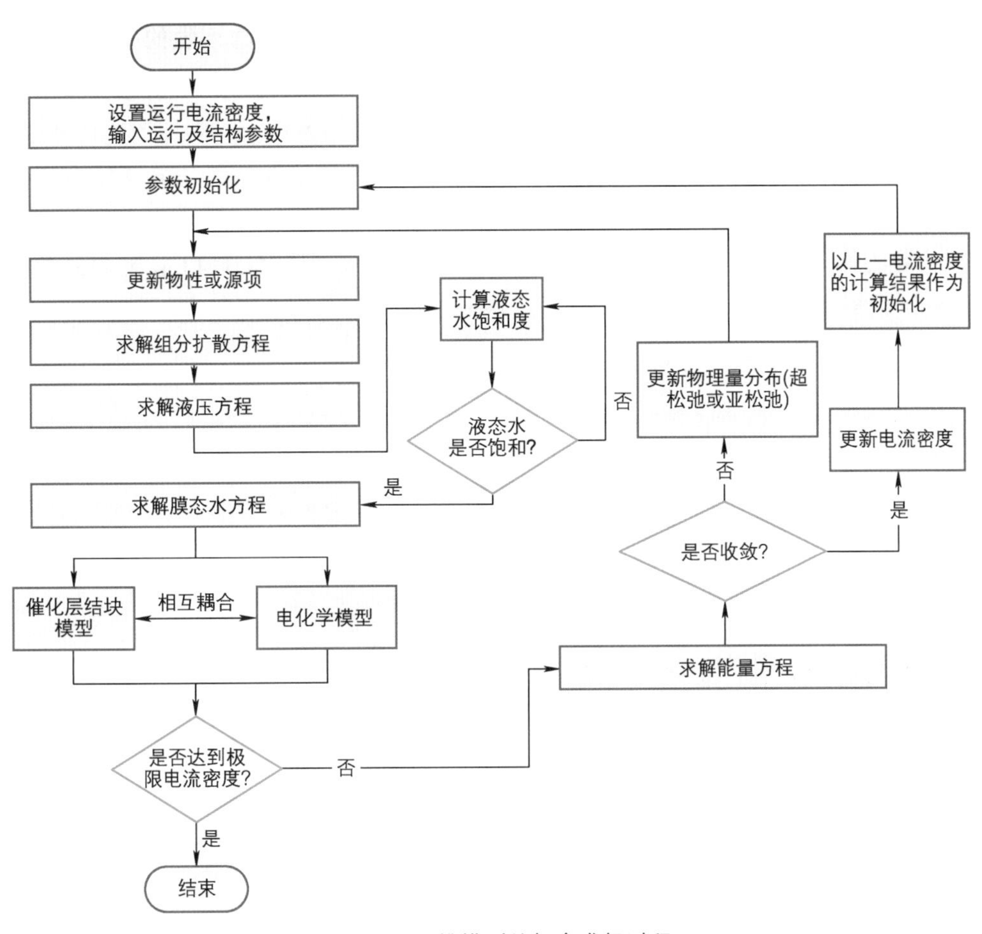

图 3-16　一维模型的耦合求解过程

表 3-6　网格独立性验证

网格数	欧姆损失 /V	Pt 表面氧气浓度 / (mol/m³)	电压 /V	功率密度 / (W/cm²)
80	0.2006	1.9157	0.6092	0.7676
120	0.2004	1.9142	0.6094	0.7678
160	0.2004	1.9139	0.6094	0.7679
200	0.2004	1.9139	0.6094	0.7679

通过与文献中的实验数据进行对比，从不同 Pt 载量下燃料电池的极化曲线和电池内氧气的传输阻力两方面去验证模型的准确性。图 3-17a 所示为不同 Pt 载量下的燃料电池极化曲线的验证结果，模型计算时保持与参考文献 [42] 中实验测试的结构参数和操作条件一致。从图中可以看出，三种不同 Pt 载量下的燃料电池极化曲线与实验测试结果吻合良好，最大偏差小于 5%。图 3-17b 所示为不同 Pt 载量下燃料电池内总的氧气传输阻力、阴极催化层中的氧气传输阻力（包括 CL

孔隙中的分子扩散、克努森扩散以及氧气从孔隙到活性位点时引发的局部阻力)、GDL 与 MPL 的氧气传输阻力的变化。计算中保持与参考文献 [49] 中的实验测试工况一致（GDL 和 MPL 的厚度分别为 200mm 和 70mm，入口压力为 150kPa，工作温度为 353.15K，入口相对湿度为 90%）。从图中可以看出，氧气穿过阴极侧 GDL 和 MPL 产生的传输阻力值与实验测试结果基本一致，该类阻力几乎不受 Pt 载量的影响，且在总的氧气传输阻力中占比较小。而较低的 Pt 载量则会造成催化层内部氧气传输阻力的急剧增加，这一结果也与实验发现基本一致。

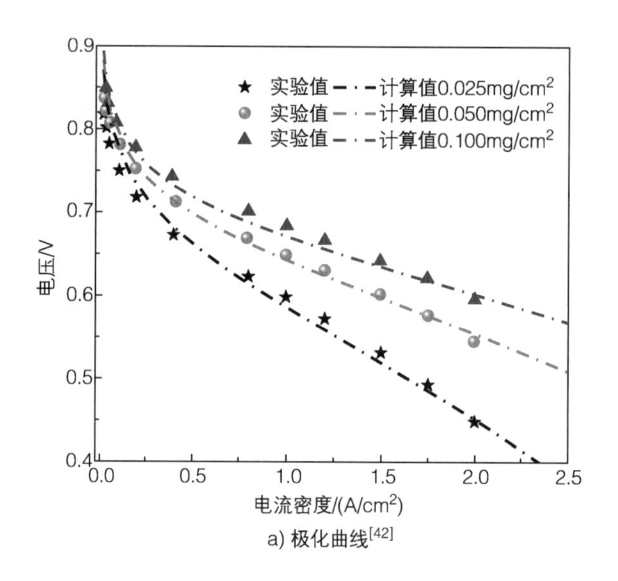

a) 极化曲线[42]

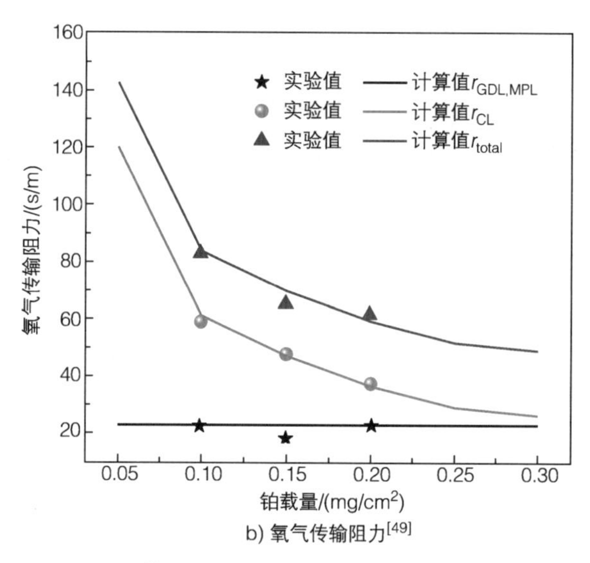

b) 氧气传输阻力[49]

图 3-17　一维模型的验证结果：极化曲线与氧气传输阻力

3.3.4　基于一维模型的燃料电池传输特征分析实例

本节基于上述燃料电池一维宏观模型，分别研究了阴、阳极两侧进口相对湿度（Relative Humidity，RH）对质子交换膜燃料电池的极化曲线、电池内氧气传输阻力、电池电阻，以及液态水和膜态水的分布等的影响规律。本算例中对应的几何和运行参数见表 3-7。

表 3-7　本算例中燃料电池的几何和运行参数

参数	值
运行温度：T_0/K	333.15 ~ 363.15
阳极和阴极的化学计量比：ξ_a，ξ_c	2.0，2.0
阳极和阴极的进口压力：p_a，p_c（atm）	1.5 ~ 3.0，1.5 ~ 3.0
阳极和阴极的进口相对湿度：RH_a，RH_c（%）	0 ~ 100，0 ~ 100
流道的高度，宽度，长度：H_{CH}，W_{CH}，L_{CH}（m）	8×10^{-4}，1×10^{-3}，0.1
脊的高度，宽度，长度：H_{BP}，W_{BP}，L_{BP}（m）	1.5×10^{-3}，1×10^{-3}，0.1
GDL，MPL，CL 和 PEM 的厚度：δ_{GDL}，δ_{MPL}，δ_{CL}，δ_{PEM}（m）	1.9×10^{-4}，4×10^{-5}，10^{-5}，20.4×10^{-6}
GDL，MPL，CL 的接触角：θ_{GDL}，θ_{MPL}，θ_{CL}（°）	100 ~ 120，105 ~ 125，90 ~ 100
GDL，MPL 和 CL 的孔隙率：ε_{GDL}，ε_{MPL}，ε_{CL}	0.6，0.4，0.3
GDL，MPL，CL 和 PEM 的固有渗透率：K_{GDL}，K_{MPL}，K_{CL}，K_{PEM}（m^2）	10^{-12}，8.3×10^{-13}，10^{-13}，2×10^{-20}
阳极和阴极的参考交换电流密度：$i_{0,a}^{ref}$，$i_{0,c}^{ref}$（A/m^2）	10，1.5×10^{-5}
参考氢气和氧气的摩尔浓度：$C_{H_2}^{ref}$，$C_{O_2}^{ref}$（mol/m^3）	56.4，3.39
蒸发 / 冷凝的传质系数：γ_{l-v}（1/s）	100
膜态水 / 水蒸气的吸附 / 解吸系数：γ_{m-v}（1/s）	1.3
阳极和阴极的传递系数：α	0.5，0.5

图 3-18 所示为阳极和阴极进口相对湿度对电池极化曲线的影响。从图中可知，增加阳极或阴极气体进口相对湿度，燃料电池的输出电压和功率密度随之提高。本算例中阴极进口相对湿度对性能的提升作用比阳极进口相对湿度更为敏感。在中、低电流密度范围内，阴极进口湿度为 80% 时的电池性能与 100% 时几乎完全一致。但在高电流密度下，阴极进口湿度 80% 对应的电池性能更优异，这取决于燃料电池中欧姆损失减少与浓差损失增加的相对关系。当阳极和阴极的进口相对湿度从 20% 增加至 100% 时，燃料电池的峰值功率密度分别增加了 28.7% 和 35.5%。

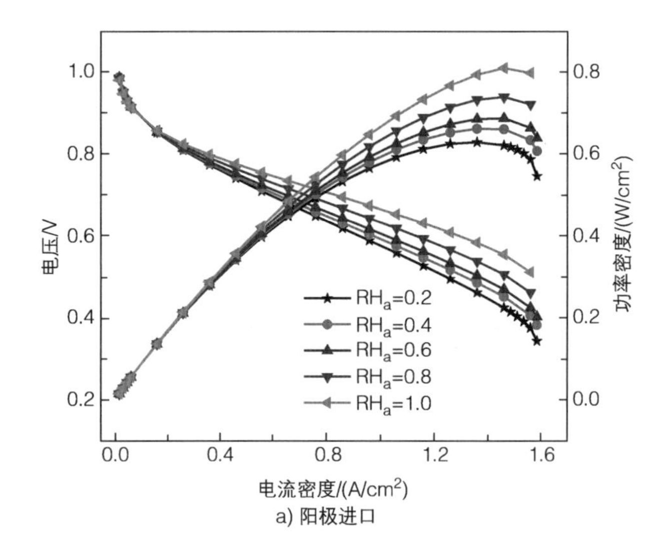

a) 阳极进口

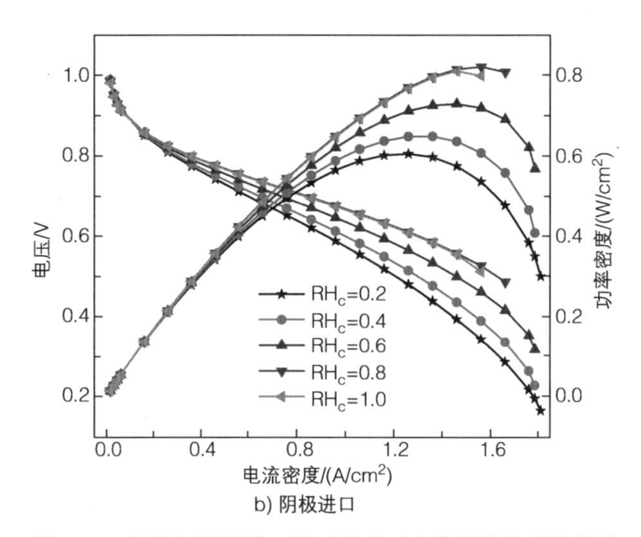

b) 阴极进口

图 3-18　阳极和阴极进口相对湿度对电池极化曲线的影响

为进一步分析阴、阳极进口气体相对湿度对燃料电池内氧气传输阻力和电池电阻的影响，图 3-19 所示为电流密度为 1.16A/cm^2 时燃料电池内氧气总传输阻力和电池总电阻与进口相对湿度的关系。由图可知，随着阴、阳极相对湿度的增加，体相氧气传输阻力（即氧气从阴极流道到催化层孔隙的传输阻力）几乎保持恒定，而局部氧气传输阻力（即氧气从阴极催化层孔隙到反应位点的阻力）明显逐渐减小。另外与阳极相比，提高阴极进口湿度更有利于局部氧气的传输，这是由于阴极侧加湿有利于改善阴极侧离聚物的膜态水含量，提高了氧气在离聚物

中的扩散率。此外欧姆电阻随着阳极侧和阴极侧进口相对湿度的增加均呈现降低趋势。

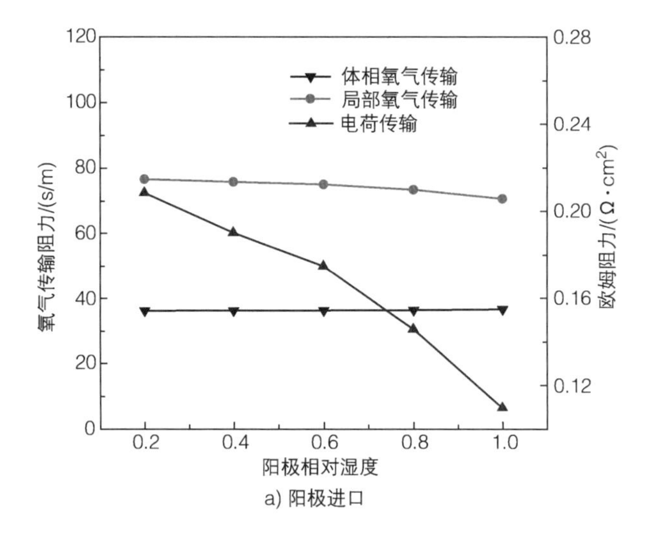

a) 阳极进口

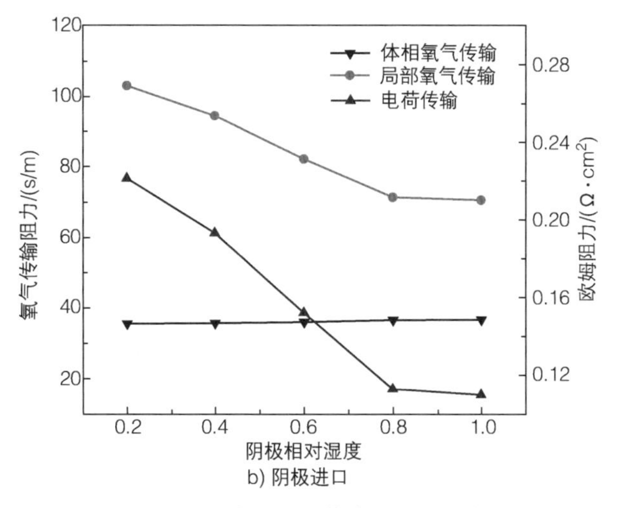

b) 阴极进口

图 3-19 相对湿度对氧气传输和欧姆阻力的影响

图 3-20 所示为不同相对湿度下液态水的饱和度分布。如图所示，随着阴、阳极进口相对湿度的增加，阴极催化层中的液态水饱和度略微增加，而阴极气体扩散层和微孔层的液态水含量几乎保持不变。相比而言，增加阴极相对湿度会使得催化层的保水能力得到更大改善。尽管在该计算实例下，阴极催化层中的液态水量增加，但却不足以显著堵塞孔隙，从而进一步增加体相氧气的传输阻力。

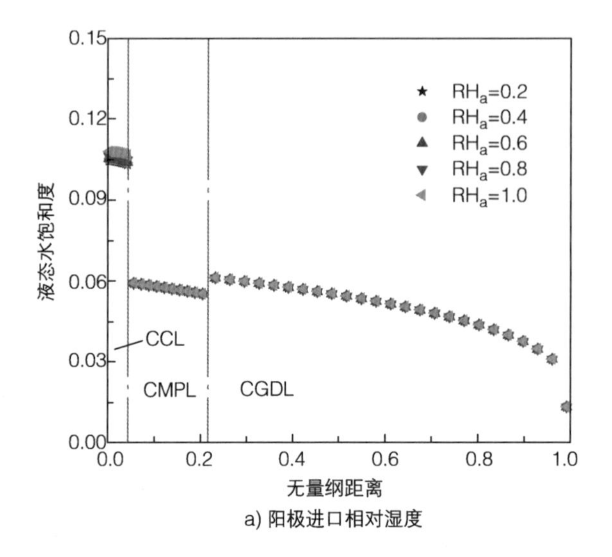

a) 阳极进口相对湿度

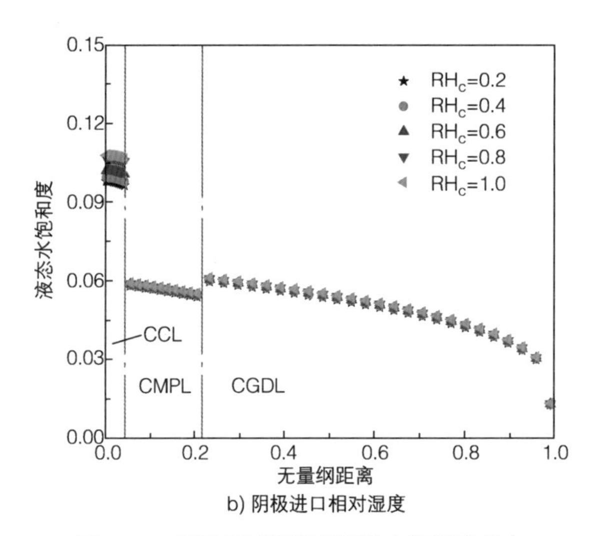

b) 阴极进口相对湿度

图 3-20　不同相对湿度下液态水饱和度分布

图 3-21 所示为相对湿度对燃料电池内部膜态水含量分布的影响。随着阳极进口相对湿度的增加，所有区域中的膜态水含量总体上升，且呈现几乎相似的分布趋势，即阳极侧的膜态水含量总是低于阴极侧的膜态水含量。增加阳极相对湿度首先促进了阳极离聚物的润湿状态，在电渗拖曳的作用下膜和阴极催化层中的离聚物随后也被润湿。因此阳极侧高相对湿度下阴阳极催化层和质子交换膜中离子传输的欧姆损失同时降低。相反地，如图 3-21b 所示，增加阴极侧进口相对湿度完全改变了膜态水含量分布的趋势。当阴极相对湿度小于 60% 时，阳极催化

层中的膜态水含量略低于阴极催化层，总体分布表现出良好的均匀性，表明这三个区域之间的水合作用以及欧姆损失几乎一致。进一步增加阴极相对湿度显著增加了阴极侧膜态水含量，阳极侧和阴极侧之间的较大膜态水含量差异导致更强烈的反向扩散，从而增加了阳极催化层和质子交换膜中的膜态水含量，在这种情况下，膜态水含量分布的均匀性被破坏，阳极催化层中存在局部膜干燥状态。当阴极进口相对湿度超过 80% 时，阴极侧膜态水含量略微增加，而阳极侧膜态水含量几乎保持不变。

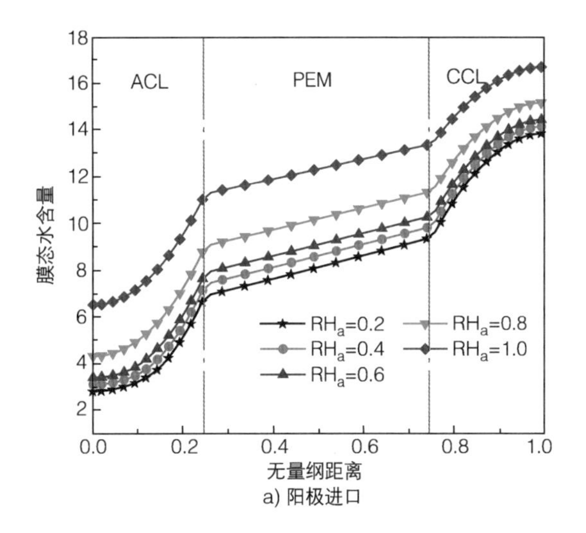

a) 阳极进口

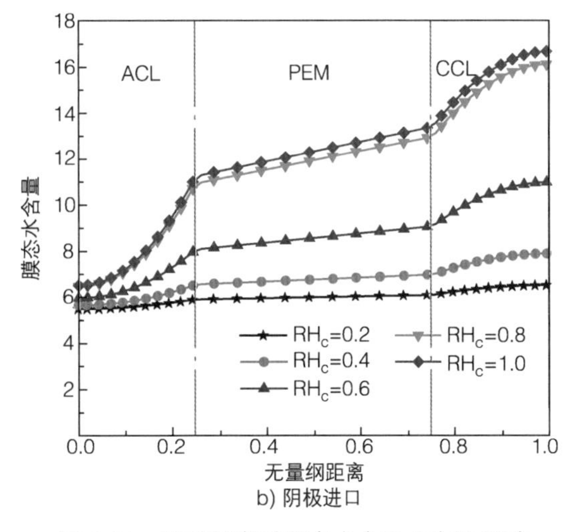

b) 阴极进口

图 3-21　相对湿度对膜态水含量分布的影响

参考文献

[1] JIAO K, LI X. Water transport in polymer electrolyte membrane fuel cells[J]. Progress in Energy and Combustion Science, 2011, 37(3): 221-291.

[2] JANG S, KANG Y S, KIM D, et al. Multiscale Architectured Membranes, Electrodes, and Transport Layers for Next-generation Polymer Electrolyte Membrane Fuel Cells[J]. Advanced Materials, 2022, 1: 2204902.

[3] ZHANG G, QU Z, TAO W Q, et al. Porous Flow Field for Next-Generation Proton Exchange Membrane Fuel Cells: Materials, Characterization, Design, and Challenges[J]. Chemical Reviews, 2023, 123(3): 989-1039.

[4] ZHANG G, JIAO K. Three-dimensional multi-phase simulation of PEMFC at high current density utilizing Eulerian-Eulerian model and two-fluid model[J]. Energy Conversion and Management, 2018, 176: 409-421.

[5] ASHRAFI M, SHAMS M. The effects of flow-field orientation on water management in PEM fuel cells with serpentine channels[J]. Applied Energy, 2017, 208: 1083-1096.

[6] HUO W, XIE B, WU S, et al. Full-scale multiphase simulation of automobile PEM fuel cells with different flow field configurations[J]. International Journal of Green Energy, 2023, 3: 1-16.

[7] BETHAPUDI V S, HACK J, HINDS G, et al. Electro-thermal mapping of polymer electrolyte membrane fuel cells with a fractal flow-field[J]. Energy Conversion and Management, 2021, 250: 114924.

[8] SAUERMOSER M, POLLET B G, KIZILOVA N, et al. Scaling factors for channel width variations in tree-like flow field patterns for polymer electrolyte membrane fuel cells - An experimental study[J]. International Journal of Hydrogen Energy, 2021, 46(37): 19554-19568.

[9] IRANZO A, ARREDONDO C H, KANNAN A M, et al. Biomimetic flow fields for proton exchange membrane fuel cells: A review of design trends[J]. Energy, 2020, 190: 116435.

[10] ZHANG G, BAO Z, XIE B, et al. Three-dimensional multi-phase simulation of PEM fuel cell considering the full morphology of metal foam flow field[J]. International Journal of Hydrogen Energy, 2020, 46(3): 2978-2989.

[11] SHAO H, QIU D, PENG L, et al. In-situ measurement of temperature and humidity distribution in gas channels for commercial-size proton exchange membrane fuel cells[J]. Journal of Power Sources, 2019, 412: 717-724.

[12] PENG L, SHAO H, QIU D, et al. Investigation of the non-uniform distribution of current density in commercial-size proton exchange membrane fuel cells[J]. Journal of Power Sources, 2020, 453: 227836.

[13] PEI H, XIAO C, TU Z. Experimental study on liquid water formation characteristics in a novel transparent proton exchange membrane fuel cell[J]. Applied Energy, 2022, 321: 119349.

[14] TONGSH C, LIANG Y, XIE X, et al. Experimental investigation of liquid water in flow field of proton exchange membrane fuel cell by combining X-ray with EIS technologies[J]. Science China Technological Sciences, 2021, 64(10): 2153-2165.

[15] IRANZO A, BOILLAT P, ROSA F. Validation of a three dimensional PEM fuel cell CFD model using local liquid water distributions measured with neutron imaging[J]. International Journal of Hydrogen Energy, 2014, 39(13): 7089-7099.

[16] WANG Y D, MEYER Q, TANG K, et al. Large-scale physically accurate modelling of real proton exchange membrane fuel cell with deep learning[J]. Nature Communications, 2023, 14(1): 745.

[17] WANG C Y. Fundamental Models for Fuel Cell Engineering[J]. Chemical Reviews, 2004, 104(10): 4727-4766.

[18] AHMED-MALOUM M, DAVID T, GUETAZ L, et al. Computation of oxygen diffusion properties of the gas diffusion medium-microporous layer assembly from the combination of X-ray microtomography and focused ion beam three dimensional digital images[J]. Journal of Power Sources, 2023, 561: 232735.

[19] WANG Y, SI C, ZHANG X, et al. Electro-osmotic drag coefficient of Nafion membrane with low water Content for Proton exchange membrane fuel cells[J]. Energy Reports, 2022, 8: 598-612.

[20] LIU L, GUO L, ZHANG R, et al. Numerically investigating two-phase reactive transport in multiple gas channels of proton exchange membrane fuel cells[J]. Applied Energy, 2021, 302:117625.

[21] WU H, LI X, BERG P. On the modeling of water transport in polymer electrolyte membrane fuel cells[J]. Electrochimica Acta, 2009, 54(27): 6913-6927.

[22] MENG H, WANG C Y. Model of Two-Phase Flow and Flooding Dynamics in Polymer Electrolyte Fuel Cells[J]. Journal of The Electrochemical Society, 2005, 152(9): A1733.

[23] WANG Y, WANG C Y. Ultra large-scale simulation of polymer electrolyte fuel cells[J]. Journal of Power Sources, 2006, 153(1): 130-135.

[24] YONG Z, SHIRONG H, XIAOHUI J, et al. Performance study on a large-scale proton exchange membrane fuel cell with cooling[J]. International Journal of Hydrogen Energy, 2022, 47(18): 10381-10394.

[25] ZHANG G, XIE X, XIE B, et al. Large-scale multi-phase simulation of proton exchange membrane fuel cell[J]. International Journal of Heat and Mass Transfer, 2019, 130: 555-563.

[26] ATYABI S A, AFSHARI E, UDEMU C. Comparison of active and passive cooling of proton exchange membrane fuel cell using a multiphase model[J]. Energy Conversion and Management, 2022, 268: 115970.

[27] CARCADEA E, ISMAIL M S, INGHAM D B, et al. Effects of geometrical dimensions of flow channels of a large-active-area PEM fuel cell: A CFD study[J]. International Journal of Hydrogen Energy, 2021, 46(25): 13572-13582.

[28] YIN C, CAO J, TANG Q, et al. Study of internal performance of commercial-size fuel cell stack with 3D multi-physical model and high resolution current mapping[J]. Applied Energy, 2022, 323: 119567.

[29] TSUKAMOTO T, AOKI T, KANESAKA H, et al. Three-dimensional numerical simulation of full-scale proton exchange membrane fuel cells at high current densities[J]. Journal of Power Sources, 2021, 488: 229412.

[30] WANG N, QU Z, ZHANG G. Modeling analysis of polymer electrolyte membrane fuel cell with regard to oxygen and charge transport under operating conditions and hydrophobic porous electrode designs[J]. eTransportation, 2022, 14: 100191.

[31] ZHANG G, WU L, QIN Z, et al. A comprehensive three-dimensional model coupling channel multi-phase flow and electrochemical reactions in proton exchange membrane fuel cell[J]. Advances in Applied Energy, 2021, 2: 100033.

[32] LAMANNA J M, BOTHE J V, ZHANG F Y, et al. Measurement of capillary pressure in fuel cell diffusion media, micro-porous layers, catalyst layers, and interfaces[J]. Journal of Power Sources, 2014, 271: 180-186.

[33] HAO L, CHENG P. Capillary pressures in carbon paper gas diffusion layers having hydrophilic

and hydrophobic pores[J]. International Journal of Heat and Mass Transfer, 2012, 55(1-3): 133-139.

[34] ZHANG X, MA X, YANG J, et al. Effect of liquid water in flow channel on proton exchange membrane fuel cell: Focusing on flow pattern[J]. Energy Conversion and Management, 2022, 258: 115528.

[35] PASAOGULLARI U, WANG C Y. Two-Phase Modeling and Flooding Prediction of Polymer Electrolyte Fuel Cells[J]. Journal of The Electrochemical Society, 2005, 152(2): A380.

[36] SPRINGER T E, ZAWODZINSKI T A, GOTTESFELD S. Polymer Electrolyte Fuel Cell Model[J]. Journal of The Electrochemical Society, 1991, 138(8): 2334-2342.

[37] ANDERSSON M, BEALE S B, ESPINOZA M, et al. A review of cell-scale multiphase flow modeling, including water management, in polymer electrolyte fuel cells[J]. Applied Energy, 2016, 180: 757-778.

[38] ZHANG Z, WANG Q, BAI F, et al. Performance simulation and key parameters in-plane distribution analysis of a commercial-size PEMFC[J]. Energy, 2023, 263: 125897.

[39] XIE B, ZHANG H, HUO W, et al. Large-scale three-dimensional simulation of proton exchange membrane fuel cell considering detailed water transition mechanism[J]. Applied Energy, 2023, 331: 120469.

[40] CHEN Q, ZHANG G, ZHANG X, et al. Thermal management of polymer electrolyte membrane fuel cells: A review of cooling methods, material properties, and durability[J]. Applied Energy, 2021, 286: 116496.

[41] NONOYAMA N, OKAZAKI S, WEBER A Z, et al. Analysis of Oxygen-Transport Diffusion Resistance in Proton-Exchange-Membrane Fuel Cells[J]. Journal of the Electrochemical Society, 2011, 158(4): B416-B423.

[42] HAO L, MORIYAMA K, GU W, et al. Modeling and experimental validation of Pt loading and electrode composition effects in PEM fuel cells[J]. Journal of the Electrochemical Society, 2015, 162(8): F854.

[43] OZEN D N, TIMURKUTLUK B, ALTINISIK K. Effects of operation temperature and reactant gas humidity levels on performance of PEM fuel cells[J]. Renewable and Sustainable Energy Reviews, 2016, 59: 1298-1306.

[44] LUO M, HUANG C, LIU W, et al. Degradation behaviors of polymer electrolyte membrane fuel cell under freeze/thaw cycles[J]. International Journal of Hydrogen Energy, 2010, 35(7): 2986-2993.

[45] BAI G, GAO D, LIU Z, et al. Probing the critical nucleus size for ice formation with graphene oxide nanosheets[J]. Nature, 2019, 576(7787): 437-441.

[46] ZHANG Q, TONG Z, TONG S, et al. Research on water and heat management in the cold start process of proton exchange membrane fuel cell with expanded graphite bipolar plate[J]. Energy Conversion and Management, 2021, 233: 113942.

[47] JIAO K, LI X. Three-dimensional multiphase modeling of cold start processes in polymer electrolyte membrane fuel cells[J]. Electrochimica Acta, 2009, 54(27): 6876-6891.

[48] XING S, ZHAO C, ZOU J, et al. Recent advances in heat and water management of forced-convection open-cathode proton exchange membrane fuel cells[J]. Renewable and Sustainable Energy Reviews, 2022, 165: 112558.

[49] OWEJAN J P, OWEJAN J E, GU W. Impact of Platinum Loading and Catalyst Layer Structure on PEMFC Performance[J]. Journal of The Electrochemical Society, 2013, 160(8): F824-F833.

燃料电池膜电极关键输运过程模型及仿真

膜电极组件（Membrane Electrode Assembly，MEA）是质子交换膜燃料电池的核心，其包括质子交换膜、催化层与气体扩散层。在电池工作过程中，反应气体通过流道经由气体扩散层内的多孔结构传输至催化层，并在催化层中的催化剂活化位点上发生电化学反应，生成反应产物（如水、热、电等）。多孔电极（催化层与气体扩散层）的孔隙结构为产物水的排出提供通道，而其固体骨架则为热量和电子的传输提供了通道。膜电极内所发生的多相热质传输与电化学反应过程直接影响燃料电池的性能输出，而多孔电极孔隙结构及其分布是决定膜电极内热质输运过程的关键因素。本章从质子交换膜、多孔电极的结构与内部输运过程出发，介绍膜电极各组件内关键热质输运过程及不同尺度下各组件内输运过程的建模仿真方法。

4.1 质子交换膜结构及传输机理

质子交换膜是燃料电池的关键组件，其承担了将阳极氧化反应与阴极还原反应分隔开的功能，确保燃料电池的正常稳定工作。质子交换膜是一种水合膜，图 4-1 所示为燃料电池质子交换膜的立体结构，由含质子载体的高分子聚合物作为骨架，水作为填充，在膜内部发生质子传输、水输运等过程。质子交换膜需具有以下特性：①质子交换膜应当具有良好的质子传导能力，质子传导率代表着质子交换膜传导 H^+ 的能力，通常可用电导率或离子交换能力表示；②在燃料电池中，质子交换膜需要隔绝氢气和氧气，因此质子交换膜必须具有足够的力学性能使得其在两侧气流的压力下保持完整，拥有足够的化学稳定性和电化学稳定性

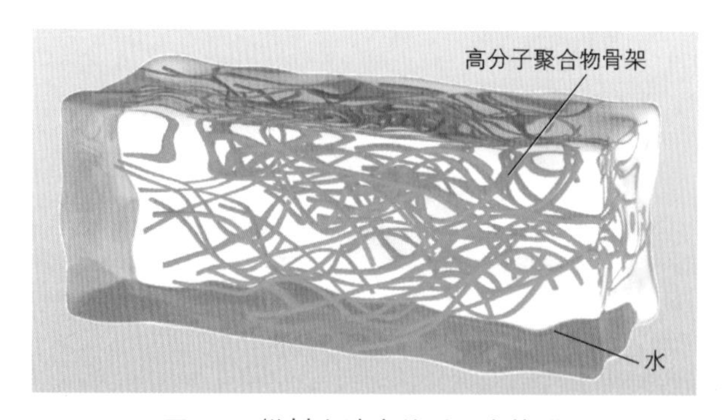

图 4-1　燃料电池中的质子交换膜

能，在酸性环境中保持一定的耐蚀性，此外还需拥有一定的热稳定性；③质子交换膜必须具有低气体渗透性，低气体渗透性膜可强迫氢和氧分离，各自在阳极和阴极上反应；④质子交换膜必须具有电子的绝缘性，使在阳极产生的电子通过外部电子回路流向阴极。

4.1.1　质子交换膜简介

20 世纪 60 年代，Walther G.Grot 设计了一种全氟磺酸离子聚合物（Perfluoro-sulfonic Acid，PFSA），并将其用于燃料电池的质子交换膜材料中，该膜以 Nafion 作为商品名广为人知并被广泛应用。全氟磺酸离子聚合物膜由电中性的半结晶聚合物主链（聚四氟乙烯 Polytetrafluoroethylene，PTFE）和具有侧向离子基团的侧链（聚磺酰氟乙烯基醚）构成，主链构成疏水骨架，使膜具有良好的化学稳定性和热稳定性；侧链上的酸性基团可以解离出质子并在其周围聚集水团簇，这些水团簇是膜传导质子必不可少的部分。全氟磺酸膜吸水时会在微观上形成一种胶束网络结构，其内部分为亲水和憎水两种区域，亲水区域聚集了大量水分子与酸性基团，是质子迁移必不可少的条件；憎水区域主要由聚合物主链组成，具有保证膜的尺寸和形貌的稳定等作用。膜中的质子并不以单个氢离子的形式存在，而是以水合氢离子（H_3O^+）、Zundel 离子（$H_5O_2^+$）和 Eigen 离子（$H_9O_4^+$）等动态聚集体的形式与周围的水分子紧密结合，当质子交换膜中的水合离子簇彼此连接时，质子才能在连通的水合离子簇区域中传导。因此膜在吸收一定量的水并润湿后可以形成质子传递通路并传导质子，当膜中的含水量下降时，水合离子簇收缩使得质子传输通道减少，膜的电导率显著下降，直至成为绝缘体。

自 Nafion 膜被广泛应用之后，市场上又相继出现了其他几种类似的质子交换膜，包括美国陶氏化学公司的 Dow 膜、日本 Asahi Chemical 公司的 Aciplex 膜和 Asahi Glass 公司的 Flemion 膜，这些膜的化学结构与 Nafion 膜类似，只是共聚物链段比例和醚支链的长度略有差别。图 4-2 所示为侧链结构不同的两类常见全氟磺酸离子聚合物结构，其主链、侧链构成的基团是一致的，区别在于甲基数量、醚键数量等某些基团数量的不同。图 4-2a 表示了两种侧链含多醚键的 PFSA 化学式，当化学式中取值为 $m = 6 \sim 10$，$n = 1$，$x = 1$ 时即为 Nafion 膜结构；当化学式中取值为 $m = 6 \sim 8$，$n = 1$，$x = 2$ 时即为 Aciplex 结构。图 4-2b 表示了两种侧链含单醚键的 PFSA 化学式，当化学式中取值为 $m = 3 \sim 10$，$n = 1$，$x = 2$ 时为 Dow 结构；当化学式中取值为 $m = 6 \sim 10$，$n = 1$，$x = 1 \sim 5$ 时为 Flemion 结构。

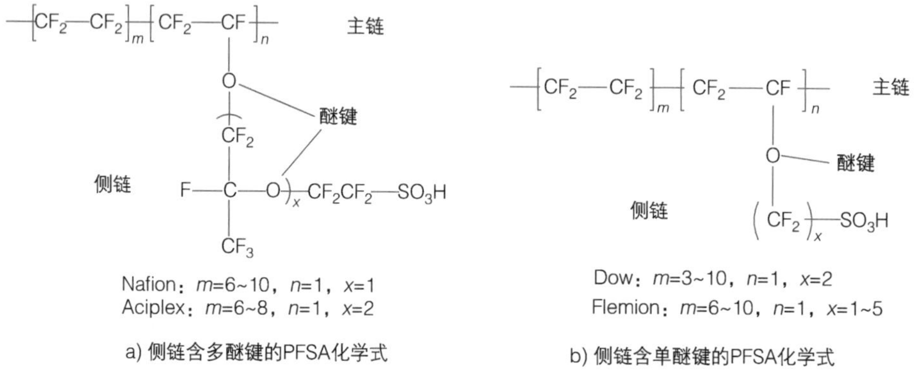

$-[CF_2-CF_2]_m[CF_2-CF]_n-$ 主链

O 醚键

$(CF_2$

侧链 $F-C-O)_x-CF_2CF_2-SO_3H$

CF_3

Nafion：m=6~10，n=1，x=1
Aciplex：m=6~8，n=1，x=2

a) 侧链含多醚键的PFSA化学式

$-[CF_2-CF_2]_m[CF_2-CF]_n-$ 主链

O 醚键

侧链 $(CF_2)_x-SO_3H$

Dow：m=3~10，n=1，x=2
Flemion：m=6~10，n=1，x=1~5

b) 侧链含单醚键的PFSA化学式

图 4-2　侧链结构不同的两类常见全氟磺酸离子聚合物结构

全氟磺酸膜（以 Nafion 膜为代表）是目前最常用的质子交换膜，它具有质子电导率高、化学稳定性高、热稳定性好、纳米相分离效果好等诸多优点。但其也具有许多缺点，如合成磺化主链成本较高，工作时对温度和含水量要求高，膜的最佳工作温度为 70 ~ 90℃，超过 90℃会使其含水量急剧降低、导电性迅速下降，因此全氟磺酸膜在高温燃料电池（超过 100℃）上的应用十分困难。近年来一些基于芳香族主链聚合物的新型电解质膜因具有低成本、高离子交换容量、高温抗分解特性、良好的力学性能等优点而备受关注，这些优良特性使芳香族聚合物被认为是高温燃料电池应用中全氟磺酸膜的有效替代品。例如，已有大量研究集中在对聚苯醚、聚苯并咪唑、芳香族聚酰亚胺、聚砜、聚酮等[1-5]进行磺化处理，将其制备成质子交换膜并应用于燃料电池中。与全氟磺酸膜相比，该类膜材料具有优越的稳定性、物理性能和电化学性能。图 4-3 所示为五种新型非氟烃类质子交换膜化学结构，图 4-3a 是聚醚醚酮（Poly-Ether-Ether-Ketone，PEEK）质子交换电解质单体，包含了芳香主链和含有酸性基团的侧链，因此侧链具有亲水性；图 4-3b 是聚砜类（Polysulfone Acid-diphenol，PAEF）质子交换电解质单体，包含了氟化芳香主链和含有酸性基团的侧链，因此主链具有疏水性而侧链具有亲水性；图 4-3c 是聚酮类（Phosphoric-pyridine-polyethers，PEP）质子交换电解质单体，包含了芳香主链和含有酸性基团的侧链，因此侧链具有亲水性；图 4-3d 是聚吡啶类（Poly-pyridines，PES）质子交换电解质单体，包含了芳香主链和含有酸性基团的侧链，因此侧链具有亲水性；图 4-3e 是聚苯并咪唑类（Polybenzimidazole，PBI）质子交换电解质单体，包含了芳香主链和含有酸性基团的侧链。主链侧链的化学结构不仅影响膜的固有物性参数（如离子当量、密度等），而且还影响水合膜的亲疏水性，亲疏水性对质子传输能力又有着显著影响。

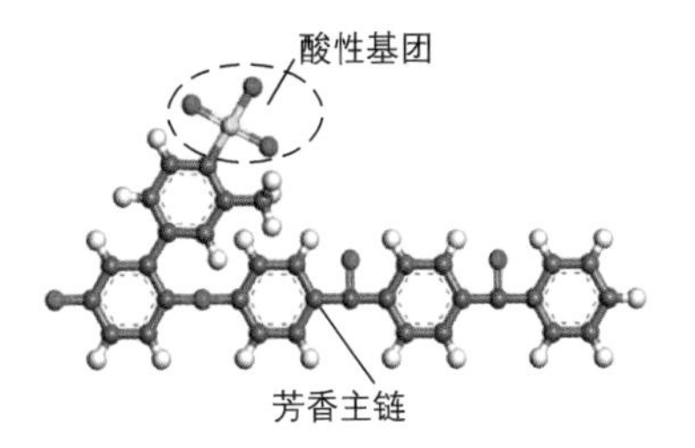

a) 聚醚醚酮(PEEK)

b) 聚矾类(PAEF)

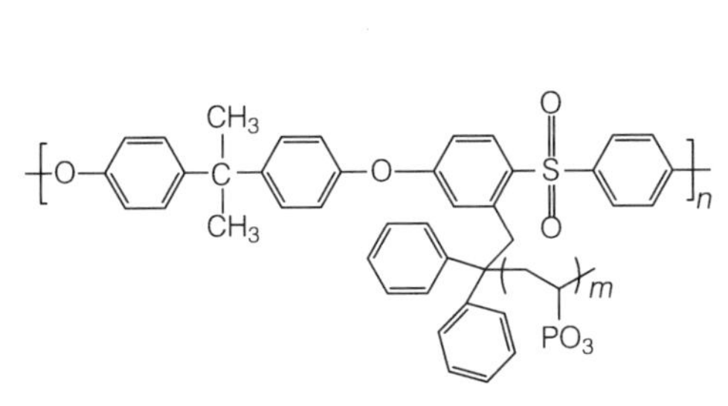

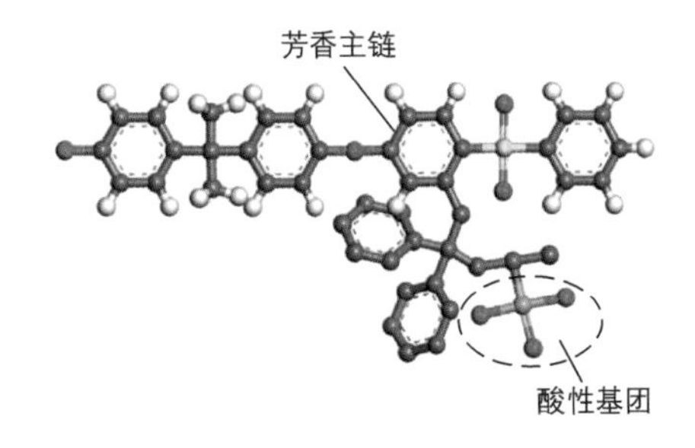

c) 聚酮类(PEP)

d) 聚吡啶类(PES)

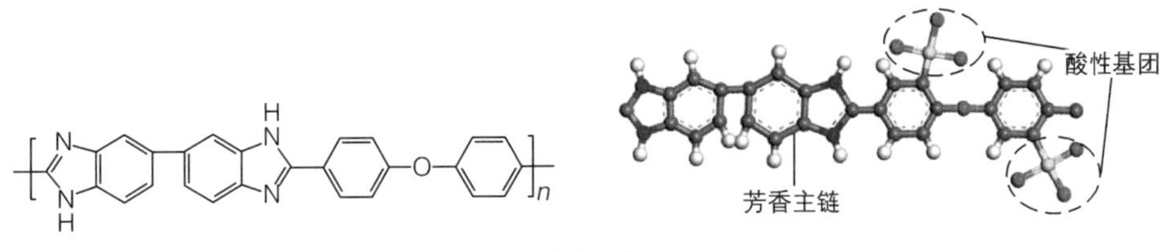

e) 聚苯并咪唑类(PBI)

图 4-3　新型非氟烃类质子交换膜化学结构

4.1.2　质子交换膜宏观特性参数

质子交换膜的宏观性能体现为几个关键参数：质子传导率、膜气体渗透率、离子交换容量、抗拉强度、吸水率等。图 4-4 所示为质子交换膜的宏观状态及其质子传导、拉伸过程，其中质子传导以水合氢离子的形式发生，拉伸后膜的形态及内部结构均出现变化，具体过程及原理在下一节中详述。

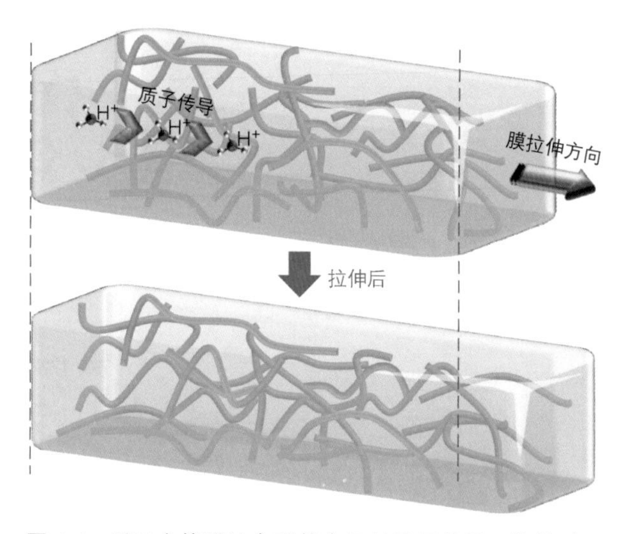

图 4-4　质子交换膜的宏观状态及其质子传导、拉伸过程

质子传导率（Proton conductivity）是衡量膜内质子导通能力的一项指标，又称电导率，单位用 S/cm 表示。膜的质子传导率受其水含量与温度的影响。例如，图 4-5 表明质子电导率随着湿度提升（含水量增加）而增加[6]；图 4-6 表明 Nafion 膜的质子传导率随温度升高而变大[7]，其前提条件为膜进行了充分润湿不会出现膜干等现象。

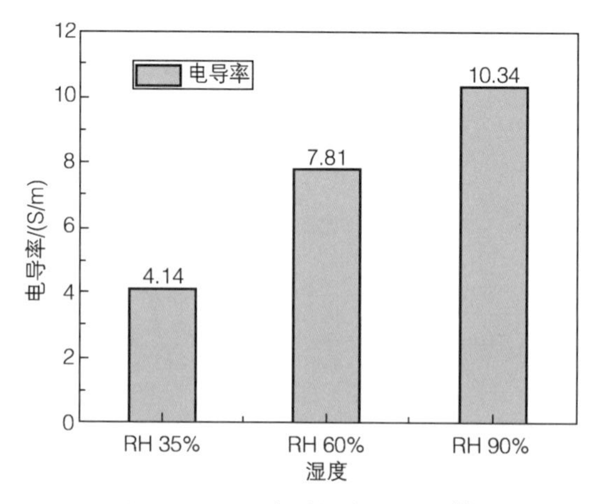

图 4-5　电导率随湿度的变化[6]

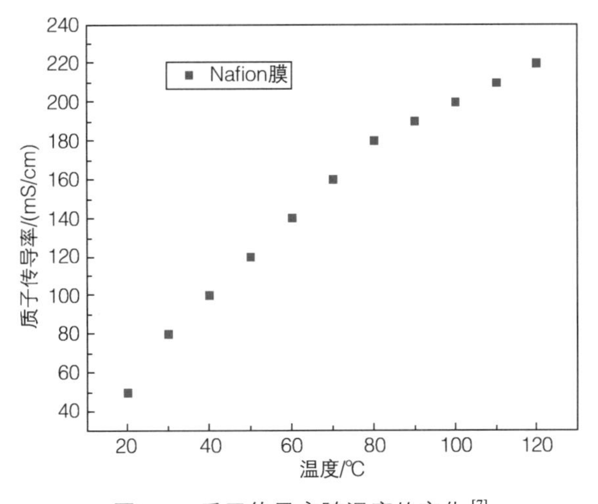

图 4-6 质子传导率随温度的变化[7]

膜气体渗透率（Gas permeability）指的是在恒定温度和单位压力差下，在气体穿透量稳定后单位时间内透过质子交换膜单位面积的气体的体积，单位为 m^2。质子交换膜在工作时可能会有一部分氢气直接穿透膜进入阴极，与氧气直接发生反应，降低电池电压输出的同时造成电池材料的损伤，因此低气体渗透率是燃料电池安全运行的重要保障。测量膜气体渗透率的方法包含直接测量法（如压差下的气体渗透仪测量）和间接测量法（如线性电位扫描）。

离子交换容量（Ion Exchange Capacity，IEC）是指一定数量的离子交换膜材料所带的可交换离子的数量，以 mmol/g 或 meq/g 等单位来表示。离子交换容量与膜当量重量（Equivalent Weight，EW）成倒数关系，后者是每摩尔离子基团（如磺酸根基团 $-SO_3H$）所含干膜的质量，单位为 g/mol，体现了质子交换膜内的酸浓度，是表征膜内离子官能团数量的重要参数。随着膜 EW 值的增加，膜中离子簇团的直径、离子簇内磺酸根数目均减小而膜的刚性增加。

膜的拉伸强度（Tensile strength）是在给定温度、湿度和拉伸速度下，在标准膜试样上施加拉伸力，试样断裂前所承受的最大拉伸力与膜厚度及宽度的比值，单位为 MPa。按照 GB/T 1040.3—2006《塑料拉伸性能的测定　第 3 部分：薄膜和薄片的试验条件》，可测试 80℃下经 24h 烘干后的干膜的拉伸强度。具体方法为：将膜裁成 10mm 宽的长方形，标线间的距离为 50mm，在材料试验机上拉伸，拉伸速度为 50mm/min。测试温度为室温。根据测出的拉伸曲线读出所需负荷及相应膜厚度、宽度，即可计算或比较膜的拉伸性能。

质子交换膜的吸水溶胀（Swelling）是一个重要特性，常用吸水率或溶胀度表示。质子交换膜的溶胀度是指在给定的溶液中浸泡后质子交换膜的面积或体积变化的百分比。溶胀度反映了膜的形变特性。由于电池在实际运行时膜所处环境的湿度状况不同，膜发生膨胀是不可避免的。这种膨胀不仅影响质子的传导能力，而且还影响结构约束下的机械应力，导致不可逆的变形。由膜的吸水溶胀带来的变形会对已经封装在固定尺寸的燃料电池电堆造成额外的力，从而减少膜中电解质和气体之间的接触面积，并导致燃料电池性能的恶化。吸水性测试一般是将质子交换膜在 80℃真空干燥 24h，称取干膜质量。取得膜干燥状态质量后将膜浸入去离子水中并保持 24h，用滤纸吸掉膜表面的水后，称取湿膜质量，两者之差与干膜质量的比值即为吸水率。图 4-7 所示为四种膜宏观特性（功率密度、质子电导率、热稳定性和酸 / 水保持率等）综合比较[8]。PBI 类聚合物膜在功率密度方面具有显著优势，而全氟磺酸膜和磺化烃膜具有相似的质子电导率，均优于改性 PBI 膜。所有四种类型的膜的电导率值都高于 70mS/cm，这是燃料电池成功运行的保障。离子液体膜也具有可接受的功率密度，但质子电导率较低。

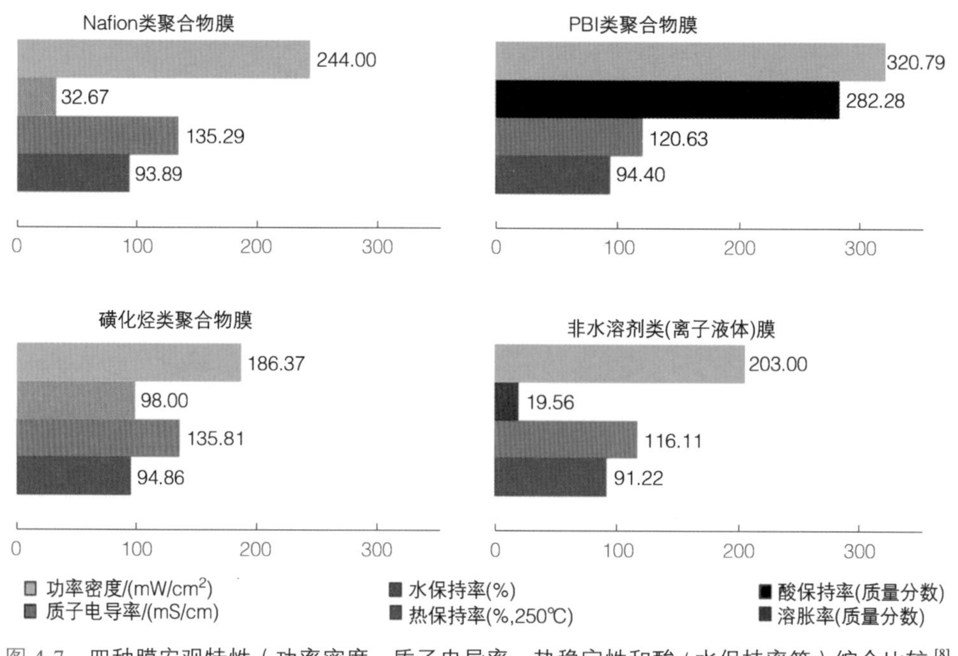

图 4-7　四种膜宏观特性（功率密度、质子电导率、热稳定性和酸 / 水保持率等）综合比较[8]

4.1.3　质子交换膜微观尺度模型

1　质子交换膜的微观结构

质子交换膜微观结构是一个各类物质分子组成的致密集合体，这些物质主要包含全氟磺酸聚合物、水、水合氢离子（质子）。全氟磺酸膜吸水时会形成一种胶束网络结构，图 4-8 所示为质子交换膜微观模型及其组成成分，聚合物分子链

交联形成膜结构骨架，水在其中填充，根据水分布的密集程度可以看出内部形成亲水和憎水两相。亲水区域形成水的团聚状态，水团聚区域大部分位于侧链上的酸性基团附近，少部分沿主链分布。

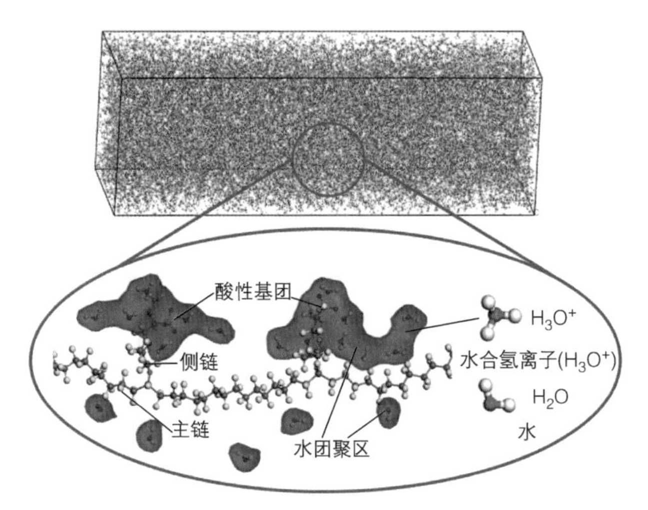

图 4-8　质子交换膜微观模型及其组成成分

2　质子交换膜中质子的传输机理

传导质子是质子交换膜最重要的功能。膜中质子转移的微观机理研究开始于 20 世纪 90 年代，传统观点认为膜内质子的传输方式为“运载机理”（Vehicle mechanism），即水合氢离子直接扩散传输，图 4-9 所示为水分子运载机理过程。运载机理认为质子和载体相结合，在一定的浓度梯度下进行扩散作用，扩散形成的质子净传递量即为质子传导量。质子传导量是载体扩散速率的函数，这里所说的载体包括水合氢离子（H_3O^+）、Zundel 离子（$H_5O_2^+$）和 Eigen 离子（$H_9O_4^+$）等。

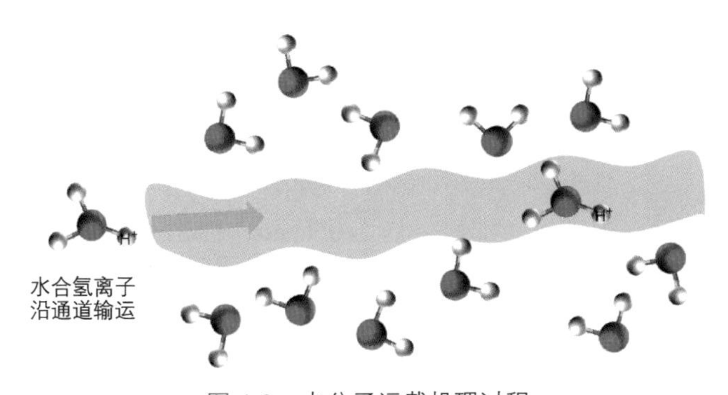

图 4-9　水分子运载机理过程

近年来一些新的研究更倾向于认为膜内质子传输呈现出“结构扩散”（Grotthuss mechanism）特征，即质子沿氢键在载体（酸性基团与水合物）之间连续运动，发生“跳跃”式传输[9]，Grotthuss机理认为载体分子并不发生位置改变，改变的是质子位置，质子沿氢键在载体分子间传递。质子连续传递依靠的是载体分子不断地重新定位（氢键重排），质子的传导量取决于载体的重新取向速率和质子在分子间传递所需的活化能。质子的跳跃机制可以进一步通过两种水合氢离子的转化来理解。图4-10所示为水分子跳跃（Grotthuss）机理过程，其本质是质子穿过氢键链被转移，然后水偶极子重新定向的过程。水合氢离子上的质子在水网络中有一定概率发生“跃动”，转移到相邻的水分子上，形成新的水合氢离子。在水合状态中，图4-10a进一步展示了水合氢离子（H_3O^+）通过质子在水分子上“跃动”完成的质子传递。图4-10b展示了Zundel离子（$H_5O_2^+$）和Eigen离子（$H_9O_4^+$）其中的一个多余质子或质子缺陷通过质子振动转移到相邻的结构中，随着质子位置改变氢键网络也随之发生重组，这一过程中Zundel离子和Eigen离子之间构型相互转变，这种周期性异构化转变使得质子完成传递。

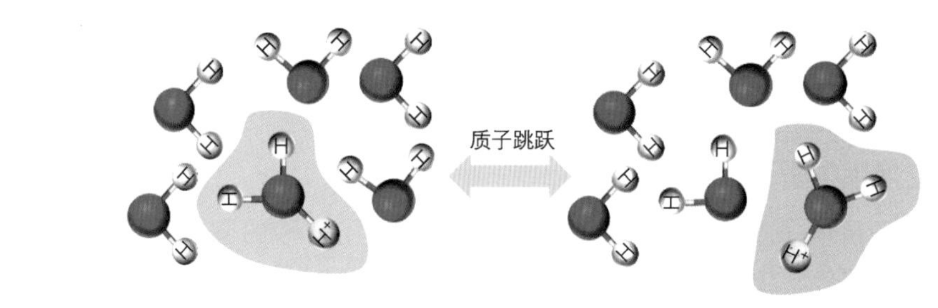

a) 通过质子在水分子上“跃动”完成的质子传递

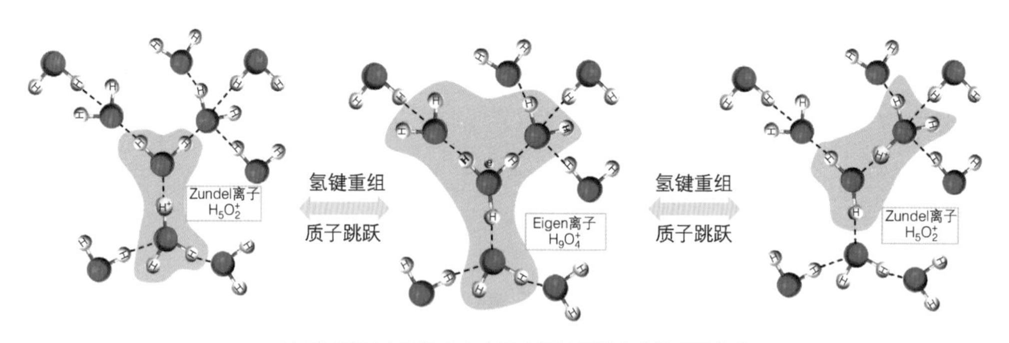

b) 通过质子在两种水合离子中氢键重组完成的质子传递

图4-10　水分子跳跃（Grotthuss）机理过程

上述的运载机制和跳跃机制广泛存在于有质子驱动力的溶液中，质子在质子交换膜中的两种传递方式与溶液中有所不同，表现在传输过程受到聚合物分子链侧链上解离出来的酸根影响，酸根聚集区域会形成亲水域，使得该区域水密度增大，质子传输效率提升；同时酸根离子本身也会参与到氢键网络的重构中，进而

成为质子传递的载体之一。图 4-11 所示为质子在质子交换膜中的两种输运方式，绿色箭头指代了直接输运的运载机制，黄色箭头指代了氢键网络上质子跃动传递的跳跃机制，跳跃机制在酸根基团附近的传输速率受水团簇的密度和形式影响。

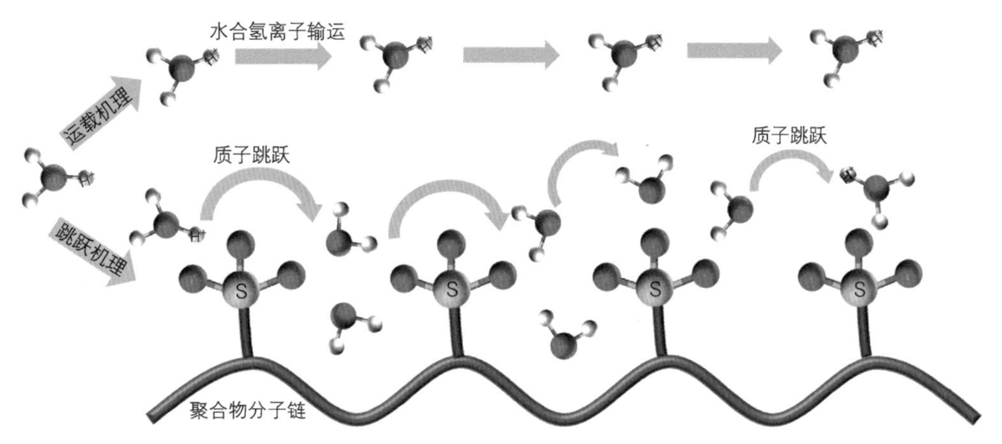

图 4-11　质子在质子交换膜中的两种输运方式

4.1.4　分子尺度膜的建模仿真

溶胀和机械拉伸引起的膜物理破坏对燃料电池耐久性有重要影响。由于燃料电池在不同的湿度下工作，质子交换膜吸水时会不可避免地发生膨胀变形。这种膨胀不仅影响质子的传导能力，而且还影响固定结构约束下的机械应力，导致不可逆的变形。这种变形以及空间位置的变化会使膜中聚合物与气体的接触面积减小，最终导致燃料电池性能的恶化。膜的导热性能不仅直接影响质子的传导能力，而且对整个燃料电池的热输运和水输运也有重要影响。因此膜的溶胀、拉伸和导热性能是建立分子模型的计算目标。

1　膜吸水溶胀特性

根据前文所述的膜微观结构建立膜的分子模型，模拟其吸水溶胀过程以得到溶胀特性。图 4-12 所示为质子交换膜溶胀过程的分子构型图及溶胀率。图中四种工况分别为含水量为 0、含水量为 4、含水量为 10 和含水量为 16。为便于观察水的分布，用不同的颜色辨别水分子和酸根基团，模型中的黄球代表磺酸盐的硫原子，红白球是水分子。图 4-12a 给出了含水量为 0 时膜干燥状态的分子构型，可知磺酸基团在整个模型中均匀分布。图 4-12b 显示了含水量为 4 时的吸水溶胀分子构型，此时水较为均匀地填充在聚合物框架中。当水含量继续上升到 10 时，图 4-12c 中可以观察到明显的水聚集，可知水分子（图中红 – 白分子）主要分布在磺酸基周围。当水含量达到图 4-12d 中的 16 时，水团聚的现象更加明显。膜在溶胀过程的特性可总结为水在分子结构内部分布不均匀，随着含水量的上升这种不均匀性更加明显。图 4-12e 计算了膜在吸水过程中的体积变化和溶胀率，定量地表示出图 4-12a ~ 图 4-12d 所示的膜在水含量增大时膜体积持续变大的过程，溶胀率的计算结果说明当含水量超过 10 后溶胀率超过 10% 且有加速变大的趋势，较大的溶胀率与膜的传质功能、安装空间、应力计算等都密切相关。

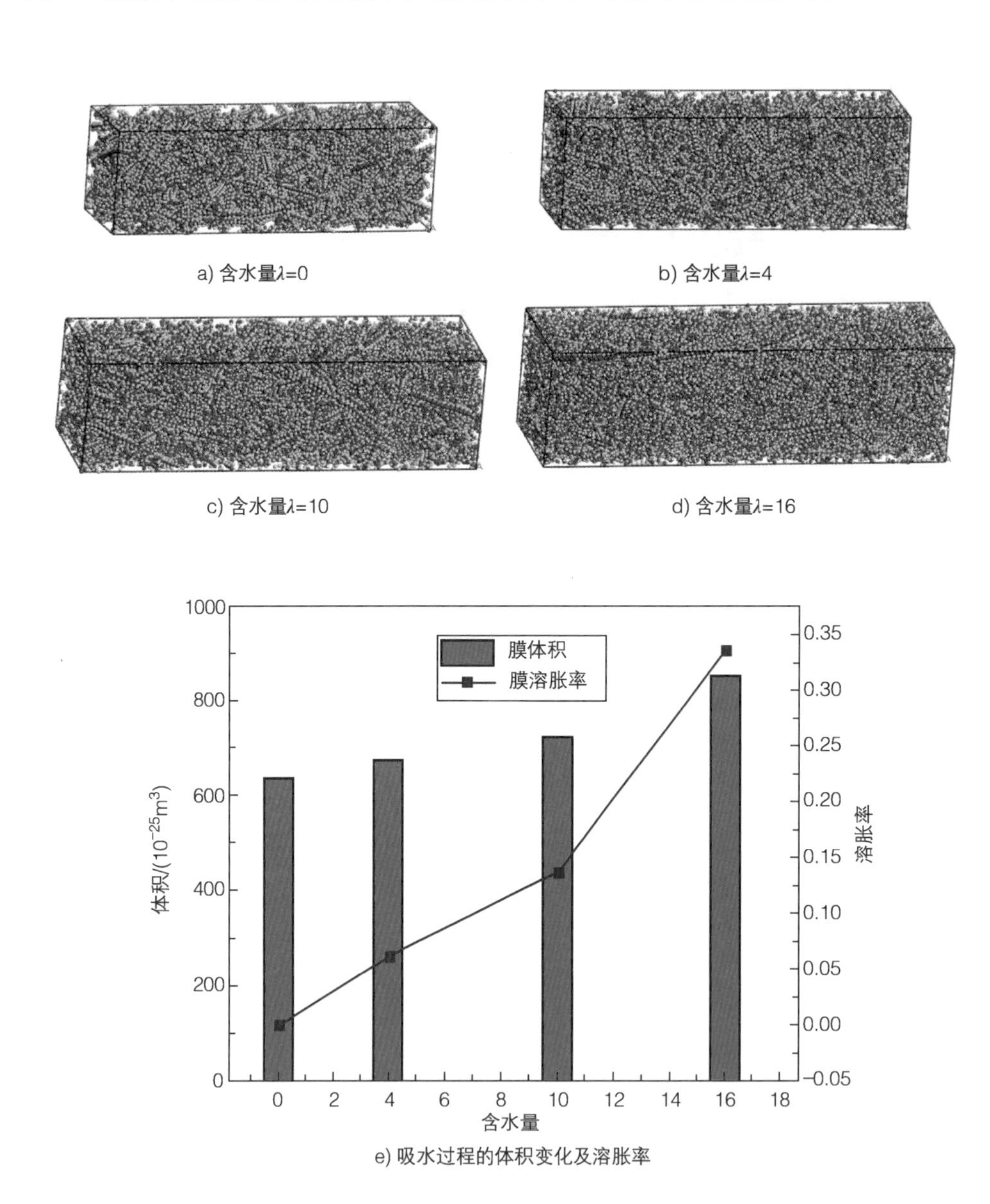

图 4-12　质子交换膜溶胀过程的分子构型图及溶胀率

图 4-12 给出了典型的 Nafion 膜的吸水溶胀过程，其他种类的膜溶胀过程均与之类似，都存在水填充进入聚合物骨架体积增大的过程，也都存在一定的水分布不均匀现象。为了更加清晰地表示出水在骨架周围的团聚状态，可以将局部结构放大并将不同聚合物进行对比。图 4-13 所示为四种膜材料的局部分子链－水团簇微结构。灰色区域代表聚合物，蓝色区域是水团。图 4-13a 显示了 Nafion 膜的局部微结构，水团的聚集形态为块状，主要分布在聚合物侧链亲水分子团（磺酸基团）附近。图 4-13b 显示了聚醚醚酮（PEEK）分子链的局部结构。与 Nafion 膜相比，水的积累量（蓝色区域体积）较小，水在聚合物框架中的分布也相对均匀。这是因为其主链中甲基的疏水性比 Nafion 膜中的氟代甲基弱，因此水在疏水区域（侧链附近）不易聚集。图 4-13c 显示了聚砜类聚合物（PAEF）的局部结构。这种氟酸盐骨架聚合物的水形态与 Nafion 膜相似，水聚集区域是块状的，水团分布在疏水的氟骨架外部即亲水的侧链周围。不同的是这种疏水区域的聚集比 Nafion 膜中更明显，因为聚砜类分子链与 Nafion 膜相比具有超疏水的骨架，疏水性更强使得水在亲水相的聚集更为明显。图 4-13d 显示磷酸聚酮类聚合物（PEP）的聚集区域，水团主要分布在亲水的磷酸基团周围且水团的分布以“点状”的方式表示，这种分布方式使得水在聚合物填充得更为均匀。总体来说，不同种类聚合物在溶胀过程中水的分布是不同的，这取决于聚合物的化学结构。主链的疏水基团和侧链的亲水基团都能使水的聚集（聚集区总是在亲水相附近）更加明显。

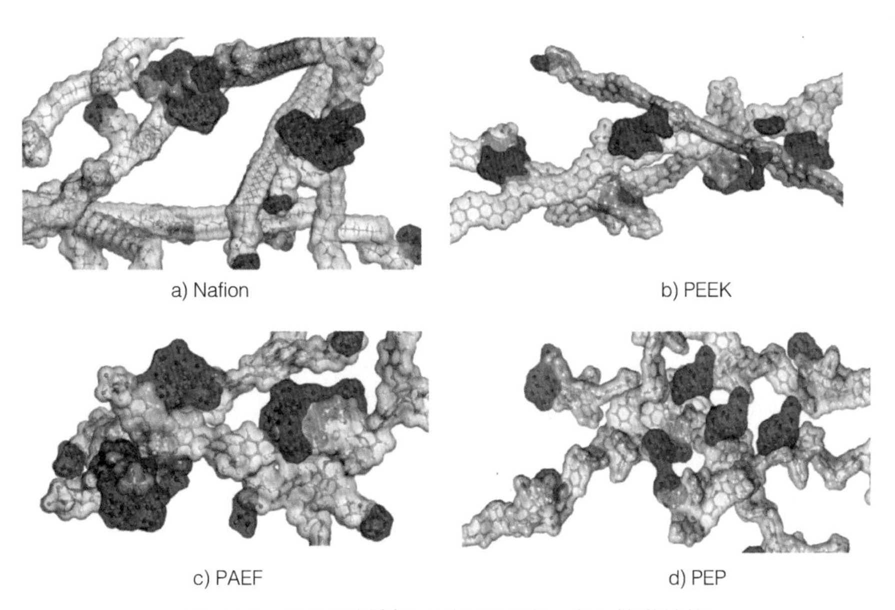

图 4-13　四种膜材料的局部分子链－水团簇微结构

2 膜的拉伸过程及特性

在上述建立的膜分子模型基础上，在两端施加不同拉伸应力计算膜的拉伸过程，动力学平衡后可以计算对应的应变值（长度变化值），膜的应力－应变计算结果绘制在图 4-14 中，得到不同含水量拉伸过程应力－应变曲线，图中的含水量分别为 0、4、10、16 四种工况以表示不同含水量下膜的拉伸过程变化，斜率大小即为杨氏模量。在不同含水量下，应力－应变曲线均近似为线性增长，说明了拉伸过程中膜的变形特征为弹性变形。随着含水量的增加，相同应力下膜的弹性形状变量增大，说明材料的杨氏模量减小。这意味着当膜中的含水量增加时，膜更容易被拉伸，也更容易出现物理变形，这种应力下的变形是膜发生物理失效（如孔隙、断裂等）的来源之一。

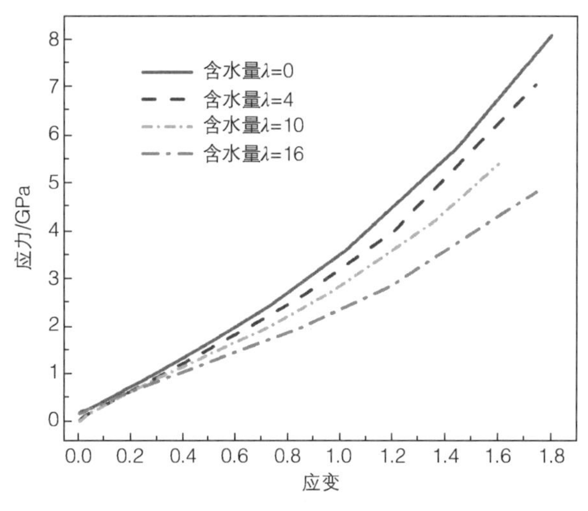

图 4-14　不同含水量拉伸过程应力－应变曲线

膜在拉伸过程中由于分子链的受力微观形态会发生改变。图 4-15 所示为 Nafion 膜内初始状态和拉伸状态下的聚合物链排列。图 4-15a 为初始状态分子链排布，分子链是致密的，分子链的排列方向是无序的随机分布。图 4-15b 为拉伸状态分子链排布，从图中可以看出拉伸后有两点明显的变化。拉伸后的分子链大多不同程度地沿拉伸方向排列，拉伸方向与图 4-4 一致。另一个显著变化是与原来密集的分子链结构相比，分子链交联结构内部存在纳米级的空洞现象，空洞的出现意味着内部结构已被破坏。当这些空洞产生时，膜失效的概率会随之增加。因为尽管内部分子链的分布仍然是均匀的，但膜的密度却下降了，密度下降不仅会导致膜结构强度减弱，增加脱落的风险，而且会增加氢气和氧气直接扩散风险从而形成反应热点区域，降低电池性能。

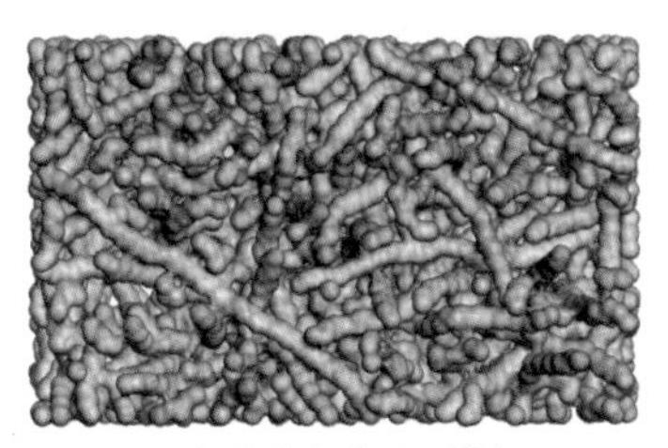

a) 初始状态分子链排布

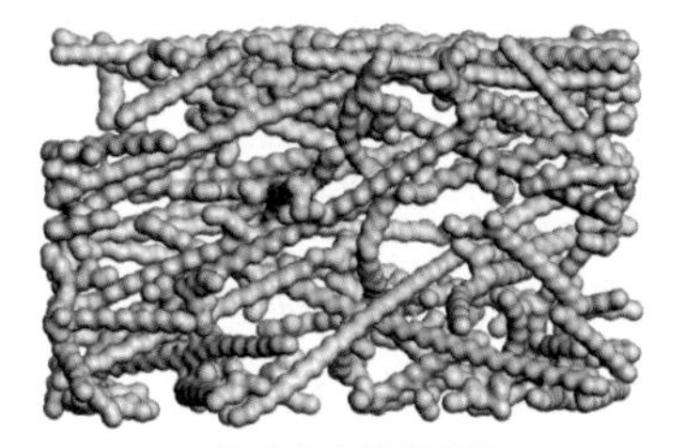
b) 拉伸状态分子链排布

图 4-15　膜内初始状态和拉伸状态下的聚合物链排列

3 膜的热导率计算及特性

膜的热导率计算采用傅里叶导热定律，将模型划分为多个导热层，计算模型层间传热的能量与温度梯度：

$$k = -\frac{q}{\mathrm{d}T/\mathrm{d}z} \tag{4-1}$$

式中，$\mathrm{d}T/\mathrm{d}z$ 是传热方向的温度梯度（K/m），由于通量的方向与梯度相反，导热系数总是正的；q 表示 z 方向（导热方向）的热通量（$\mathrm{W/m^2}$），可以表示为

$$q = \frac{\Delta E}{2A\Delta t} \tag{4-2}$$

式中，Δt 为每次动能交换的间隔时间（s）；ΔE 为相邻层之间传递热量的生成能量（J）；A 为模型导热方向横截面的面积（$\mathrm{m^2}$）。

图 4-16 所示为膜微观模型热导率计算，采用分子热动力学并应用式（4-1）与式（4-2）计算膜微观模型热导率。模型分为 40 层以保证温度的线性梯度，这有利于提高导热系数的准确性。外部施加的热通量从模型的两端向系统内输入。热通量的值根据所设定的热层温度自动计算。层间的热传导通过交换模型中所有原子的动能实现。

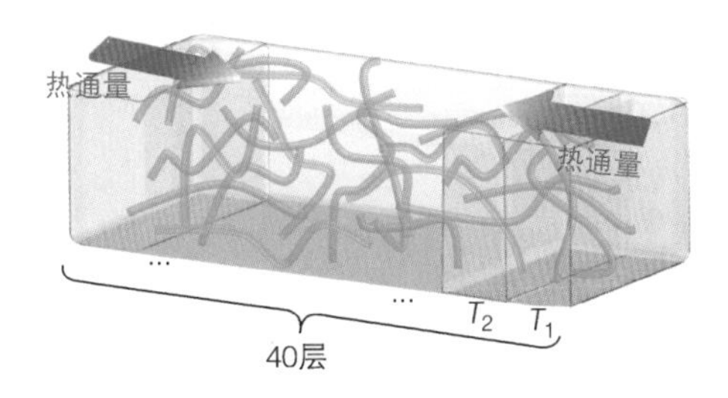

图 4-16　膜微观模型热导率计算

图 4-17 所示为应用上述方法计算的四种膜材料热导率随含水量的变化。Nafion 的计算结果与文献 [10] 一致，PEEK 的计算结果与文献 [11] 一致。四种膜材料的热导率随着水含量的增加而增加，芳香族聚合物膜的导热性能比 Nafion 更优越。当含水量小于 4 时，四种材料的热导率大小依次为（由大到小）PEP、PAEF、PEEK 和 Nafion。当含水量从 4 到 10 时，热导率大小依次为 PAEF、PEP、PEEK

和 Nafion。当含水量大于 10 时，热导率的顺序（由大到小）变为 PAEF、PEEK、PEP 和 Nafion。尽管热导率均为随着水含量的增加而增加，但其增长的速度是不同的，增长速度反映了热导率对水的敏感性，增长速度越快（斜率越大）说明热导率对水越敏感。PEP 的增长速度明显低于其他材料，说明 PEP 热导率对水的敏感性最弱。敏感性的差异可以用酸性基团聚集水的方式及分布形态解释，PEP 的超亲水酸性磷酸基团使得水分布最均匀，其他三种材料的磺酸离子造成水聚集使得水分布相对不均匀，明显的聚水效应使得热导率对水敏感性增强。

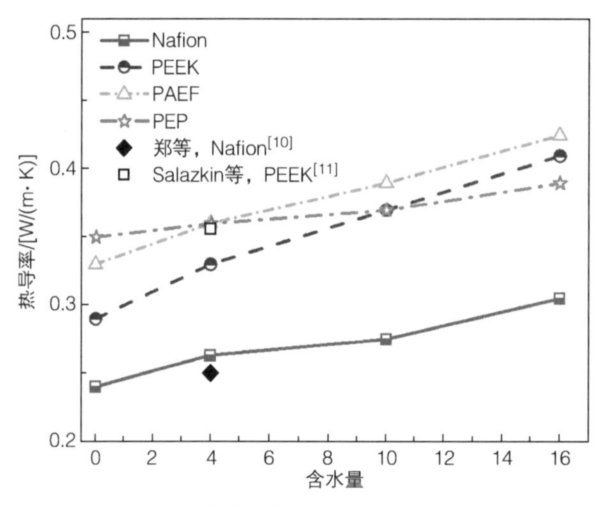

图 4-17　四种膜材料热导率随含水量的变化

4.2　催化层内传输及建模仿真

4.2.1　催化层结构及输运过程简介

催化层是燃料电池内电化学反应发生的场所，其内部结构和物理过程也最为复杂。催化层结构主要由铂颗粒、碳载体和离子聚合物（简称离聚物）构成。通常在制备过程中将铂颗粒附着在碳载体表面形成碳载铂催化剂结构设计，以提升铂催化剂的表面可利用面积，降低贵金属铂催化剂用量。催化层中碳载体还起到传导电子的作用，离聚物则主要起到传导质子和黏结催化层各物质的作用，上

述物质形成的微观孔隙构成反应气体和液态水等物质的传输通道。对于电化学反应，质子、电子和反应气体三者缺一不可，需要满足质子、电子和反应气体均能顺利到达反应位点。图 4-18 所示为燃料电池阴极催化层构成及输运路径，从图中可以看出，电化学反应仅发生在催化层中碳载铂（电子传输通道）和离聚物（离子和反应气体传输通道）构成的交界面处，即电化学反应界面。电化学反应界面面积的大小与燃料电池活化损失密切相关，对燃料电池性能具有重要影响。催化层中离聚物可能会覆盖碳载铂颗粒表面，增加反应气体从孔隙传输到电化学反应界面的传质阻力，尤其是阴极催化层内氧气传输过程，这种附加的传质阻力会显著降低燃料电池性能。在燃料电池运行时，催化层孔隙中会出现液态水（即水淹现象），液态水会占据孔隙空间，阻碍反应气体传输，严重时甚至可能完全覆盖电化学反应界面，阻隔氧气传输到达反应位点从而导致燃料电池无法运行。优化催化层微观多孔结构、降低“气－水－热－电”等多相热质传输阻力、增加有效电化学反应界面面积等是提升燃料电池性能的关键。此外保证催化层在车载工况下的稳定性则是实现长寿命燃料电池设计的关键。

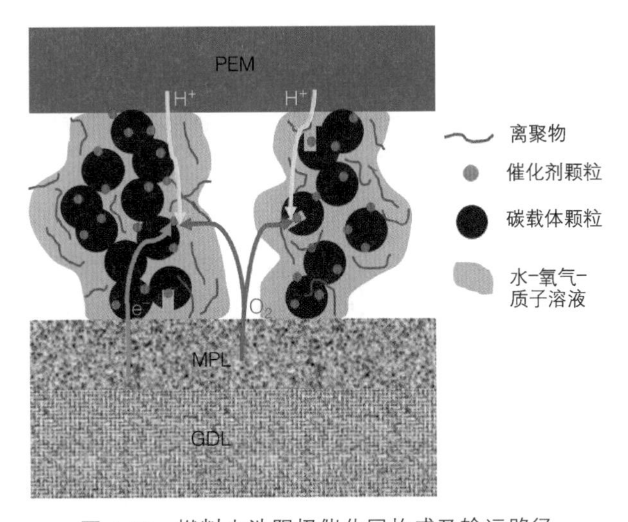

图 4-18　燃料电池阴极催化层构成及输运路径

目前对催化层中多相热质传输与电化学反应机理认识尚有明显不足：一方面，由于催化层是由铂催化剂、碳载体、离子聚合物等多种成分构成的多孔结构，其微观结构复杂程度远高于其他部件；另一方面，除催化层孔隙中的气－液两相流动与多组分传输外，催化层还涉及离聚物内膜态水和质子传输，碳载体内电子传输、传热、气液相变、膜态水吸收和释放以及电化学反应界面处的电化学反应等复杂物理化学过程。

针对燃料电池催化层开发的模型可分为微观模型、介观模型和宏观模型三种，其中微观模型基于分子动力学方法建立，应用范围为纳米尺度下（0.1～100nm）的催化层孔径结构，重点关注催化层电化学反应界面处的质子与氧气传输过程，主要用于氧传输路径分析及活性位点的电化学反应计算，为其他尺度计算提供底层的原理支撑以及准确的输运系数，并为电化学表面结构的改性提供理论依据。介观孔尺度模型目前主要是基于格子玻尔兹曼方法建立，主要关注考虑真实催化层孔隙结构内反应气体、液态水、电子、质子等物质传输和电化学反应过程，主要用于构建催化层结构、传输过程、电化学性能之间的耦合关系，为催化层的结构设计提供理论指导。宏观催化层模型主要与全电池模型进行耦合应用，为尽可能提升计算效率对催化层真实结构进行了较大简化，可在宏观尺度上反映电池局部浓差损失以及获得催化层典型设计参数对性能的定性影响规律。

4.2.2 催化层微观模型的应用

在 MEA 中，催化层通常厚度仅有 1～10μm，其内部孔隙结构通常都在微/纳米尺度，并且发生在其中的物质输运和电化学反应十分复杂。在催化层的研究中，明确其微/纳米尺度微观结构，建立微观尺度模型是有效的研究方法，因为分子模型的建立能够反映实际的组分相对位置关系和物质的输运路径，动力学计算能准确描述催化层各组分间的相互作用。

催化层微观建模和分析的常见方法有分子动力学模拟、密度泛函模拟、粗粒化模拟等。分子动力学方法可以计算相互作用粒子系统的动态信息，并提供对催化层的结构和传输特性之间相互作用的理解，尤其是三相界面，此外还可以预测原子粒子的位置、速度以及作用力。密度泛函方法可以明确电化学催化过程中的能量变化，优化表面吸附结构和催化剂内部结构，还可以为分子动力学模拟提供精确的力场描述。在研究催化层反应物传输的微观模型中，传统的结块模型中假设各项之间是均匀混合的，这与实际催化层微观结构不相符，因此许多学者又提出了催化层介微观孔结构模型[12-14]，图 4-19 所示为催化层孔结构模型。在这种模型中，催化剂不再是均匀分布于碳载体表面，而是分布于碳载体内部的“初级孔”和碳载体之间的“次级孔”中，反应物到达反应位点的过程满足孔模型的计算方法。

近年来比孔模型更准确描述传质过程的为催化层的三相界面模型，三相界面模型主要研究氧气如何在多相体系中穿过离聚物－碳到达反应位点。图 4-20 所示为这种三相界面模型，离聚物作为电解质包覆在 Pt/C 颗粒表面或内部孔中，穿过质子交换膜的水合质子通过这层电解质薄膜到达催化剂表面，由阴极扩散层传输过来的氧气同样也需穿过这层电解质膜到达催化剂颗粒表面，在活性位点发生

氧还原反应（ORR），即氧气与电子及 H^+ 发生电化学反应生成水。在这层电解质薄膜中，水簇主要分布在离聚物亲水侧链附近。

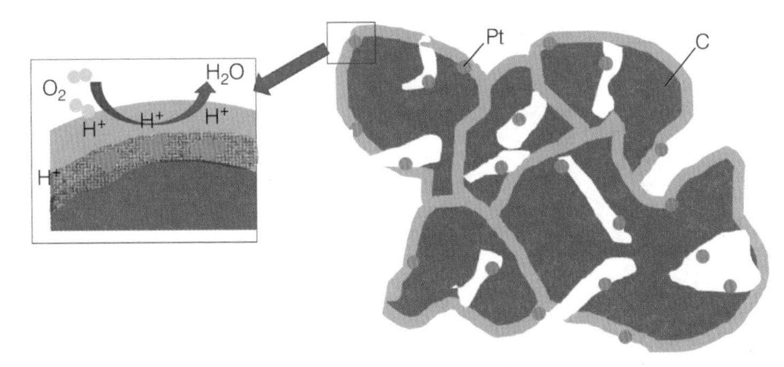

图 4-19　催化层孔结构模型

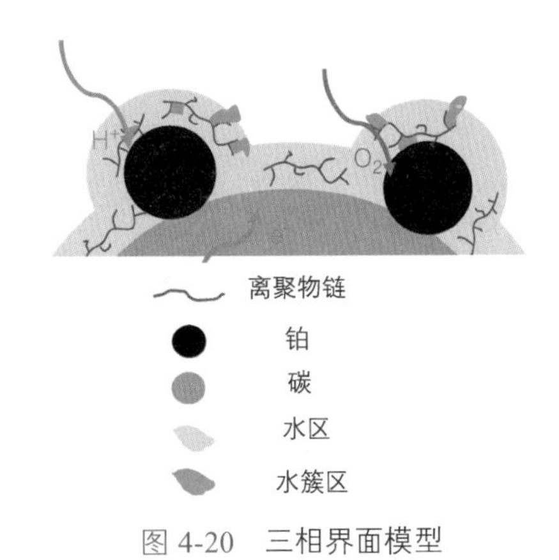

图 4-20　三相界面模型

图 4-21 所示为催化层三相界面的分子模型与氧分布。图 4-21a 表示了氧气在三相界面处传输抵达反应位点的分子模型，采用“氧气透过”思路建立垂直离聚物膜方向上的氧分子的扩散过程 [15-16]，Pt 纳米颗粒、离聚物和孔通道是形成三相反应区的关键组成部分，并显著影响电极反应动力学。模型中 500 个氧分子穿过多个层（区域），通过统计各个层上氧气分子对时间的依赖性可以计算传输阻力。图 4-21b 为氧气分子在三相界面处的浓度分布，氧气在气液界面和固液界面处有明显的浓度分界现象，说明界面处的传输阻力比离聚物溶液内部更加明显。

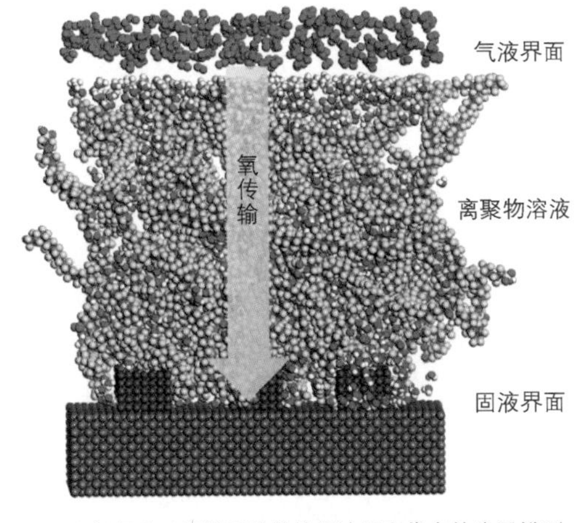

a) 氧气在三相界面处传输抵达反应位点的分子模型

图 4-21　催化层三相界面的分子模型与氧分布

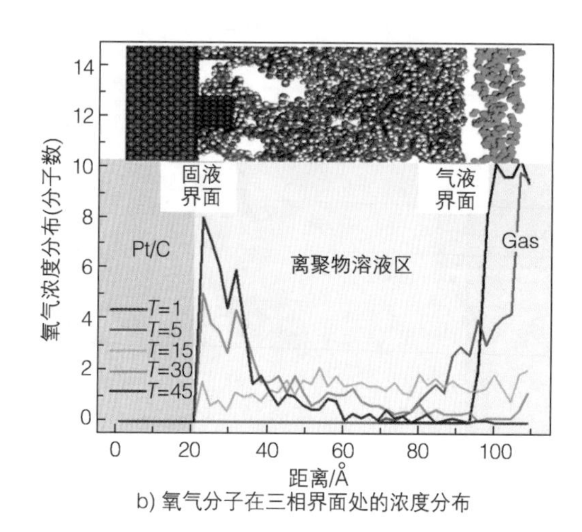

b) 氧气分子在三相界面处的浓度分布

图 4-21　催化层三相界面的分子模型与氧分布（续）

建立催化层微观模型的主要目的是计算催化层内的氧气传输、水传输、质子传输、电化学反应、热传导等。催化层中氧气传输对电化学反应至关重要，因为传输过程和传输阻力直接影响了活性位点处发生的电化学过程，对燃料电池的效率影响很大，尤其是在低铂和高电流密度下，氧气传输对性能的影响尤为明显。催化层微观尺度的氧气传输主要有克努森扩散（孔径 < 100nm）和分子扩散（孔径 > 100nm）两种。已有许多模拟和实验工作指出，氧传输阻力主要来自于界面阻力，穿过气液 / 固液界面的阻力比体相阻力大一个数量级。在催化层中，水对于催化层内传质、传电和电化学反应起着重要的影响。水是质子传输和形成电化学活性界面必不可少的，而过量的液态水则会阻碍孔隙中的气体传输。阴极催化层内，质子的传输主要发生于离聚物中，传递方向为由离聚物膜到催化剂反应位点，传输方式与 4.1 小节所述的在膜中传输几乎一致，包括直接扩散和跳跃机制两种。对于传输效率，许多实验和数值模拟结果都发现，质子传导率会随着离聚物含量的增加而增加，即离聚物可以提高质子电导率，但过量的离聚物又会限制气体的传质过程。燃料电池催化层内，三相反应界面是质子、电子和反应气体发生电化学反应的界面。催化层是产热的主要区域，反应位点处产生的热量一部分由水的层间输运带出，另一部分经热传导散出。催化层的热导率决定了热量是否可以通过不同冷却措施被快速有效地带走，因此热导率也是衡量催化层性能的一个关键参数。通过分子动力学的方法计算催化层的热导率不失为一种有效准确的研究手段。

本节选取阴极催化层作为实例演示微观模型的建模和计算过程，建立了燃料电池阴极催化层微观分子模型。图 4-22 所示为建立的燃料电池阴极催化层分子模

型。模型中碳载铂之间分布着全氟磺酸离聚物（PFSA）以及水、氧气、水合氢离子。蓝色部分表示直径为 3nm 的铂催化剂，铂催化剂以一定的载量分散附着在催化剂载体上，碳载体固定催化剂并传导电子。铂 – 碳结构存在着两种类型的孔，即碳粒子内部直径小于 10nm 的初级孔，以及在碳颗粒之间形成的直径为 10 ~ 50nm 的次级孔，图中灰色部分表示具有初级孔和次级孔的催化剂碳载体。离聚物嵌入次级孔并覆盖碳载体的外表面。离聚物（又称电解质）可传导质子、传输水分子并在催化层中充当黏合剂，填充于催化层内部孔隙中，在碳颗粒表面附着的厚度为 5 ~ 20nm。

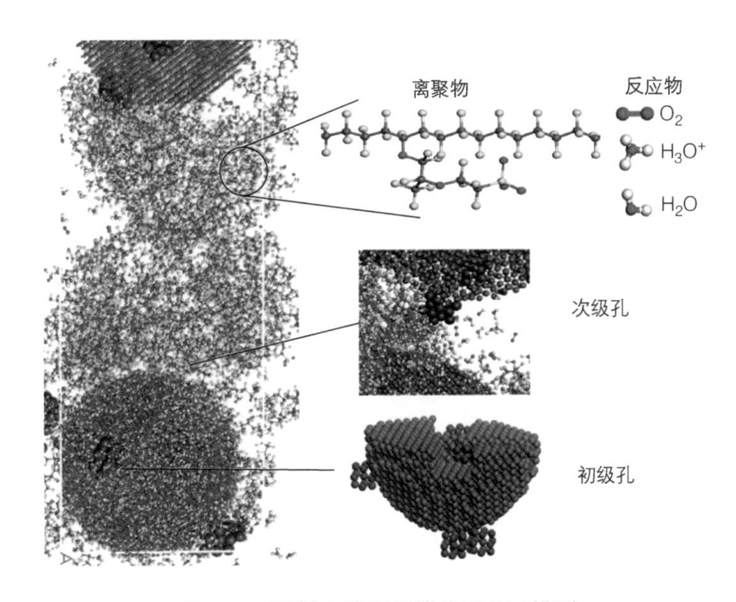

图 4-22 燃料电池阴极催化层分子模型

本例通过催化层物质输运和传热的分子动力学模拟揭示在不同含水量下，氧气质子的扩散速率以及水在其中的分布形貌，并研究了不同催化层含水量的传热特性和热导率。

催化层中的氧气质子输运与水的形态密切相关。本研究基于上述催化层分子模型计算了不同含水量下的水簇形貌。图 4-23 所示为不同含水量的催化层内水簇形貌，黄色等值面代表水簇区域。图 4-23a 表示含水量很低时，水呈现点状分布且均匀填充在催化层内部。图 4-23b 表示水含量为 4 时水簇体积增大但仍然相对独立地分布于离聚物之中。图 4-23c 和图 4-23d 表明随着含水量的增加，水团簇体积增大并相互连接，直到所有水团簇连接形成连续路径，含水量越多路径的直径也越大，所形成的水路径是氧气传输的重要通道。

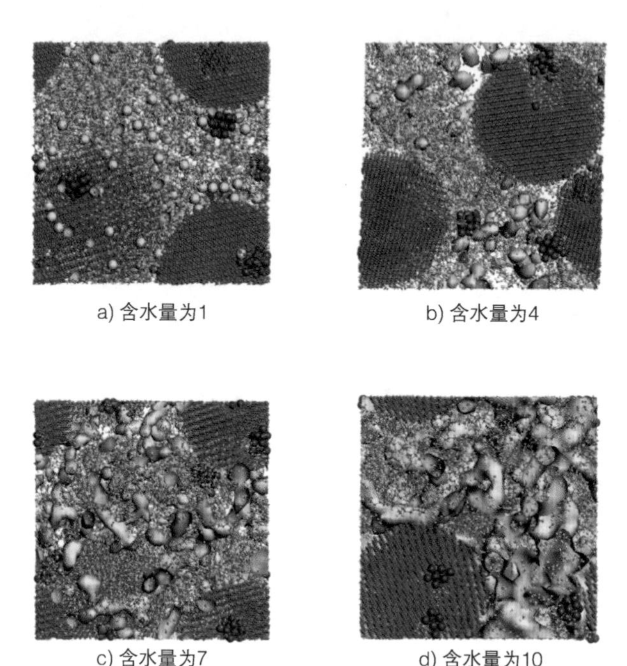

图 4-23　不同含水量的催化层内水簇形貌

通过对特定粒子的均方根函数计算可以得到等效扩散系数，图 4-24 所示为不同含水量的质子和氧气扩散率。氧气扩散系数随着水含量的增加先减后增，质子扩散系数则单调增加。质子扩散系数增大是由于质子的传递依赖于水形成的通道，传递方式与 4.1 小节所述的膜中传递方式基本一致，水增加时使得通道更加顺畅，因此扩散系数增大。氧气扩散系数先减后增是因为氧气传输主要存在于无水或疏水区域，当水含量很小时，氧气的扩散主要发生在气体区，因此扩散系数相对较大。随着水的增加，水域相连的体积增加，气水界面面积增加，导致氧扩散阻力增大，而后由于连通的水通道增多，气水界面面积变小，疏水区域变多，从而使氧气扩散系数有一定升高。值得注意的是此处的质子等效扩散系数并不等于电导率，因为质子传递方式还包括跳跃机制。

为计算催化层的热导率，将所建立的催化层分子模型分层，并在两端输入热源进行热平衡计算。具体方法与 4.1.4 小节第 3 部分所述相同。图 4-25 所示为不同含水量的催化层热导率。计算得到的本例催化层的导热系数为 0.3（含水量为 0）、0.7（含水量为 4）、1.06（含水量为 7）、1.6（含水量为 10），单位为 W/（m · K），热导率随含水量的增大而增大。这是由于当含水量较小时温度传递主要依靠离聚物的连接，含水量增大后水通路形成，水导热系数远大于离聚物且依靠分子振动的传热效率更高。此外，催化层热导率的分子动力学计算方法存在一定的误差，这是由于 Pt-C 颗粒导热系数与水、气体存在巨大的差异，图中也表示出了碳载铂

颗粒处的温度分布不均匀，因此使温度梯度曲线发生偏移，从而产生热导率计算误差。

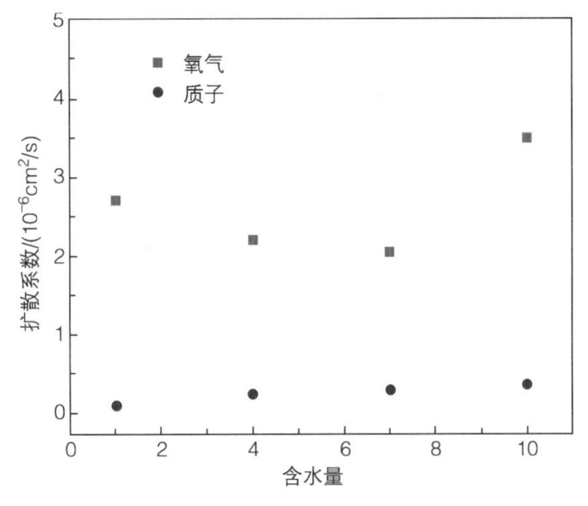

图 4-24 不同含水量的质子和氧气扩散率

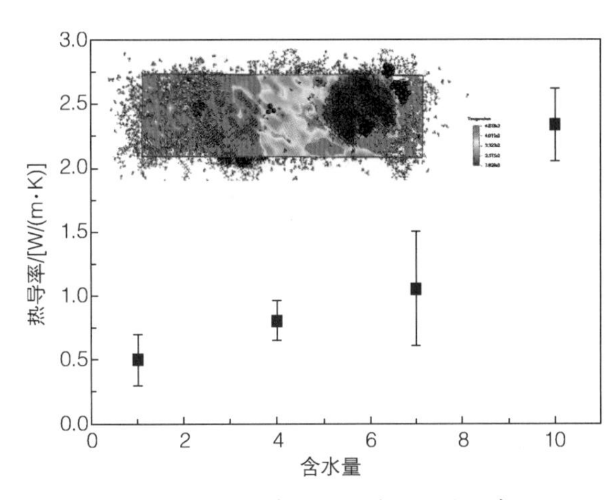

图 4-25 不同含水量的催化层热导率

4.2.3 催化层介观模型的应用

1 催化层数值重构

针对催化层搭建的介观模型基于催化层实际微 / 纳孔隙结构的真实重构，利用孔隙尺度方法模拟催化层中复杂热质传输与电化学反应耦合过程。催化层的数值重构过程包括碳载体生成、Pt 催化剂生成和电解质数值生成。图 4-26 所示为催化层微观结构的数值重构。重构时，碳载体简化为固体球颗粒，使用四参数随机生长法（Quartet Structure Generation Set，QSGS）进行数值生成。具体过程为：在计算区域内对每个计算格点生成随机数，给定生长相的初始分布概率 P_0。当随机数小于初始分布概率时，计算格点被视作初始生长核。对每个初始生长核给定随机碳球直径 d，以此生成碳球颗粒。在重构过程中可以针对碳球之间的重合部分进行调控以更进一步保证碳球之间的连通性并避免结块出现。Pt 催化剂主要分布在碳骨架的表面，为保证 Pt 催化剂与碳骨架的有效接触，在数值生成算法中，Pt 催化剂的初始生长核局限在碳载体的邻近格点。催化剂的生成过程与碳颗粒相似，对碳骨架邻近的每一个计算格点生成随机数，给定 Pt 催化剂的初始分布概率，当随机数小于初始分布概率时，计算格点被视作初始生长核。对每个生长核给定随机的 Pt 颗粒直径，以此生成 Pt 催化剂。对于电解质相，假设其均匀地分布在碳载体与 Pt 催化剂的表面。与 Pt 催化剂的生成类似，其初始生长核局限在碳载体与 Pt 颗粒的邻近格点。由于电解质存在一定的厚度，后续其初始生长核也可从已生成电解质格点的邻近格点选取。

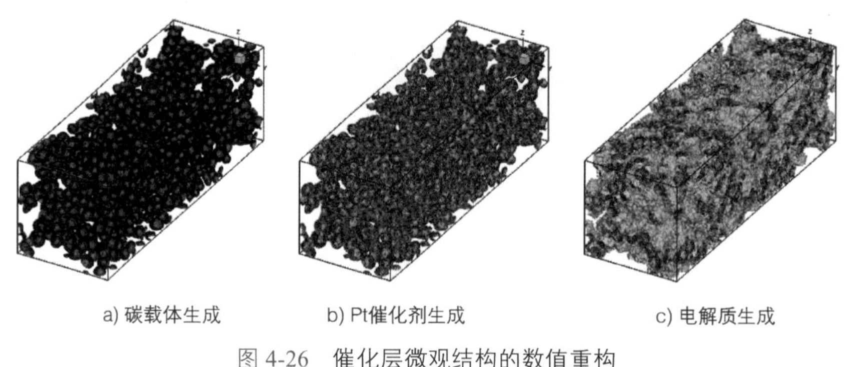
a) 碳载体生成　　b) Pt催化剂生成　　c) 电解质生成

图 4-26　催化层微观结构的数值重构

2 数值模型描述

气体在催化层中的传输具体包括在孔隙内扩散、孔隙－电解质溶解扩散、电解质内扩散、催化剂表面电化学反应过程。各个阶段传输过程的控制方程如下所示。

气体在催化层孔隙内的扩散过程：

$$\nabla \cdot (D_p \nabla C_g) = 0 \tag{4-3}$$

式中，D_p 为孔隙内的气体扩散系数（m^2/s），可由分子扩散系数 D_b 和克努森扩散系数 D_{Kn} 计算得到。

$$D_p = (D_b^{-1} + D_{Kn}^{-1})^{-1} \tag{4-4}$$

$$D_{\mathrm{b}}=0.22\times10^{-4}\frac{(T/293.2)^{1.5}}{p/101325} \tag{4-5}$$

$$D_{\mathrm{Kn}}=48.5d_{\mathrm{p}}\sqrt{\frac{T}{32}} \tag{4-6}$$

式中，T 和 d_{p} 分别代表温度（K）和局部孔径（m）。

气体在孔隙－电解质界面溶解扩散过程控制方程为

$$C_{\mathrm{N}}^{1}=\frac{RT}{H}C_{\mathrm{g}} \tag{4-7}$$

$$H=0.101325\times0.255\times10^{5}\times e^{\frac{170}{T}} \tag{4-8}$$

$$D_{\mathrm{p}}\frac{\partial C_{\mathrm{g}}}{\partial \boldsymbol{n}}=-k_{\mathrm{dis}}\left(C_{\mathrm{N}}^{1}-C_{\mathrm{N}}^{2}\right)=D_{\mathrm{N}}\frac{\partial C_{\mathrm{N}}}{\partial \boldsymbol{n}} \tag{4-9}$$

式中，C_{g}、C_{N}^{1}和C_{N}^{2}分别代表了孔隙－电解质界面处孔隙侧气体浓度（$\mathrm{mol/m^3}$）、电解质侧气体浓度（Henry 定律描述）（$\mathrm{mol/m^3}$）和界面溶解反应后气体浓度（$\mathrm{mol/m^3}$）；k_{dis} 为溶解速率常数（m/s）；D_{N} 为电解质内的气体扩散系数（$\mathrm{m^2/s}$）。

溶解后，反应气体进一步在电解质内扩散，其控制方程为

$$\nabla\cdot(D_{\mathrm{N}}\nabla C_{\mathrm{N}})=0 \tag{4-10}$$

忽略温度的影响，气体在电解质与 Pt 表面发生电化学反应：

$$D_{\mathrm{N}}\frac{\partial C_{\mathrm{N}}}{\partial \boldsymbol{n}}=k_{\mathrm{ele}}C_{\mathrm{N}} \tag{4-11}$$

$$k_{\mathrm{ele}}=\frac{1}{4F}\frac{i_{\mathrm{o}}^{\mathrm{ref}}}{C^{\mathrm{ref}}}\left[\exp\left(-\frac{\alpha_{\mathrm{c}}F}{RT}\eta\right)-\exp\left(\frac{(1-\alpha_{\mathrm{c}})F}{RT}\eta\right)\right] \tag{4-12}$$

式中，k_{ele} 为电化学反应系数（m/s）；$i_{\mathrm{o}}^{\mathrm{ref}}$、$C^{\mathrm{ref}}$分别为参考交换电流密度（$\mathrm{A/m^2}$）和参考气体浓度（$\mathrm{mol/m^3}$）；$\alpha_{\mathrm{c}}$和 η 分别为交换系数和过电势（V）；F 为法拉第常数（C/mol）。

3 孔隙尺度方法

考虑到催化层中复杂微小的孔隙结构，采用多松弛时间因子的 D3Q7 模型数值模拟气体在催化层内的扩散反应过程。多松弛因子的格子玻尔兹曼演化方程为

$$g_i\left(\boldsymbol{r}+\boldsymbol{e}_i\Delta t,t+\Delta t\right)-g_i\left(\boldsymbol{r},t\right)=\boldsymbol{Q}^{-1}\boldsymbol{\Lambda}\boldsymbol{Q}\left[g_i\left(\boldsymbol{r},t\right)-g_i^{\mathrm{eq}}\left(\boldsymbol{r},t\right)\right] \tag{4-13}$$

式中，g_i 和 $\boldsymbol{e}_i$ 分别为 i 方向上的浓度分布函数和离散速度；$\boldsymbol{Q}$ 和 $\boldsymbol{Q}^{-1}$ 分别为转置

矩阵和转置矩阵的逆矩阵；$\boldsymbol{\Lambda}$ 为松弛矩阵；$\boldsymbol{r}$ 为格子坐标。

所使用的 D3Q7 模型内的方向向量为

$$\boldsymbol{e}_i=\begin{cases}(0,0,0) & i=0\\(\pm1,0,0)c,(0,\pm1,0)c,(0,0\pm1)c, & i=1-6\end{cases} \tag{4-14}$$

平衡函数为

$$g_i=w_iC, w_0=\frac{1}{4}, w_{1-6}=\frac{1}{8} \tag{4-15}$$

转置矩阵 $\boldsymbol{Q}$ 为

$$\boldsymbol{Q}=\begin{bmatrix}1&1&1&1&1&1&1\\0&1&-1&0&0&0&0\\0&0&0&1&-1&0&0\\0&0&0&0&0&1&-1\\6&-1&-1&-1&-1&-1&-1\\0&2&2&-1&-1&-1&-1\\0&0&0&1&1&-1&-1\end{bmatrix} \tag{4-16}$$

松弛矩阵 $\boldsymbol{\Lambda}$ 为

$$\boldsymbol{\Lambda}=\begin{bmatrix}\tau_0&0&0&0&0&0&0\\0&\tau_{xx}&\tau_{xy}&\tau_{xz}&0&0&0\\0&\tau_{yx}&\tau_{yy}&\tau_{yz}&0&0&0\\0&\tau_{zx}&\tau_{zy}&\tau_{zz}&0&0&0\\0&0&0&0&\tau_4&0&0\\0&0&0&0&0&\tau_5&0\\0&0&0&0&0&0&\tau_6\end{bmatrix} \tag{4-17}$$

局部松弛时间为

$$\tau_{\alpha\beta}=\frac{4D_{\alpha\beta}}{c^2\Delta t}+0.5\delta_{\alpha\beta} \tag{4-18}$$

式中，$\delta_{\alpha\beta}$ 为克罗内克尔符号。对于各向同性的质量传输，$\tau_{xx}=\tau_{yy}=\tau_{zz}$，$\tau_{\alpha\beta}(\alpha\neq\beta)=0$。

4 结果展示

基于催化层孔尺度模型对催化层内气体传输与电化学反应过程进行孔隙尺度模拟。图 4-27 所示为催化层内氧气传输反应计算区域及边界条件，包含了反应气体在孔隙内扩散、孔隙 / 电解质跨界面溶解、电解质内扩散、Pt 表面电化学反

应过程。由于反应气体从扩散层 / 催化层界面内输运，并逐步向催化层内扩散反应，因此在数值模型中，通常在催化层的进口区域采用恒定浓度边界，而在气体的出口处常采用零梯度边界。在催化层的其余四面取为周期性边界条件。数值重构中，网格分辨率取为 5nm，碳球直径取为 10 ~ 70nm，Pt 颗粒直径取为 5nm，数值案例中所使用的计算参数见表 4-1。

表 4-1　数值案例中所使用的计算参数

参数	数值	单位
温度 T	353	K
压力 p	$1.5 \times 1.0135 \times 10^5$	Pa
进口浓度 C_{in}	10	mol/m^3
过电势 η	0.6	V
参考电流密度 i_o^{ref}	0.015	A/m^2
参考氧气浓度 C^{ref}	40.96	mol/m^3
反应传输系数 α	0.5	—

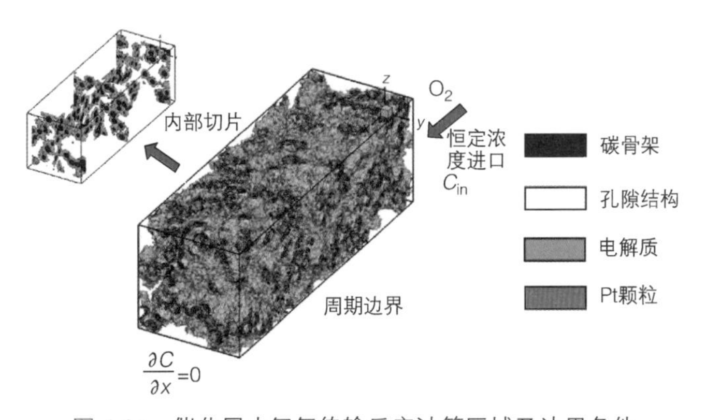

图 4-27　催化层内氧气传输反应计算区域及边界条件

图 4-28 所示为不同时刻下催化层内的氧气浓度分布。图 4-28a 给出了在 $t = 0.005$ms 下气体的浓度分布。在浓度梯度的驱动下，反应气体逐渐向催化层内扩散传输。此时催化层内部气体浓度仍维持在一个较低的水准，反应气体还未渗透进入催化层的内部，在同一厚度平面上，由于气体跨界面的溶解，可以看出气体浓度在孔隙结构与电解质界面处存在明显的浓度降低。图 4-28b 给出了在 $t = 0.02$ms 下气体的浓度分布。随着扩散过程的进行，催化层内的氧气浓度整体提高，并沿着厚度方向呈现浓度线性下降的趋势。图 4-28c 给出了在 $t = 0.04$ms 下气体的浓度分布。此时催化层内的气体浓度趋于平衡。在远离入口区域侧（靠近质子交换膜侧）孔隙结构及所对应的电解质内氧气浓度都有明显的下降。

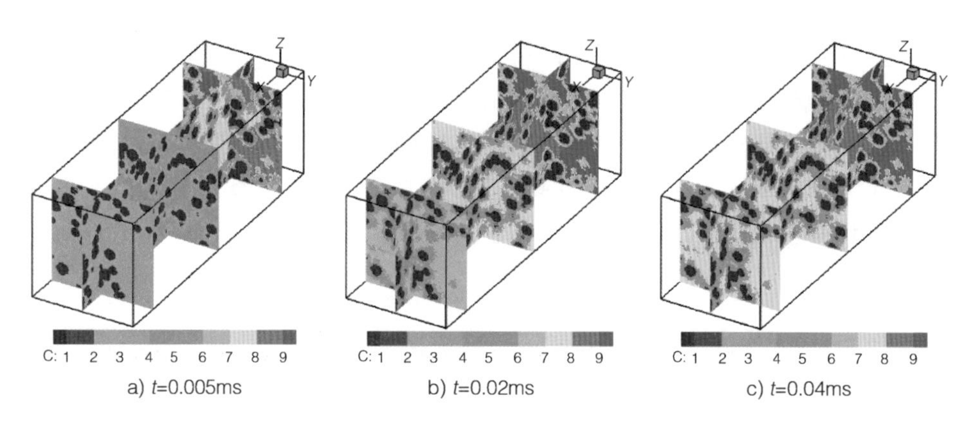

图 4-28　不同时刻下催化层内的氧气浓度分布

4.2.4　催化层宏观模型的应用

因催化层结构的复杂性，基于催化层真实复杂结构进行的孔尺度模拟计算效率较低，难以全面考虑催化层内热质传输与电化学反应过程，且难以与燃料电池其他部件中的宏观热质传输过程进行耦合求解。为了实现不同部件之间的耦合求解，学者们将催化层简化为多孔介质材料，利用孔隙率、渗透率、各物质体积分数等平均化处理后的参数表征其结构属性，然后利用宏观方法描述催化层中热质传输与电化学反应过程。基于此类方法建立的催化层模型被称为催化层宏观尺度模型，其在数值计算中得到了广泛应用，其中尤以在全电池模型中的应用最为广泛。

现有催化层宏观模型可大致分为交界面模型（Interface model）、均质模型（Homogenous model）和结块模型（Agglomerate model）。燃料电池数学建模研究早期阶段，人们将催化层简化为无限薄的平板结构（即扩散层与质子交换膜的交界面），忽略了催化层实际体积，通过在扩散层与膜交界面处施加相关边界条件来考虑催化层中的电化学反应过程。这类模型通常被称为交界面模型[17]。随着燃料电池建模仿真技术的发展，已经很少使用这类催化层宏观模型。

现阶段，研究者们最常用的两种催化层宏观模型分别是均质模型和结块模型。均质模型由 Tiedemann 和 Newman 等人最早提出并应用在燃料电池宏观数学模型中[18]。均质模型中极大地忽略了催化层的孔隙结构特征细节，其假定催化层是由碳载铂颗粒、离子聚合物和微孔结构等按一定比例的体积分数组合而成的均相多孔介质。但由于催化层实际微观孔隙结构极其复杂，采用均质多孔介质假设很难准确描述催化层微观孔隙尺度的复杂多物理传输过程。实践已证实催化层在制备过程中，碳载铂颗粒和离聚物等材料会形成一定的团聚块结构，而整个催

化层由不同尺寸大小的团聚块构成。团聚块间会形成孔隙结构，而其内部也是复杂的多孔结构。团聚块中，离聚物也可能会包裹催化剂颗粒表面，阻碍反应气体传输到达催化剂位点，从而形成附加的气体传输阻力。为更为准确地描述催化层中的传输过程，目前在全电池模型中也常常采用结块模型，特别是燃料电池阴极催化层的建模。相比均质模型，阴极催化层结块模型最大的改进在于催化层内从气体孔隙到实际催化剂位点的附加氧气传输阻力以及催化层内有效质子电导率的预测这两方面。我们以文献 [19] 中的阴极催化层结块模型在催化层中的设计为示例进行介绍，具体的催化层参数控制方程见 3.2.2 小节所述。催化层结构设计的核心思路是控制不同物质的体积分数和形态，强化氧气传输、液态水排出、电子及质子传导以及电化学反应过程。阐明典型催化层设计参数对质子交换膜燃料电池的宏观影响至关重要，有利于催化层关键设计参数的提前确定和选型。由于催化层典型设计参数的复杂性与耦合性，通常需要固定某一参数，调整其他典型的催化层设计参数来调节电池性能，如 Pt 载量、Pt/C 比或 I/C 比等。然而在现有的催化层设计中，某些设计参数通常是无意识固定的，例如恒定的碳体积分数、离聚物厚度以及孔隙率等。固定不同设计参数下，其余典型设计参数变化时的电池性能和内部输运机制完全不一致，亟须厘清不同控制参数下燃料电池的多物理场传输机制，为 CL 设计提供更清晰的指导和帮助。基于不同的典型控制参数，催化层设计分为四种典型模式：动态体积分数模式（Dynamic Volume Fraction Mode，DVFM）、恒定离聚物体积分数模式（Constant Ionomer Volume Fraction Mode，CIVFM）、恒定碳体积分数模式（Constant Carbon Volume Fraction Mode，CCVFM）和恒定孔体积分数模式（Constant Pore Volume Fraction Mode，CPVFM）。

表 4-2 列出了四种设计模式下不同 Pt 载量、Pt/C 比和 I/C 比对应详细催化层的构成变化。为了进一步了解催化层构成的变化差异，图 4-29 显示了与表 4-2 相对应的四种催化层设计模式下的构成变化。为定性分析这些典型参数对性能的影响机制，假设催化层厚度在所有设计模式下都保持不变。在 DVFM 下，三种催化层构成（即孔隙、碳载铂以及离聚物）的所有体积分数都是不受控制的，可以通过典型设计参数来调整变化。随着 Pt 载量的增加，其他设计参数（Pt/C 比和 I/C 比）不变时，碳和离聚物的体积同时增长。而当 Pt/C 比和 I/C 比增加时，会分别造成碳体积减小和离聚物体积增加。此外离聚物体积分数、碳体积分数和孔隙率分别在 CIVFM、CCVFM 和 CPVFM 下固定，同时其他两种构成的体积分数是不受控制的。如图 4-29 所示，在 CIVFM 下 Pt 载量的增加意味着恒定的 Pt/C 比下碳含量的增加，而固定的离聚物体积设计压缩了孔隙率。类似地，Pt/C 比的增加将导致碳含量的减少。从图 4-29c 中可以观察到，由于恒定的碳体积和 I/C 比，

Pt 载量的增加不会引起碳载体和离聚物体积的任何变化。并且当 I/C 比增加时，离聚物体积增加。对于恒定孔体积分数模式，当保持 Pt/C 不变时，增加 Pt 载量增加了碳载体的体积分数，因此离聚物体积被压缩。当 Pt/C 比增加时，碳体积减小造成离聚物的体积分数增加来保证孔隙率的不变。在 DVFM 下可以考虑 Pt 载量、Pt/C 比和 I/C 比的影响，然而在其他三种 CL 设计模式中只讨论了其中的两种，这是因为恒定离聚物、碳载体和孔体积分数的设计概念意味着当保持 Pt 载量不变时，对应的 I/C 比、Pt/C 比和 I/C 比是天然固定的。

表 4-2　不同 Pt 载量、Pt/C 比和 I/C 比的四种 CL 设计模式下的 CL 构成变化

参数	DVFM			CIVFM		CCVFM		CPVFM	
铂载量	↑	★	★	↑	★	↑	★	↑	★
Pt/C 比	★	↑	★	★	↑	✖	✖	★	↑
I/C 比	★	★	↑	✖	✖	★	↑	✖	✖
碳体积分数	↑	↓	★	↑	↓	★	★	↑	↓
离聚物体积分数	↑	↓	↑	★	★	★	↑	↓	↑
孔隙率	↓	↑	↓	↓	↑	★	↓	★	★
对应示意图	图 4-29（a-1）	图 4-29（a-2）	图 4-29（a-3）	图 4-29（b-1）	图 4-29（b-2）	图 4-29（c-1）	图 4-29（c-2）	图 4-29（d-1）	图 4-29（d-2）

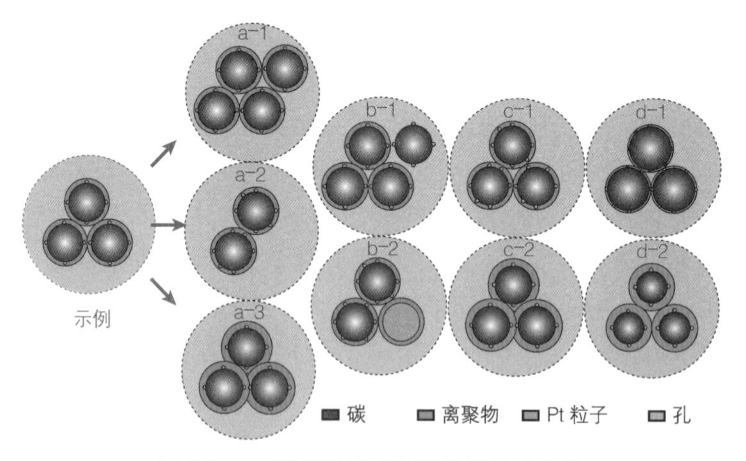

图 4-29　四种设计模式下催化层构成变化

基于提出的 CL 设计的一般分类标准和前述提到的考虑局部氧气和质子传输

修正的催化层结块模型，本节详细讨论了四种 CL 设计模式下 Pt 载量对电池性能的影响，并揭示了局部氧气和离子传输对电池性能的作用。相应的电池运行参数见表 4-3。

表 4-3　电池运行参数

参数	值	单位
运行温度T_0	353.15	K
阳极和阴极侧的进口压力p_a，p_c	2.0，2.0	atm
阳极和阴极侧的进口相对湿度RH_a，RH_c	1.0，1.0	—
液态水和水蒸气的相变速率，膜态水和水蒸气的吸附 / 解吸速率γ_{v-l}，γ_{m-v}	100，1.3	1/s
阳极和阴极侧的参考交换电流密度i_a^{ref}，i_c^{ref}	20，1.5×10^{-5}	A/m^2
氢气和氧气的参考浓度$C_{H_2}^{ref}$，$C_{O_2}^{ref}$	56.4，3.39	mol/m^3

为反映 DVFM 下不同 Pt 载量对应的电池性能特性，图 4-30 所示为该设计模式下的极化曲线。在整个电流密度范围内，电池性能随着 Pt 载量的增加而显著增加，并且相应的增加速率逐渐减弱。这是因为在这种模式下 Pt 载量的增长导致阴极催化层中的离聚物量更高，如表 4-2 所示，更多的离聚物意味着更高的膜态水反向扩散率，因此提高了 ACL 和 PEM 中的膜态水含量，从而抑制局部膜干燥状态的发生并促进质子传输能力。由于电渗拖拽的影响，高电流密度下 ACL 中通常会发生局部膜干现象，而对应 CCL 中的膜水合作用更充分，因此 ACL 中更容易出现质子传导阻力区，增加电池的欧姆损失。在这种设计模式中，Pt 载量的增加减少了 CCL 中过量的膜态水分布，使局部膜干燥区域得到润湿。图 4-30b 显示了在不同 Pt 载量下，欧姆损失、活化和浓差损失随电流密度的变化。研究表明在较高的 Pt 载量下，电池性能的提高主要是由欧姆损失和活化损失的共同降低引起的。欧姆损失随着 Pt 载量的增加而显著降低，而活化损失随着电化学反应面积的增大而减小。此外在超低 Pt 载量（$0.05mg/cm^2$）下，高电流密度下浓差损失急剧增大，这表明与同等电流密度的高 Pt 载量相比，在该设计模式下，缺氧会影响超低铂载量下的电池性能。随着 Pt 载量从 $0.1mg/cm^2$ 增加到 $0.25mg/cm^2$，相应的浓差损失不会受到显著影响。

为探索在 CIVFM 下 Pt 载量对电池性能的相关影响，图 4-31a 所示为该模式下不同 Pt 载量下的极化曲线。与 DVFM 相比，CIVFM 下 Pt 载量对电池性能的影响相对较弱。当 Pt 载量低于阈值（$0.1mg/cm^2$）时，电池性能和极限电流密度急剧下降。随着 Pt 载量从 $0.1mg/cm^2$ 进一步增加到 $0.25mg/cm^2$，这些 Pt 载量范围内的电池性能几乎重叠。上述性能变化可通过欧姆损失、活化损失和浓差损失的变化来进一步解释，如图 4-31b 所示。在整个电流密度范围内，由于在固定离聚物体积分数下膜态水的分布几乎不变，因此在不同的 Pt 载量下，欧姆损失的变化可以忽略不计。因此电池的性能主要取决于活化和浓差损失。当 Pt 载量低于阈值时，Pt 表面的局部低氧气浓度造成浓差损失显著提升，氧气传输浓差损失比活化损失起着更重要的作用。Pt 载量的增加可以改善氧气供应，使反应气体更容易到达反应位点以改善浓差损失。此外当 Pt 载量大于阈值时，催化层反应位点处严重的缺氧现象消失，活化损失在电池性能中起主导作用，由于在较高的 Pt 载量下活化损失降低，电池性能缓慢增加。

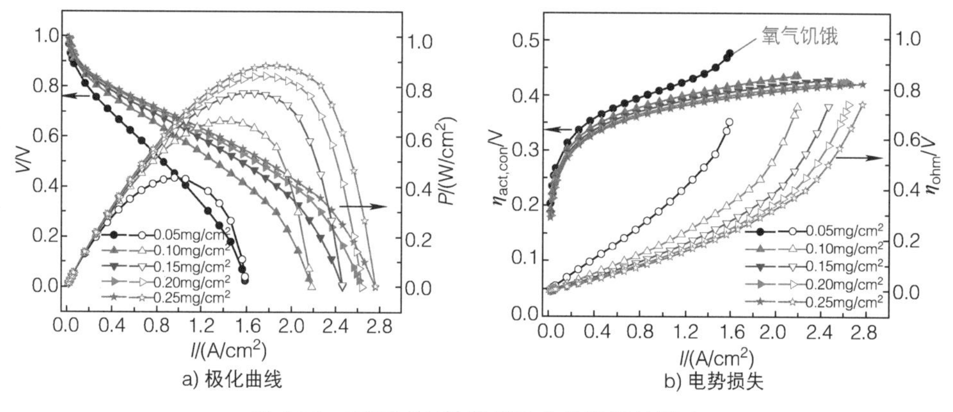

图 4-30　DVFM 下铂载量对电池性能的影响

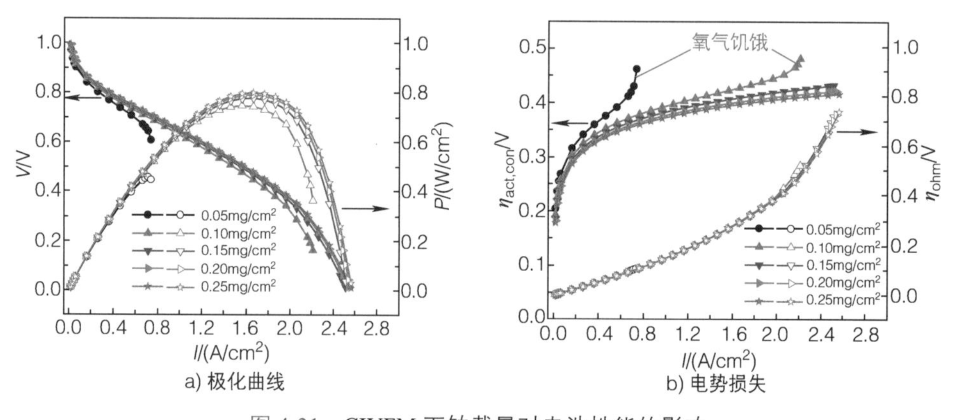

图 4-31　CIVFM 下铂载量对电池性能的影响

CCVFM 下的碳载体的体积分数是固定的，随着 Pt 载量的增加，当保持 I/C 比时离聚物的量也是恒定的。因此电池性能特性与 CIVFM 下的电池性能特性相似。图 4-32a 和图 4-32b 分别给出了 CCVFM 下不同 Pt 载量下的极化曲线和电势损失变化。类似地，Pt 载量的增加有助于提高该模式下的电池性能，而 Pt

载量的变化在 CCVFM 下的敏感性不同于 CIVFM。相应的阈值从 0.1mg/cm^2 变为 0.05mg/cm^2，质子传导能力几乎不变，欧姆损失在不同的 Pt 载量下呈现出几乎恒定的趋势。一旦 Pt 载量超过相应的阈值，影响电池性能的主要因素就从浓差损失转变为活化损失。

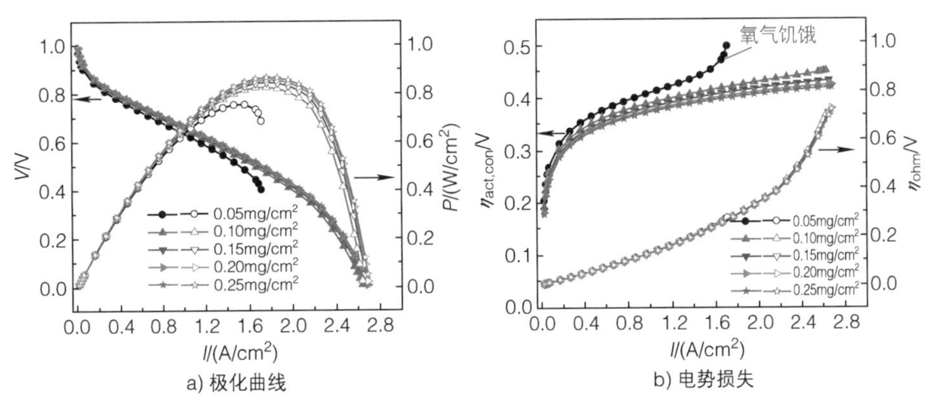

图 4-32　CCVFM 下铂载量对电池性能的影响

在 CPVFM 的情况下，CL 孔隙率是固定的。如表 4-2 所示，随着 Pt 载量的增加，如果进一步保持 Pt/C 比不变，则碳载体的体积分数增大，从而使离聚物的量减少。图 4-33a 显示了在 CPVFM 下 Pt 载量对极化曲线的影响，Pt 载量对电池性能的影响与 CIVFM 和 CCVFM 下类似，相应的阈值增加到 0.15mg/cm^2。图 4-33b 显示了在不同 Pt 载量下电势损失随电流密度的变化曲线。尽管离聚物体积减小，但其减少量不会引起膜水分布的显著变化，因此随着 Pt 载量的变化，欧姆损失几乎不变，影响电池性能的主要损失从浓差损失转变为活化损失的阈值为 0.15mg/cm^2。

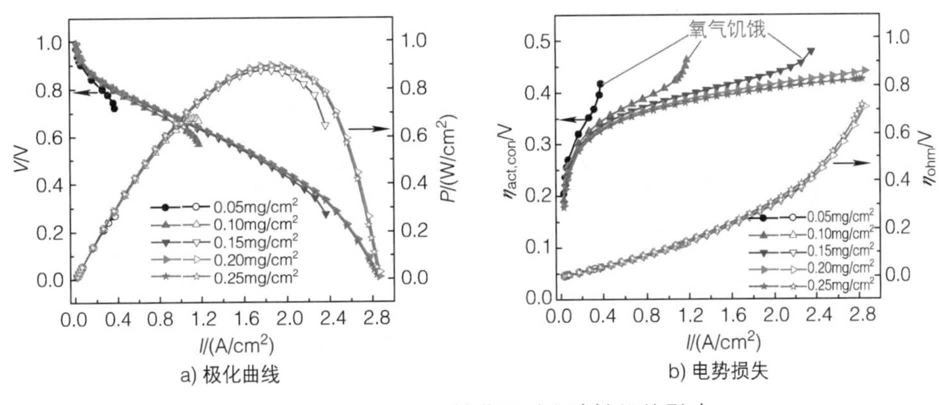

图 4-33　CPVFM 下铂载量对电池性能的影响

4.3 气体扩散层内传输及建模仿真

4.3.1 气体扩散层结构及输运过程简介

气体扩散层是膜电极的重要组成部件之一，由导电的多孔材料组成，位于催化层与双极板之间，起到支撑催化层、传递电子、传导热量、输运气体和排出水等多重作用。气体扩散层材料通常需要具备以下特性：较高的孔隙率和适宜的孔隙分布，有良好的气体扩散传输能力以保证反应气体能够均匀分布，并可以使产物通过；具有一定的疏水性，防止阴极侧反应产生的液态水在扩散层孔隙内积聚，影响阴极气体的传输；具备良好的导电性和导热性以传导电子和热流；具有一定的刚度以支撑膜电极和一定的柔性来保证电接触良好。

气体扩散层通常采用碳纤维复合材料如碳纤维纸（碳纸）和碳纤维布（碳布）制备，并在使用时进行一定的疏水处理。碳纸或碳布的厚度为 100 ~ 400μm，其内部碳纤维随机分布，纤维直径为 7 ~ 9μm。图 4-34 所示为典型的气体扩散层样品及内部微观结构。气体扩散层的主要结构参数包括孔隙率、厚度、孔径分布、亲疏水性等。孔隙率指多孔结构中孔隙体积占材料总体积的比例，其显著地影响多孔介质中的物质传输过程。以阴极为例，在扩散层内部反应气体及液态水通过孔隙进行输运，而扩散层的固体骨架结构则为电子及热量的传导提供途径。提高扩散层孔隙率有利于反应气体及液态水的传输，而相对应的导电导热能力会随着固体传输路径的减少而降低。扩散层厚度体现了物质输运途径的长短，随着厚度的降低，物质传输途径变短，厚度方向上输运能力提高，但其机械强度也会衰减，不利于电池的耐久性。孔径分布体现了扩散层内孔尺寸的大小，对于扩

a) 气体扩散层样品

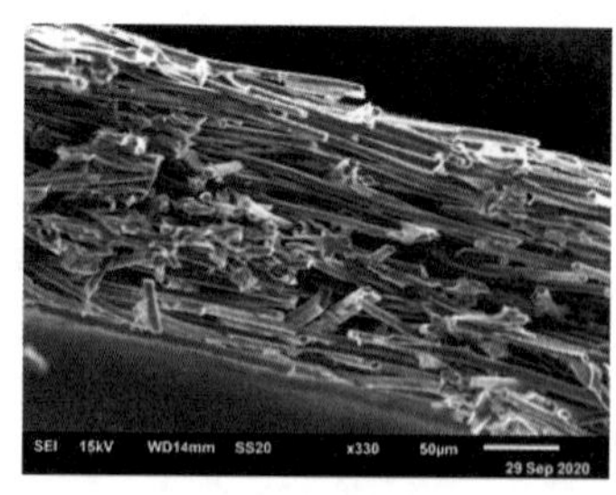

b) 微观结构[20]

图 4-34 典型的气体扩散层样品及内部微观结构

散层，其孔径分布一般为几十微米。增大孔径有利于扩散层内反应气体及液态水的输运。亲疏水性表征了固体表面对于液态水的黏附能力。目前商业化的扩散层一般只做疏水修饰，疏水修饰可以抑制水蒸气的冷凝，加速扩散层中液态水的排出，从而促进反应气体在流场和催化层之间的传输。但是疏水剂的添加会堵塞部分扩散层孔隙空间，使其透气性降低。

在燃料电池宏观模型中，学者们将气体扩散层、催化层等简化为各向同性的多孔介质材料，采用经验参数或经验关联式等表征多孔介质内的热 – 电 – 质等效传输系数与多孔介质结构参数之间的关系，以实现电池不同部件之间的耦合求解。燃料电池宏观数学模型的准确性与所使用等效传输系数关联式的准确性息息相关。评价气体扩散层宏观传输能力的主要参数包括渗透率、有效气体扩散系数、有效电导率及有效热导率等。渗透率表征了流体流过扩散层的难易程度，其主要受扩散层孔隙率、纤维直径、孔径等因素的影响。渗透率大小显著影响了扩散层内的水传输过程及其水管理能力。有效气体扩散系数衡量了气体在多孔介质内部的扩散传输能力。气体在扩散层内的扩散传输过程主要受到扩散层孔隙结构参数的影响。扩散层内游离的液态水也会阻碍气体传输。有效热导率及有效电导率分别表征了热量和电子在多孔介质内的传导能力。本节总结了部分文献中采用的扩散层有效输运系数关联式，包括渗透率经验关联式（表 4-4）、气体有效扩散系数关联式（表 4-5）、有效导热系数关联式（表 4-6）以及有效导电系数关联式（表 4-7）。气体扩散层由层状纤维堆积而成，沿着纤维中心线方向与堆叠厚度方向具有明显的孔隙差异。由于这一各向异性的多孔孔隙结构特征，针对气体扩散层平面方向（In-Plane，IP）和竖直面方向（Through-Plane，TP）分别对输运系数进行了总结。从所统计到的经验系数来看，扩散层的有效传输系数均主要由扩散层的孔隙率决定。随着孔隙率的提高，扩散层的渗透率与等效扩散系数提高，而有效热导率和有效电导率降低。

表 4-4　气体扩散层渗透率经验关联式

参考文献	渗透率关联式	适用条件
Kozeny[21] 和 Carman[22]	$K=C\dfrac{\varepsilon^3}{(1-\varepsilon)^2}$	Kozeny-Carman equation C-Kozeny-Carman 常数，对于球直径 d 的堆积球多孔介质，$C=d^2/180$，ε 为孔隙率
Tomadakis 和 Robertson[23]	$K=C\dfrac{\varepsilon}{(\ln\varepsilon)^2}$	碳纸，随机堆积的纤维结构

（续）

参考文献	渗透率关联式	适用条件
Tomadakis 和 Robertson[23]	$K=R^2\dfrac{\varepsilon(\varepsilon-\varepsilon_p)^{\alpha+2}}{8\ln^2\varepsilon(1-\varepsilon)^{\alpha}\left[(\alpha+1)\varepsilon-\varepsilon_p\right]^2}$	随机堆积的纤维结构，考虑各向异性，R 为纤维半径，ε_p 为渗透阈值 IP：$\varepsilon_p=0.11$，$\alpha=0.521$ TP：$\varepsilon_p=0.11$，$\alpha=0.785$
Hao 等 [24]	$K=C\varepsilon^{\alpha}$	LBM 模拟，考虑 PTFE 纤维结构 IP：$C=2.0$，$\alpha=3.7681$ TP：$C=2.57$，$\alpha=3.1355$
He 等 [25]	$K=\dfrac{\pi L_0^{-1-Dt}\lambda_{\max}^{3+Dt}}{128}\dfrac{Df}{3+Dt-Df}$	分形模型，L_0 为流动方向上多孔介质厚度；Dt 为弯曲度尺寸；Df 为面积尺寸。$Df=1.8991$；$Dt=1.2507$ $\lambda_{\max}=2\sqrt{l_s^2/\pi}$
Tamayol 等 [26]	$K=d^2 0.008\sqrt{(1-\varphi)}\left[\left(\dfrac{\pi}{4\varphi}\right)^2-2\dfrac{\pi}{4\varphi}+1\right]$	实验测试与理论推导 $\varphi=1-\varepsilon$
Tamayol 等 [27]	$K=d^2 0.012(1-\varphi)\left[\left(\dfrac{\pi}{4\varphi}\right)^2-2\dfrac{\pi}{4\varphi}+1\right]\left[1+0.72\dfrac{\varphi}{(0.89-\varphi)^{0.54}}\right]$	实验测试与理论推导 $\varphi=1-\varepsilon$
Van Doormaal 等 [28]	$K=C\dfrac{\varepsilon^{\alpha}}{1-\varepsilon}R^2$	LBM 模拟 $0.6<\varepsilon<0.8$ TP：$C=0.28$，$\alpha=4.3$； IP：$C=0.26$，$\alpha=3.6$
Tamayol 等 [29]	$K=\exp\left(\dfrac{-43.25+46.6\varepsilon}{1+10.56\varepsilon-10.5\varepsilon^2}\right)d^2$	规则排列三维纤维结构，解析模型，IP
Shou 等 [30]	$K=A\left(\sqrt{\dfrac{B}{1-\varepsilon}}-1\right)^{2.5}R^2$	TP： 方形堆叠：$A=0.4$，$B=0.785$ 六面体纤维：$A=0.2$，$B=0.907$
Shou 等 [30]	$K=A\left(\sqrt{\dfrac{B}{1-\varepsilon}}-1\right)^{2}\varepsilon R^2$	IP： 方形堆叠：$A=0.16$，$B=1.57$ 六面体纤维：$A=0.18$，$B=1.21$

（续）

参考文献	渗透率关联式	适用条件
Shou 等[30]	$K=A\left(\sqrt{\frac{0.785}{1-\varepsilon}}-1\right)^{2.5}R^2+B\left(\sqrt{\frac{1.57}{1-\varepsilon}}-1\right)^2\varepsilon R^2$	混合堆叠纤维 IP：$A=0.2$，$B=0.08$ TP：$A=0.267$，$B=0.053$
Wang 等[31]	$K=6.076\times10^{-13}\frac{\varepsilon^{0.8856}}{(\ln\varepsilon)^2}$ $K=\frac{4.0764\times10^{-11}}{e^{8.6262(1-\varepsilon)}-1.5976}$ $K=2.9168\times10^{-13}\left[\frac{\varepsilon(1+\varepsilon)}{1-\varepsilon}\right]^{1.7975}$	LBM 模型，三维随机纤维结构
Jiang 等[32]	TP：$K=6.839\times10^{-11}\varepsilon^{6.21}$ IP：$K=1.1049\times10^{-10}\varepsilon^{6.55}$	LBM 模型，三维随机纤维结构
Zhu 等[33]	$K_{\mathrm{L}}=\frac{1}{32}\lambda_{\max}^{1+Dt}\frac{\varepsilon}{1-\varepsilon}L_0^{1-Dt}\frac{2-Df}{3+Dt-Df}$ $K_{\mathrm{T}}=d^2\left\{\frac{18\sqrt{\varphi'}\left[\frac{\pi}{2}+\tan^{-1}\left(\frac{1}{\sqrt{\varphi'-1}}\right)\right]}{(\varphi'-1)^{2.5}}+\frac{18+12(\varphi'-1)}{\sqrt{\varphi'}(\varphi'-1)^2}+\frac{12\left(\sqrt{\varphi'}-1\right)}{\varphi'\sqrt{\varphi'}}\left[\frac{2-\mathrm{g}(\varphi)}{2}\right]\right\}$ $\varphi'=\pi/4(1-\varphi)\quad g(\varphi)=1.274\varphi-0.274$ $\frac{1}{K}=\frac{\psi}{1-\varphi}\frac{1}{K_T}+\frac{1-\psi}{1-\varphi}\frac{1}{K_{\mathrm{L}}}$	分形模型 ψ 为固体体积分数 TGP H-060：$Df=1.955$，$Dt=1.157$ TGP H-090：$Df=1.891$，$Dt=1.252$ TGP H-120：$Df=1.903$，$Dt=1.214$
Nabovati 等[34]	$K=C_1\left(\sqrt{\frac{1-\phi_c}{1-\phi}}-1\right)^{C_2}r^2$	LBM，三维纤维结构 $\phi_c=0.0743$，C_1=0.491，C_2= 2.31

注：ε 为扩散层孔隙率。

表 4-5　气体扩散层内组分有效扩散系数经验关联式

参考文献	有效扩散系数关联式	适用条件
Bruggeman[35]	$D_{\mathrm{eff}}/D_{\mathrm{bulk}}=\varepsilon^{1.5}$	堆积球形颗粒 （有效介质近似法）
Neale 和 Nader[36]	$D_{\mathrm{eff}}/D_{\mathrm{bulk}}=\frac{2\varepsilon}{3-\varepsilon}$	堆积球形颗粒 （有效介质近似法）
Tomadakis 和 Sotirchos[37]	$D_{\mathrm{eff}}/D_{\mathrm{bulk}}=\varepsilon\left(\frac{\varepsilon-\varepsilon_{\mathrm{p}}}{1-\varepsilon_{\mathrm{p}}}\right)^{\alpha}$	二维纤维结构（渗透理论） 对于二维纤维结构有 $\varepsilon_{\mathrm{p}}=0.037$，$\alpha=0.661$
Nam 和 Kaviany[38]	$D_{\mathrm{eff}}/D_{\mathrm{bulk}}=\varepsilon\left(\frac{\varepsilon-0.11}{1-0.11}\right)^{0.785}(1-s)^2$	具有方形孔隙的重叠纤维，液态水随机分布（network model）

（续）

参考文献	有效扩散系数关联式	适用条件
Das 等 [39]	$D_{eff}/D_{bulk}=1-\left[\dfrac{3(1-\varepsilon)}{3-\varepsilon}\right]$	Hashin coated sphere 堆积结构（有效介质近似法）
Zamel 等 [40]	$D_{eff}/D_{bulk}=1-A\varepsilon\cosh(B\varepsilon-C)\left[\dfrac{3(1-\varepsilon)}{3-\varepsilon}\right]$	三维纤维结构（$0.33\leqslant\varepsilon<1$） TP：$A=2.76$，$B=3$，$C=1.92$ IP：$A=1.72$，$B=2.07$，$C=2.11$
Zamel 等 [40]	$D_{eff}/D_{bulk}=A(\varepsilon-\varepsilon_p)^{\alpha}$	三维纤维结构（$\varepsilon_p\leqslant\varepsilon<0.9$） TP：$A=1.01$，$\varepsilon_p=0.24$，$\alpha=1.83$ IP：$A=1.53$，$\varepsilon_p=0.23$，$\alpha=1.67$
Unsworth 等 [41]	$D_{eff}/D_{bulk}=1-A\varepsilon\cosh(B\varepsilon-C)\left[\dfrac{3(1-\varepsilon)}{3-\varepsilon}\right]$	实验测试，（$0.37\leqslant\varepsilon\leqslant0.9$） TP：$A=2.72$，$B=2.53$，$C=1.61$
Hwang 等 [42]	$D_{eff}/D_{bulk}=\varepsilon^{3.6}$ $D_{eff}/D_{bulk}=\varepsilon^{3.6}(1-s)^3$	实验测试（GDL 无 PTFE 处理）
Hwang 等 [42]	$D_{eff}/D_{bulk}=\varepsilon^{3.6}\dfrac{1}{2}\left\{1+\mathrm{erf}\left[-\dfrac{\ln s+a}{b}\right]\right\}$	实验测试（PTFE 处理） Toray-120B 与 SGL 10BA：$a=1.27$，$b=0.82$ Toray-120D 与 SGL 10DA：$a=1.27$，$b=0.82$
Rosen 等 [43]	$D_{eff}/D_{bulk}=[\varepsilon(1-s)]^{\alpha}$	随机重构方法 TP：$\alpha=3.5$ IP：$\alpha=2$
Wu 等 [44]	$D_{eff}/D_{bulk}=\exp\left(\dfrac{\varepsilon-1}{0.222-0.161.\mathrm{wt\%PTFE}}\right)$	孔隙网络模型（球形孔隙和圆柱形喉道组成的结构）
Zhang 等 [45]	$D_{eff}/D_{bulk}=\varepsilon\left(\dfrac{\varepsilon-\varepsilon_p}{1-\varepsilon_p}\right)^{\alpha}$	LBM 模型，碳布 GDL（$0.45<\varepsilon<0.8$） TP：$\varepsilon_p=0.11$，$\alpha=1.7$ IP：$\varepsilon_p=0.11$，$\alpha=0.785$
Martínez 等 [46]	$D_{eff}/D_{bulk}=\varepsilon^{\alpha}$	实验测试（TP） 碳纸结构：$\alpha=3.8$ 碳布结构：$\alpha=1.5$
Mezedur 等 [47]	$D_{eff}/D_{bulk}=\left[1-(1-\varepsilon)^{0.46}\right]$	二维网络模型（$0<\varepsilon<0.65$）
García-Salaberri. 等 [48]	$D_{eff}/D_{bulk}=f(\varepsilon)(1-s)^n$	LBM 模型 TP：$n=3$ IP：$n=2$
Zhu 等 [49]	$D_{eff}/D_{bulk}=\varepsilon^{\alpha}$	孔隙尺度模拟，GDL 模型考虑 PTFE 与黏结剂（TGH-H_060 30%binder） 0%PTFE：TP $\alpha=4.0$，IP $\alpha=2.1$ 20%PTFE：TP $\alpha=3.5$，IP $\alpha=2.3$

（续）

参考文献	有效扩散系数关联式	适用条件
Wang 等 [50]	$D_{eff}/D_{bulk}=\varepsilon^{\alpha}(1-s)^{n}$	参考实验测试数据进行拟合 GDL-TP：$\alpha=4.0$，$n=4.0$ MPL-TP： 不考虑克努森扩散：$\alpha=2.0$，$n=2.0$ 考虑克努森扩散：$\alpha=4.0$，$n=4.0$ CL-TP： 不考虑克努森扩散：$\alpha=4.0$，$n=4.0$ 考虑克努森扩散：$\alpha=5.5$，$n=5.5$
Bao 等 [51]	$D_{eff}/D_{bulk}=f(\varepsilon)e^{A\varepsilon_c}$	孔隙尺度，考虑压缩效应（ε_c 为压缩比） 孔隙率约 0.73，压缩比：0 ~ 30% IP：$A=-1.04$，TP：$A=-0.9$ 孔隙率约 0.6，压缩比：0 ~ 30% IP：$A=-2.05$，TP：$A=-1.59$
Shou 等 [52]	$D_{eff}/D_{bulk}=\dfrac{\varepsilon}{2.7-1.7\varepsilon}$	一维随机纤维 - 半解析模型，TP
Shou 等 [52]	TP：$D_{eff}/D_{bulk}=\dfrac{\varepsilon}{7-6\varepsilon}$ IP：$D_{eff}/D_{bulk}=\dfrac{\varepsilon}{4}\left(\dfrac{3.7-1.7\varepsilon}{2.7-1.7\varepsilon}+\dfrac{4}{3.7-1.7\varepsilon}\right)$	二维随机纤维 - 半解析模型
Shou 等 [52]	TP：$D_{eff}/D_{bulk}=\dfrac{\varepsilon}{6}\left(\dfrac{4.7-1.7\varepsilon}{2.7-1.7\varepsilon}+\dfrac{9}{6.4-3.4\varepsilon}\right)$	三维纤维结构 - 半解析模型，TP 方向
Dawes 等 [53]	$D_{eff}/D_{bulk}=\left(\dfrac{\varepsilon-0.11}{1-0.11}\right)^{0.9}\dfrac{[(1-s)-0.11]^{0.9}}{(1-0.11)^{0.9}}$	渗透理论
Zhang 等 [54]	$D_{eff}/D_{bulk}=Ae^{B\zeta}$	孔隙尺度模型（GDL- 孔隙率 0.76，考虑 PTFE-7 与黏结剂质量分数为 30%，ζ 为压缩应力） Toray： TP：$A=2.22$，$B=2.70$ IP：$A=1.4$，$B=2.36$ Freudenberg： TP：$A=1.87$，$B=2.64$ IP：$A=2.27$，$B=2.30$
Espinoza-Andaluz 等 [55]	$D_{eff}/D_{bulk}=0.2206\times4.8513^{\varepsilon}$ $D_{eff}/D_{bulk}=0.95\times\varepsilon^{1.1178}$ $D_{eff}/D_{bulk}=\dfrac{0.4154}{1-0.7037\times\varepsilon^{2}}$	LBM 数值模型

（续）

参考文献	有效扩散系数关联式	适用条件
Tranter 等[56]	$D_{\text{eff}}/D_{\text{bulk}}=f(\varepsilon)(1-s)^n$ $D_{\text{eff}}/D_{\text{bulk}}=f(\varepsilon)\frac{1}{2}\left[1+\text{erf}\left(-\frac{\ln s+a}{b}\right)\right]$	实验测试（PTFE 质量分数为 5%） SGL 10BA：$n=2.05$，$a=1.31$，$b=1.21$ SGL 34BA：$n=2.03$，$a=1.30$，$b=1.21$ Toray 090：$n=2.02$，$a=1.30$，$b=1.15$ Toray 120：$n=2.12$，$a=1.35$，$b=1.33$ Toray 090（PTFE 质量分数为 0）：$n=2.43$，$a=1.54$，$b=1.46$
He 等[57]	$D_{\text{eff}}/D_{\text{bulk}}=\frac{A+B\varepsilon+C\delta}{1+D\varepsilon+E\delta}$	LBM 模拟，三维多孔分层纤维结构（δ 为层间距） IP：$A=-0.24$，$B=0.72$，$C=0.29$，$D=-0.53$ TP：$A=-0.27$，$B=0.65$，$C=-0.05$，$D=-0.62$
Holzer 等[58]	$D_{\text{eff}}/D_{\text{bulk}}=A\varepsilon+B$	数值模拟，GDL 结构由扫描电镜得到（$0.58<\varepsilon<0.74$） IP：$A=1.074$，$B=-0.335$ TP：$A=0.906$，$B=-0.252$
Zhang 等[59]	$D_{\text{eff}}/D_{\text{bulk}}=\varepsilon(1-s)\left[\frac{\varepsilon(1-s)-\varepsilon_{\text{p}}}{1-\varepsilon_{\text{p}}}\right]^n$	IP：$n=0.521$ TP：$n=0.785$

表 4-6　气体扩散层等效导热系数经验关联式

参考文献	等效导热系数关联式	适用条件
Yablecki 等[60]	$k_{\text{eff}}/k_{\text{s}}=1-f(\varepsilon)\frac{3\varepsilon}{3-(1-\varepsilon)}$ $f(\varepsilon)=A(1-\varepsilon)^B\exp[C(1-\varepsilon)]$	LBM，数值随机重构 IP：$A=0.999$，$B=-0.00129$，$C=0.4677$ TP：$A=0.9454$，$B=-0.01675$，$C=0.8852$
Zamel 等[61]	$k_{\text{eff}}/k_{\text{s}}=1-f(\varepsilon)\frac{3\varepsilon}{3-(1-\varepsilon)}$ $f(\varepsilon)=A(1-\varepsilon)^B\exp[C(1-\varepsilon)]$	数值随机重构，孔隙率 0.4 ~ 0.85 TP：$A=0.975$，$B=-0.002$，$C=0.865$ IP：$A=0.997$，$B=-0.009$，$C=0.344$
Pfrang 等[62]	并联传热模型：$k_{\text{eff}}=\varepsilon k_{\text{air}}+(1-\varepsilon)k_{\text{s}}$ 串联传热模型：$k_{\text{eff}}=\frac{1}{\varepsilon/k_{\text{air}}+(1-\varepsilon)k_{\text{s}}}$	理论推导模型

（续）

参考文献	等效导热系数关联式	适用条件
Zhang 等[45]	$k_{eff}/k_s=1-f(\varepsilon)\dfrac{3\varepsilon}{3-(1-\varepsilon)}$ $f(\varepsilon)=A(1-\varepsilon)^B\exp[C(1-\varepsilon)]$	TP：$A=0.975$，$B=-0.002$，$C=0.77$
Bao 等[51]	$k_{eff}/k_s=f_0e^{A\varepsilon_c}$ ε_c 为压缩比	数值模拟，三维纤维结构 孔隙率 0.73 IP：$f_0=0.133$，$A=1.28$ TP：$f_0=0.011$，$A=4.4$ 孔隙率 0.6 IP：$f_0=0.224$，$A=1.37$ TP：$f_0=0.048$，$A=4.04$
Hashin 等[63]	$k_s+\dfrac{3\varepsilon k_s(k_f-k_s)}{3k_s+(1-\varepsilon)(k_f-k_s)}\geqslant k_{eff}\geqslant k_f+\dfrac{3(1-\varepsilon)k_f(k_s-k_f)}{3k_f+\varepsilon(k_s-k_f)}$	宏观均匀各向同性材料
Ashby 等[64]	$k_{eff}=\dfrac{1}{3}\left[(1-\varepsilon)+2(1-\varepsilon)^{2/3}\right]k_s+\varepsilon k_f$	泡沫多孔结构

表 4-7　气体扩散层有效导电系数经验关联式

参考文献	等效导电率关联式	适用条件
Bruggeman[35]	$\sigma_{eff}/\sigma_s=(1-\varepsilon)^{1.7}$	IP，均匀介质假设
Das 等[39]	$\sigma_{eff}/\sigma_s=\dfrac{2-2\varepsilon}{2+\varepsilon}$	涂层球体组合
Zamel 等[65]	$\sigma_{eff}/\sigma_s=(1-\varepsilon)^m$	数值模拟，三维纤维随机重构 TP：$m=3.4$ IP：$m=1.7$
Zamel 等[65]	$\sigma_{eff}/\sigma_s=1-\left[\dfrac{2\varepsilon}{2+\varepsilon}\right]A\exp[B(1-\varepsilon)](1-\varepsilon)^c$	TP：$A=0.962$，$B=0.889$，$C=-0.00715$ IP：$A=0.962$，$B=0.367$，$C=-0.016$
Bao 等[51]	$\sigma_{eff}/\sigma_s=f_0e^{A\varepsilon_c}$ ε_c 为压缩比	数值模拟，三维纤维结构 孔隙率 0.73 IP：$f_0=0.133$，$A=1.28$ TP：$f_0=0.011$，$A=4.4$ 孔隙率 0.6 IP：$f_0=0.224$，$A=1.37$ TP：$f_0=0.048$，$A=4.04$

4.3.2　气体扩散层数值重构

探究气体扩散层内部物质输运及多相物质传输过程一直以来都是燃料电池研究的热点方向，其对改进燃料电池结构及性能提升有着重要的作用。扩散层内物质传输及多相输运过程的研究主要包括实验研究、理论分析和数值模拟三种方法。理论分析方法适用于结构及过程简化的情况。实验研究借助实验观测手段如中子扫描、X 射线扫描等扫描技术直接观测扩散层内部液态水传输过程及其分布状态等。但由于扩散层结构的复杂性，实验研究需要耗费大量的时间及经济成本。随着计算机技术的发展，数值模拟在研究复杂结构内的多物理输运过程中扮演着越来越重要的角色。数值模拟方法可分为基于连续介质假设的宏观模型、基于分子运动的微观分子模型和基于介观层次粒子的介观动力学模型。宏观数学模型将流体视作连续介质，通过求解质量、动量和能量等守恒方程得到宏观物理量分布。微观分子模型则立足于流体系统中的每一个分子，通过求解每一个分子的具体运动来统计获得流体的宏观信息。介观动力学模型将流体及流动区域离散成一系列的流体粒子和规则的格点，通过研究格点上分布函数的时空演化过程以统计描述流体运动。

传统的宏观连续模型在探究电池内部物质分布、电池输出性能及优化运行策略上发挥了重要的作用，但其大多将多孔介质简化为各向同性且均匀的多孔结构，忽略了多孔电极的实际微观结构，无法揭示扩散层、微孔层内各向异性的多孔结构特性对物质传输特性的影响机理。针对这些不足，越来越多的研究人员构建了考虑扩散层真实几何结构的数值模型，如使用 VOF 方法或孔隙尺度方法探究液态水在扩散层真实孔隙结构内的传输。重构气体扩散层多孔结构是构建考虑真实几何结构数值模型的基础。多孔结构的重构方法主要包括实验重构方法和数值随机重构方法。实验方法是通过使用高分辨率设备如扫描电子显微镜（Scanning Electron Microscope，SEM）或 X 射线计算机断层扫描（X-ray Computated Tomography，XCT）表征多孔介质内部实际结构特征，通过一系列后处理技术将所获得的切片样本转化为数值仿真能够使用的数值网格。这种方法可以获得较为真实的几何结构，但由于多孔孔隙结构的各向异性及随机性，重构所得到的数值网格往往受限于所提供的样品，并且需要消耗较多的时间与人工成本。相较而言，数值随机重构方法具有耗时少、花费低、结构参数可控的优点，在多孔结构的数值重构过程中得到了广泛的应用。数值随机重构的中心思想是预设目标多孔介质的孔隙结构参数（如孔隙率、纤维直径、厚度等），基于所需数值重构结构的孔隙特征分布，选择合理的生成算法以生成目标结构，这一方法可以实现孔隙结构参数的精确调节。

为了简化数值重构过程，通常假设纤维为具有相同直径的长直圆柱，纤维之间可交叉，忽略树脂胶和 PTFE 的影响。现有的随机重构方法通常假设纤维只在水平面内交叉分布，忽略纤维在厚度方向上的偏转。相较于水平纤维，在竖直面倾斜的纤维能够在厚度方向上为物质传输提供通道，从而影响传输过程。图 4-35 展示了一种气体扩散层数值重构过程。数值重构中所使用的参数包括扩散层孔隙

率 ε、纤维直径 d_f、扩散层厚度 δ_{GDL}、分层数量 n。第一步，根据分层数量将扩散层划分为 n 个分层，如图 4-35a 所示。第二步，如图 4-35b 所示，在每个子分层中单独生成碳纤维结构。在每个子分层界面上随机选取两个点 A 和 B 以生成一条直线，得到直线与计算边界线的交点 A1 与 B1。分别将 A1 与 B1 向层内沿着厚度方向移动 L_A 与 L_B 的距离，以得到纤维中心线的端点 A2 与 B2。相较于传统方法中纤维中心线固定在某一竖直平面内，此重构方法可通过使 L_A 与 L_B 不同实现纤维在厚度方向上的偏转。根据所得到的中心线与碳纤维直径生成一条碳纤维。第三步，如图 4-35c 所示，在分层内重复生成碳纤维直至分层内的孔隙率达到指定值。在其他分层内重复这一过程并将各个分层堆叠以得到数值重构的扩散层结构，如图 4-35d 所示。数值重构中，可通过改变孔隙率、纤维直径、厚度等参数的预设值以生成不同结构特征的扩散层。

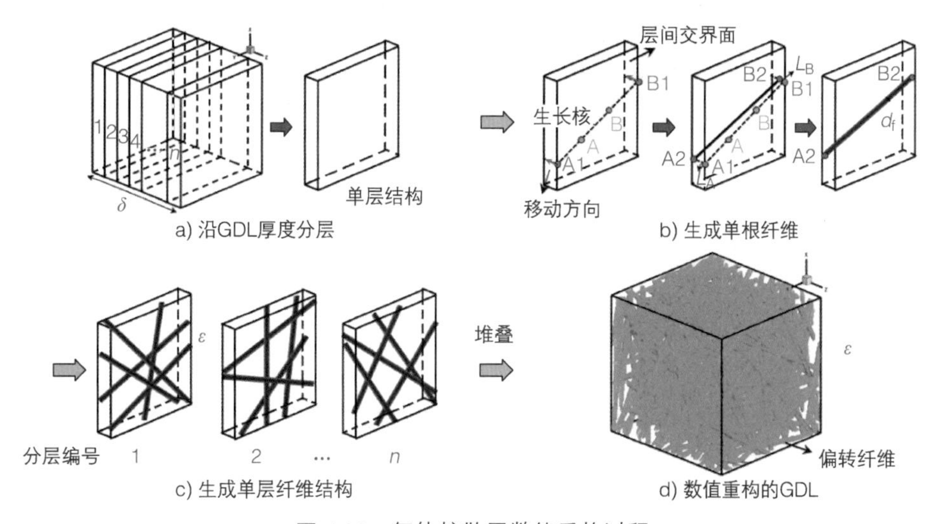

图 4-35　气体扩散层数值重构过程

以上生成方法所重构出的扩散层孔隙在平面内均匀分布，无法准确调节液态水在扩散层平面内的分布。本节进一步介绍了一种通过调控纤维的分布以生成平面内孔隙不均匀分布的气体扩散层的重构方法。图 4-36 所示为非均匀分布气体扩散层数值重构的过程。数值重构过程中所使用的参数包括扩散层孔隙率 ε、纤维直径 d_f、扩散层厚度 δ_{GDL}、生长概率 P。第一步，通过随机数函数为平面内的每一个格点赋值一个 0 ~ 1 之间的随机数 p。对比随机数 p 与生长概率 P 之间的大小，当随机数小于生长概率时此格点转化为纤维格点，并作为后续纤维生长的生长核心，如图 4-36a 所示。第二步，以此生长核心和随机赋值所得到的偏转角度 θ 生成纤维的中心线，如图 4-36b 所示。第三步，通过生长的中心线和所给定的纤维直径生成纤维，如图 4-36c 所示。重复这一过程直到单层的孔隙率达到给定值。

最终，将各分层组合堆叠得到完整的气体扩散层结构，如图 4-36d 所示。在重构过程中，通过调控生长概率在不同区域内的数值，可以实现纤维在平面内的不均匀分布。

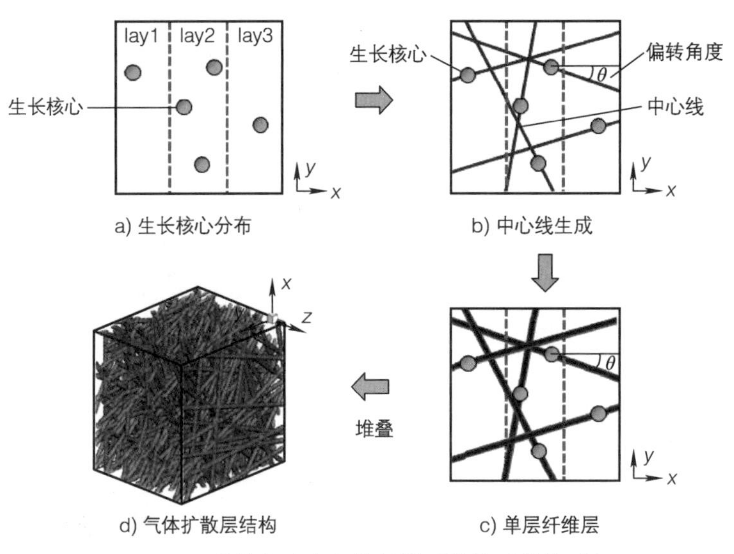

图 4-36　非均匀分布气体扩散层数值重构的过程

图 4-37 所示为以此生长算法所生成的平面内孔隙率不均匀分布气体扩散层。在重构过程中，将气体扩散层沿着平面方向（x 方向）均匀地划分为三层（lay1，lay2，lay3）。通过设置在 lay2 中的生长概率 P 高于 lay1 与 lay3 的生长概率，从而使得更多的纤维分布在中间层 lay2 中，以此生成平面内孔隙梯度分布，如图 4-37a 所示。图 4-37b 展示了所生成的扩散层平均孔隙率沿平面方向上的分布。可以看出孔隙率沿着平面方向上呈现梯度分布。lay1、lay2 与 lay3 层内的平均孔隙率分别为 0.78、0.76 和 0.8。

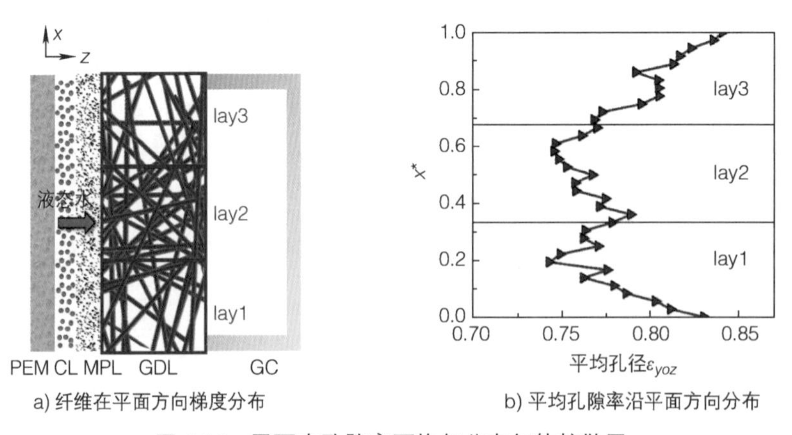

图 4-37　平面内孔隙率不均匀分布气体扩散层

4.3.3　气体扩散层的 VOF 模型

研究气液两相流动的宏观数值模拟方法可以分为精细捕捉相界面的方法和精细捕捉相界面的方法。在精细捕捉相界面方法中，两相流体的流动过程中相界面的位置移动可以得到精细的描述，而非精细捕捉相界面的方法则主要求解流场及容积含气率相分布的变化。燃料电池中非精细捕捉相界面的宏观数值方法已在 3.2 小节中给出。本节我们将进一步具体讨论针对多相传输过程中精细捕捉相界面的宏观数值模型。

目前模拟两相流体运动相界面的方法主要有流体体积法（Volume of Fluid，VOF）、水平集法（Level-Set）、相场法（Phase-Field）等。VOF 方法是美国学者 Hirt 和 Nichols 等人提出的一种可以处理任意自由面的方法[66]。基本原理是利用计算网格单元中流体体积量的变化和网格单元本身体积的比值函数 γ 来确定自由面的位置和形状。VOF 方法追踪的是网格单元中流体体积的变化，而非追踪自由液面流体质点的运动。在某时刻网格单元中 $\gamma = 1$，则说明该单元全部为指定相流体所占据，为流体单元。若 $\gamma = 0$，则该单元全部为另一相流体所占据。当 $0 < \gamma < 1$ 时，则该单元为包含两相物质的交界面单元。

VOF 模型中混合相的密度和黏度由当前相体积分数加权得到：

$$\rho = \rho_l \gamma + (1-\gamma)\rho_g \tag{4-19}$$

$$\mu = \mu_l \gamma + (1-\gamma)\mu_g \tag{4-20}$$

式中，ρ、ρ_l、ρ_g 分别为混合相、流体相和气相密度（kg/m^3）；μ、μ_l、μ_g 分别为混合相、流体相和气相黏度（Pa · s）。

相守恒方程为

$$\frac{\partial \gamma}{\partial t} + \nabla \cdot (\gamma \boldsymbol{u}) + \nabla \cdot \left[\gamma(1-\gamma)\boldsymbol{u}_r\right] = 0 \tag{4-21}$$

式中，$\boldsymbol{u}$ 为组分的速度矢量（m/s），$\boldsymbol{u} = \gamma \boldsymbol{u}_l + (1-\gamma)\boldsymbol{u}_g$；$\boldsymbol{u}_r$ 为液相与气相之间的相对速度（m/s），$\boldsymbol{u}_r = \boldsymbol{u}_l - \boldsymbol{u}_g$。

对于不可压缩流动，VOF 模型中连续方程、动量守恒方程为

$$\nabla \cdot \boldsymbol{u} = 0 \tag{4-22}$$

$$\frac{\partial(\rho \boldsymbol{u})}{\partial t} + \nabla \cdot (\rho \boldsymbol{u}\boldsymbol{u}) = -\nabla p + \left[\nabla \cdot \mu(\nabla \boldsymbol{u} + \nabla \boldsymbol{u}^{\mathrm{T}})\right] + \boldsymbol{F}_\sigma \tag{4-23}$$

在 VOF 方法中，采用连续表面力模型（Continuum Surface Force，CSF）来考虑表面张力对于气液相界面移动的影响，体积力 $\boldsymbol{F}_\sigma$ 表述为

$$\boldsymbol{F}_\sigma = \sigma\kappa\nabla\gamma \tag{4-24}$$

式中，σ 为表面张力系数（N/m）；κ 为相界面的平均曲率（m^{-1}），可用单位面法向向量的散度计算：

$$\kappa = -\nabla\cdot\boldsymbol{n} = -\nabla\cdot\left(\frac{\nabla\gamma}{|\nabla\gamma|}\right) \tag{4-25}$$

为了考虑扩散层内的亲疏水性，将靠近壁面处网格的面法向向量调整为

$$\boldsymbol{n} = \boldsymbol{n}_w\cos\theta + \boldsymbol{t}_w\sin\theta \tag{4-26}$$

式中，$\boldsymbol{n}_w$ 为壁面处的法向向量；$\boldsymbol{t}_w$ 为壁面处的切向向量；θ 为接触角。

通过 VOF 方法可实现对多相传输过程中相界面移动的准确捕捉。不同于催化层与微孔层，扩散层内的孔隙直径一般为几十微米，大部分孔隙空间满足克努森数小于 0.01 的条件，内部的气体流动可认为满足连续介质假设。因此 VOF 模型被研究者广泛使用以探究气体扩散层湿润性分布、孔隙结构及压缩变形等对其内部多相流输运过程等的影响。Niblett 等人 [67] 通过使用 VOF 模型数值探究了气体扩散层微结构对于液态水渗透行为的影响。传统扩散层孔隙空间多为杂乱无序的，而他们在其研究中设计了一种孔隙空间均匀有序分布的气体扩散层结构。首先使用 VOF 模型数值计算了液态水在传统扩散层内的渗透过程，统计了液态水在流道内所形成的水簇的位置及形状，并将数值结果与实验进行了对比，两者之间展示了良好的一致性。进而通过所建立的数值模型探究了扩散层内孔隙分布、液态水注射速率、微孔层缺陷对于液态水动态行为的影响规律，如图 4-38 所示。图 4-38a 显示了液态水在有序化扩散层结构与传统扩散层结构内的动态演变行为。在有序化扩散层结构内，液态水的突破路径弯曲度低，水簇单一，液态水饱和度较低；而在传统扩散层结构内，液态水由单个水簇逐渐聚集发展，并不断地占据周围的孔隙空间。图 4-38b 进一步展示了带缺陷和不带缺陷微孔层对于液态水分布的影响。当微孔层存在缺陷时，液态水沿着缺陷区域渗透进入扩散层，基本不向缺陷邻近微小孔隙渗透。由于微孔层与扩散层之间的孔径大小差异，在微孔层与扩散层界面处饱和度存在突变。在有序化扩散层内，规则化排列的孔隙结构能够控制液态水在平面内的分布，使其不向周围孔隙渗透，因此饱和度曲线相较于传统扩散层更低。有序化结构更有利于减小水淹风险，保证反应气体的输运。

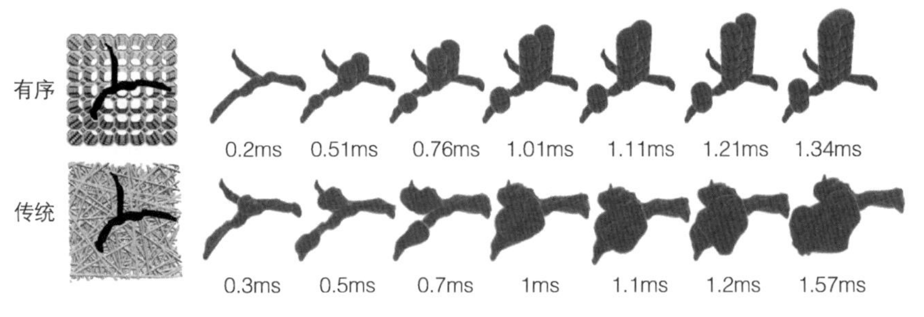

a) 液态水在有序化扩散层结构与传统扩散层结构内的动态演变行为

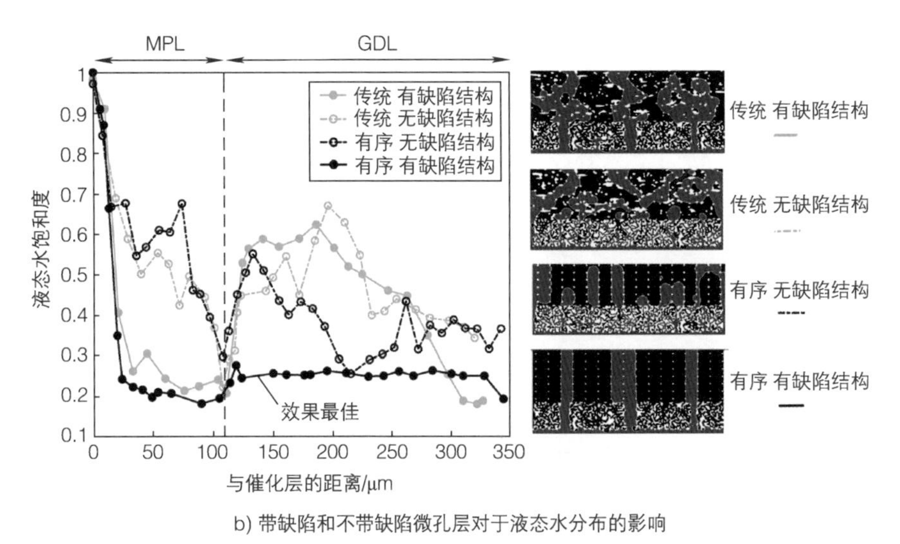

b) 带缺陷和不带缺陷微孔层对于液态水分布的影响

图 4-38　扩散层孔隙结构对于液态水动态行为的影响规律[67]

4.3.4　气体扩散层介观模型的应用

相较于宏观追踪相界面移动的 VOF 方法，介观模型如格子玻尔兹曼方法（Lattice Boltzmann Method，LBM）能从更微观的角度建立数学模型。介观模型基于介观层次粒子的分布函数来统计描述流体的流动，兼具有微观层次与宏观层次数值模型的优点。以格子玻尔兹曼方法为例，其通过离散的微观粒子的碰撞与迁移实现分布函数的演化过程，同时能够恢复到宏观层次方程。由于这一动理学特性，其算法编程简单，且能够方便地处理流体内部的相互作用力。与 VOF 方法相比，其不需要额外的计算资源以追踪相界面。考虑到扩散层内的微纳尺度特性，介观尺度方法在处理多孔结构内复杂传输、多相流动及相变过程中具有明显的优势。

1 计算区域

扩散层内的水传输过程比较复杂，涉及气液两相流动且伴随着气液相变过程。为简化模型，模拟中通常忽略水蒸气的影响或将水蒸气与空气视为一体，只考虑液态水的传输过程，并且只单独考虑扩散层内液态水的传输过程，并假设液态水直接从扩散层与催化层的交界处注入。图 4-39 显示了在孔隙尺度模型中液态水传输计算区域及边界条件。所构建的数值模型包括了进口区域、扩散层与气体流道（CH）。计算区域的长（L_x）和宽（L_y）设置为 240μm×240μm，高度（δ_c）为 496μm。其中进口区域、扩散层与气体流道的厚度分别为 40μm、256μm、200μm。

由于液态水在催化层内不断地产生并且聚集，在数值模型中通常在液态水进口区域使用压力边界或者速度边界，而在液态水的出口处采用压力边界。扩散层的其余四面取为周期性边界条件。在扩散层内，固体纤维结构边界处取反弹格式。数值计算时，假设初始时液态水充满进口区域，之后在压差的驱使下不断地渗透浸入扩散层中，并最终到达流道。

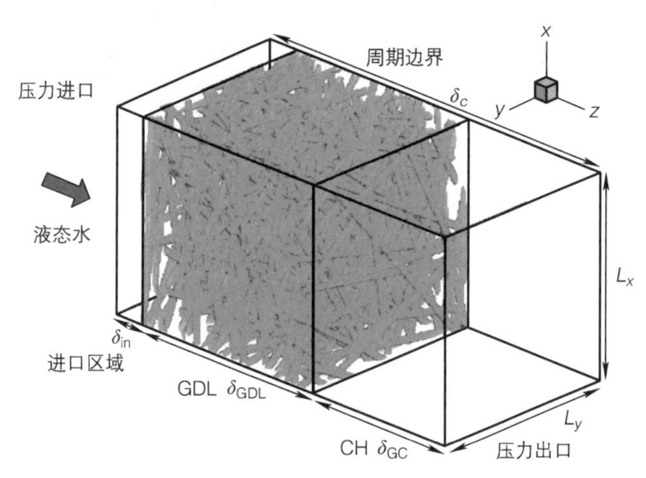

图 4-39　液态水传输计算区域及边界条件

2 介观尺度方法

研究者针对扩散层内的多相传输过程进行了大量孔隙尺度模拟研究。已有研究证明毛细力作用在扩散层内液态水传输过程中占主导地位，而黏性力、惯性力与重力等都可忽略不计，并且在数值模拟过程中也往往忽略不同组分之间的黏性比与密度比。本节选取阴极扩散层作为实例演示孔隙尺度模型的建模和计算过程，建立了燃料电池阴极扩散层孔隙尺度多相模型。以多松弛因子的格子玻尔兹曼演化方程为例，其表达式为[68]

$$f_{\sigma,\alpha}(\boldsymbol{x}+\boldsymbol{e}_\alpha\Delta t,t+\Delta t)=f_{\sigma,\alpha}(\boldsymbol{x},t)-\boldsymbol{Q}^{-1}\boldsymbol{\Lambda}(\boldsymbol{m}_{\sigma,\alpha}(\boldsymbol{x},t)-\boldsymbol{m}_{\sigma,\alpha}^{\text{eq}}(\boldsymbol{x},t))+\boldsymbol{Q}^{-1}\left(\boldsymbol{I}-\frac{\boldsymbol{\Lambda}}{2}\right)\boldsymbol{S} \tag{4-27}$$

式中，$f_{\sigma,\alpha}$为 σ 组分内 α 方向上密度分布函数；$\boldsymbol{e}_\alpha$为 α 方向上离散速度；$\boldsymbol{Q}^{-1}$ 为转置矩阵的逆矩阵；$\boldsymbol{m}_{\sigma,\alpha}$和$\boldsymbol{m}_{\sigma,\alpha}^{\text{eq}}$为 σ 组分内 α 方向上的矩空间内的密度分布函数与平衡密度分布函数；$\boldsymbol{\Lambda}$，$\boldsymbol{I}$ 和 $\boldsymbol{S}$ 分别为松弛矩阵、对角矩阵和作用力矩阵。

其中，所使用的 D3Q19 模型内的方向向量表述为

$$\boldsymbol{e}_\alpha=\begin{bmatrix} 0 & 1 & -1 & 0 & 0 & 0 & 0 & 1 & -1 & 1 & -1 & 1 & -1 & 1 & -1 & 0 & 0 & 0 & 0 \\ 0 & 0 & 0 & 1 & -1 & 0 & 0 & 1 & -1 & -1 & 1 & 0 & 0 & 0 & 0 & 1 & -1 & 1 & -1 \\ 0 & 0 & 0 & 0 & 0 & 1 & -1 & 0 & 0 & 0 & 0 & 1 & -1 & -1 & 1 & 1 & -1 & -1 & 1 \end{bmatrix} \tag{4-28}$$

使用转化矩阵 $\boldsymbol{Q}$ 后，碰撞方程可以转化为

$$\boldsymbol{m}_\sigma^*(\boldsymbol{x},t)=\boldsymbol{m}_\sigma(\boldsymbol{x},t)-\boldsymbol{\Lambda}\left[\boldsymbol{m}_\sigma(\boldsymbol{x},t)-\boldsymbol{m}_\sigma^{\text{eq}}(\boldsymbol{x},t)\right]+\left(\boldsymbol{I}-\frac{\boldsymbol{\Lambda}}{2}\right)\boldsymbol{S} \tag{4-29}$$

式中，$\boldsymbol{m}_\sigma^*$为碰撞之后在矩空间内的密度分布函数。

松弛矩阵定义为

$$\boldsymbol{\Lambda}=\text{diag}(1,1,1,1,s_e,s_v,s_v,s_v,s_v,s_v,s_q,s_q,s_q,s_q,s_q,s_q,s_\pi,s_\pi,s_\pi) \tag{4-30}$$

式中，s 为所对应的松弛因子；s_e 和 s_v 分别由体积黏度和剪切黏度所决定。

矩空间内的平衡函数为

$$\boldsymbol{m}_\sigma^{\text{eq}}=\begin{bmatrix} \rho_\sigma,\rho_\sigma u_x,\rho_\sigma u_y,\rho_\sigma u_z,\rho_\sigma+\rho_\sigma|\boldsymbol{u}|^2, \\ \rho_\sigma\left(2u_x^2-u_y^2-u_z^2\right),\rho_\sigma\left(u_y^2-u_z^2\right),\rho_\sigma u_x u_y, \\ \rho_\sigma u_x u_z,\rho_\sigma u_y u_z,\rho_\sigma c_s^2 u_y,\rho_\sigma c_s^2 u_x,\rho_\sigma c_s^2 u_z, \\ \rho_\sigma c_s^2 u_x,\rho_\sigma c_s^2 u_z,\rho_\sigma c_s^2 u_y,\varphi+\rho_\sigma c_s^2\left(u_x^2+u_y^2\right), \\ \varphi+\rho_\sigma c_s^2\left(u_x^2+u_z^2\right),\varphi+\rho_\sigma c_s^2\left(u_y^2+u_z^2\right) \end{bmatrix} \tag{4-31}$$

式中，ρ_σ 为 σ 组分的密度；$\boldsymbol{u}$ 为宏观速度；c_s^2=1/3，φ=$\rho_\sigma c_s^4(1-1.5|\boldsymbol{u}|^2)$。

作用力矩阵 $\boldsymbol{S}$ 定义为

$$\boldsymbol{S}=\begin{bmatrix} 0,F_{\sigma,x},F_{\sigma,y},\ F_{\sigma,z},\ 2\boldsymbol{F}_\sigma\boldsymbol{u},\ 2(2F_{\sigma,x}u_x-F_{\sigma,y}u_y-F_{\sigma,z}u_z), \\ 2(F_{\sigma,y}u_y+F_{\sigma,z}u_z),\ F_{\sigma,x}u_y+F_{\sigma,y}u_x,\ F_{\sigma,x}u_z+F_{\sigma,z}u_x, \\ F_{\sigma,y}u_z+F_{\sigma,z}u_y,\ c_s^2F_{\sigma,y},\ c_s^2F_{\sigma,x},\ c_s^2F_{\sigma,z},\ c_s^2F_{\sigma,x},\ c_s^2F_{\sigma,z}, \\ c_s^2F_{\sigma,y},\ 2c_s^2(F_{\sigma,x}u_x+F_{\sigma,y}u_y),\ 2c_s^2(F_{\sigma,x}u_x+F_{\sigma,z}u_z), \\ 2c_s^2(F_{\sigma,y}u_y+F_{\sigma,z}u_z) \end{bmatrix} \tag{4-32}$$

式中，$\boldsymbol{F}_{\sigma}$ 包含流体－流体间的相互作用力与流体－固体间的相互作用力，多组分模型中相互作用力为

$$\boldsymbol{F}_{\sigma,m}(\boldsymbol{x}) = -G_{\sigma\bar{\sigma}}\psi_{\sigma}(\boldsymbol{x})\sum_{\alpha=1}^{N} w\left(\left|\boldsymbol{e}_{\alpha}\right|^{2}\right)\psi_{\bar{\sigma}}(\boldsymbol{x}+\boldsymbol{e}_{\alpha}\Delta t)\boldsymbol{e}_{\alpha} \tag{4-33}$$

式中，$G_{\sigma\bar{\sigma}}$为流体－流体间的相互作用力参数；$\psi_{\sigma}(\boldsymbol{x})$为势函数，$\psi_{\sigma}(\boldsymbol{x})=\rho_{\sigma}$；$w$为权重函数，当 $\alpha=1\sim6$ 时 w 为 1/6，当 $\alpha=7\sim18$ 时 w 为 1/12。

组分与固体介质的作用力为

$$\boldsymbol{F}_{\sigma,\text{ads}}(\boldsymbol{x}) = -G_{\sigma w}\psi_{\sigma}(\boldsymbol{x})\sum_{\alpha=1}^{N} w\left(\left|\boldsymbol{e}_{\alpha}\right|^{2}\right)\psi_{\sigma}(\rho_{w})s(\boldsymbol{x}+\boldsymbol{e}_{\alpha})\boldsymbol{e}_{\alpha} \tag{4-34}$$

式中，s 为转化函数（固体格点为 1，流体格点为 0）；$G_{\sigma w}$为流体－固体间的相互作用力参数。通过改变$G_{\sigma w}$可以调整流体与固体壁面之间的黏附力，从而得到不同的湿润性。

碰撞过程完成后，迁移过程为

$$f_{\sigma,\alpha}(\boldsymbol{x}+\boldsymbol{e}_{\alpha}\Delta t, t+\Delta t) = f_{\sigma,\alpha}^{*}(\boldsymbol{x},t) \tag{4-35}$$

式中，$f_{\sigma,\alpha}^{*}(\boldsymbol{x},t)=\boldsymbol{Q}^{-1}\boldsymbol{m}_{\sigma}^{*}(\boldsymbol{x},t)$

在计算区域的进口处采用压力边界条件，在格子玻尔兹曼方法中，密度可直接由压力计算得到，进口区域的速度计算为

$$v_z = 1-\frac{1}{\rho}\begin{bmatrix} f_0+f_1+f_2+f_3+f_4+f_7+f_8+f_9+ \\ f_{10}+2(f_6+f_{12}+f_{13}+f_{16}+f_{17}) \end{bmatrix} \tag{4-36}$$

进口区域未知的分布函数计算为

$$\begin{aligned} & f_5 = f_6+\frac{1}{3}\rho v_z \\ & f_{11} = f_{12}+\frac{1}{6}\rho v_z \quad f_{14} = f_{13}+\frac{1}{6}\rho v_z \\ & f_{15} = f_{16}+\frac{1}{6}\rho v_z \quad f_{18} = f_{17}+\frac{1}{6}\rho v_z \end{aligned} \tag{4-37}$$

类似地，在出口区域，出口速度和未知的分布计算为

$$v_z = -1+\frac{1}{\rho}\begin{bmatrix} f_0+f_1+f_2+f_3+f_4+f_7+f_8+f_9+ \\ f_{10}+2(f_5+f_{11}+f_{14}+f_{15}+f_{18}) \end{bmatrix} \tag{4-38}$$

$$
\begin{aligned}
&f_6 = f_5 - \frac{1}{3}\rho v_z \\
&f_{12} = f_{11} - \frac{1}{6}\rho v_z \quad f_{13} = f_{14} - \frac{1}{6}\rho v_z \\
&f_{16} = f_{15} - \frac{1}{6}\rho v_z \quad f_{17} = f_{18} - \frac{1}{6}\rho v_z
\end{aligned} \tag{4-39}
$$

流体密度与速度的计算式为

$$
\rho_\sigma = \sum_\alpha f_{\sigma,\alpha} \tag{4-40}
$$

$$
\boldsymbol{u}^{\mathrm{eq}} = \frac{\Sigma_\sigma \left(\Sigma_\alpha f_{\sigma,\alpha} \boldsymbol{e}_\alpha + \dfrac{\boldsymbol{F}_\sigma \Delta t}{2} \right)}{\Sigma_\sigma \rho_\sigma} \tag{4-41}
$$

气体扩散层结构及其内部多物理过程非常复杂，数值模型中多物理场耦合计算往往需要耗费大量的计算资源。由于其高度并行计算的特性，格子玻尔兹曼方法可通过并行计算实现计算加速。通过耦合图形处理单元（Graphic Processor Units，GPU）并行加速计算技术的孔隙尺度方法可以更为高效地研究多孔介质内复杂固液相变、瞬态热质传输、反应传输及电化学反应过程等。在 CUDA（Compute Unified Device Architecture）编程平台中，中央处理器（Central Processing Unit，CPU）和 GPU 分别作为主机和设备进行工作。在计算程序中，顺序时间步和初始条件在 CPU 上执行，而所有并行任务由 GPU 负责。图 4-40 展示了 CUDA 编程模式。首先，在主机内存中设置初始条件，然后将所有数据移动到 GPU 内存中进行并行计算设置，数值模拟中的计算网格被分组成块。其次，通过相应的核并行计算不同块内的格子玻尔兹曼方法中的碰撞、迁移、边界和宏观量计算步骤，所有的内核都需要在 CPU 和 GPU 之间保持同步。最后，将计算结构从 GPU 内存保存到主机内存中，以实现数据的转移与输出。

使用显卡加速计算能显著地加快计算程序的计算速度，提高计算效率。为了直观地对比显卡加速的加速效率，分别对比了使用 GPU 并行加速计算与使用 CPU 计算（非并行计算）时三维顶盖驱动流的加速效率。不同计算网格下的计算时间及加速比见表 4-8。可以看出，基于显卡加速计算能显著地降低计算程序的运行时间，且加速效率随着计算网格的增加而更为显著。对于 $200 \times 200 \times 200$ 的计算网格，使用 GPU Quadro GV 100 显卡比单纯使用 CPU 计算的加速比能达到 557.09。

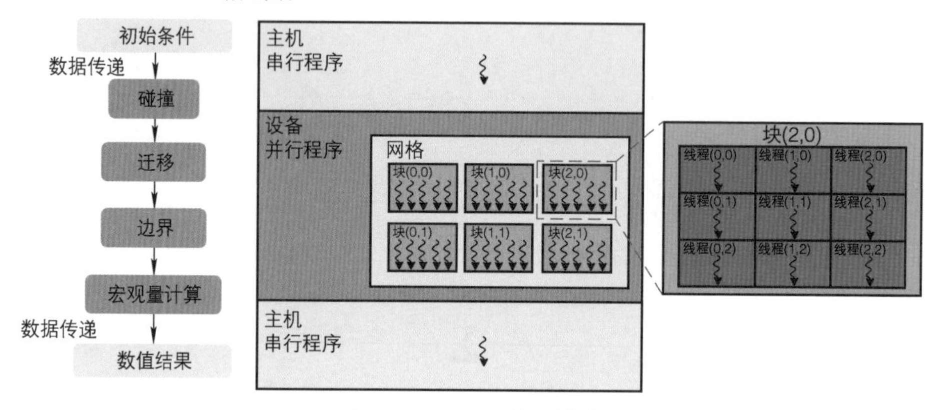

图 4-40　CUDA 编程模式

表 4-8　不同计算网格下的计算时间及加速比

计算网格	100×100×100	150×150×150	200×200×200
CPU intel core i7 8770 s/LBM 时间步长	10.742	34.525	83.174
GPU Quadro GV 100 s/LBM 时间步长	0.025	0.0664	0.1493
加速比	429.68	519.95	557.09

3 气体扩散层多相传输特性

由于气体扩散层的微米尺度特征，液态水在扩散层内的渗透行为主要由毛细作用力主导，其受到孔隙率、纤维直径、扩散层厚度、湿润性及压差等参数的影响。同时，作为调节液态水动态行为不可缺少的策略，扩散层的结构设计和表面优化也涉及这些结构参数的调节。本节中，基于上述扩散层介观尺度模型，研究了各种结构参数对于液态水传输过程的贡献，并进一步探究了湿润性及孔隙不均匀分布对于液态水渗透过程的调控作用。为了便于比较不同计算案例中的液态水的渗流和积聚过程，选取了突破和蔓延两个状态点。图 4-41 所示为突破状态与蔓延状态液态水分布。在突破点，液态水刚从扩散层内的孔隙空间流入流道，此状态点表征了液态水在扩散层内的渗流过程。在蔓延点，液态水在流道内形成稳定突破液滴（液滴高度达到流道高度的一半）。此状态点表征了液态水进一步在流道内的聚集与分布状态，并可为后续液滴移除过程提供初始条件。计算中分别选取了突破和蔓延状态所对应的演化时间和液态水饱和度以对比不同计算案例的液态水传输行为。对于液态水传输过程，突破和蔓延状态对应的演化时间分别表征了液态水流出扩散层的速度和积聚到流道内的速度。对应的饱和度则表征了液态水对扩散层孔隙空间的占据程度。在电池工作中，扩散层内的液态水饱和度越

高，孔隙空间被水占据得越多，液态水对气体传输的阻碍作用越强。

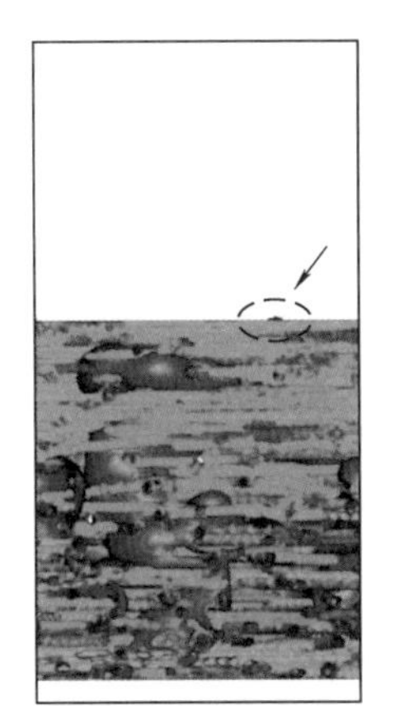

a) 突破状态

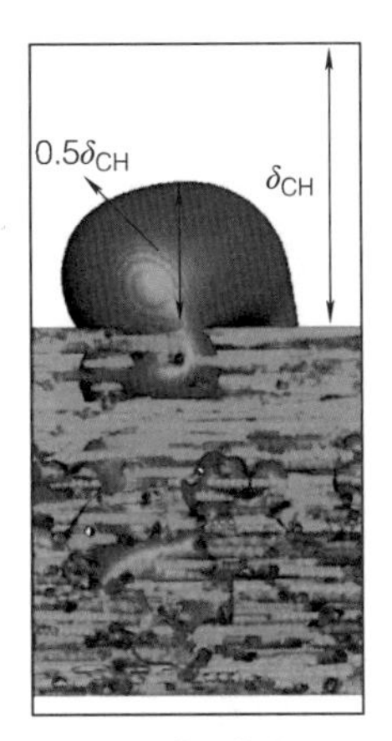

b) 蔓延状态

图 4-41　突破状态与蔓延状态液态水分布

由于扩散层孔隙的随机分布，液态水有选择性地从扩散层内选择突破路径流出。图 4-42 所示为液态水突破路径选择。在渗流过程，液态水排挤出孔隙内的气体并占据孔隙空间。因此扩散层内的孔隙格点可以分为液态水占据孔隙格点与气体占据孔隙格点。通过计算孔隙格点在 13 个方向上与固体格点之间的平均距离可以得到液态水占据孔隙格点的孔径 d_{sw} (m)，计算式为

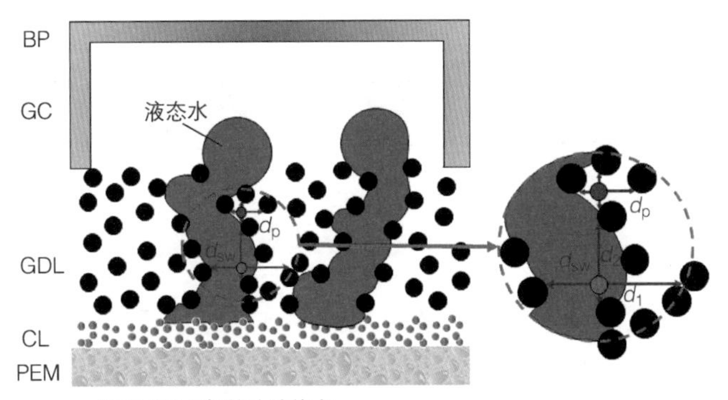

图 4-42　液态水突破路径选择

$$d_{sw} = \frac{\sum d_{\beta}}{13} \tag{4-42}$$

式中，d_{β} 为 β 方向上孔隙格点与固体格点之间的距离 (m)。

在渗流过程中，液态水的饱和度 s 定义为

$$s=\frac{V_l}{V_p} \tag{4-43}$$

式中，V_l 和 V_p 分别为液态水和孔隙的体积（m^3）。

图 4-43 所示为不同孔隙率下液态水在突破点和蔓延点的分布。在突破点，由于孔隙结构的随机分布，液态水不规则地分布在扩散层内部。在不同孔隙率中，液态水的前沿呈现出一致的不规则毛细指进分布。而在低孔隙率下，由于渗透阻力的增加，液态水的突破路径更加迂曲与尖锐。当演化时间从突破点推进到蔓延点，液态水从扩散层顶端的突破位点流出并积聚到流道，在扩散层与流道交界面处形成单个或多个球形突破液滴，不同孔隙率下液态水的突破路径也都得到了进一步的扩展。从图中可以观测出，在高孔隙率扩散层内突破路径扩展得更为明显。对于孔隙率为 0.7 的结构，突破路径主要以横向扩展为主，蔓延点下液态水前沿与突破点基本一致。而在孔隙率为 0.9 的结构中，液态水在蔓延点下的前沿明显向前推动。气体扩散层的孔隙率显著影响液态水的流动前沿分布与突破路径的选择。

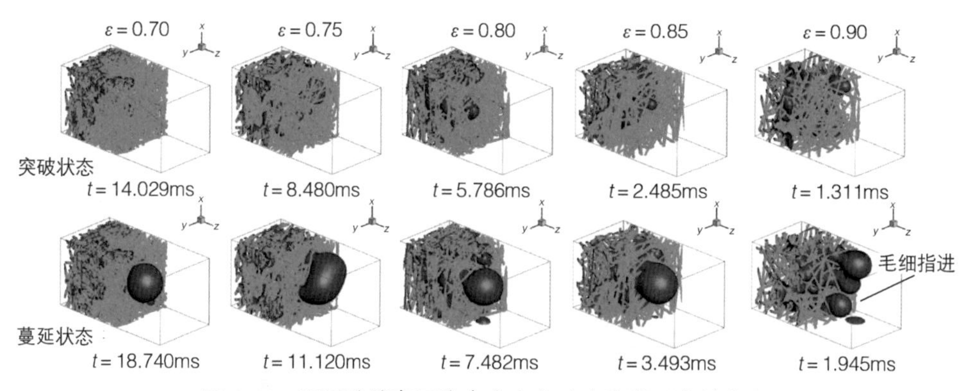

图 4-43　不同孔隙率下液态水在突破点和蔓延点的分布

为了进一步探究液态水对于扩散层孔隙的选择性渗透，数值计算了在渗流过程中液态水突破路径所对应平均孔径的变化。图 4-44 所示为在孔隙率为 0.8 的气体扩散层内液态水突破路径的平均孔径演化过程。随着渗透过程的进行，突破路径的平均孔径呈现波纹状分布。突破路径的平均孔径先减小，接着一直增大直到突破状态点附近为止，后续再次减小。依据这一变化趋势，液态水的渗流过程可以划分为初始注入、选择性渗透和扩散三个阶段。在初始注入阶段，渗透过程由压差主导，对孔隙的选择性较弱。此时液态水的前沿较为平缓，扩散层与进口区域的交界面大部分孔隙被液态水所占据。小尺寸孔隙被不断占据使得突破路径的平均孔径不断减小，并低于气体扩散层的平均孔径。在初始注入阶段之后，液态水不断聚集并选择渗透阻力最小的孔隙进行渗透。因此突破路径的平均孔径逐渐提高，最终远高于扩散层的平均孔径。液态水的前沿也变得更为尖锐。在突破扩散层后，液态水进一步沿着突破路径向周围较小孔隙渗流扩散，突破路径的平均孔径再次减小。

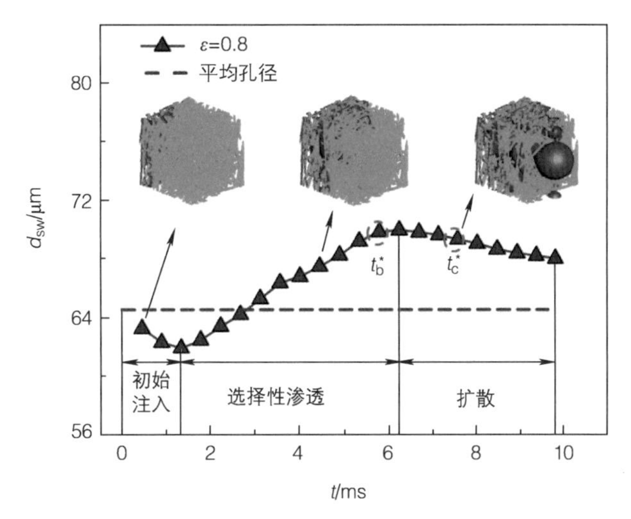

图 4-44　液态水突破路径的平均孔径演化过程

图 4-45 所示为不同湿润性下液态水在突破点和蔓延点的分布。在突破状态，不同湿润性下液态水的突破路径和突破位点基本保持一致，表明主突破路径的选择对扩散层的湿润性不敏感。在蔓延状态，所形成的突破液滴的体积和铺展范围随着接触角的增加而显著降低。当接触角为 96.3° 时，所形成的突破液滴倾向于铺展在扩散层 / 流道表面。而当接触角为 123.8° 时，所形成的突破液滴倾向于脱离扩散层 / 流道表面。接触角的增加显著地降低了液态水在流道内的积聚。

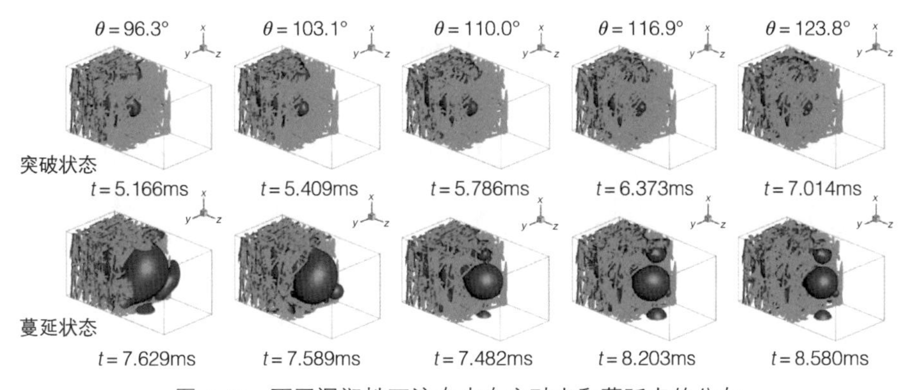

图 4-45　不同湿润性下液态水在突破点和蔓延点的分布

图 4-46 所示为不同接触角下突破路径的平均孔径变化。突破路径的平均孔径同样呈现波纹分布，和上述所讨论的分组一致。由于在高接触角下带来的高渗透阻力，在整个渗透过程中，接触角为 123.8° 时突破路径的平均孔径均高于接触角为 96.3° 的结构。湿润性的改变并不改变液态水的主突破路径，因此在选择性渗透阶段，可以观测到不同接触角下突破路径的平均孔径上升趋势保持一致。而在初始阶段和扩散阶段，接触角为 96.3° 内的扩散层突破路径的平均孔径下降得更快，这说明了液态水在低接触角下更容易沿着主突破路径渗透进入周围的小孔。

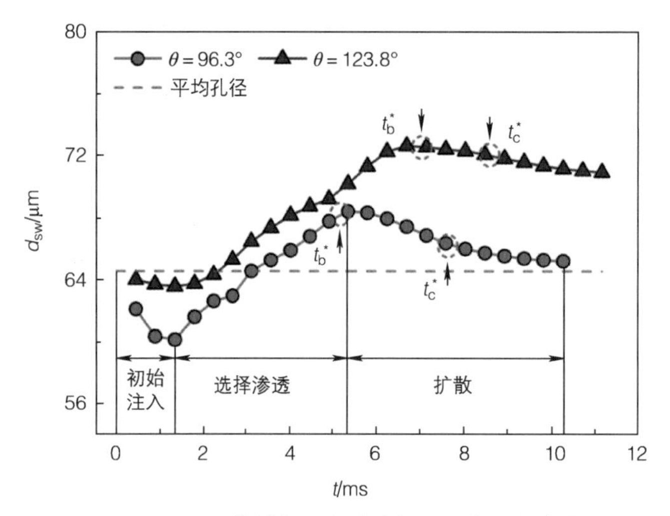

图 4-46　不同接触角下突破路径的平均孔径变化

图 4-47 所示为突破状态下湿润性对于液态水在扩散层内部分布的影响。对接触角为 96.3° 和 103.1° 的结构，当无量纲厚度 H^* 为 0 ~ 0.2 时，液态水饱和度保持在 1 附近，表明此部分孔隙空间完全被液态水所占据。液态水饱和度平滑地沿着厚度方向从 1 下降到 0，表明在低接触角下液态水平缓地渗透突破扩散层内的孔隙。当接触角逐渐提高时，饱和度下降曲线变得更为不光滑，在 $H^* = 0.4$ 和 $H^* = 0.76$ 处均出现波峰。这表明高接触角下所带来的高渗透阻力导致液态水在扩散层聚集再二次突破，使得流动由平缓流动转变为积聚再突破流动。随着接触角的提高，液态水的聚集与再突破效应增强，波峰处液态水饱和度提升得更为剧烈。饱和度曲线可以划分为三个区域：当 $H^* = 0 \sim 0.62$ 时，由于渗透阻力的提高，饱和度随着接触角的提高而下降；当 $H^* = 0.62 \sim 0.8$ 时，由于增强的聚集与再突破效应，饱和度随着接触角的提高而提高；当 $H^* = 0.8 \sim 1$ 时，由于基本一致的突破位点，不同接触角的饱和度曲线重合。

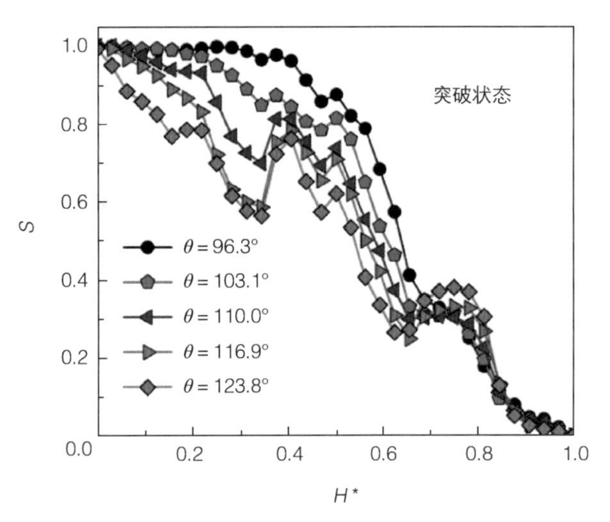

图 4-47 湿润性对于液态水在扩散层内部分布的影响

图 4-48 所示为不同压差下液态水在突破点和蔓延点的分布。在突破状态，不同压差下液态水的突破前沿、突破路径和突破位点基本保持一致，表明主突破路径的选择对压差不敏感。在蔓延状态，主突破液滴在不同压差下均保持一致。随着压差的增加，可以观测出多个新生长出的突破液滴，如图中箭头所示。这表明压差的增加促进了新的突破路径的形成。

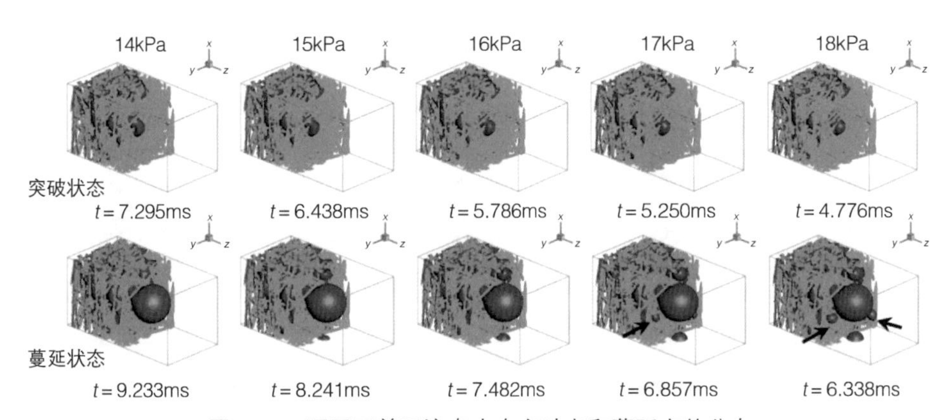

图 4-48 不同压差下液态水在突破点和蔓延点的分布

图 4-49 所示为不同压差下突破路径的平均孔径变化。突破路径的平均孔径同样呈现波纹分布，与前文中所划分的分组相一致。相较于压差为 14kPa 的结果，压差为 18kPa 下的变化曲线整体向左平移。与湿润性的结果不同，不同压差下突破状态点所对应的突破路径的平均孔径保持一致。不同之处在于高压差下初始注入阶段和选择渗透阶段的持续时间均变短。这表明压差主要通过改变液态水的流动速度从而改变渗透过程。

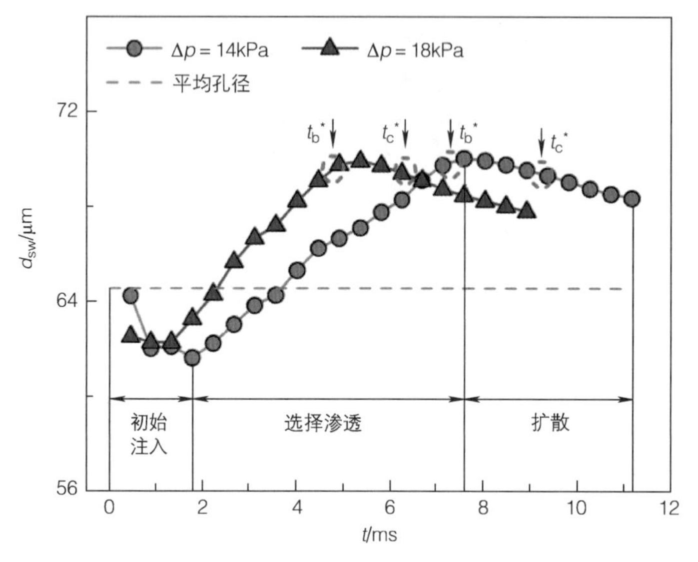

图 4-49 不同压差下突破路径的平均孔径变化

除了参数化研究之外，本节进一步探讨梯度孔隙分布与梯度湿润性分布对于液态水传输过程的影响。所采用的平面梯度孔隙分布扩散层如图 4-36 所示。所设计的梯度孔隙率与梯度湿润性组合见表 4-9。

表 4-9 梯度孔隙率与梯度湿润性组合

分布类型	IP-1	IP-2	IP-3
分布示意图	液态水 110°/ε=0.8 90°/ε=0.76 110°/ε=0.78 x z PEMCL MPL GDL GC	液态水 90°/ε=0.8 110°/ε=0.76 110°/ε=0.78 x z PEMCL MPL GDL GC	液态水 90°/ε=0.8 110°/ε=0.76 90°/ε=0.78 x z PEMCL MPL GDL GC

分布类型	IP-1	IP-2
分布示意图	液态水 ε=0.8 ε=0.76 ε=0.78 x z 100° 110° 120°	液态水 ε=0.8 ε=0.76 ε=0.78 x z 120° 110° 100°

图 4-50 所示为不同平面梯度湿润性组合下液态水在扩散层内的渗透过程。图 4-50a 展示了均匀分布湿润性内液态水渗流过程。当 t = 4.02ms 时，从微孔层裂缝的位置处发展出多个初始水簇。初始水簇的分布与尺寸由微孔层上的裂缝结构所决定。当 t = 8.03ms 时，液态水进一步从初始水簇处聚集与扩展。由于孔隙分布的随机性，液态水突破路径选择也是无规则的。由于 lay3 分层中的平均孔隙率高于 lay1 与 lay2 分层，可以观测出液态水在 lay3 中的含量高于另外两分层，而 lay2 分层内的液态水含量最为稀少。这一分层现象在突破点和蔓延点表现得更为明显。液态水的突破位点及在流道内所形成的突破液滴均位于 lay1 和 lay3 分层中。从液态水的分布可以推论出液态水倾向于聚集在孔隙率相对高的区域。

GDL 内液态水的聚集除了受到不同润湿性表面的表面能差异引起的亲水集水效应外，还受到梯度分布孔隙引起的孔隙集水效应的影响。亲水集水效应导致液态水移动聚集到相对亲水的区域，而孔隙集水效应导致液态水集中在相对大孔的区域。由于在平面方向上存在着梯度湿润性与梯度孔隙率的组合，因此同样也存在着亲水集水效应与孔隙集水效应的匹配。图 4-50b 展示了在 IP-1 分布内液态水渗透过程。相较于均匀分布湿润性，IP-1 分布中亲水层设置在 lay2 分层中。在亲水集水效应下，部分液态水由 lay1 和 lay3 分层移动聚集到 lay2 中，导致了渗透过程中 lay2 分层内液态水含量显著增加。然而孔隙集中效应同样会使液态水集中在 lay1 与 lay3 分层中。由亲水集水效应与孔隙集水效应带来的集中效果相反。这一冲突的效应抵消了液态水的集中效果，使得扩散层内总的水含量显著提高。

图 4-50c 展示了在 IP-2 分布内液态水渗流过程。在 IP-2 分布中，亲水层设置在 lay3 分层中。由亲水集水效应与孔隙集水效应带来的集中效果相协同，液态水进一步由 lay1 和 lay2 分层聚集到 lay3 分层中。在此分布下，液态水的突破时间为 10.35 ms，相较于均匀分布湿润性下降了 12.9%，表明这一协同效应加快了液态水的排出。相较于均匀分布湿润性，液态水突破路径的前沿更为尖锐。亲水集水效应与孔隙集水效应的协同作用加强了液态水的集中效应。

图 4-50d 展示了在 IP-3 分布内液态水渗流过程。在 IP-3 分布中，亲水层同时设置在 lay1 和 lay3 分层中。亲水集水效应与孔隙集水效应得到了进一步的协同。从分布图中可以看出，液态水进一步从 lay2 分层转移集中至 lay1 与 lay3 分层中，甚至在部分区域出现了无液态水覆盖的路径。在这一分布中，液态水的集中效应最为明显，但由于亲水区域的增加，扩散层内的水含量相较 IP-2 分布有所提高。总的来说，平面梯度湿润性的设置有利于主动地调控液态水在扩散层平面内的分布，但梯度最好能够合理地设置，以实现亲水集水效应与孔隙集水效应的协同。

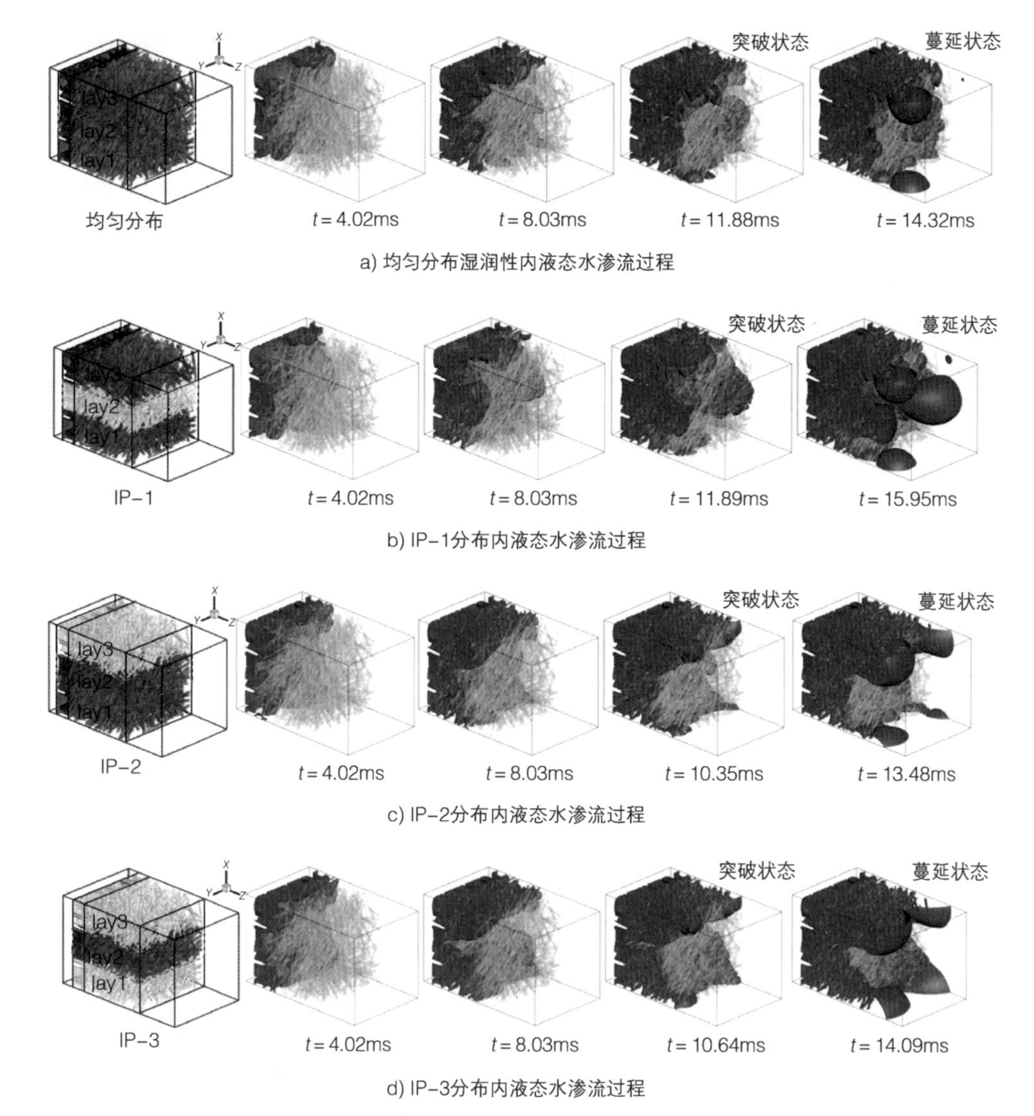

图 4-50　不同平面梯度湿润性组合下液态水在扩散层内的渗透过程

图 4-51 所示为不同厚度方向上梯度湿润性组合下液态水在扩散层内的渗透过程。图 4-51a 展示了 TP-1 分布内液态水渗流过程。相较于均匀分布湿润性，TP-1 分布内的疏水性沿着厚度方向从微孔层 / 扩散层界面向扩散层 / 流道界面递减。Reg1、Reg2、Reg3 三个分层的接触角依次为 120°、110°、100°。由于在 Reg1 中增加的疏水性，所形成的水簇有着更为细长的前沿。同时由于在 Reg3 中减小的疏水性，所形成的突破液滴更加铺展在扩散层表面。TP-1 分布对应的突破时间为 12.14 ms，相对于均匀分布湿润性略微提高，表明厚度方向上梯度分布的湿润性并不会加速液态水的流出。梯度湿润性的变化不会改变液态水突破路径的选择，液态水的主突破路径和位点均与均匀分布保持一致。

图 4-51b 展示了 TP-2 分布内液态水渗流过程。TP-2 分布内的疏水性分布与 TP-1 相反，Reg1、Reg2、Reg3 三个分层的接触角依次为 100°、110°、120°。由于在 Reg1 中减小的疏水性，在 Reg1 区域内液态水前沿变得更加光滑。而由于在 Reg3 中增加的疏水性，所形成的突破液滴更加脱离扩散层表面。总的来说，厚度方向上梯度分布湿润性可以调控液态水在厚度方向上的动力行为。增加的疏水性使得流动前沿更为细长，更多的孔隙不被液态水所占据。而降低的疏水性提高了液态水在分层内的含量与聚集体积，但厚度方向上梯度分布湿润性不会促进液态水的排出。

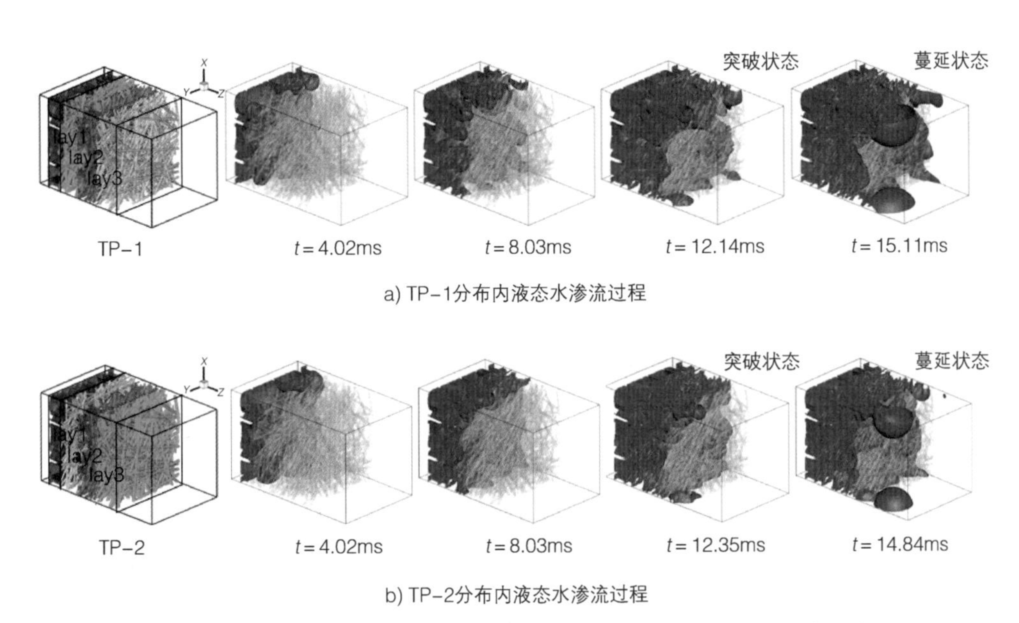

图 4-51 不同厚度方向上梯度湿润性组合下液态水在扩散层内的渗透过程

图 4-52 所示为突破状态点下不同厚度方向上梯度湿润性组合内饱和度分布。由于微孔层与扩散层之间的孔隙尺寸差异，饱和度先沿着 MPL 厚度下降，随后再次在微孔层与扩散层交界面上升。随着 Reg1 内疏水性的提高，微孔层内饱和度依次下降。TP-1 分布下微孔层与扩散层交界面处饱和度为 0.49，相较于均匀分布湿润性下降了 19.3%。通过提高 Reg1 区域内的疏水性，能够降低微孔层 / 扩散层交界面处的液态水含量，有利于气体向催化层内输运。在扩散层内，饱和度的分布由各分层的局部疏水性所决定，可以观测出不同梯度分布湿润性下各分层的饱和度相对大小随着分层疏水性的改变而发生逆转。通过厚度方向上湿润性的调节可以有效地调控液态水在扩散层厚度上的分布。

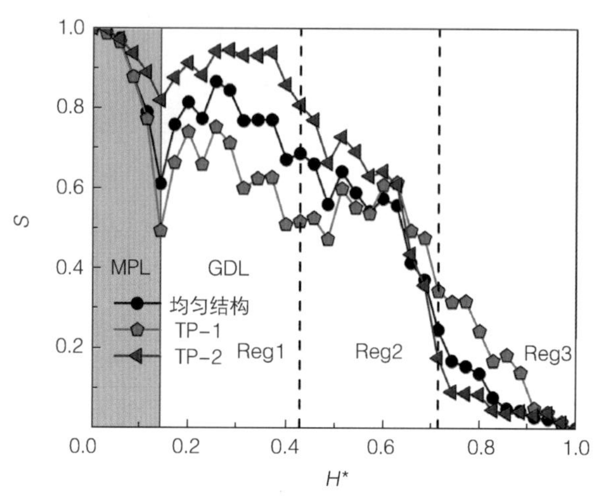

图 4-52　突破状态点下不同厚度方向上梯度湿润性组合内饱和度分布

本节进一步探讨了厚度方向上梯度孔径分布对于液态水传输过程的影响。所采用的不同厚度方向上梯度孔径组合见表 4-10。在数值重构中，通过调控纤维的直径大小（3.6μm，2.2μm，0.9μm）以分别生成不同孔径大小的扩散层分层区域。通过沿厚度方向上不同的组合方式分别生成正向孔径梯度（PG 1.2-2.3-3.6）、均匀孔径梯度（UN 2.3）和逆向孔径梯度（RG 3.6-2.3-1.2）三种。控制各分层中孔隙率均为 0.75，接触角均为 110°，数值计算中液态水从扩散层底端渗透进入扩散层。

表 4-10　不同厚度方向上梯度孔径组合

样品	孔隙率	接触角 / (°)	纤维直径
PG 1.2-2.3-3.6	0.75	110	d_f=3.6μm 外层 d_f=2.2μm 中间层 d_f=0.9μm 内层
UN 2.3	0.75	110	d_f=2.2μm
RG 3.6-2.3-1.2	0.75	110	d_f=0.9μm 外层 d_f=2.2μm 中间层 d_f=3.6μm 内层

图 4-53 所示为不同厚度方向上梯度孔径组合内液态水演变过程。根据液态水前沿的位置将渗透过程划分为三个状态：在状态 1 中，液态水从内层流出进入中间层；在状态 2 中，液态水从中间层流出进入到外层；在状态 3 中，液态水流出扩散层。图 4-53a 展示了状态 1 下液态水在正向孔径梯度内的分布。随着孔径梯度的提高，当液态水从内层流出至中间层时，液态水对孔隙的渗透阻力降低，液态水能平缓地从内层流动进入中间层，因此内层中的液态水含量与饱和度较低。图 4-53b 展示了状态 1 下液态水在均匀孔径梯度中的分布，可以看出内层中的液态水含量在正向孔径分布与逆向孔径分布之间。图 4-53c 展示了液态水在逆向孔径梯度内的分布。随着孔径梯度的降低，当液态水从内层流出至中间层时，液态水对孔隙的渗透阻力提高，更难以渗透进入中间层，因此其更多在内层中渗透与扩散，可以看出内层中的液态水含量与饱和度在三种分布中最高。同样由于这一规律，对比图 4-53d ~ 图 4-53f 可以看出，在中间层中，逆向孔径梯度内液态水的含量最高。在状态 3 中，由于出口层内大的孔径结构，在正向孔径梯度内液态水所形成的突破路径体积更大，液态水横向扩展更多。而对于逆向孔径梯度，液态水形成的突破路径更为细长。

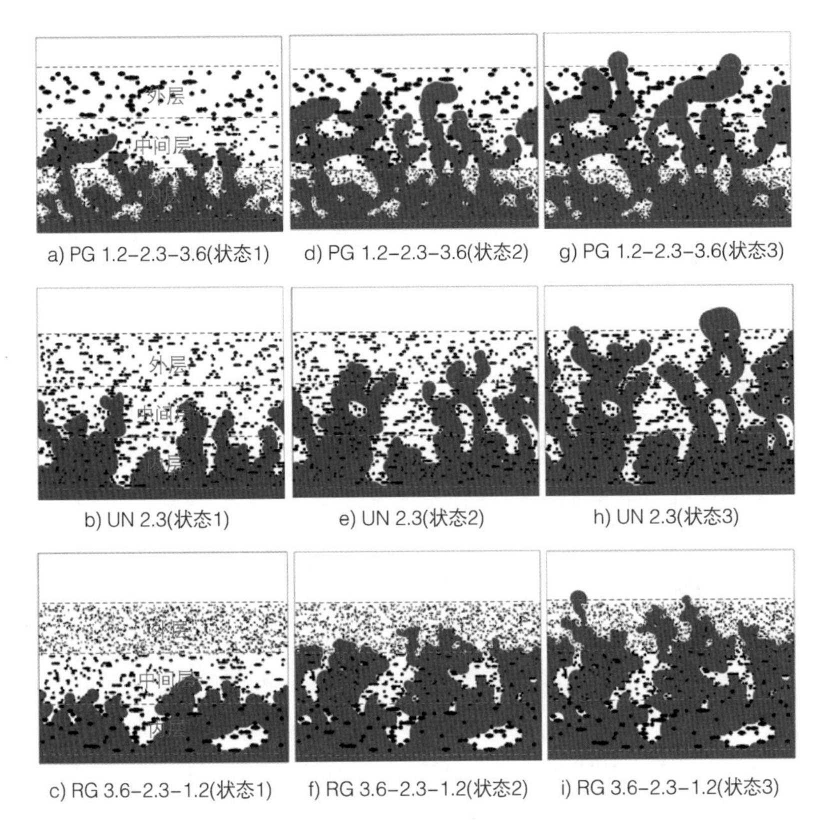

a) PG 1.2–2.3–3.6(状态1)　d) PG 1.2–2.3–3.6(状态2)　g) PG 1.2–2.3–3.6(状态3)

b) UN 2.3(状态1)　e) UN 2.3(状态2)　h) UN 2.3(状态3)

c) RG 3.6–2.3–1.2(状态1)　f) RG 3.6–2.3–1.2(状态2)　i) RG 3.6–2.3–1.2(状态3)

图 4-53　不同厚度方向上梯度孔径组合内液态水演变过程

为定量对比液态水在扩散层内的分布，表 4-11 给出了数值计算中不同梯度孔径分布结构内状态 3 下各分层的液态水饱和度。表中 S_{aver} 代表整个扩散层内液态水饱和度，而 S_{inner}、S_{middle}、S_{outer} 分别代表内层、中间层和外层液态水饱和度。逆向孔径梯度内平均液态水饱和度最高，分别比均匀分布和正向孔径梯度高出了 15.5% 和 17.5%，这和图 4-53 中的分析一致。由于内层中的液态水含量在 CL 内离聚物润湿中起着直接的作用，因此重点关注不同分布下内层的水含量。由于逆向孔径梯度分布中跨越分层的阻碍作用，可以看出逆向孔径梯度分布下内层的饱和度远高于正向孔径分布。通过调控梯度孔径分布可以调控液态水在厚度方向上的分布。

表 4-11　不同梯度孔径内液态水饱和度分布

样品	S_{aver}(%)	S_{inner}(%)	S_{middle}(%)	S_{outer}(%)
PG 1.2-2.3-3.6	57	71	65	36
UN 2.3	58	84	57	33
RG 3.6-2.3-1.2	67	88	78	36

为了进一步对比厚度方向上梯度孔径分布对于电池输出性能的影响，实验制备了上述三种不同梯度孔径分布的扩散层结构并进行装堆测试。实验测试中阴极湿度分别为 0、12%、33%、50%，阳极湿度为 50%，操作温度为 80℃，阴极进口流速为 1000m/min，阳极进口流速为 600mL/min。出口均为大气压力。图 4-54 展示了不同厚度方向上梯度孔径组合对电池输出性能的影响，并和商业用气体扩散层（TGPH060）进行了对比。

图 4-54a 展示了在阴极湿度为 0RH 下不同扩散层结构对应的极化曲线和功率密度曲线。在低湿度条件下，膜电极的欧姆阻抗显著增加，欧姆损失起主导作用。从图中可以看出，在整个电流密度区间中，逆向梯度孔径分布的电化学输出性能最好，表明在低湿度条件下逆向梯度孔径分布的保水性能最高。由于在正向梯度孔径分布中同样引入了小孔径分层，使得液态水流出扩散层的渗透阻力增加，因此相对于均匀梯度分布与商业化扩散层，正向梯度孔径分布的输出性能在整个电流密度区间内都更高。逆向梯度孔径分布中最高功率密度为 $0.49W/cm^2$，相较于 TGPH060 提高了 40%。图 4-54b 展示了在阴极湿度为 12%RH 下不同扩散层结构对应的极化曲线和功率密度曲线。同样可以看出，逆向孔径梯度在整个电流密度区间内电化学输出性能最高。此时逆向梯度孔径分布中最高功率密度为 $0.5W/cm^2$，相较于 TGPH060 提高了 22%。图 4-54c 展示了在阴极湿度为 33%RH 下不同扩散层结构对应的极化曲线和功率密度曲线。可以看出此时正向孔径梯度的输出功率反而比逆向孔径梯度高，表明此时逆向梯度中在扩散层内大量积聚的水开始影响电池的输出性能。图 4-54d 展示了在阴极湿度为 50%RH 下不同扩散

层结构对应的极化曲线和功率密度曲线。随着进口湿度的进一步提高，扩散层内部积聚的大量多余水分占据了孔隙空间，从而影响了反应气体的输运。从图中可以看出，此时 TGPH060 对应的电化学输出性能在整个电流密度空间内最高，而逆向梯度分布的输出性能较低。逆向梯度孔径分布适用于低湿度（0 ~ 12%RH）环境中。

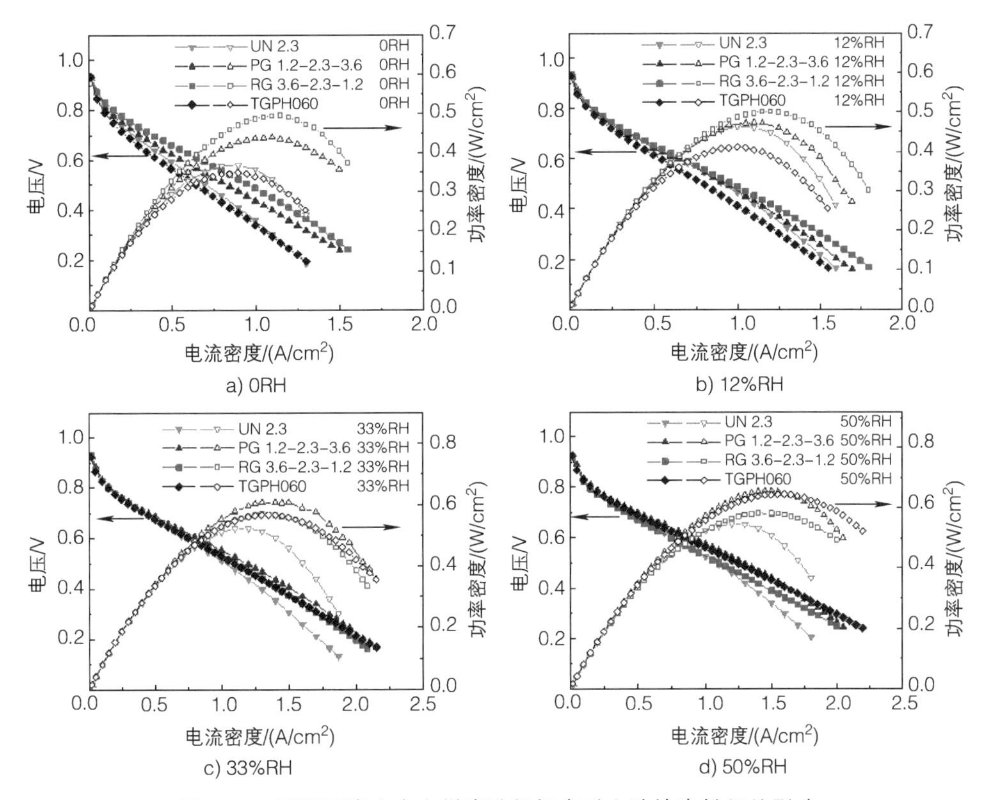

图 4-54 不同厚度方向上梯度孔径组合对电池输出性能的影响

参考文献

[1] ZHANG H, STANIS R J, SONG Y, et al. Fuel cell performance of pendent methylphenyl sulfonated poly (ether ether ketone ketone) s[J]. Journal of Power Sources, 2017, 368: 30-37.

[2] PARVOLE J, JANNASCH P. Polysulfones grafted with poly (vinylphosphonic acid) for highly proton conducting fuel cell membranes in the hydrated and nominally dry state[J]. Macromolecules, 2008, 41(11): 3893-3903.

[3] UREÑA N, PÉREZ-PRIOR M T, DEL RÍO C, et al. Multiblock copolymers of sulfonated PSU/PPSU Poly (ether sulfone) s as solid electrolytes for proton exchange membrane fuel cells[J]. Electrochimica Acta, 2019, 302: 428-440.

[4] DANYLIV O, GUENEAU C, IOJOIU C, et al. Polyaromatic ionomers with a highly hydropho-

bic backbone and perfluorosulfonic acids for PEMFC[J]. Electrochimica Acta, 2016, 214: 182-191.

[5] KHOMEIN P, KETELAARS W, LAP T, et al. Sulfonated aromatic polymer as a future proton exchange membrane: A review of sulfonation and crosslinking methods[J]. Renewable and Sustainable Energy Reviews, 2021, 137: 110471.

[6] SALVA J A, IRANZO A, ROSA F, et al. Validation of cell voltage and water content in a PEM (polymer electrolyte membrane) fuel cell model using neutron imaging for different operating conditions[J]. Energy, 2016, 101: 100-112.

[7] QU S, SUN Y, LI J. Sulfonate poly (ether ether ketone) incorporated with ammonium ionic liquids for proton exchange membrane fuel cell[J]. Ionics, 2017, 23: 1607-1611.

[8] HAIDER R, WEN Y, MA Z F, et al. High temperature proton exchange membrane fuel cells: progress in advanced materials and key technologies[J]. Chemical Society Reviews, 2021, 50(2): 1138-1187.

[9] TSANG M W, HOLDCROFT S. Alternative proton exchange membranes by chain-growth polymerization[J]. Polymers for a Sustainable Environment and Green Energy. 2012, 10: 651.

[10] ZHENG C, GENG F, RAO Z. Proton mobility and thermal conductivities of fuel cell polymer membranes: Molecular dynamics simulation[J]. Computational Materials Science, 2017, 132: 55-61.

[11] SALAZKIN S N, SHAPOSHNIKOVA V V. Poly (arylene ether ketones): Thermostable, heat resistant, and chemostable thermoplastics and prospects for designing various materials on their basis[J]. Polymer Science, Series C, 2020, 62: 111-123.

[12] CHEN L, KANG Q, TAO WQ. Pore-scale study of reactive transport processes in catalyst layer agglomerates of proton exchange membrane fuel cells[J]. Electrochimica Acta, 2019, 306: 454-465.

[13] FANG WZ, TANG YQ, CHEN L, et al. Influences of the perforation on effective transport properties of gas diffusion layers[J]. International Journal of Heat and Mass Transfer, 2018, 126: 243-255.

[14] NAKAUCHI M, MABUCHI T, KINEFUCHI I, et al. Analysis of the oxygen scattering behaviour on ionomer surface in catalyst layer of PEFC[J]. Renewable Energy and Power Quality Journal, 2016, 1(14): 349-352.

[15] KURIHARA Y, MABUCHI T, TOKUMASU T. Molecular dynamics study of oxygen transport resistance through ionomer thin film on Pt surface[J]. Journal of Power Sources, 2019, 414: 263-271.

[16] KURIHARA Y, MABUCHI T, TOKUMASU T. Molecular analysis of structural effect of ionomer on oxygen permeation properties in PEFC[J]. Journal of The Electrochemical Society, 2017, 164(6): F628.

[17] BERNING T, DJILALI N. Three-dimensional computational analysis of transport phenomena in a PEM fuel cell—a parametric study[J]. Journal of Power Sources, 2003, 124(2): 440-452.

[18] TIEDEMANN W, NEWMAN J. Maximum effective capacity in an ohmically limited porous electrode[J]. Journal of The Electrochemical Society, 1975, 122(11): 1482.

[19] WANG N, QU Z, ZHANG G. Modeling analysis of polymer electrolyte membrane fuel cell with regard to oxygen and charge transport under operating conditions and hydrophobic porous electrode designs[J]. eTransportation, 2022, 14: 100191.

[20] WANG X L, QU Z G, LAI T, et al. Enhancing water transport performance of gas diffusion layers through coupling manipulation of pore structure and hydrophobicity[J]. Journal of Power

Sources, 2022, 525: 231121.
[21] KOZENY J. Uber kapillare Leitung des Wassers im Boden-Aufstieg, Versickerung und Anwendung auf die Bewasserung, Sitzungsberichte der Akademie der Wissenschaften Wien[J]. Mathematisch Naturwissenschaftliche Abteilung, 1927, 136: 271-306.
[22] CARMAN P C. Fluid flow through a granular bed[J]. Trans. Inst. Chem. Eng. London, 1937, 15: 150-156.
[23] TOMADAKIS M M, ROBERTSON T J. Viscous permeability of random fiber structures: comparison of electrical and diffusional estimates with experimental and analytical results[J]. Journal of Composite Materials, 2005, 39(2): 163-188.
[24] HAO L, CHENG P. Lattice Boltzmann simulations of anisotropic permeabilities in carbon paper gas diffusion layers[J]. Journal of Power Sources, 2009, 186(1): 104-114.
[25] HE G, ZHAO Z, MING P, et al. A fractal model for predicting permeability and liquid water relative permeability in the gas diffusion layer (GDL) of PEMFCs[J]. Journal of Power Sources, 2007, 163(2): 846-852.
[26] TAMAYOL A, BAHRAMI M. Transverse permeability of fibrous porous media[J]. Physical Review E, 2011, 83(4): 046314.
[27] TAMAYOL A, MCGREGOR F, BAHRAMI M. Single phase through-plane permeability of carbon paper gas diffusion layers[J]. Journal of Power Sources, 2012, 204: 94-99.
[28] VAN DOORMAAL M A, PHAROAH J G. Determination of permeability in fibrous porous media using the lattice Boltzmann method with application to PEM fuel cells[J]. International Journal for Numerical Methods in Fluids, 2009, 59(1): 75-89.
[29] TAMAYOL A, BAHRAMI M. In-plane gas permeability of proton exchange membrane fuel cell gas diffusion layers[J]. Journal of Power Sources, 2011, 196(7): 3559-3564.
[30] SHOU D, TANG Y, YE L, et al. Effective permeability of gas diffusion layer in proton exchange membrane fuel cells[J]. International Journal of Hydrogen Energy, 2013, 38(25): 10519-10526.
[31] WANG H, YANG G, LI S, et al. Numerical study on permeability of gas diffusion layer with porosity gradient using lattice Boltzmann method[J]. International Journal of Hydrogen Energy, 2021, 46(42): 22107-22121.
[32] JIANG Z, YANG G, LI S, et al. Study of the anisotropic permeability of proton exchange membrane fuel cell gas diffusion layer by lattice Boltzmann method[J]. Computational Materials Science, 2021, 190: 110286.
[33] ZHU F. Fractal geometry model for through-plane liquid water permeability of fibrous porous carbon cloth gas diffusion layers[J]. Journal of Power Sources, 2013, 243: 887-890.
[34] NABOVATI A, LLEWELLIN E W, SOUSA A C M. A general model for the permeability of fibrous porous media based on fluid flow simulations using the lattice Boltzmann method[J]. Composites Part A: Applied Science and Manufacturing, 2009, 40(6-7): 860-869.
[35] BRUGGEMAN V D A G. Berechnung verschiedener physikalischer Konstanten von heterogenen Substanzen. I. Dielektrizitätskonstanten und Leitfähigkeiten der Mischkörper aus isotropen Substanzen[J]. Annalen der physik, 1935, 416(7): 636-664.
[36] NEALE GH, NADER WK. Prediction of transport processes within porous media: diffusive flow processes within a homogeneous swarm of spherical particles[J]. AIChE Journal, 1973;19:112-9.
[37] TOMADAKIS M M, SOTIRCHOS S V. Ordinary and transition regime diffusion in random fiber structures[J]. AIChE Journal, 1993, 39(3): 397-412.

[38] NAM J H, KAVIANY M. Effective diffusivity and water-saturation distribution in single-and two-layer PEMFC diffusion medium[J]. International Journal of Heat and Mass Transfer, 2003, 46(24): 4595-4611.

[39] DAS P K, LI X, LIU Z S. Effective transport coefficients in PEM fuel cell catalyst and gas diffusion layers: Beyond Bruggeman approximation[J]. Applied Energy, 2010, 87(9): 2785-2796.

[40] ZAMEL N, LI X, SHEN J. Correlation for the effective gas diffusion coefficient in carbon paper diffusion media[J]. Energy & Fuels, 2009, 23(12): 6070-6078.

[41] UNSWORTH G, DONG L, LI X. Improved experimental method for measuring gas diffusivity through thin porous media[J]. AIChE Journal, 2013, 59(4): 1409-1419.

[42] HWANG G S, WEBER A Z. Effective-diffusivity measurement of partially-saturated fuel-cell gas-diffusion layers[J]. Journal of The Electrochemical Society, 2012, 159(11): F683.

[43] ROSEN T, ELLER J, KANG J, et al. Saturation dependent effective transport properties of PEFC gas diffusion layers[J]. Journal of The Electrochemical Society, 2012, 159(9): F536.

[44] WU R, ZHU X, LIAO Q, et al. Determination of oxygen effective diffusivity in porous gas diffusion layer using a three-dimensional pore network model[J]. Electrochimica Acta, 2010, 55(24): 7394-7403.

[45] ZHANG X M, ZHANG X X. Impact of compression on effective thermal conductivity and diffusion coefficient of woven gas diffusion layers in polymer electrolyte fuel cells[J]. Fuel Cells, 2014, 14(2): 303-311.

[46] MARTÍNEZ M J, SHIMPALEE S, VAN ZEE J W. Measurement of MacMullin numbers for PEMFC gas-diffusion media[J]. Journal of The Electrochemical Society, 2008, 156(1): B80.

[47] MEZEDUR M M, KAVIANY M, MOORE W. Effect of pore structure, randomness and size on effective mass diffusivity[J]. AIChE journal, 2002, 48(1): 15-24.

[48] GARCÍA-SALABERRI P A, HWANG G, VERA M, et al. Effective diffusivity in partially-saturated carbon-fiber gas diffusion layers: Effect of through-plane saturation distribution[J]. International Journal of Heat and Mass Transfer, 2015, 86: 319-333.

[49] ZHU L, YANG W, XIAO L, et al. Stochastically modeled gas diffusion layers: effects of binder and polytetrafluoroethylene on effective gas diffusivity[J]. Journal of The Electrochemical Society, 2021, 168(1): 014514.

[50] WANG Y, WANG S, LIU S, et al. Three-dimensional simulation of a PEM fuel cell with experimentally measured through-plane gas effective diffusivity considering Knudsen diffusion and the liquid water effect in porous electrodes[J]. Electrochimica Acta, 2019, 318: 770-782.

[51] BAO Z, LI Y, ZHOU X, et al. Transport properties of gas diffusion layer of proton exchange membrane fuel cells: Effects of compression[J]. International Journal of Heat and Mass Transfer, 2021, 178: 121608.

[52] SHOU D, FAN J, DING F. Effective diffusivity of gas diffusion layer in proton exchange membrane fuel cells[J]. Journal of Power Sources, 2013, 225: 179-186.

[53] DAWES J E, HANSPAL N S, FAMILY O A, et al. Three-dimensional CFD modelling of PEM fuel cells: an investigation into the effects of water flooding[J]. Chemical Engineering Science, 2009, 64(12): 2781-2794.

[54] ZHANG H, ZHU L, HARANDI H B, et al. Microstructure reconstruction of the gas diffusion layer and analyses of the anisotropic transport properties[J]. Energy Conversion and Management, 2021, 241: 114293.

[55] ESPINOZA-ANDALUZ M, REYNA R, MOYÓN A, et al. Diffusion parameter correlations for PEFC gas diffusion layers considering the presence of a water-droplet[J]. International Journal

of Hydrogen Energy, 2020, 45(54): 29824-29831.

[56] TRANTER T G, STOGORNYUK P, GOSTICK J T, et al. A method for measuring relative in-plane diffusivity of thin and partially saturated porous media: An application to fuel cell gas diffusion layers[J]. International Journal of Heat and Mass Transfer, 2017, 110: 132-141.

[57] HE X, GUO Y, LI M, et al. Effective gas diffusion coefficient in fibrous materials by mesoscopic modeling[J]. International Journal of Heat and Mass Transfer, 2017, 107: 736-746.

[58] HOLZER L, PECHO O, SCHUMACHER J, et al. Microstructure-property relationships in a gas diffusion layer (GDL) for Polymer Electrolyte Fuel Cells, Part I: effect of compression and anisotropy of dry GDL[J]. Electrochimica Acta, 2017, 227: 419-434.

[59] ZHANG G, FAN L, SUN J, et al. A 3D model of PEMFC considering detailed multiphase flow and anisotropic transport properties[J]. International Journal of Heat and Mass Transfer, 2017, 115: 714-724.

[60] YABLECKI J, NABOVATI A, BAZYLAK A. Modeling the effective thermal conductivity of an anisotropic gas diffusion layer in a polymer electrolyte membrane fuel cell[J]. Journal of The Electrochemical Society, 2012, 159(6): B647.

[61] ZAMEL N, LI X, SHEN J, et al. Estimating effective thermal conductivity in carbon paper diffusion media[J]. Chemical Engineering Science, 2010, 65(13): 3994-4006.

[62] PFRANG A, VEYRET D, TSOTRIDIS G. Computation of thermal conductivity of gas diffusion layers of PEM fuel cells[J]. Convection and Conduction Heat Transfer, 2011, 10: 232-215.

[63] HASHIN Z, SHTRIKMAN S. A variational approach to the theory of the effective magnetic permeability of multiphase materials[J]. Journal of Applied Physics, 1962, 33(10): 3125-3131.

[64] ASHBY M F. The properties of foams and lattices[J]. Philosophical Transactions of the Royal Society A: Mathematical, Physical and Engineering Sciences, 2006, 364(1838): 15-30.

[65] ZAMEL N, LI X, SHEN J. Numerical estimation of the effective electrical conductivity in carbon paper diffusion media[J]. Applied Energy, 2012, 93: 39-44.

[66] HIRT C W, NICHOLS B D. Volume of fluid (VOF) method for the dynamics of free boundaries[J]. Journal of Computational Physics, 1981, 39(1): 201-225.

[67] NIBLETT D, MULARCZYK A, NIASAR V, et al. Two-phase flow dynamics in a gas diffusion layer-gas channel-microporous layer system[J]. Journal of Power Sources, 2020, 471: 228427.

[68] LI Q, DU D H, FEI L L, et al. Three-dimensional non-orthogonal MRT pseudopotential lattice Boltzmann model for multiphase flows[J]. Computers & Fluids, 2019, 186: 128-140.

电堆设计与模拟仿真方法

电堆是燃料电池系统的核心部件，其成本约占燃料电池系统总成本的 40% ~ 65%。提升电堆功率密度和耐久性、降低电堆的成本在燃料电池商业化进程中起着至关重要的作用。燃料电池电堆的设计包括电堆整体设计方案、电堆核心部件设计两大方面。其中，整体设计方案包含电堆形式、冷却方式、三腔分配模式、装配方式等设计因素；核心部件设计包括双极板、膜电极、端板等核心部件的选型和参数设计。完整的电堆设计方案应遵循一定的流程步骤进行，首先根据需求与设计目标选定所需的电堆形式，然后进行电堆整体结构设计及参数计算，随后进行电堆核心部件的选型与结构设计，再进行电堆的封装设计，最后进行电堆的性能验证与评估，并与设计需求进行比对。电堆的模拟仿真是电堆设计与校核中必不可少的工具，通过建立电堆模型，能够快速准确地预测关键参数对电堆性能的影响，从而为电堆设计提供支撑，并能够快速对设计方案进行评估，缩短产品开发的周期。本章将分别介绍燃料电池电堆仿真的等效网络方法和三维数值模拟，具体包含计算流动分配的流体网络方法、人工神经网络方法和三维全尺寸电堆模型及仿真方法。

5.1　燃料电池电堆设计的要素

5.1.1　电堆基本结构

在燃料电池实际应用中，单个电池工作电压往往小于 1V，需将多个单电池串联堆叠成电堆形式以满足实际电压和功率需求。图 5-1 所示为燃料电池电堆的基本结构，除单电池外，电堆两端往往设计有端板、绝缘板、集流板等组件，各组件通过紧固件（如螺栓或钢带等）封装在一起。

电堆运行过程中阴、阳极反应气体以及冷却液等通过各自入口歧管分配至各单电池，然后在单电池内部流道中流动，最后汇集到各自出口歧管流出电堆。若反应物以及冷却液的歧管设计不合理，会导致电堆内的流量分布不均匀，对电堆整体性能以及单电池间一致性有负面的影响。流量分配是电堆设计中的重点之一，均匀流量分布有利于减小电堆内总的压降损失，提高系统的稳定性和可靠性。

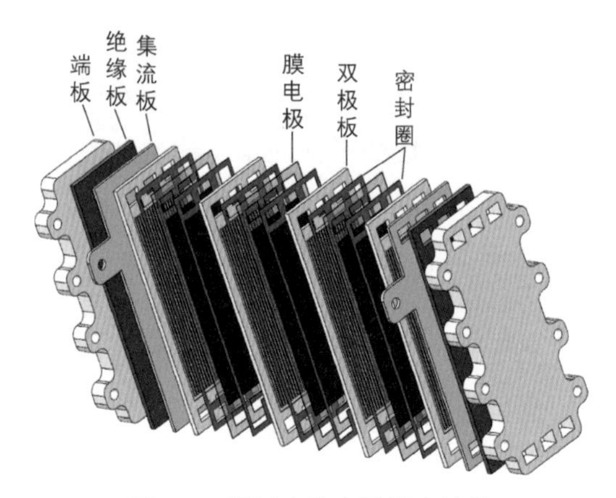

图 5-1　燃料电池电堆基本结构

图 5-2 所示为电堆的歧管类型，包括内部歧管和外部歧管结构。图 5-2a 中外部歧管完全位于电堆中各单电池的外部，而图 5-2b 中内部歧管则贯穿电堆中各单电池。外部歧管结构简单，制造成本更低，但有着密封困难、气体易泄漏等缺点。内部歧管则具有更好的密封性，能更好地适应由于温度引起的电堆高度变化，但其设计更加复杂，且需要占用双极板的部分空间设置歧管截面，双极板的尺寸通常较大。

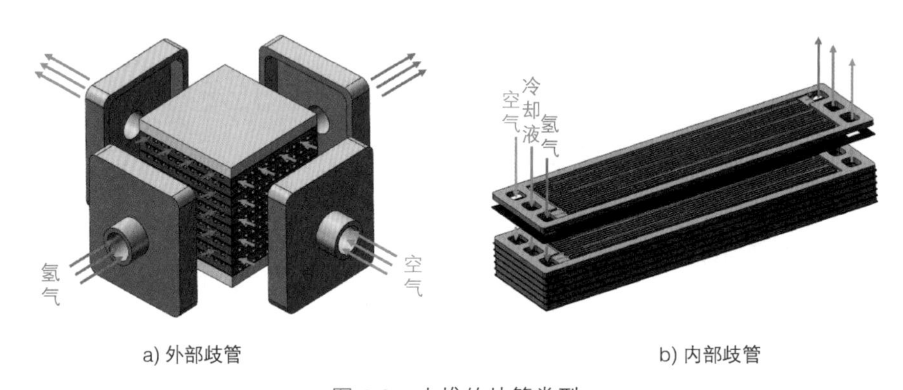

a) 外部歧管　　b) 内部歧管

图 5-2　电堆的歧管类型

图 5-3 所示为双极板上流场区域的分区。双极板流场区域可按位置分为进出口区、分配区以及内部流场区。进出口区域内包括燃料腔、氧化剂腔以及冷却液腔，三个腔的数量和位置并不固定，每片单电池进出口区组合起来形成歧管。双极板的进出口区是内部歧管设计的重点，进出口区的歧管截面形状可以是圆形、矩形或椭圆形等。歧管截面的面积决定了在给定流量下流体通过歧管的速度，依据经验，需要歧管截面的面积足够大，使歧管中流体的压降比单电池内部流场中的压降小一个数量级，这可以保障电堆中各单电池的流量有较高的一致性。

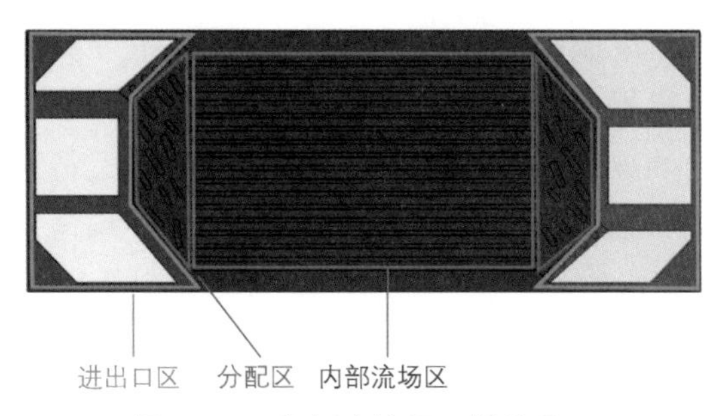

图 5-3 双极板上流场区域的分区

当反应气体与冷却介质进入单电池的内部流场（即双极板上流场区域的分配区、内部流场区），需要保障各流体在单电池内分布均匀，其中反应物流场是影响电化学反应速率和电流密度均匀性的关键因素。单电池内部流场的类型、流体的流动方向、流道的数量、流道结构等都会对电池的性能产生影响，因此改进内部流场结构是提升电堆性能的重要途径。

燃料电池工作时温度升高可以提高电化学反应速率，减小活化损失，有利于电堆性能的提高，但温度过高会导致质子交换膜发生脱水，质子电导率降低，易造成膜的穿孔。并且温度过高会加速催化剂的衰减，降低电堆使用寿命。质子交换膜燃料电池的能量转换效率一般为 40% ~ 60%，这意味着电池在工作过程中会释放大量热量，同时电堆工作温度与环境的温度差比较小，因此电堆运行时需要有优良的散热能力。由于电堆通过辐射以及自然对流散失到环境的热量很小，电池内产生的热量主要通过主动冷却带走。主动冷却中冷却介质的流动需要耗费额外的泵功，为了提高整个燃料电池系统的能效，在优化电堆热管理的同时也需要尽可能将泵功损耗减小。

质子交换膜需要有足够的含水量才能维持良好的质子电导率，因此电堆运行过程中需要通过增湿手段来保障质子交换膜的湿润性。自增湿和外增湿是电堆中常见的两种增湿方法。外增湿利用反应物将外部的水带入电堆中，反应物会先经过加湿器与水蒸气混合后再流入电堆，常见的加湿器包括膜增湿器、气体鼓泡加湿器以及焓轮加湿器等。自增湿利用燃料电池运行时阴极电化学生成的水来实现质子交换膜的润湿，常用的自增湿技术手段包括采用薄电解质膜、设计自增湿膜电极以及设计保湿流场结构等。由于电池反应本身也产生水，若增湿过量，电堆中可能会发生“水淹”现象，电极和流场中无法及时排出的液态水，会阻碍电池内部的物质传输，影响电池性能甚至导致电堆无法正常工作。

电堆的装配对燃料电池电堆的性能有着重要的影响。增大装配载荷有利于电堆的密封以及降低膜电极与双极板的接触电阻，减小电池的欧姆极化，但也会导致气体扩散层的孔隙率减小，使膜电极中反应物和产物的传质阻力增加，同时过大的装配载荷可能会造成膜电极的损伤。另一方面，装配载荷不足时难以满足电堆密封的要求，导致电堆的效率降低，带来严重的安全隐患。电堆中各组件的制造误差和装配过程中的操作误差等内部因素，以及电堆运行过程中环境温度、湿度以及振动等外部因素都会导致电堆中各组件受力的不均匀性增大，使密封组件易出现损伤和失效，导致电堆效率、性能一致性以及耐久性降低。

5.1.2 电堆核心部件

膜电极是燃料电池中最核心的部件，直接决定了电堆的性能、寿命以及成本。膜电极通常由气体扩散层、微孔层、催化层以及质子交换膜经一定工艺制备而成。研发出高性能、高耐久性以及低成本的膜电极，是加速燃料电池商业应用的重要途径。目前膜电极的研究包括开发新型催化剂以降低铂载量、优化气体扩散层的结构以提升膜电极的传质能力等。除了优化膜电极的材料和结构，在电堆设计中，通过优化流场的结构、辅助组件的设计以及电堆装配等也可以提升膜电极的性能和耐久性。

双极板是燃料电池中主要的电流传导和支撑部件，约占电堆总质量的 60% ~ 80%，同时也占据了电堆大部分的体积。双极板上加工有气体流道（即流场）用于传输反应物，阳极流场与阴极流场以“背对背”形式分布在双极板的两侧，其中阴、阳极流场之间的腹板起到隔绝氢气和氧气的作用。双极板上还设有冷却流道，其为冷却介质在电堆中主要的流动场所，用于实现电堆的主动冷却。双极板上反应区流场以及进出口区是设计的重点，需要保障氢气、氧气以及冷却介质的均匀分布。电堆中双极板、膜电极与密封组件间形成密封结构，将阴极反应物、阳极反应物以及冷却介质分隔开，避免不同流体互窜。双极板需要具备优良的电导率、较低的气体渗透率、较高的热导率以及足够高的机械强度等特点。

端板是整个电堆最外部的结构，在电堆中最先承受紧固件的封装力，配合着紧固件控制电堆内部接触压力，决定着电堆内部封装载荷的分布，对电堆的性能、质量、成本以及耐久性有着重要的影响。合理的端板设计需要实现封装载荷的均匀分布以及轻量化。基于材料的力学特性确定出合理的结构，是端板设计的重点，需要保障端板具备足够大的强度和刚度，从而实现封装载荷在电堆内的均匀分布，可以有效地避免工质泄漏以及接触电阻分布不均等现象。由于端板的质量和体积在电堆中占的比重较大，设计时还需要考虑电堆的质量需求以及制造成本的约束，端板的材料需要满足弹性模量大、密度小以及易于加工等特点。

密封组件的作用是防止电堆内部的气体和冷却介质向外泄漏和交叉互窜，以及维持电堆内部的气体压强。密封组件安装在相邻的双极板之间，在合适大小的接触压力作用下密封组件受压变形，与双极板或膜电极密封区的接触部分形成密封面，起到阻止反应物或冷却介质泄漏的作用。燃料电池中常用的密封结构包括独立式密封结构、膜电极集成式密封结构以及双极板集成式密封结构。独立式密封结构中密封组件独立于膜电极和双极板，在组装时密封组件固定在膜电极密封区两侧的双极板上，在封装载荷作用下密封组件与膜电极和双极板的密封区挤压在一起形成密封结构。独立式密封结构的密封组件加工成型相对容易，当密封组件失效后可单独替换，但电堆装配过程比较烦琐。膜电极集成式密封结构采用的是密封组件一体化的膜电极，密封材料采用注塑成型等工艺直接集成在膜电极边框与膜电极形成一体结构。膜电极的边框可以采用刚性材料，与热塑性材料以及密封材料热压后形成密封结构，在装配过程中刚性的边框可以控制膜电极的压缩率，从而保障膜电极不会被过度压缩[1]。双极板集成式密封结构采用的是密封组件一体化的双极板，通过点胶、注射成型等工艺让特定的密封材料在双极板的密封沟槽内成型得到带有密封功能的双极板。双极板集成式密封结构易于组装，适用于大批量生产。

5.2 面向工程的燃料电池电堆设计方法

燃料电池的设计包含的范围很广，进行电堆设计时主要关注的是电堆整体方案和各主要零部件的选型与结构设计[2]。本节介绍一种在电堆设计初期用于快速确定电堆整体方案、材料选型以及结构参数的方法，其中涉及的计算大部分为简单的代数计算，适用于电堆工程应用。电堆的初步设计完成之后，需要通过燃料电池的仿真结果和实验测试结果来验证设计的可行性，并进一步对电堆的设计进行优化，通过不断的迭代完成电堆的设计与开发。

5.2.1 设计思路

图 5-4 所示为燃料电池电堆的设计思路，包括电堆整体方案的选择、电堆整体结构的设计、核心零部件的选型与结构设计、封装设计以及设计验证与评估等步骤。

1 电堆整体方案选择

电堆运行时需要通过一定的散热手段将热量传递到冷却介质或环境中，使其工作温度被控制在适当的范围内。通常人们可依据负载功率和经济指标选择合适的电堆冷却方式，图 5-5 所示为常用的质子交换膜燃料电池冷却方式与电堆功率水平的关系，可作为电堆冷却方式选择的参考。燃料电池电堆的冷却方式可以分为主动冷却和被动冷却，其中被动冷却方式主要采用边缘冷却[3]。边缘冷却不需要在电堆内部设置专门的冷却流场，需要使用高导热材料或热管将电堆产生的热量从内部传递到电堆边缘并散失到环境中，无须消耗泵功，系统所需部件少，结构简单且可靠性高，但其散热能力低于主动冷却，常应用于低功率的电堆。主动冷却方式包括液体冷却、空气冷却和相变冷却。液体冷却是大功率电堆的主要冷却方式，冷却介质的热物理特性对冷却效率有显著影响，常用的冷却介质有去离子水、纳米流体、乙二醇水溶液等。电堆内部需要设置冷却介质流动的冷却流场，冷却介质在电堆中分布的均匀程度决定着电堆温度分布的均匀程度，冷却流场可以设置成平行流场、蛇形流场以及仿生流场等。空气冷却一般适用于输出功率小于 5kW 的小功率电堆，常见的实现方式有开放式阴极结构和独立空气冷却流道结构。开放式阴极结构通过增加阴极空气流量来实现电堆冷却，其结构简单，但阴极流场需要较大的尺寸，导致电堆的体积增加，且冷却效果受环境温度和湿度的影响较大；独立式空气冷却流道可以设置在双极板中，以及阴极流场和阳极流场之间，也可以设置在单独的冷却板中，由于结构比较复杂且系统的体积和质量较大，较少在实际应用中采用。相变冷却有蒸发冷却与沸腾冷却两种实现方式，系统利用冷却介质的潜热来进行热交换，冷却效率高，只需少量的冷却介质即可满足电堆的散热要求，冷却介质可以通过压力差或密度差来循环，无须使用循环泵，从而简化电堆结构，降低了系统的体积和质量。

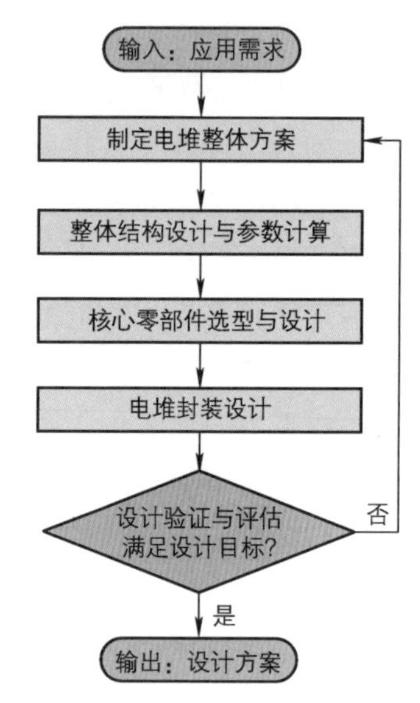

图 5-4　燃料电池电堆的设计思路

歧管设计是电堆设计过程中的重点之一。图 5-6 所示为电堆中的流动形式，图 5-6a 为出口流体流动方向和进口流体流动方向相同的 Z 形配置，图 5-6b 为出口流体流向与进口气体流向相反的 U 形配置。在对流动形式的研究中，Z 形配置和 U 形配置在不同的情况下表现出不同的性能，这取决于歧管截面积的几何形

状、单电池内部流场的几何形状、电池数、流量大小等因素，只要歧管设计的结构和尺寸合理，都可以实现电堆内流动的均匀分布。因此有必要在电堆的设计过程中，通过实验或数值仿真等手段来优化电堆的歧管设计，确定最符合设计目标的流动模式。

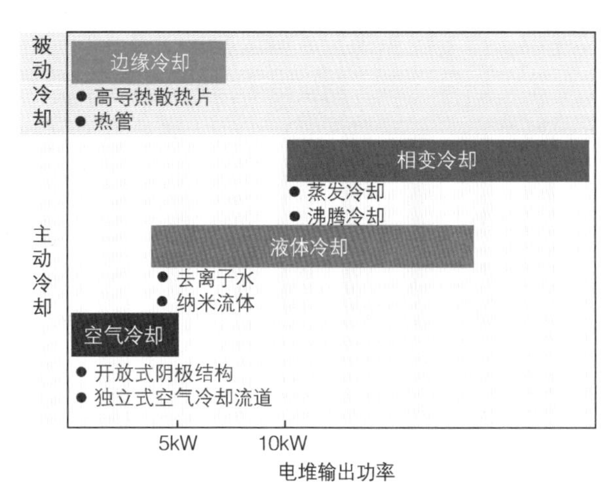

图 5-5　质子交换膜燃料电池的冷却方式与电堆功率水平的关系

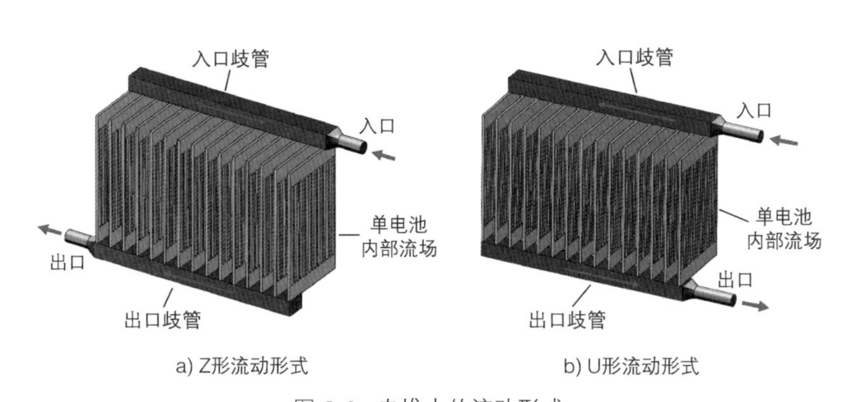

a) Z形流动形式　　b) U形流动形式

图 5-6　电堆中的流动形式

燃料电池电堆常见的紧固方式包括螺栓封装和钢带封装。螺栓封装是商业上常用的封装形式，操作简单且实用性强，通过电堆两侧的端板将螺栓产生的点载荷转化为较均匀的紧固压力，使电堆中的各组件紧密地集成在一起。螺栓封装的设计重点是螺栓的数量、布局以及紧固时预紧力的次序等。螺栓封装需要使用体积和质量较大的端板，会降低电堆的功率密度，同时点载荷使得封装压力主要集中在电堆边缘区域，膜电极表面难以实现载荷的均匀分布。钢带封装由多根紧固钢带与端板配合完成电堆的封装，端板的截面通常为半圆形。钢带封装的设计重点是钢带的尺寸和形状、数量以及位置分布等。由于封装力在端板上作用面积较大，更易实现电堆内均匀的荷载分布，对端板的力学性能要求相对较低，可以使用较小厚度与质量的端板从而实现更紧凑的结构，有利于提升电堆的功率密度。钢带的固定可以通过焊接、接头以及夹具等来实现，也可以与端板上特定的槽口搭配来实现。但钢带封装结构难以控制受力状态，且设计变得更加复杂。

2 电堆整体结构设计与参数计算

在电堆设计过程中，需要优先确定单电池数目以及单电池的活化面积。电堆的设计目标如期望电压、期望功率、期望电流、期望效率以及质量和体积要求等约束着堆叠的单电池数目和单电池活化面积大小，不同的约束条件之间可能相互冲突，需要综合考虑选择一个最优解。

燃料电池运行时影响其性能的因素有很多，包括运行条件、零部件的材料以及电堆的结构等。燃料电池的极化曲线直观表现出电池的性能，描述了电流密度和电压的关系，是电堆设计的重要参考。燃料电池的输出性能曲线（即 I-V 曲线）可表示为

$$V_{\text{cell}} = f(I) \tag{5-1}$$

式中，V_{cell} 是单电池的输出电压（V）；I 是电流密度（A/cm^2）。

电堆中堆叠的单电池数目和单电池电压大小决定了电堆工作电压的高低，燃料电池堆的总输出电压为

$$V_{\text{fc}} = \sum_{i=1}^{N_{\text{cell}}} V_i = \bar{V}_{\text{cell}} N_{\text{cell}} \tag{5-2}$$

式中，V_{fc}是电堆的总电压（V）；V_i是第 i 片单电池的电压（V）；N_{cell}是电堆中的单电池数目；$\bar{V}_{\text{cell}}$是单电池的平均电压（V）。

通过燃料电池性能、单电池数量以及单电池活化面积可确定电堆的输出功率，输出功率要能满足负载的最大功率需求。燃料电池堆的总输出功率由下式给出：

$$P_{\text{fc}} = V_{\text{fc}} A_{\text{cell}} I \tag{5-3}$$

式中，P_{fc} 是电堆的输出功率（W）；A_{cell} 是单电池活化面积（m^2）。

燃料电池的效率可定义为

$$\eta = \frac{V_{\text{cell}}}{-\Delta h / (nF)} \tag{5-4}$$

式中，Δh 是标准状态下 1mol 氢气与 0.5mol 氧气电化学反应前后的比焓变（kJ/mol）；n 为 1mol 氢气发生反应对应的电子传输量，2mol；F 为法拉第常数，代表每摩尔电子所带的电荷，其值为 96485C/mol。

图 5-7 所示为电堆设计中变量间的约束关系，图 5-7a 中电池效率随着单电池

的工作电压增大而增大，输出功率随着单电池工作电压的增大先升高后降低。过高的单电池输出电压虽然有着较高的电池效率，但通常对应着较低的功率密度，在给定输出功率需求下电堆就需要更多的单电池数目或者更大的单电池活化面积，这会导致电堆的成本增大且功率密度降低，市售电堆产品中单电池的电压范围通常在 0.6 ~ 0.7V。图 5-7b 展示了给定输出功率下电堆中单电池片数与单电池活化面积间的约束关系。在电堆的输出功率、电流密度、电池性能以及电堆总活化面积确定时，单电池活化面积过小会导致电堆需要堆叠较多的单电池片数，这会增大装配的复杂度，加大电池间有效密封实现的难度，使系统稳定性降低，目前商用燃料电池中单堆的电池片数大部分在 500 片以下；单电池活化面积过大会导致电堆以低电压和大电流进行工作，同时单电池内部流场设计的难度会增大，难以实现电堆中电流密度、反应物、冷却介质以及温度的均匀分布，目前商用燃料电池电堆的单电池活化面积多在 250 ~ 350cm^2 范围内。

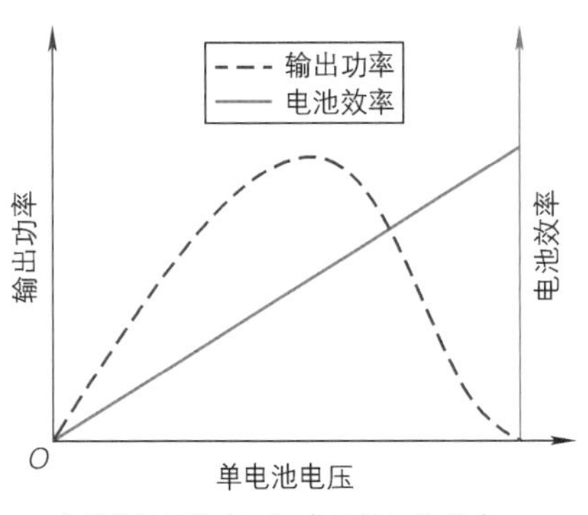

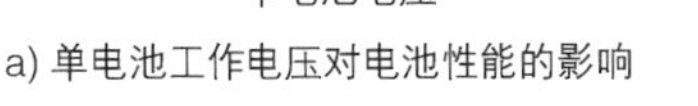
a) 单电池工作电压对电池性能的影响

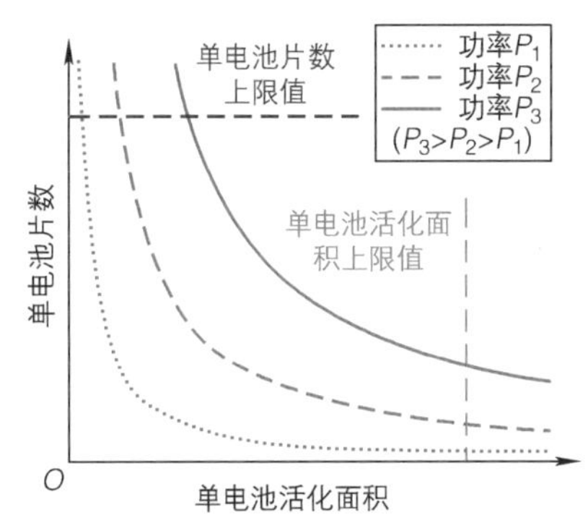

b) 特定功率下的单电池片数与单电池活化面积间的约束关系

图 5-7　电堆设计中变量间的约束关系

在确定好电堆的冷却方式后，可以在电堆的初步设计中通过热平衡计算来完成电堆的热设计。燃料电池运行时产热量主要来源于产生在催化层中的不可逆热、化学反应热以及产生在质子交换膜和固体等电导体中的焦耳热。采用主动液体冷却的电堆中，热量先以热传导方式通过气体扩散层和双极板传递，其中大部分的热量以对流换热方式传递给冷却通道内的冷却介质并随之流出电堆，部分热量会传递给反应气流，并随着反应物的排出过程流出电堆，还有部分热量会以热传导的形式传递到电堆的边缘，通过辐射和自然对流方式传递给周围环境。空气冷却电堆中通常冷却流道与阴极反应物流道合二为一，空气既是反应物又是冷却介质，电堆的主动冷却主要依靠过量的阴极反应气流。在电堆设计过程中，需要分析上述各部分热量散失以及电堆的产热量等，确定设计工况下电堆的主动散热需求。

将燃料电池电堆视为一个有内热源的换热器，稳定运行时电堆总的热平衡关系式为

$$\Phi_{hf} + \Phi_{hp} + \Phi_{he} - \Phi_{h} = 0 \tag{5-5}$$

式中，Φ_{hf} 是主动冷却的散热功率（W）；Φ_{hp} 是被动冷却散热功率（W）；Φ_{he} 是通过尾气散失的热功率（W）；Φ_{h} 是电堆的产热功率（W）。

标准状态下电堆的产热功率可表示为

$$\Phi_{h} = (E_{r} - \bar{V}_{cell}) i N_{cell} = P_{cell} N_{cell} \left(\frac{E_{r}}{\bar{V}_{cell}} - 1 \right) \tag{5-6}$$

式中，i 是电流（A）；P_{cell} 是单电池输出功率（W）。

燃料电池系统在运行时，通过在单电池之间的冷却通道通入冷却介质带走热量。以液冷为例，冷却介质流出电堆后通过散热器再将热量散发到环境中，然后重新进入电堆进行冷却循环，电堆的主动冷却散热功率为

$$\Phi_{hf} = \dot{m}_{cool} c_{p,cool} (T_{cool,out} - T_{cool,in}) \tag{5-7}$$

式中，$\dot{m}_{cool}$是冷却介质流量（kg/s）；$c_{p,cool}$是冷却介质比定压热容[J/（kg·K）]；$T_{cool,out}$和$T_{cool,in}$分别对应冷却介质的出口和进口温度（K）。

冷却介质以主动方式带走的热量也可以从对流换热角度来计算：

$$\Phi_{hf} = h_{f} A_{cool} \Delta T_{s,cool} \tag{5-8}$$

式中，h_{f} 是强制对流换热系数[W/（m^2·K）]；A_{cool} 是冷却通道总换热面积（m^2）；$\Delta T_{s,cool}$ 是冷却流道表面与冷却介质的平均换热温差（K）。

电堆中被动耗散到环境中的热量为

$$\Phi_{hp} = \Phi_{hn} + \Phi_{hr} \tag{5-9}$$

式中，Φ_{hn} 是电堆的自然对流散热功率（W）；Φ_{hr} 是电堆的辐射散热功率（W）。

电堆运行时自然对流的散热功率可表示为

$$\Phi_{hn} = h_{n} A_{s} (T_{stack} - T_{0}) \tag{5-10}$$

式中，h_{n} 是电堆表面的自然对流传热系数[W/（m^2·K）]；A_{s} 是电堆暴露在环境中的表面积（m^2）；T_{stack} 是电堆表面平均温度（K）；T_{0} 是环境温度（K）。

电堆运行时辐射的散热功率为

$$\Phi_{hr} = \varepsilon \sigma A_{s} (T_{stack}^{4} - T_{0}^{4}) \tag{5-11}$$

式中，ε 是发射率；σ 是黑体辐射常数，$\sigma = 5.67 \times 10^{-8}$ W/（m^2·K^4）。

为提高电堆内温度分布均匀性，需要使冷却介质出口与入口间的温差尽可能小，但在换热量相同情况下，减小冷却介质进出口的温差就需要增大冷却介质的流量，这会使得电堆中冷却循环系统的泵功耗增大，降低整个燃料电池系统的效

率，一般控制冷却介质的温差在 5 ~ 10℃是较为经济合理的选择。降低冷却介质进口温度可以减小电堆冷却时冷却介质的流量，从而降低系统的寄生功耗，但冷却介质进口温度实际上受限于环境温度以及散热装置的性能。此外一些小功率电堆发热量较低且暴露在环境中的表面积较大，在低温环境下不利于电堆维持在合适的工作温度，需要采取一定的保温措施来减小电堆表面散热损失。

燃料电池工作条件对电堆的性能有着重要的影响，在进行电堆设计时需要考虑电堆的各项运行参数，如工作压力、温度、湿度、化学计量比、反应物浓度等。燃料电池电堆通常在增压状态下工作，适当提高反应物工作压力可以提高电堆的电化学性能，但增压会增大辅助系统的功耗，同时需要电堆有更好的密封性能，这样会增大电堆密封设计的难度。通常电堆中反应物的工作压力多数在 150 ~ 250kPa 范围内。反应物的入口流量需要高于电堆中反应物的消耗速率，适当增大反应物的化学计量比有利于提高电堆的输出性能，但过大的反应物流量会降低氢气和氧气的利用率。使用空气时化学计量比要比使用纯氧时大，阴极的化学计量比要略大于阳极的化学计量比。采用外增湿的电堆，反应物在进入电堆之前需要进行增湿处理，反应物增湿后的相对湿度需要结合具体情况进行设置。

电堆中阴极进气的体积流量为

$$\dot{V}_{c,in} = \frac{IA_{cell}}{4F} \frac{\xi_c}{\gamma_{O_2}} \frac{RT_{c,in}}{p_{c,in} - RH_c p_{sat,in}} N_{cell} \tag{5-12}$$

式中，$\dot{V}_{c,in}$是阴极入口体积流量；ξ_c是氧气化学计量比；γ_{O_2}是空气中氧气的体积分数；$T_{c,in}$是阴极进气温度（K）；$p_{c,in}$是阴极进气压强（Pa）；RH_c是阴极进气相对湿度；$p_{sat,in}$是进气温度对应的饱和蒸汽压力（Pa）。

阳极进气的体积流量为

$$\dot{V}_{a,in} = \frac{IA_{cell}}{2F} \xi_a \frac{RT_{a,in}}{p_{a,in} - RH_a p_{sat,in}} N_{cell} \tag{5-13}$$

式中，$\dot{V}_{a,in}$是阳极入口体积流量（m^3/s）；ξ_a是氢气化学计量比；$T_{a,in}$是阳极进气温度（K）；$p_{a,in}$是阳极进气压强（Pa）；RH_a是阳极进气相对湿度。

3 电堆核心部件选型与结构设计

目前市场上膜电极的产品性能大多数为 1.2 ~ 1.6W/cm²@0.6 V 以及 1 ~ 1.4W/cm²@0.65V，催化剂的铂载量范围在 0.3 ~ 0.4mg/cm²。在设计电堆时，可以将膜电极中阳极铂载量控制在 0.1mg/cm² 左右，阴极铂载量控制在 0.4mg/cm² 左右。膜电极的气体扩散层主要由多孔碳纤维纸等材料制备而成，在电堆中直接与双极板接触，是电子、反应物以及水的传输通道，对微孔层和催化层起到支撑作用，厚度为 100 ~ 400μm。膜电极的微孔层通常由纳米尺度的碳粉颗粒和憎水黏合剂制备而成，在电堆中直接与催化层接触，可以降低膜电极内组件的接触电阻，有效改善水管理，防止催化层水淹，厚度为 10 ~ 100μm。

金属双极板的导电性优良，材料的力学性能好，可以制作成厚度小的薄板，具有重量轻、体积小、制造成本低等优势，但金属容易腐蚀，需要进行表面处理。市场上常见用于制备双极板的单片金属板厚 0.05 ~ 0.3mm。金属双极板材料有不锈钢、铝合金、镍合金以及钛合金等。金属双极板的加工可以采用冲压、液压胀形等工艺。石墨双极板具有良好的化学稳定性与优良的导电性，但石墨较脆且延展性差。为了增大加工后双极板的机械强度以及防止气体渗透，需要石墨双极板具有较大的厚度，这使得电堆的体积功率密度较低，市场上常见的厚度为 1.5 ~ 5mm。石墨双极板主要采用机加工，加工复杂难以批量生产，加工成本高。复合双极板通常由有机树脂基体以及导电填料制成，可以集成多种材料的特性，克服石墨材料强度低和金属材料易腐蚀的缺陷[4]。树脂基体用于提升双极板的力学性能，降低气体渗透率，并黏结导电填料，依据成型特性可以分为热固性树脂和热塑性树脂，导电填料需要满足导电和导热性强、密度小、耐腐蚀以及成本低等要求，常见的导电填料有石墨、炭黑、金属粉末以及碳纳米管等。复合双极板的加工采用模压成型等可以批量生产的工艺，但模压成型需要在早期投入较高的开模成本。

双极板上的流场结构需要保障阴极反应物、阳极反应物以及冷却介质在单电池内部流场中分布均匀，反应物流场中的液态水能及时排出电堆，同时进出口区歧管截面大小和形状合理使单电池间的流量差异较小。对于双极板内部流场，常采用平行流道、蛇形流道以及交指形流道等常规流场结构。除了常规流场结构外，单电池的内部流场也可以采用多孔泡沫流场和三维流场等新型流场结构，但流场的设计会更加复杂。反应物流场的设计影响着电堆的性能、成本以及电堆的耐久性。常规流场为沟脊结构，双极板上的沟槽用于输送反应物并排出反应产物水，脊是双极板直接与气体扩散层接触的部分，用于支撑膜电极并传输电流。垂直极板平面方向的沟槽截面积与单电池反应区面积之比通常被称为开孔率，开孔率过高会导致双极板与气体扩散层的接触电阻增大，开孔率过低会阻碍电堆中的物质传输，常见的开孔率范围为 40% ~ 50%。通常沟槽宽度范围为 0.2 ~ 1.5mm，脊宽度范围为 0.2 ~ 2.5mm，流道的沟脊宽度比的范围为 1.0 ~ 2.0。此外流道深度和流道倾角也决定着沟槽在流动方向的截面积，通常流道深度的范围为 0.2 ~ 1.0mm，流道倾角范围为 0° ~ 60°。流场的长度要适宜，过长的流道带来较大的压力损失，增大反应物浓度的不均匀程度，易发生“水淹”现象。同时双极板上需要一定的空间用于设置匹配密封组件的密封槽，以实现组装后电堆的密封。

端板的设计主要涉及材料的选型以及结构的优化。端板的材料一般可分为金属和非金属两种，抗弯性能好的材料有利于电堆内部压力的分布均匀，有利于提升电堆的性能一致性和耐久性。钢材和铝合金等金属是端板常用的金属材料，由于端板通常暴露在易腐蚀的环境中，可以通过表面处理等方法来增强金属板的耐蚀性。端板的材料也可以采用聚乙烯、聚四氟乙烯、玻璃纤维等非金属材料，非金属材料具有密度小、耐腐蚀等优点，但存在易蠕变、强度低等问题。虽然增大端板厚度可以有效提高其刚度，但过厚的端板会增大电堆的质量与体积，难以满足电堆功率密度的需求。端板的结构可以是实心结构或者加强筋结构，实心端板通常应用于小型电堆，合理的端板形状以及加强筋结构可以减少端板质量、提升端板抗弯性能以及优化电堆内部载荷分布。拓扑优化是端板结构设计与优化的常用手段，通过在指定的约束条件下寻求材料的最优分布来指导端板结构的初步设计，有利于设计出轻量化且具有良好力学性能的端板结构以及加快设计流程。

燃料电池的密封材料需要具备良好的力学稳定性、热稳定性、化学稳定性以及绝缘性，使密封组件能够在电堆内部复杂的环境中长期有效地维持良好的密封效果，同时密封材料还要具备易加工、成本低的特点。工业密封件通常会选用橡胶类高分子材料作为密封材料，包括硅橡胶、氟橡胶、氟硅橡胶、丁腈橡胶、氯丁橡胶以及三元乙丙橡胶等种类[5]。几种常用的密封材料的优缺点比较见表 5-1，可以作为密封材料选择的参考。

表 5-1　燃料电池中常用密封材料的优缺点比较

材料类型	优点	缺点
硅橡胶	加工简单，有良好的耐寒性和耐热性，使用温度范围广（−50 ~ 250℃），力学稳定性优良	价格较高，易受腐蚀，在酸性环境中稳定性差，气密性较差
氟橡胶	气密性好，有良好的耐热性和耐化学性，抗压缩性好	耐低温性能较差，价格昂贵，加工成本高
三元乙丙橡胶	在水溶液及潮湿环境中有着良好的稳定性，有良好的绝缘性和耐酸性，加工性良好	弹性较差，使用温度为 −40 ~ 100℃，耐热性较差，硫化速度慢，黏合性差

4　电堆的封装载荷设计

封装载荷设计是电堆设计中不可或缺的环节，合理的封装载荷可实现膜电极与双极板间接触电阻、气体扩散层压缩率以及密封性能间的平衡。图 5-8 所示为密封设计中电堆的分区，在电堆的封装载荷设计中可将电堆分为反应区和密封区。电堆的反应区包括双极板中的过渡区、内部流场区以及膜电极的反应区；

电堆的密封区包括双极板中的进出口区、密封槽、边框，密封圈以及膜电极的边框。

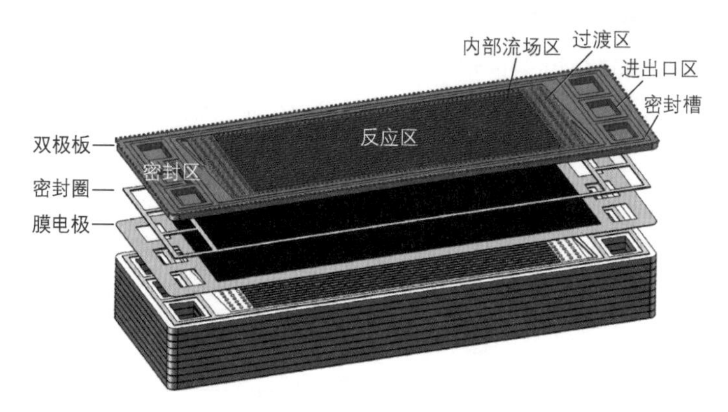

图 5-8　密封设计中电堆的分区

密封面上的法向接触压力是影响密封性能的重要因素之一。法向接触压力过低可能会引起反应物与冷却介质的泄漏以及交叉互窜，而接触压力过高可能会导致密封圈以及电堆中其他组件损坏。图 5-9 所示为膜电极集成式密封结构中密封组件在封装压力和气体压力作用下的受力情况，密封圈通常位于双极板上的密封槽中，其高于双极板上的脊，电堆封装时最先受压。密封圈在封装载荷的作用下产生压缩变形与双极板密封槽紧密接触形成密封面，密封圈在反应物的压力作用下有向电堆外侧移动的趋势，而接触面上的摩擦力阻碍了密封组件的滑动。在封装载荷的作用下，密封面上法向接触压强需要满足下列条件来形成有效密封，以防止内部反应物与冷却介质泄漏：

$$\mu p_{\text{seal}} w_{\text{seal}} \geqslant p_{\text{gas}} \delta_{\text{seal}} \tag{5-14}$$

式中，μ 是密封组件与双极板或膜电极间的摩擦系数；p_{seal} 是密封面的法向平均接触压强（Pa）；w_{seal} 是接触面上密封组件的宽度（m）；p_{gas} 是气体的工作压强（Pa）；δ_{seal} 是密封组件的厚度（m）。

密封面上法向接触压强存在下限值以保证电堆的气密性，法向接触压强下限值可表示为

$$p_{\text{seal}}^{\min} = \frac{p_{\text{gas}} \delta_{\text{seal}}}{\mu w_{\text{seal}}} \tag{5-15}$$

式中，$p_{\text{seal}}^{\min}$是防止泄漏的最小法向接触压强（Pa）。可以通过以下经验方程来计算，这是封装载荷的一个下限值[8]。

$$p_{\text{seal}}^{\min} = \frac{5.5 \times 10^6 + 3.2 p_{\text{gas}}}{\sqrt{1000 w_{\text{seal}}}} \tag{5-16}$$

式中，$p_{\text{seal}}^{\min}$是能防止泄漏的最小平均接触压强（Pa）。

密封组件的接触压强达到密封材料的屈服极限时会有失效的风险，可以结合密封材料不失效的最大平均接触压强对密封面的法向接触压强上限值进行定义：

$$p_{\text{seal}}^{\max} = \frac{\sigma_{\text{seal}}^{\text{yield}}}{n} \tag{5-17}$$

式中，$p_{\text{seal}}^{\max}$是密封材料不失效的最大法向接触压强（Pa）；$\sigma_{\text{seal}}^{\text{yield}}$是密封材料的屈服应力（Pa）；$n$是安全系数。

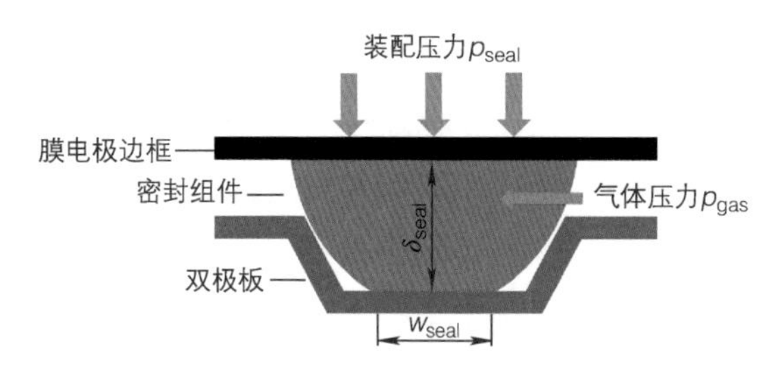

图 5-9　密封组件在封装压力和气体压力作用下的受力情况

膜电极在封装力的作用下被压缩会导致气体扩散层的厚度、孔隙率以及渗透率发生改变，对燃料电池内部的物质传输以及水管理有重要影响。封装载荷越大，压缩变形后气体扩散层的孔隙率越小，这会阻碍电极内的气体和液态水传输，带来较大的传质损失，同时电池内易发生“水淹”现象，导致电堆的输出功率降低。封装载荷也不宜过小，否则会导致双极板与膜电极间的接触电阻变大，也易发生气体泄漏。假设气体扩散层中的纤维在不同的封装力下尺寸保持不变，则气体扩散层的孔隙率可以通过式（5-18）表示[6]。电堆设计时可以通过目标气体扩散层来确定压缩后气体扩散层的厚度，从而计算出封装力的大小：

$$\varepsilon_{\text{GDL},2} = 1 - (1 - \varepsilon_{\text{GDL},1}) \frac{\delta_{\text{GDL},1}}{\delta_{\text{GDL},2}} \tag{5-18}$$

式中，$\varepsilon_{\text{GDL},2}$是压缩后气体扩散层的孔隙率；$\varepsilon_{\text{GDL},1}$是压缩前气体扩散层的孔隙率；$\delta_{\text{GDL},1}$是压缩前气体扩散层的厚度（m）；$\delta_{\text{GDL},2}$是压缩后气体扩散层的厚度（m）。

电堆中主要的接触电阻源于双极板与气体扩散层间的接触面，其值与质子交换膜的欧姆损失相当，对电堆的输出功率有着重要影响。接触电阻的大小取决于接触面的形貌特征、元件的导电性以及接触压强的大小。为了实现电堆中较小的接触电阻，气体扩散层与双极板间的接触压强通常在 1.0 ~ 2.0MPa 范围内选取。电堆装配完成后，膜电极、密封圈以及双极板中密封槽的尺寸需要满足以下关系[7]：

$$2L_{\text{seal}}(1-f_{\text{seal}})-2d_{\text{seal}}+\delta_{\text{MEA-ex}}=\delta_{\text{MEA-in}}(1-f_{\text{MEA}}) \tag{5-19}$$

式中，f_{seal}是密封圈的压缩比；f_{MEA}是双极板与膜电极间接触电阻满足要求时膜电极反应区的压缩比；d_{seal}是双极板中密封槽的深度（m）；$\delta_{\text{MEA-in}}$是膜电极反应区的厚度（m）；$\delta_{\text{MEA-ex}}$是膜电极密封区的厚度（m）。

目前大多数燃料电池的封装载荷设计方法都基于实验、有限元模型以及低维理论模型，其中实验方法的成本较高、效率较低，有限元模型用于分析电堆时计算量较大、收敛困难，因此低维理论模型更适宜在电堆的初步设计中应用。等效刚度模型（Equivalent Stiffness Model，ESM）是电堆装配中确定封装载荷常用的方法[8，9]，广泛应用于燃料电池的封装力设计、力学分析以及强度验证。等效刚度模型中燃料电池电堆的主要组件均被简化为弹性元件，图 5-10 所示为电堆等效刚度模型，简化后的电堆组件以串联和并联的形式组成了完整的电堆。该方法简化了电堆装配载荷计算的难度与计算量，可以对特定装配载荷下电堆的内部受力情况进行分析，通过分析密封组件上的接触压强来评估电堆的密封情况，为电堆设计过程中封装力选择提供参考。

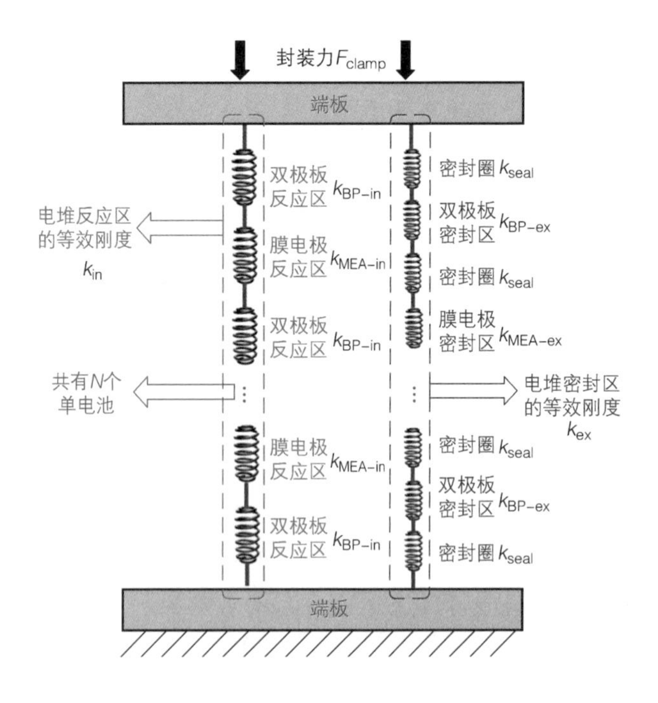

图 5-10　电堆等效刚度模型

下面以螺栓封装的燃料电池电堆为例，对电堆的等效刚度模型进行介绍。引入以下假设：端板被视为刚体，不发生弹性形变；每个螺栓承受相同的载荷，在装配过程中的形变量相同；封装力只导致电堆各组件在载荷方向上的弹性变形；不考虑热应力的影响。

电堆中受拉或受压的弹性元件在载荷方向上的等效刚度为

$$k = \frac{EA}{L} \tag{5-20}$$

式中，k 是弹性元件的等效刚度（N/m）；E 是弹性元件的弹性模量（N/m^2）；A 是弹性元件在垂直于载荷方向上的横截面积（m^2）；L 是弹性元件在载荷方向上的长度（m）。

电堆由许多单电池组成，可以通过将各单电池组件的等效刚度按顺序组合起来得到电堆的等效刚度，电堆中反应区的等效刚度为

$$k_{in} = \frac{1}{\sum_{i=1}^{N_{cell}+1}(1/k_{BP\text{-}in}^{i}) + \sum_{i=1}^{N_{cell}}(1/k_{MEA\text{-}in}^{i})} \tag{5-21}$$

式中，k_{in}是电堆反应区的等效刚度（N/m）；N_{cell}是电堆中单电池数目；$k_{BP\text{-}in}$是反应区双极板等效刚度（N/m）；$k_{MEA\text{-}in}$是反应区膜电极的等效刚度（N/m）。

对于电堆边缘的密封区，其等效刚度可表示为

$$k_{ex} = \frac{1}{\sum_{i=1}^{N_{cell}+1}(1/k_{BP\text{-}ex}^{i}) + \sum_{i=1}^{N_{cell}+1}(1/k_{seal}^{i}) + \sum_{i=1}^{N_{cell}}(1/k_{MEA\text{-}ex}^{i})} \tag{5-22}$$

式中，k_{ex} 是电堆密封区的等效刚度（N/m）；$k_{BP\text{-}ex}$ 是密封区双极板等效刚度（N/m）；k_{seal} 是密封圈等效刚度（N/m）；$k_{MEA\text{-}ex}$ 是密封区膜电极的等效刚度（N/m）。

图 5-11 所示为紧固前膜电极与密封圈厚度差异，在施加封装载荷前电堆中双极板与膜电极之间的界面上存在间隙，这意味着在夹紧载荷的作用下电堆的反应区与密封区产生的形变量不同，反应区与密封区的载荷需要单独计算，通过两部分载荷的相加计算出电堆总的载荷。

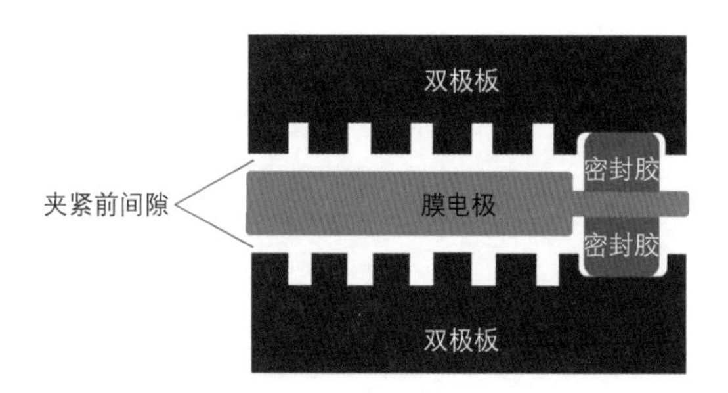

图 5-11　紧固前膜电极与密封圈厚度差异

假设电堆在夹紧前所有的单电池中膜电极与双极板的间隙大小相同，当电堆装配完成后，施加在电堆上的载荷可以表示为

$$F_{\text{clamp}} = k_{\text{in}}\delta_{\text{fasten}} + k_{\text{ex}}(\delta_{\text{fasten}} + 2N_{\text{cell}}\delta_{\text{initial}}) \tag{5-23}$$

式中，F_{clamp} 是施加在电堆上的总载荷（N）；δ_{fasten} 是膜电极与双极板的间隙消失后电堆的形变量（m）；δ_{initial} 是膜电极与双极板在电堆夹紧前间隙的尺寸（m）。

计算出总的装配载荷后即可确定出需要施加在螺栓上的力矩，在螺栓螺纹的弹性区域内，单个螺栓的拧紧力矩可表示为

$$\tau = \frac{k_{\text{tor}}F_{\text{clamp}}d_{\text{bolt}}}{N_{\text{bolt}}} \tag{5-24}$$

式中，τ 是力矩（N·m）；k_{tor} 是力矩系数；d_{bolt} 是螺纹公称直径（m）；N_{bolt} 是螺栓的数目。

5 设计方案验证与设计流程梳理

图 5-12 所示为本章所述电堆设计方法的详细流程。其中电堆设计方案的评估指标主要为输入参数的设计目标，如额定电压、额定功率、质量、体积以及功

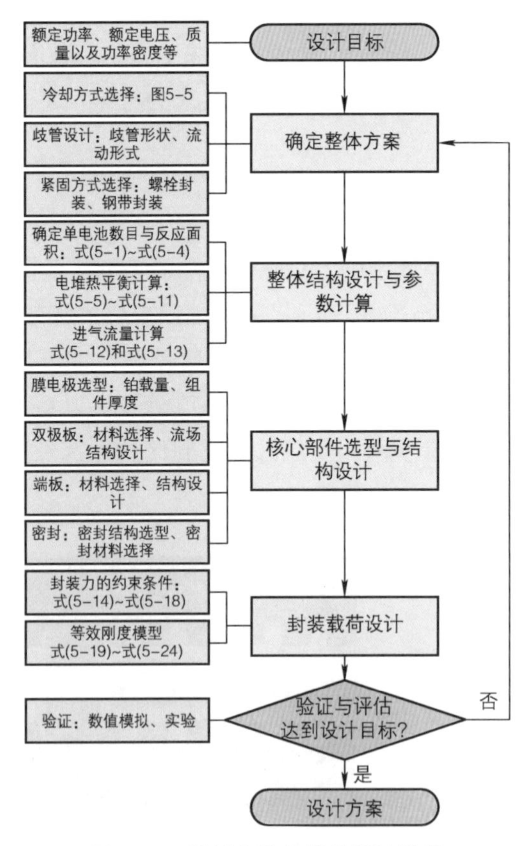

图 5-12　燃料电池电堆的设计流程

率密度等。电堆的验证与评估主要有数值仿真和实验测试两种手段。对于已经初步完成的电堆设计方案，基于数值仿真计算的结果，可以高效地判断设计方案是否达到预期目标，并及时发现电堆设计中存在的缺陷，从而找到优化电堆设计的方向。数值方法具有节省电堆的制造与测试时间以及经济成本的优势，但难以检测出电堆所有具体存在的问题，通过打样测试进行电堆设计方案的全面评估是必要的。

5.2.2 设计实例

下面通过一个实例来对上述电堆设计流程进行说明。燃料电池可应用的领域广泛，设计电堆的第一步需要明确电堆的使用场景和应用需求，从而基于电堆的具体应用情况制定出适宜的设计方案。通过电堆的实际应用需求可以确定设计目标，主要包括输出功率、电堆电压、功率密度、质量与体积大小、成本以及使用寿命等。电堆的设计目标是设计流程中的输入也是检验设计方案是否成功的指标。本实例中电堆的设计目标主要包括：单电池反应区面积小于 120cm^2，最大持续功率 300W，电堆主体质量（包括风扇）小于 5kg，风扇的功耗小于 60W。

1 电堆整体方案选择

由于电堆的目标输出功率小于 1kW，且对质量有着严格要求，本实例选用空气冷却作为电堆的冷却方式，设定电堆的工作温度为 50℃。空气冷却方式通常应用于低功率燃料电池系统中，大多采用图 5-13 所示的开放式阴极结构，由风扇将环境空气直接泵入阴极流道中，阴极供气系统和冷却系统被集成在一起，阴极流场中流动的空气既为电化学反应提供所需的氧气，同时充当冷却介质，且没有进气加湿装置，燃料电池系统结构得到了很大的简化。但空气冷却的能力较差，虽然提高阴极流道中空气流速可以改善电堆的散热性能，但高流速的气流会带走电堆中大量的水使质子交换膜干燥，导致较大的欧姆损失使电堆性能降低。合理的设计方案对于保障空气冷却电堆的输出性能和耐久性有重要意义。

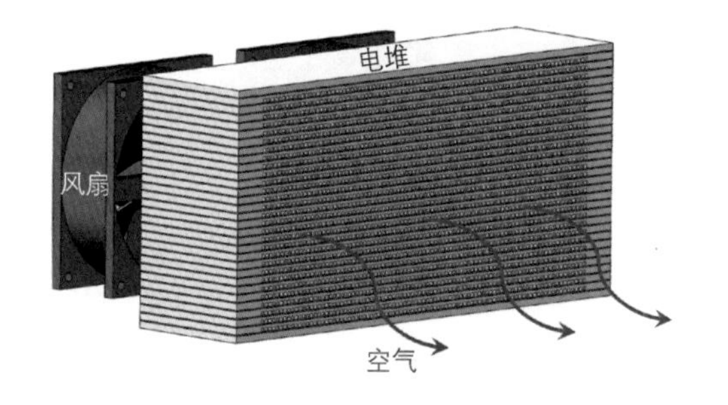

图 5-13　阴极开放式空冷电堆结构

开放式阴极结构的电堆没有三腔结构，其阴极反应物流场与冷却介质流场被合二为一，为外部歧管设计。阳极氢气流场采用内部歧管，由于电堆中的单电池数量较少，比较容易实现氢气在电池间的均匀分配，实例中氢气歧管采用 U 形流动形式，且不对歧管的结构与形状做特别的设计。阴极反应物流场是空气冷却电堆的设计重点，由于采用风机直接送风，空气进入阴极流场之前流动是不均匀的，单电池间难以实现均匀的流量分配，这导致了电堆的性能一致性较差。

由于设计的是小型电堆，装配过程相对比较简单，且定制集成式密封的价格昂贵，本实例采用独立式密封结构，膜电极、双极板以及密封组件分别单独加工，装配时各组件通过封装力集成在一起。采用螺栓封装作为电堆的紧固方式，对端板设计的要求较低，可靠性较高，有利于简化系统结构，降低电堆的成本。

2 电堆整体结构设计与参数计算

考虑到实际应用中空气冷却电堆的尺寸以及其相对较差的性能，将单电池的工作点额定电流密度设定为 0.5A/cm²，额定电压设定为 0.6V，该工作点的选取相对保守从而可以为电堆在实际运行中留有余量。电堆中膜电极的有效面积设定为 100cm²，根据设计指标中对电堆输出功率的需求可以计算出串联的单电池数目为

$$N_{\mathrm{cell}}=\frac{P_{\mathrm{fc}}}{IV_{\mathrm{cell}}A_{\mathrm{cell}}}=\frac{300}{0.5\times0.6\times100}=10 \tag{5-25}$$

阳极侧反应物的工作压强设定为 150kPa，为了使系统简单，不对反应物进行增热加湿处理，氢气的化学计量比设定为 1.5，环境中空气温度设定为 T_0 =293.15K，氢气入口温度与环境气温一致，则电堆氢气的入口流量为

$$\dot{V}_{\mathrm{a,in}}=\frac{IA_{\mathrm{cell}}}{2F}\xi_{\mathrm{a}}\frac{RT_{\mathrm{a,in}}}{p_{\mathrm{a,in}}}N_{\mathrm{cell}}=\frac{0.5\times100}{2\times96485}\times1.5\times\frac{8.314\times293.15}{150000}\times10=3.78\times10^{-3}(\mathrm{cm^3/min}) \tag{5-26}$$

进一步确定单片膜电极活化区域的长宽比例，从而确定整个电堆的形状与尺寸。开放阴极式结构电堆中膜电极的宽度主要取决于阴极平行流道的长度，减小阴极流道的长度可以降低空气的流动阻力，并有利于提高电堆温度的均匀性，但当膜电极的长度固定时，减小阴极流道的长度，对应的单电池活化面积也随之减小，电堆的输出电流会降低，电堆的最大输出功率较小[10, 11]。空气冷却电堆阴极流道长度通常在 2～20cm 范围内选取，本实例中阴极流道长度设定为 6cm，膜电极有效区域的宽度设定为 5cm，对应的膜电极反应区域的长度为 20cm。

在进行电堆的流动和传热计算之前需要先确定双极板上阴极流场的结构与尺寸。空气冷却电堆阴极流场中流动的空气同时充当反应物与冷却介质，由于需要承担电堆的主动散热功能，阴极气体流道的深度和宽度通常都比阳极气体流道大。本实例将双极板上阴极流道深度、宽度、数目分别设定为 2mm、1.5mm、80。图 5-14 所示为双极板上阴极侧具体结构。

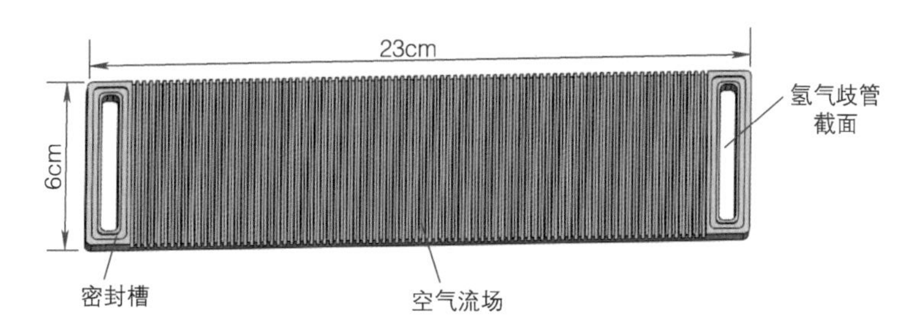

图 5-14　双极板上阴极侧具体结构

接下来依据实例来说明空气冷却电堆内的流动和换热计算，电堆工作时产生的热量为

$$\Phi_{\mathrm{h}}=P_{\mathrm{fc}}\left(\frac{E_{\mathrm{r}}}{V_{\mathrm{cell}}}-1\right)=300\times\left(\frac{1.229}{0.6}-1\right)=314.5\ (\mathrm{W}) \tag{5-27}$$

由于电堆工作的温度较低，通过自然对流和辐射散失的热量均较少，忽略这两种散热形式的影响。开放阴极结构的空气冷却电堆中阴极侧空气的化学计量比可以达到几十甚至上百 [12]，阴极侧的反应物流量远大于阳极侧，这里假定电堆的散热主要是靠阴极侧的反应气流的主动散热，忽略阳极侧反应气流带走的热量。

电堆内阴极流道总对流换热面积为

$$A_{\mathrm{ch,c}}=2(d_{\mathrm{ch,c}}+w_{\mathrm{ch,c}})L_{\mathrm{ch,c}}N_{\mathrm{ch,c}}N_{\mathrm{cell}}=0.336\ (\mathrm{m}^2) \tag{5-28}$$

式中，$d_{\mathrm{ch,c}}$是阴极流道的深度（m）；$w_{\mathrm{ch,c}}$是阴极流道的宽度（m）；$L_{\mathrm{ch,c}}$是阴极流道的长度（m）；$N_{\mathrm{ch,c}}$是单片双极板上阴极流道的数目。

垂直空气流动方向上阴极通道截面积之和为

$$A_{\mathrm{cr,c}}=N_{\mathrm{ch,c}}N_{\mathrm{cell}}d_{\mathrm{ch,c}}w_{\mathrm{ch,c}}=0.0024\ (\mathrm{m}^2) \tag{5-29}$$

阴极反应气流起着主动冷却的作用，较小的阴极侧气流进出口温差可以提高电堆温度均匀性，但减小温差需要更大的空气流量，这会增大冷却风扇的寄生功耗，这里取对流换热温差$\Delta T_{\mathrm{ch,c}}$ =10K，阴极流道中气体的定性温度为

$$T_{\mathrm{m}}=T_0+\frac{\Delta T_{\mathrm{ch,c}}}{2}=298.15\ (\mathrm{K}) \tag{5-30}$$

定性温度下空气普朗特数 Pr =0.702，空气密度 ρ_{air} =1.185kg/m^3，导热系数 k_{air} =2.63 × 10^{-2}W /（m · K），动力黏度 μ_{air} =1.84 × 10^{-5}Pa · s。

需要的阴极流道内表面对流传热系数为

$$h_{\mathrm{f}}=\frac{\Phi_{\mathrm{h}}}{A_{\mathrm{ch,c}}\Delta T_{\mathrm{ch,c}}}=93.6\left[\mathrm{W/(m^2\cdot K)}\right] \tag{5-31}$$

阴极流道当量直径为

$$d_{\mathrm{e}}=\frac{4d_{\mathrm{ch,c}}w_{\mathrm{ch,c}}}{2(d_{\mathrm{ch,c}}+w_{\mathrm{ch,c}})}=1.714\times10^{-3}\ (\mathrm{m}) \tag{5-32}$$

阴极流道内强制对流换热对应的努塞特数为

$$Nu=\frac{h_{\mathrm{f}}d_{\mathrm{e}}}{k_{\mathrm{air}}}=6.1 \tag{5-33}$$

由于阴极流道的尺寸较小，与常规流道内的换热差别较大，在这里选用微通道内流体对流换热的努塞特数拟合关联式为[13]

$$\begin{aligned}&Nu=0.000972Re^{1.17}Pr^{\frac{1}{3}} &&\text{层流}\\&Nu=0.00000382Re^{1.96}Pr^{\frac{1}{3}} &&\text{紊流}\end{aligned} \tag{5-34}$$

这里先假定流动为层流，可推导得到该流动的雷诺数为

$$Re=\left(\frac{Nu}{0.000972Pr^{\frac{1}{3}}}\right)^{\frac{1}{1.17}}=1948 \tag{5-35}$$

阴极流道内所需的空气的平均流速为

$$u_{\mathrm{ch,c}}=\frac{Re\mu_{\mathrm{air}}}{\rho_{\mathrm{air}}d_{\mathrm{e}}}=17.65\ (\mathrm{m/s}) \tag{5-36}$$

阴极流场中需要风扇提供的空气体积流量为

$$\dot{V}_{\mathrm{c,in}}=u_{\mathrm{ch,c}}A_{\mathrm{cr,c}}=2.542\ (\mathrm{m^3/min}) \tag{5-37}$$

阴极通道内的压降可以通过 Hagen-Poiseuille 方程进行估算[14]，满足散热需求时阴极流道中的最小压降为

$$\Delta p_{\mathrm{ch,c}}=\frac{64}{Re}\frac{L_{\mathrm{ch,c}}}{d_{\mathrm{e}}}\frac{\rho_{\mathrm{air}}u_{\mathrm{ch,c}}^2}{2}=32\mu_{\mathrm{air}}\frac{L_{\mathrm{ch,c}}}{d_{\mathrm{e}}^2}u_{\mathrm{ch,c}}=212.25\ (\mathrm{Pa}) \tag{5-38}$$

考虑到本实例电堆的尺寸，选择直径为 12cm 的轴流风扇作为冷却风扇，假设风扇位置排布合理，忽略除阴极通道内压降以外的压力损失，可以计算出风扇需要提供的静压为

$$p_{\mathrm{static}}=\frac{1}{2}\rho_{\mathrm{air}}(u_{\mathrm{ch,c}}^2-u_{\mathrm{fan}}^2)+\Delta p_{\mathrm{ch,c}}=\frac{1}{2}\rho_{\mathrm{air}}u_{\mathrm{ch,c}}^2\left(1-\frac{A_{\mathrm{cr,c}}^2}{A_{\mathrm{cr,fan}}^2}\right)+\Delta p_{\mathrm{ch,c}} \tag{5-39}$$

式中，$A_{\mathrm{cr,fan}}$是风扇的流动截面积（$\mathrm{m^2}$）。

风扇的风量与静压并不是固定的，在不同静压下会得到不同的风量，选择风

扇时的重要参考是风扇的特性曲线，即风扇的静压 - 流量曲线。为满足电堆的散热需求，这里选用特性曲线为图 5-15 所示的市售轴流风扇的特性曲线与空冷电堆阴极流场阻抗，采用脉冲宽度调制技术对风扇进行调速。电堆阴极流场阻抗曲线与风扇特性曲线在图中的交点即为风扇的工作点，当风扇的占空比为 100% 时，风扇提供给电堆的空气流量为 3.1m^3/min，大于电堆需求的 2.542m^3/min，所选型的风扇满足设计要求。

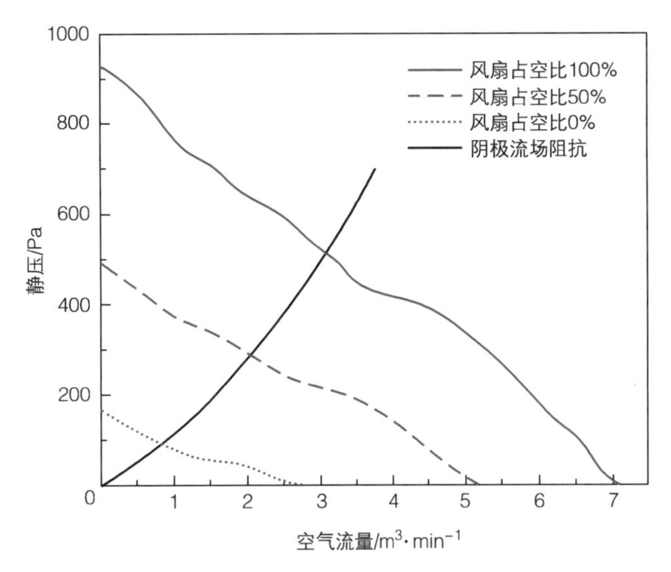

图 5-15　风扇特性曲线与空冷电堆阴极流场阻抗

3 电堆核心部件选型与结构设计

本实例中双极板上阳极流场也采用平行直流道的结构，其中阳极流道的深度、宽度、数目分别设定为 0.5mm、1mm、25。双极板上阴极反应区流场和阳极反应区流场的结构参数见表 5-2。考虑到雕刻石墨板最薄处要超过 0.9mm 来保证双极板结构的稳定性和低气体渗透性 [15]，将双极板的厚度设置为 4mm。图 5-16 所示为双极板中阳极侧具体结构。

表 5-2　双极板流场结构参数

项目	高度 /cm	宽度 /cm	长度 /cm	数目
阴极流道	0.2	0.15	6	80
阴极脊	0.2	0.1	6	82
阳极流道	0.05	0.1	20	25
阳极脊	0.05	0.1	20	24

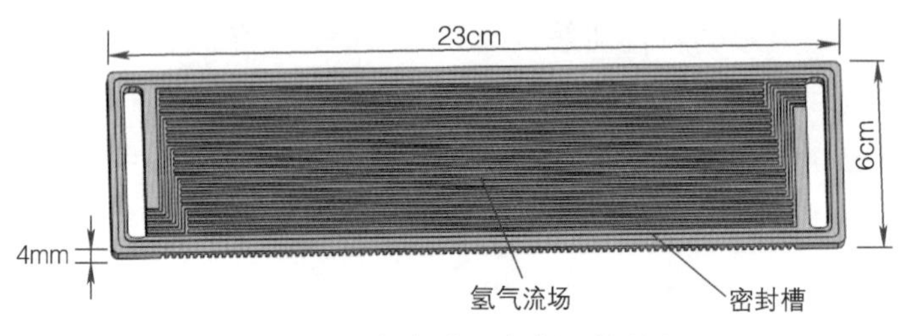

图 5-16 双极板中阳极侧具体结构

本实例选用铝合金作为端板的材料，其弯曲应力为 524MPa，密度较小，仅为 2.66kg/cm^3。从制造的角度来看，增加端板厚度即可让端板具有较高的刚度，但端板的质量及体积也会随之增加，受空冷电堆总重量和体积的限制，选用端板厚度为 3cm。图 5-17 所示为所设计端板的具体外观结构，端板上布置 12 个螺纹规格为 M8 的螺栓来施加封装载荷，其中端板长边布置 5 个螺栓，短边布置 3 个螺栓来安排螺栓布局。

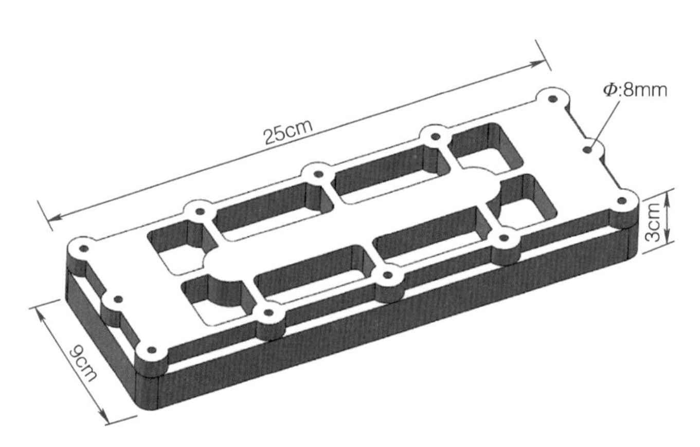

图 5-17 端板的具体外观结构

本实例采用一款商用膜电极，该膜电极由阴极气体扩散层、阴极催化层、质子交换膜、阳极催化层、阳极气体扩散层组成，其中质子交换膜的厚度为 12μm，气体扩散层厚度为 271μm，边框厚度为 42μm，阳极催化层铂载量为 0.05mg/cm^2，阴极催化层铂载量为 0.3mg/cm^2。电堆两侧端板和双极板之间通常需要设置绝缘板来实现电堆外壳的绝缘，绝缘板采用环氧树脂材料，其长度为 23cm，宽度为 7cm，厚度为 4mm。集流板是电堆中用于收集电流的部件，本实例中其材料选用具有良好导电性能且价格便宜的纯铜板，其长度为 20cm，宽度为 5cm，厚度为 2mm。

4 电堆的封装载荷设计

电堆各组件的材料属性和结构参数见表 5-3，设电堆运行氢气压强为 50kPa，忽略双极板沟脊结构带来的影响，电堆封装载荷的计算如下。

表 5-3　电堆各组件的材料属性和结构参数

组件名称	弹性模量 /MPa	反应区横截面积 /cm^2	密封区横截面积 /cm^2	厚度 /mm
膜电极	10000	100	80	0.5
双极板	10000	300	80	4
阳极密封圈	1200	0	15	1.2
阴极密封圈	1200	0	2	1.2

本实例中使用等效刚度力学模型引入以下假设：MEA 的厚度相同、密封圈的厚度相同、组装过程在室温下完成等。设定密封圈压缩后与双极板的接触宽度为 1mm，为保障电堆中的氢气不泄漏，密封圈表面需要的最小平均接触压强为

$$p_{\text{seal}}^{\min}=\frac{5.5\times10^6+3.2p_{\text{gas}}}{\sqrt{1000w_{\text{seal}}}}=\frac{5.5\times10^6+3.2\times0.5\times10^6}{\sqrt{1000\times1.0\times10^{-3}}}=7.3\times10^6\ (\text{Pa})\tag{5-40}$$

本实例中双极板上阴极侧密封接触面的面积远小于阳极侧，氢气泄漏易发生在阳极密封区。氢气不发生泄漏所需的最小封装力为

$$F_{\text{seal}}=p_{\text{seal}}^{\min}A_{\text{seal,a}}=7.3\times10^6\times25\times10^{-4}=18250\ (\text{N})\tag{5-41}$$

式中，$A_{\text{seal,a}}$ 为阳极密封圈与双极板接触面积（m^2）。

由于电堆的开放式阴极结构，阴、阳极密封圈的等效刚度并不相同，计算如下：

$$k_{\text{seal,a}}=\frac{E_{\text{seal}}A_{\text{seal,a}}}{\delta_{\text{seal}}}=\frac{1200\times10^6\times15\times10^{-4}}{1.5\times10^{-3}}=1.2\times10^9\ (\text{N/m})\tag{5-42}$$

$$k_{\text{seal,c}}=\frac{E_{\text{seal}}A_{\text{seal,c}}}{\delta_{\text{seal}}}=\frac{1200\times10^6\times2\times10^{-4}}{1.5\times10^{-3}}=1.6\times10^8\ (\text{N/m})\tag{5-43}$$

式中，$k_{\text{seal,a}}$为阳极密封圈等效刚度（N/m）；δ_{seal}为密封圈的厚度（m）；$k_{\text{seal,c}}$为阴极密封圈等效刚度（N/m）。

双极板与膜电极间的间隙大小为

$$Z_{\text{initial}}=\delta_{\text{seal}}-d_{\text{seal}}-\Delta\delta_{\text{MEA}}=1.5-1.2-0.2=0.1\ (\text{mm})\tag{5-44}$$

式中，d_{seal} 为双极板上密封槽深度（mm）；$\Delta\delta_{\text{MEA}}$为膜电极在反应区与密封区的厚度差（m）。

这里以其中一个阳极侧密封圈为分析对象，当双极板与膜电极间的间隙压缩至消失，所需要的压力为

$$F_{\text{initial}}=Z_{\text{initial}}k_{\text{seal,a}}=0.1\times10^{-3}\times1.2\times10^9=1.2\times10^5\ (\text{N})\tag{5-45}$$

由于$F_{\text{initial}} > F_{\text{seal}}$，所设计的密封圈在合适的压力下可以满足电堆的密封需求，为了减小双极板与气体扩散层的接触电阻，封装力需要大于F_{initial}使双极板与气体扩散层紧密接触。依据经验设定阳极双极板与膜电极在反应区的平均接触应力为1MPa。

电堆反应区的等效刚度为

$$\begin{aligned} k_{\text{in}} &= \frac{1}{\sum_{i=1}^{N_{\text{cell}}+1}(1/k_{\text{BP-in}}^{i}) + \sum_{i=1}^{N_{\text{cell}}}(1/k_{\text{MEA-in}}^{i})} \\ &= \frac{1}{\sum_{i=1}^{11}\left[1/(2.5\times10^{10})\right] + \sum_{i=1}^{10}\left[1/(1.81\times10^{11})\right]} \\ &= 2.02\times10^{9}(\text{N/m}) \end{aligned} \tag{5-46}$$

双极板与膜电极的间隙消失后电堆密封区的等效刚度为

$$\begin{aligned} k_{\text{ex}} &= \frac{1}{\sum_{i=1}^{N_{\text{cell}}+1}(1/k_{\text{BP-ex}}^{i}) + \sum_{i=1}^{N_{\text{cell}}+1}(1/k_{\text{seal,a}}^{i}) + \sum_{i=1}^{N_{\text{cell}}+1}(1/k_{\text{seal,c}}^{i}) + \sum_{i=1}^{N_{\text{cell}}}(1/k_{\text{MEA-ex}}^{i})} \\ &= \frac{1}{\sum_{i=1}^{11}\left[1/(2.0\times10^{10})\right] + \sum_{i=1}^{11}[1/(1.2\times10^{9})] + \sum_{i=1}^{11}[1/(1.6\times10^{8})] + \sum_{i=1}^{10}\left[1/(1.45\times10^{11})\right]} \\ &= 1.28\times10^{7}\ (\text{N/m}) \end{aligned} \tag{5-47}$$

当双极板与膜电极在反应区的平均接触应力为 1MPa 时，电堆反应区产生的形变为

$$\delta_{\text{fasten}} = \frac{P_{\text{contact}}A_{\text{act}}}{k_{\text{in}}} = \frac{10^{6}\times100\times10^{-4}}{2.02\times10^{9}} = 4.95\times10^{-6}\ (\text{m}) \tag{5-48}$$

双极板与膜电极的间隙消失后需要再次对电堆施加的载荷为

$$F_{\text{fasten}} = (k_{\text{ex}} + k_{\text{in}})\delta_{\text{fasten}} = 10062\ (\text{N}) \tag{5-49}$$

电堆需要施加的封装力为

$$F_{\text{total}} = F_{\text{fasten}} + F_{\text{initial}} = 130062\ (\text{N})$$

5 设计结果

在电堆装配过程中，通常需要使用定位装置将电堆内部的膜电极组件、密封件、双极板以及端板等部件对齐，避免装配过程中各组件发生相对位移。本实例

中采用内定位的方式，共 4 个定位杆排布在靠近双极板短边的两侧，定位杆采用直径为 4 mm 的圆柱形钢材，其长度为 18cm。电堆装配时先将电堆下端板放在组装台固定好，然后将内定位杆插入电堆下端板预先打好的定位孔内，借助定位杆将双极板、密封圈以及膜电极进行堆叠。最后将集流板、绝缘板以及上端板堆叠在最上层，通过压力机将电堆加压至预定的压力，使用螺栓进行紧固，组装完毕后取下定位杆。采用保压测试来检测密封性能，确保电堆运行中氢气不发生泄漏，采用电压巡检仪采集各单电池电压，电压触点用导电树脂连接到单电池上，图 5-18 所示为电堆装配后的实物。至此已经完成了电堆的初步设计方案，空气冷却电堆设计方案的主要设计参数见表 5-4。

图 5-18　电堆装配后的实物

表 5-4　空气冷却电堆设计方案的主要设计参数

性能参数	值	组件名称	尺寸与质量
电池数量	10	膜电极反应区域（长，宽）	20cm，5cm
单电池电压	0.6V	质子交换膜（厚度）	12μm
电流密度	$0.5A/cm^2$	气体扩散层（厚度）	271μm
反应区面积	$100cm^2$	双极板（长，宽，高，质量）	23cm，6cm，0.3cm，57g
电堆输出电压	6V	绝缘板（长，宽，高，质量）	23cm，6cm，0.4cm，45g
电堆输出功率	300W	集流板（长，宽，高，质量）	20cm，5cm，0.2cm，30g
净输出功率	243.4W	端板（长，宽，高，质量）	25cm，9cm，3cm，1400g
风扇功耗	57.6W	风扇（边长，厚度，质量）	12cm，3.8cm，460g
电堆主体质量	4.8kg	螺栓（数量，型号，质量）	12，M8，42g

5.3 燃料电池电堆等效网络模型与神经网络方法

实际使用的燃料电池电堆由多片单电池组装而成，电堆尺度的仿真对燃料电池技术的改进与革新有重要意义。电堆尺度的仿真相比单电池仿真需要进一步考虑电堆对物料的分配特征，因此涉及燃料电池电堆的数值仿真主要集中于单电池间不一致性研究和物料分配研究。燃料电池电堆是通过双极板的串联构建电子传输通道向外部供电的，因此电堆设计的最理想情况是反应气体与冷却介质在各单电池内均匀分配，保证电堆内每片单电池都能达到该工况下的设计工作点。电堆的结构和操作条件使得电堆歧管流入单电池的流体流量通常存在差异，而合理设计电堆的歧管结构能够提升反应物和冷却介质在电堆内的分配均匀性。燃料电池电堆流道的结构设计和开发主要通过实验、数值计算等方法实现，而电堆流道设计的对象主要包括流道数量、尺寸、流动模式、歧管的形状和截面积等。由于针对燃料电池电堆的实验成本高昂且实验结果中获得的信息有限，因此低维解析模型、CFD 数值模型和机器学习模型被越来越多地应用于燃料电池电堆流道设计中。

5.3.1 流体网络方法

随着燃料电池的研究与应用从单电池提升到燃料电池电堆，电堆分配特性对电堆性能的重要性逐渐凸显。类比单电池结构中主要承担物料分配的双极板，燃料电池电堆中通过分配歧管实现不同单电池的物料与冷却介质分配 [16]。燃料电池电堆的数值仿真集中探究单电池间不一致性和物料分配对电堆性能的影响，采用精细的全尺寸仿真方法存在计算资源消耗大、时间成本高等问题，因此通过电学类比的流体网络法进行电堆尺度的仿真逐渐增多 [17]。本节主要介绍通过流体网络方法实现电堆中反应物气体与冷却介质分配特征的高效计算的仿真方案。

1 燃料电池中的流体网络

燃料电池电堆中的流体网络包括阳极、阴极和冷却液三种，对应堆中双极板上设有的燃料、氧化剂和冷却液三腔结构。电堆封装时，需要使用橡胶等密封材料对三腔流体等进行物理隔绝，以免三腔互窜引起燃料电池运行事故，因此三个流体网络不会相互影响，可解耦计算。燃料、氧化剂和冷却液三种流体通过独立

腔与双极板上的流场通道结构等实现独立连通。图 5-19 所示为由 5 片单电池组成的电堆三腔分配，所用燃料、氧化剂与冷却液分别为氢气、空气和冷却液，因此该电堆内物料分配包括氢气分配、空气分配和冷却液的分配。三腔物料依靠总管－歧管分配至各个单电池内部，在单电池内通过双极板与冷却液流道实现物料的均匀分配[18]。燃料电池电堆的物料分配方式最常见的为 U 形和 Z 形，U 形结构的特点是总管入口和出口位于电堆的同一端，而 Z 形结构的总管入口和出口分别位于电堆的两端。

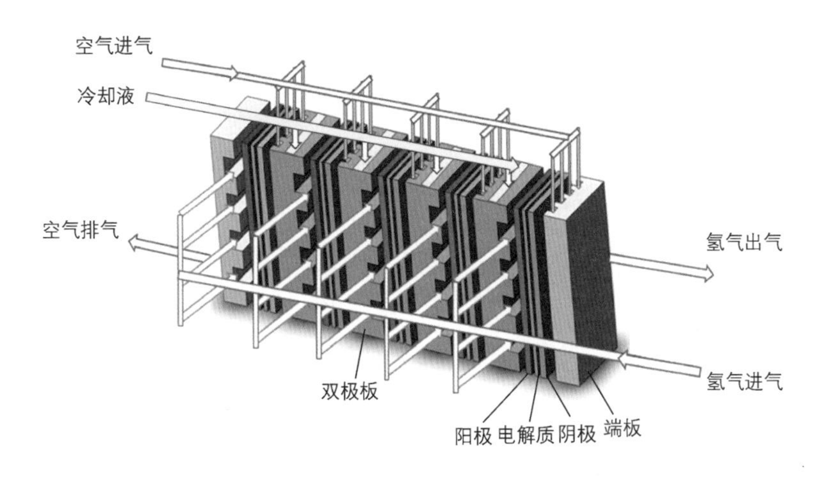

图 5-19　5 片单电池组成的电堆三腔分配

2 流体网络模型构建

流体网络（Hydraulic flow network）是进行流体力学研究常用的分析模型，类比电学中电阻网络与传热学中热阻网络的构建思路，将压力类比为电压，将流体的流量类比为电流，将压力与流量之比——流阻类比为电阻，从而将流体分配过程比拟为电路进行计算求解，这一方法应用首要考核问题是这一类比的合理性。

图 5-20 所示为电阻－热阻－流阻网络之间的问题描述与网络结构类比。流体网络模型比拟源于电荷传递与流体传质两种物理现象的控制方程在一维简化后存在一致性，在一定的假设下两种物理现象的控制方程都能表示为电路中基尔霍夫定律（Kirchhoff's law）的形式。基尔霍夫定律是电路中电流与电压所遵循的基本规律，包括基尔霍夫电流定律（Kirchhoff's Current Law，KCL）与基尔霍夫电压定律（Kirchhoff's Voltage Law，KVL），是复杂电路中求解支路电流与节点电压的主要手段。基尔霍夫电流定律表述为：进入节点的电流与流出节点的电流相等；基尔霍夫电压定律表述为：闭合回路所有元件电势差的代数和为 0。

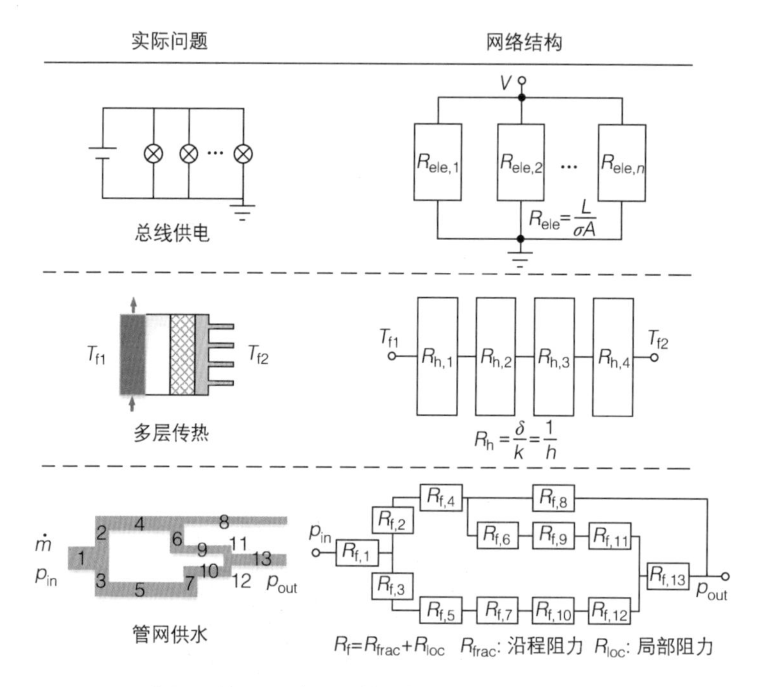

图 5-20 电阻－热阻－流阻网络之间的问题描述与网络结构类比

电荷传递中电流的控制方程为麦克斯韦安培定律，电势的控制方程为法拉第电磁感应定律。描述磁场激发电场现象的麦克斯韦安培定律在稳态下的微分形式为

$$\nabla \times \boldsymbol{B} = \mu_{\mathrm{M}} \boldsymbol{I} \tag{5-50}$$

式中，$\boldsymbol{B}$ 为磁感应强度（T）；μ_{M} 为介质磁导率（H/m）；$\boldsymbol{I}$ 为电流密度（$\mathrm{A/m^2}$）。

对式（5-50）两侧取散度后麦克斯韦安培定律可转化为电荷守恒定律：

$$\nabla \cdot \boldsymbol{I} = 0 \tag{5-51}$$

式（5-51）阐述了稳态下电荷输运中电荷量守恒的特性，在数学形式上与基尔霍夫电流定律一致，因此基尔霍夫电流定律是电荷守恒定律应用于电路的表达。电势的控制方程为法拉第电磁感应定律，这一定律在稳态的数学形式为

$$\nabla \times \boldsymbol{E} = 0 \tag{5-52}$$

式中，$\boldsymbol{E}$ 为电场强度（V/m）。

式（5-52）表明闭合曲面的电场强度积分为 0，对电路中的电场强度做线积分可得出电场强度的环路积分为 0，从而式（5-52）转化为基尔霍夫电压定律。从电压的物理本质入手，由于电压具备状态量的特征，而状态量在通过任一闭合路径后不发生改变，符合基尔霍夫电压定律。基于式（5-50）~ 式（5-52）对经典电磁学理论的分析与讨论可知，电路中的基尔霍夫电流与电压定律本质上是经典

电磁学中麦克斯韦安培定律与法拉第电磁感应定律的稳态简化形式。

接下来阐述流体传质过程中的压力与流量的控制方程，并说明流体传质过程中流量与压降和电荷传递中电流与电压的对应关系。流体传质过程中流量的控制方程为连续性方程，稳态下的连续性方程可写作

$$\nabla\cdot(\rho\boldsymbol{u})=0 \tag{5-53}$$

式（5-53）与式（5-51）形式上一致，实质上为电磁理论中电荷守恒与流体力学中质量守恒在数学描述上的统一性，因此基尔霍夫电流定律可用于描述流体传质过程中的流量特征。流体力学中的压力对应电势，压力梯度对应电场强度，由于压力是一个状态量，因此闭合回路压降的代数和也为 0，符合基尔霍夫电压定律的表述。因此流体力学的流量与压降的控制方程和电荷传输中电流与电势的控制方程存在一致性，均可用基尔霍夫定律进行计算。

表 5-5 对比了电磁学、传热学与流体力学的流势关系的控制方程，基于三者在数学描述上的相似性，类比电阻与热阻网络，流体网络模型符合流体传质特征。

表 5-5　稳态无源项电磁学、传热学与流体力学流势特性对比

物理场	电磁学 – 电阻网络	传热学 – 热阻网络	流体力学 – 流体网络
流特性	电荷守恒 $\nabla\cdot\boldsymbol{I}=0$	无源项能量方程 $\nabla\cdot\boldsymbol{q}=-k\nabla^2T=0$	连续性方程 $\nabla\cdot(\rho\boldsymbol{u})=0$
势特性	法拉第电磁感应定律 $\nabla\times(\boldsymbol{E})=0$	温度状态量特征 $\nabla\times(\nabla T)=0$	压力状态量特征 $\nabla\times(\nabla p)=0$
势流关系	欧姆定律 $\boldsymbol{I}=\kappa\boldsymbol{E}$	傅里叶导热定律 $\boldsymbol{q}=-k\nabla T$	达西 – 威斯巴赫方程 $\Delta p=f_{\mathrm{D}}\left(\dfrac{L}{d_{\mathrm{h}}}\right)\dfrac{1}{2}\rho\bar{u}_{\mathrm{ave}}^2$

流体网络中的势与流的关系和电阻网络不同，这一区别决定了二者求解方式的差异，增加了流体网络求解的困难。导体中的电荷输运由欧姆定律控制，该定律描述了电流与电压在同一种导体中的正比关系，指明了电荷传输速度与电压梯度和导体材料的关系；流体输运由连续性方程纳维 – 斯托克斯方程控制，通过简化后求解横截面积不变的不可压流体圆管道层流解析解，可得到压降与质量流量的关系：

$$\dot{m}=\frac{\rho\pi r_c^{\ 4}}{8\mu}\left(-\frac{\mathrm{d}p}{\mathrm{d}x}\right) \tag{5-54}$$

式中，r_c 为管道半径（m）；μ 为流体的动力黏度（Pa·s）；$\dot{m}$为流体的质量流量（kg/s）；该流动形式称为哈根 – 泊肃叶流动。

式（5-54）为层流下沿程阻力损失的一种解析表达，此时流量与压力梯度呈

线性关系，与电路中的欧姆定律形式一致。由于势与流的相互关系和二者自身的控制方程均一致，因此层流下流体网络与电阻网络模型在物理上可等效，亦可用同一套求解方式进行计算。

随着流速增大，流体流动逐渐过渡到湍流，此时式（5-54）所描述的压差与流量的线性关系被破坏，流动过程中的压降与流量关系表示为达西－威斯巴赫方程（Darcy-Weisbach equation）：

$$\Delta p = f_{\mathrm{D}}\left(\frac{L}{d_{\mathrm{h}}}\right)\frac{1}{2}\rho\bar{u}_{\mathrm{ave}}^{2} \tag{5-55}$$

式中，f_{D} 为达西摩擦因子，是一个描述实际流体流动过程中所受阻力大小的无量纲数，它与雷诺数和管道壁面的粗糙度有关；L 为管道长度（m）；d_{h} 为管道水力直径（m）；$\bar{u}_{\mathrm{ave}}$为流体在流通截面积上的平均速度（m/s）。

流体网络模型反映了电堆流体管网中反应气体的质量传递和压力变化的关系，是燃料电池电堆管网中质量守恒和压力平衡的体现。通过求解流体网络模型，可以获得电堆中每个电池的流量与压力的分布情况。

图 5-21 所示为 U 形电堆模型的物料分配特征，反应物通过分配歧管进入各单电池内部，通过汇流歧管收集各单电池的出口气流并流出电堆。

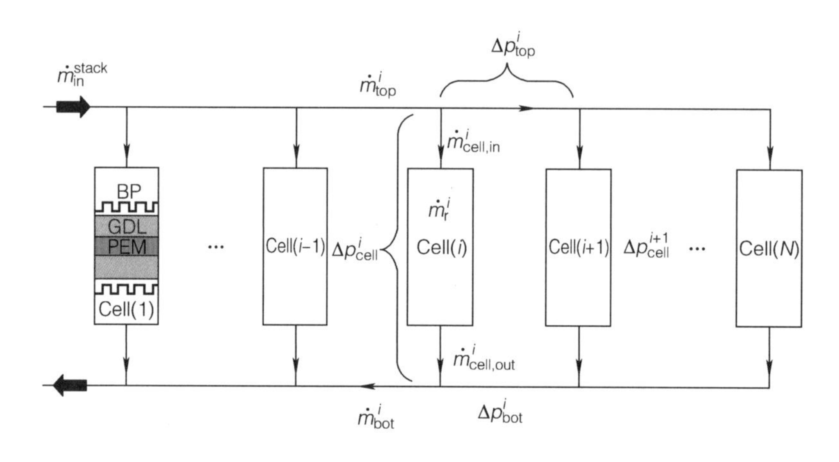

图 5-21　U 形电堆模型的物料分配特征

首先基于质量守恒方程构建电堆中流动与物料分配计算过程，电堆入口处的质量流量为

$$\dot{m}_{\mathrm{in}}^{\mathrm{stack}} = \sum_{i=1}^{N}\dot{m}_{\mathrm{cell,\,in}}^{i} \tag{5-56}$$

第 i 片电池的流量为

$$\dot{m}_{\text{top}}^{i}=\dot{m}_{\text{in}}^{\text{stack}}-\sum_{j=1}^{i}\dot{m}_{\text{cell,in}}^{j} \tag{5-57}$$

$$\dot{m}_{\text{bot}}^{i}=\begin{cases}\sum_{j=1}^{i}\dot{m}_{\text{cell,out}}^{j} & \text{Z形结构}\\ \sum_{j=i+1}^{N}\dot{m}_{\text{cell,out}}^{j} & \text{U形结构}\end{cases} \tag{5-58}$$

$$\dot{m}_{\text{cell,in}}^{i}=\dot{m}_{\text{cell,out}}^{i}+\dot{m}_{\text{r}} \tag{5-59}$$

式中，$\dot{m}_{\text{cell, in}}^{i}$ 和 $\dot{m}_{\text{cell,out}}^{i}$ 分别是第 i 个电池进口和出口处的气体质量流量（kg/s）；$\dot{m}_{\text{top}}^{i}$ 和 $\dot{m}_{\text{bot}}^{i}$ 分别是第 i 个歧管顶部和底部的气体质量流量（kg/s）；$\dot{m}_{\text{r}}$ 是电池中气体质量的变化速率（kg/s）。

每个单电池内反应物的消耗和生成物的产生都遵循法拉第电解定律：

$$\dot{m}_{\text{r}}=\begin{cases}\dfrac{IA_{\text{act}}}{2F}M_{H_2} & \text{阳极}\\ \dfrac{IA_{\text{act}}}{4F}M_{O_2}-\dfrac{IA_{\text{act}}}{2F}M_{H_2O} & \text{阴极}\end{cases} \tag{5-60}$$

式（5-56）~式（5-60）构建了燃料电池电堆流体网络的流量方程组，还需要建立满足压力平衡关系的压降方程组补充独立方程个数。

压力平衡关系要求燃料电池电堆管网中每个回路的压力变化都应为 0，因此压降方程组与基尔霍夫电压定律控制的方程组形式一致。两个相邻电池之间的压力平衡关系为

$$\Delta p_{\text{cell}}^{i}-\Delta p_{\text{top}}^{i}-\Delta p_{\text{cell}}^{i+1}+\alpha\Delta p_{\text{bot}}^{i}=0 \tag{5-61}$$

式中，$\Delta p_{\text{cell}}^{i}$、$\Delta p_{\text{top}}^{i}$ 和 $\Delta p_{\text{bot}}^{i}$ 分别表示第 i 个电池中、顶部分流歧管和底部汇流歧管的压降（Pa）；α 为歧管构型参数，对于 U 形结构 $\alpha=-1$，对于 Z 形结构 $\alpha=1$。

确定流量与压降的关系是流体网络构建的一大难点，这主要体现在两方面：其一，电阻与热阻网络中阻值通常为定值，但流体网络中各流道的流阻与流量相关；其二，由于流体网络不可避免地存在分流与汇流的流动特征，由此引入的局部阻力损失与该流道周围流道的流量相关，从而增加了求解的困难。

燃料电池电堆中的压降计算可分为沿程阻力损失与局部损失两部分，而从压降损失的空间位置划分则包括歧管中的流动压力损失和单电池内的流动压力损失。由于位置划分的压降直接对应流体网络构建流程，接下来将从歧管中的流动压力损失和单电池内的流动压力损失两方面介绍燃料电池电堆中的压力损失[18]。

歧管中的压力损失包括局部阻力损失（$\Delta p_{\text{local,MF}}$）和沿程阻力损失（$\Delta p_{\text{frac,MF}}$）：

$$\Delta p_{MF}=\Delta p_{local,MF}+\Delta p_{frac,MF} \tag{5-62}$$

局部阻力损失受流体动量变化的影响，通常发生在流体流动发生剧烈变化的区域，如弯管、分流与汇流结构中，其计算式为

$$\Delta p_{local,MF}=\frac{1}{A_{MF}}(\dot{m}_{out,MF}u_{out,MF}-\dot{m}_{in,MF}u_{in,MF}) \tag{5-63}$$

式中，u 是流速（m/s），歧管中流体的流速通过下式进行计算：

$$u_{MF}=\frac{\dot{m}_{MF}}{\rho A_{MF}} \tag{5-64}$$

式中，A_{MF} 是歧管的横截面积（m^2）；ρ 是流体的密度（kg/m^3）。

流体在管网中流动会与管壁之间进行摩擦从而引起流体的压力下降，这部分压力损失被称作沿程阻力损失，其计算式为

$$\Delta p_{frac,MF}=\frac{f_D\rho(\bar{u}_{ave,MF})^2}{2d_h^{MF}}L_{MF} \tag{5-65}$$

式中，L_{MF} 是歧管的长度；f_D 是摩擦系数，在壁面光滑的流道中它是雷诺数的函数：

$$f_D=\begin{cases}64(Re_{d_h^{MF}})^{-1} & Re_{d_h}\leqslant 2000\\ 0.316(Re_{d_h^{MF}})^{-1/4} & Re_{d_h}\geqslant 4000\end{cases} \tag{5-66}$$

$$Re_{d_h^{MF}}=\frac{\rho\bar{u}_{ave,MF}d_h^{MF}}{\mu} \tag{5-67}$$

式中，d_h^{MF} 是歧管的水力直径（m）。

质子交换膜燃料电池流道中气体压力损失计算与歧管部分相似，仍包含沿程阻力损失与局部损失。由于流经单电池的反应气体进入膜电极发生电化学反应，气体流道的入口与出口处反应物流量发生改变，所以流道中沿程阻力损失和局部阻力损失不同于歧管部分的方程，这一特点在低化学计量比下更加明显。

流道中的局部阻力损失为

$$\Delta p_{local,CH}=\frac{1}{A_{CH}}(\dot{m}_{out,CH}u_{out,CH}-\dot{m}_{in,CH}u_{in,CH}) \tag{5-68}$$

式中，A_{CH} 是单电池流道的横截面积（m^2）。

流道中由于摩擦而造成的沿程阻力损失为

$$\Delta p_{frac,CH}=\frac{f_D\rho(\bar{u}_{ave,CH})^2}{2d_h^{CH}}L_{CH} \tag{5-69}$$

式中，d_h^{CH} 是单电池流道的水力直径（m）；L_{CH} 是单电池流道的长度（m）。摩擦系数和气体流速都与电堆歧管部分的计算相同。

由于单电池内部的局部阻力损失较为复杂，研究者在流体网络建立时或将这部分损失统一在沿程阻力损失中通过系数进行修正，或基于达西定律将单电池视为多孔介质，给定渗透率或渗透率与流量的关联式计算单电池的总压降。采用将单电池视为多孔介质进行压降计算时，单电池的压降计算式为

$$\Delta p_{CH} = \frac{\mu \dot{m}_{CH}}{\rho K_{eq} A_{CH}} L_{CH} \tag{5-70}$$

式中，$\dot{m}_{CH}$ 是单电池流量（kg/s），因为单电池存在因电化学反应导致的质量损失，进出口流量不同，所以通常在计算中取进出口流量的平均值；K_{eq} 是单电池等效渗透率（m^2），这是将单电池等效为多孔介质后表示单电池流道特征的参数，通常通过实验、三维结构数值仿真或分块的理论压降计算获得。

由流量方程组与压降方程组共同构建的流体网络模型中，流量方程组为线性，而压降方程组通常呈现非线性，流阻与流量相关，因此需要用迭代的方法实现计算，常用的迭代求解方法有雅可比（Jacobi）迭代法、高斯－赛德尔（Gauss-Seidel）迭代法、超松弛迭代法等。求解方程组获得歧管与流道中的流量分布后，须代回压降方程，并通过输入入口压力或背压计算各节点的压力值。需要注意的是，若计算压降时所用的物性参数或压降计算式本身与压力有关，则需要在迭代过程中考虑节点压力的更新频率问题。

完成了流体网络模型基础结构搭建后，应考虑流体网络模型与单电池模型的数据交互，即模型间的相互耦合问题。在流体网络向单电池模型的单向交互方面，将电堆的阴阳极管网中计算得到的反应物流量与压力分布信息作为每个单电池流道中气体的入口条件，将冷却液管网信息作为单电池能量方程的边界条件，并结合本书第 3 章单电池模型，考虑电池内部组分传输、电荷传输、热量传递和电化学反应过程，即可获得电堆中每个单电池的输出电压。由于燃料电池电堆中各单电池串联，在忽略接触电阻时，可通过求解电堆中每个单电池的输出电压并求和，获得电堆整体输出电压，将单电池电压求和再与电流相乘可计算得到整个电堆的输出功率。电堆输出电压或输出功率均可作为目标函数实现电堆优化与结构改进。

若考虑流体网络模型与单电池模型的双向耦合问题，此时单电池模型向流体网络也存在信息传递，由于流体网络模型的输入信息只有流体物性与压降计算式两方面，因此单电池模型的信息也将转化为这两部分内容实现交互。流体物性方面的耦合通常通过单电池计算温度分布与液态水含量分布后，用单电池流道数据计算物性参数，进而计算压降与流量的关系；压降计算式方面则通常在压降计

算中考虑温度修正或组分修正，以实现更准确的压降计算，这种情况下也需要通过单电池模型反馈流道内的计算数据实现修正。但单电池模型与流体网络模型均依靠迭代法更新信息，双向耦合必然破坏单电池模型与流体网络模型本身的收敛性，从而可能导致耦合模型收敛困难、计算效率低等问题，导致低维模型失去本身的高效计算优势。因此采用双向耦合进行电堆的性能计算应建立在谨慎分析耦合物理量在电堆模型中的敏感性的基础上。

图 5-22 所示为流体网络模型求解流程。程序输入量包括：流体网络结构、歧管与单电池流道结构参数以及迭代计算过程中的松弛因子与收敛条件。初次计算时根据均匀分配假设初始化各流道流量。迭代过程中首先构建流量方程，并根据各流道流量计算歧管与单电池内的压降，进而构建压降方程并求解流量压降线性方程组，最后计算流量残差并判断是否达到收敛条件，若未达到收敛条件则更新流量，再次建立并求解流量压降方程组，直至残差满足收敛条件。获得满足收

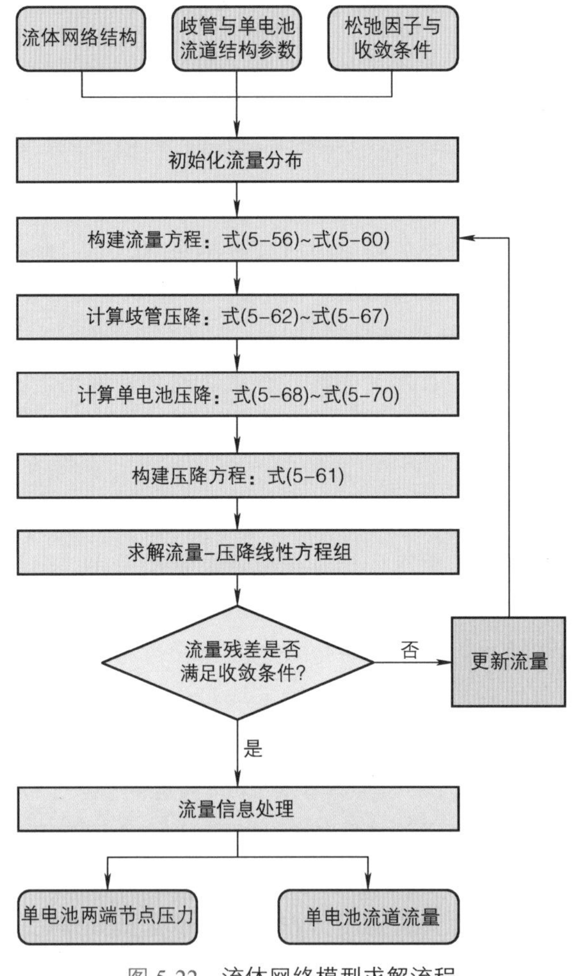

图 5-22　流体网络模型求解流程

敛条件的流量分布后，再进行歧管与单电池的压降计算，并将各流道流量与节点压降信息整理输出。图 5-22 所示求解流程中不考虑节点压力对压降的影响，若所用压降计算式考虑节点压力修正，则需要将信息处理模块置于迭代计算模块之中。

相比电堆的流体动力学数值仿真，通过流体网络模型耦合单电池模型能高效快速地实现电堆中流动分配特征的计算，但存在两个主要缺点：一是流阻计算过程依托源于实验数据的经验关联式，无法适应较大的结构变化与工况变化；二是流体网络模型难以具体地反映燃料电池内相互耦合的物理现象，从而在建立与计算中存在和实际情况的偏差。前者可以通过针对性的实验和仿真克服，后者的突破需要基于实验技术与数值仿真方法进一步深化对燃料电池电堆中物理现象的认知，从而把握决定电堆分配特性与性能特征的物理量及其变化规律，从而改进流体网络模型。

3　流体网络模型计算实例

本节以 30 片单电池构成的液冷燃料电池电堆为例，说明燃料电池电堆中三腔流体网络模型的计算。所建立的流体网络模型不考虑物性变化与单电池数据传递，考虑分流与汇流过程产生的局部阻力损失的影响。所研究的电堆与单电池的结构参数见表 5-6，其中歧管截面为矩形，将单电池视为多孔介质进行压降计算，研究流体网络分配方式对电堆内反应气体流量与压力分布一致性的影响。

表 5-6　流体网络模型计算实例的电堆结构参数

电堆结构参数	值
膜电极面积 /cm^2	300
电堆单电池片数	30
阳极歧管尺寸 /mm × mm	60 × 27
阴极歧管尺寸 /mm × mm	60 × 40
冷却液歧管尺寸 /mm × mm	60 × 40
阳极流道尺寸 /mm × mm	60 × 0.4
阴极流道尺寸 /mm × mm	60 × 0.6
冷却液流道尺寸 /mm × mm	60 × 1.0
阳极等效渗透率 /m^2	1.45×10^{-9}
阴极等效渗透率 /m^2	1.58×10^{-9}
冷却液流道等效渗透率 /m^2	2.14×10^{-9}
流道长度 /mm	300
单电池厚度 /mm	2
流体网络分配方式	U（参考），Z

本实例中所用流体物性参数见表 5-7，流体网络中所用流体物性包括阴阳极与冷却液的密度和动力黏度。

表 5-7 流体网络模型计算实例的流体物性参数

流体物性	值
阳极气体密度 /（kg/m^3）	0.21277
阴极气体密度 /（kg/m^3）	2.2844
冷却液密度 /（kg/m^3）	998
阳极气体动力黏度 / Pa · s	1.01×10^{-5}
阴极气体动力黏度 / Pa · s	2.46×10^{-5}
冷却液动力黏度 / Pa · s	0.00298

本实例中所用电堆工作参数见表 5-8，工作参数包括电流密度、阴极化学计量比、三腔入口压力及冷却液的输入流量，工作参数中选择电流密度与阴极化学计量比为变量分析反应气体流量与压力分布的一致性变化情况。

表 5-8 流体网络模型计算实例的电堆工作参数

电堆工作参数	值
电流密度 /（A/cm^2）	1.5（参考），1.5 ~ 2.5
阴极化学计量比	2.0（参考），1.5 ~ 2.5
阳极入口压力 / atm	2.38
阴极入口压力 / atm	2.29
冷却液入口压力 / atm	1.55
冷却液输入流量 /（g · s）	3

表中参考工况表示其他参数变化时的标准工况，如考虑不同分配方式时均采用阴阳极化学计量比为 2.0、电流密度为 $1.5A/cm^2$ 的工况进行计算。

阴阳极反应气体的总进口流量通过法拉第定律计算：

$$\dot{m}_{\rm in}^{\rm stack,anode}=N\frac{IA_{\rm act}\xi_{\rm a}M_{\rm H_2}}{2F},\dot{m}_{\rm in}^{\rm stack,cathode}=N\frac{IA_{\rm act}\xi_{\rm c}M_{\rm air}}{4F\times0.21} \tag{5-71}$$

式中，$\xi_{\rm a}$ 与 $\xi_{\rm c}$ 是阳极与阴极的化学计量比。

研究目的为分析不同分配方式（U 形与 Z 形流道）、不同化学计量比与电流密度对电堆一致性的影响，由于三腔分配的差异仅存在于流体物性不同、三腔因化学反应消耗的流体质量不同，因此案例中以阴极流体网络为例进行说明。

图 5-23 所示为燃料电池电堆中常用的两种典型分配方式：Z 形分配与 U 形分配的流量与压降分布。由图 5-23a 可知，Z 形分配中各片单电池流量随着单电池

与入口距离增大而呈现先降后升的分布规律，低流量分布于中部的单电池区域；而 U 形分配中，随着单电池与入口距离增大逐渐降低，低流量出现在远离入口的区域。在本例计算中，Z 形分配的流量分布较 U 形分配更加均匀，有着更小的极差与标准差。在不同工况与外部条件下，U 形分配的效果可能优于 Z 形分配。

由图 5-23b 可知，两种分配方式对进口压力分布不产生影响。这一现象源于电堆中单电池片数较少，两种分配方式相互之间的流量分配差异在分流歧管总流量中占比较小，因此在分流歧管中压降变化基本一致。由于两种分配方式进出口分置于电堆两侧，两种分配方式的流体流向不同，Z 形分配的汇流歧管的流体由入口逐步汇流至远离入口处的出口，压力分布为由入口至出口逐步递减，而 U 形分配中汇流歧管的流体由远离入口流向与入口同一位置的出口，压力随着单电池与入口距离增大而逐渐增加。

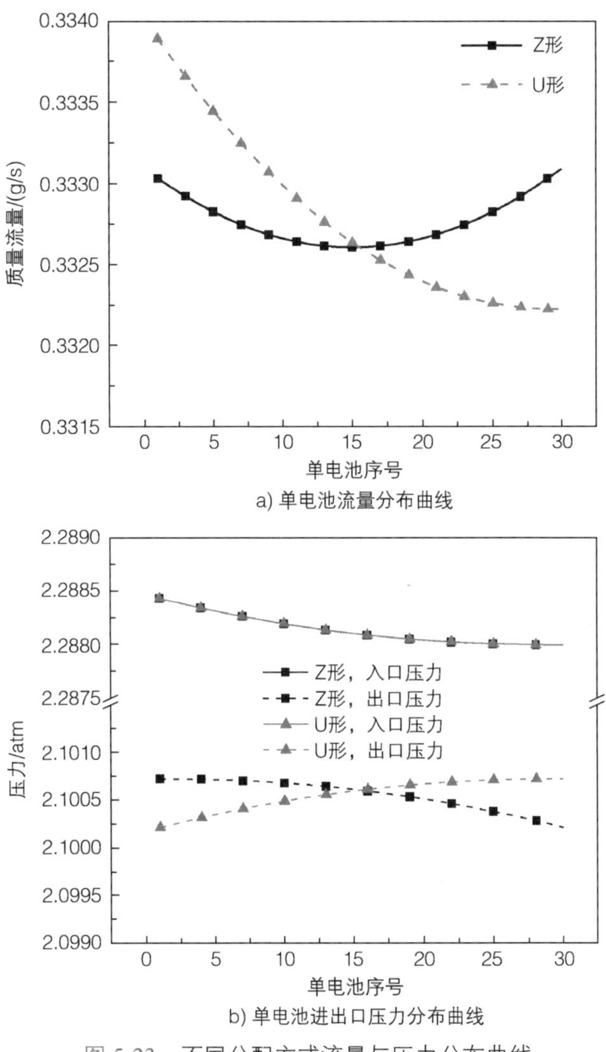

图 5-23 不同分配方式流量与压力分布曲线

化学计量比影响阴阳极进入电堆的反应气体总流量。本例以U形分布为例，讨论电流密度为1.5A/cm^2，阴极化学计量比为1.5、2.0与2.5时电堆中流量分布与压力分布的变化。图5-24所示为在不同化学计量比下电堆中各单电池流量分布与出口压力的分布曲线。由图5-24a可知，随着化学计量比增加，单电池内的流量分布趋势没有改变，但流量分布的标准差由化学计量比为1.5的0.00039g/s增加到化学计量比为2.5的0.00065g/s，说明化学计量比的提高使得电堆流量分布的一致性有所降低。图5-24b为不同阴极化学计量比下出口压力的分布曲线。化学计量比并不对出口压力的分布趋势产生较大影响，但同样恶化了电堆内压力分布的一致性。此外电堆的出口压力平均值随着化学计量比的升高而减小，这是由于流量的增大提升了流经单电池的流量，从而增大了单电池的压降，降低了汇流歧管的压力均值。

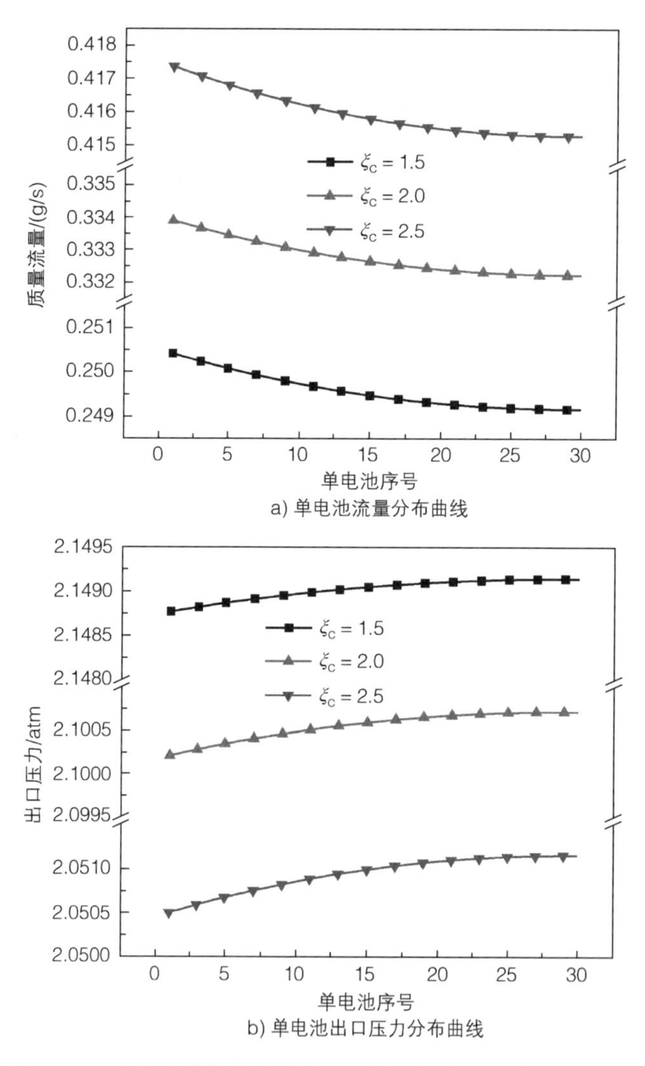

图5-24　在不同阴极化学计量比下流量与出口压力分布曲线

相比化学计量比的变化，电流密度在实际电堆运行中变化更加频繁，把握电流密度对流动分配的影响更具应用价值。电流密度除了影响输入电堆的总流量外，还作用于单电池流道内的流量消耗。本例以 U 形分布为例，讨论阴极化学计量比为 2.0，电流密度分别为 1.0、1.5、2.0、2.5A/cm^2 时电堆中流量分布与压力分布的变化。图 5-25 所示为在不同电流密度下电堆中各单电池流量分布与出口压力的分布曲线，本例中电流密度对电堆分布特性的影响与化学计量比较为接近。图 5-25a 中电堆的流量分布的标准差由电流密度为 1.0A/cm^2 的 0.00034g/s 升至电流密度为 2.5A/cm^2 的 0.00087g/s，仍体现出电流密度增大导致电堆流量分配一致性恶化的现象。图 5-25b 所示为不同电流密度下出口压力分布趋势，同样体现出电流密度增大导致电堆压降分布一致性恶化的作用。这一算例也说明，随着电堆向高电密、高功率方向发展，电堆不一致性的现象将更加显著，建立合理的模型针对电堆不一致性进行分析，从而实现电堆性能分析与优化的需求也将更加迫切。

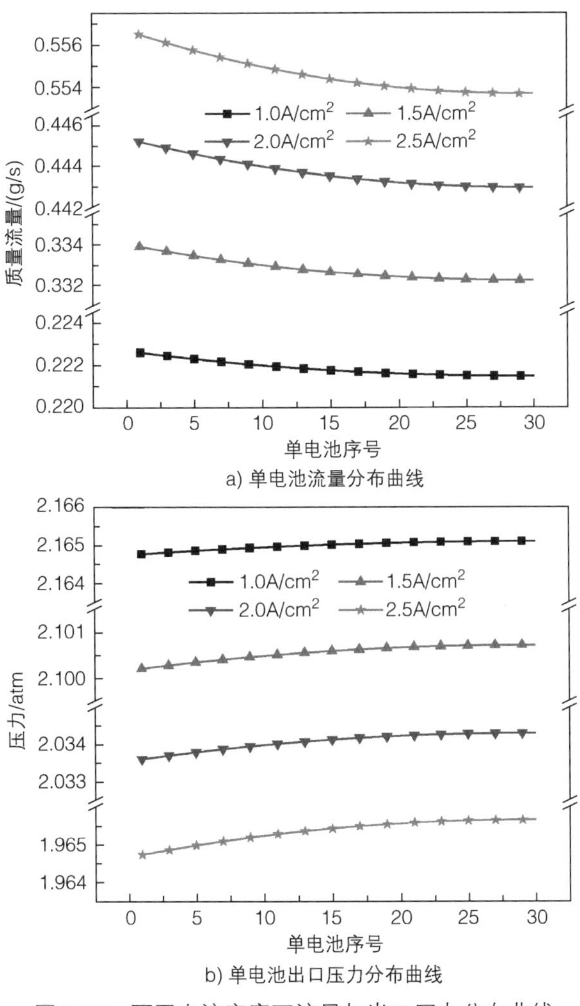

a) 单电池流量分布曲线

b) 单电池出口压力分布曲线

图 5-25　不同电流密度下流量与出口压力分布曲线

流体网络模型计算数据通过和一维模型结合可对电堆电压输出进行预测，主要分为两步：①根据流体网络计算得到的单电池流道两端压力数据，计算电堆中各单电池入口处的气体浓度；②根据各单电池中阴阳极的气体流量，计算各单电池工作中的实际阴阳极化学计量比。入口气体浓度与化学计量比是本书第 3 章介绍的一维单电池模型阴阳极反应气体浓度边界条件的重要影响因素，将图 5-24 与图 5-25 的计算数据代入单电池模型中，可得到图 5-26 所示的电压分布。图 5-26a 表示不同分配方式对电堆内单电池电压的影响，对比曲线变化趋势可知，不同分配方式下单电池的电压分布与流量分布趋势一致，此时电堆内电压分布主要受流量分配引起的化学计量比控制，压力分布对电压分布的影响不明显。图 5-26b 表示不同阴极化学计量比对电堆内单电池电压的影响，同是 U 形分配而不同化学计量比的电堆中流量分布基本一致，但由于化学计量比降低，单电池出口浓度降低，导致单电池阴极边界的氧气浓度降低，因此阴极化学计量比越低，电堆的输出电压越低。

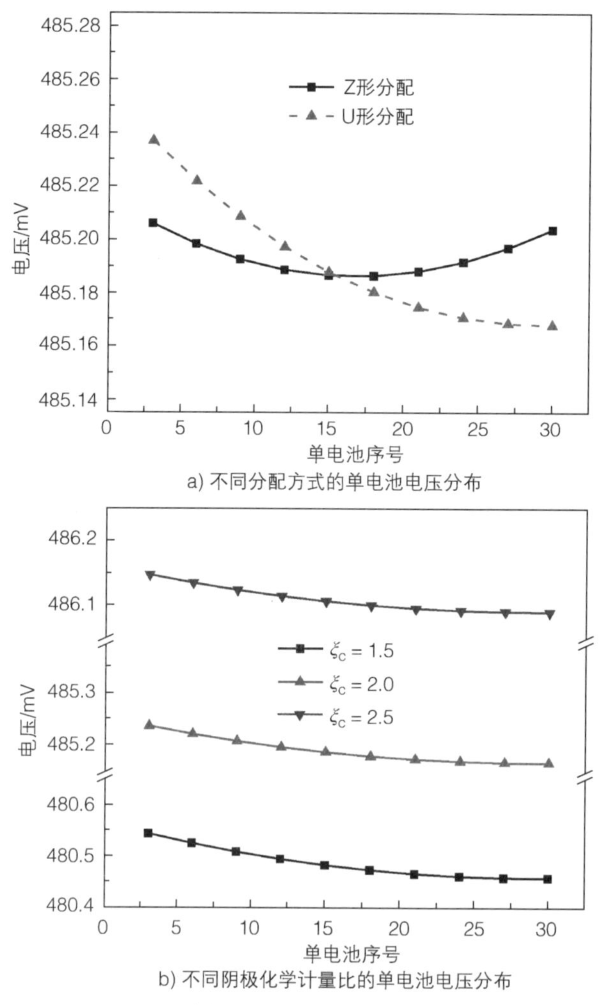

a) 不同分配方式的单电池电压分布

b) 不同阴极化学计量比的单电池电压分布

图 5-26　不同分配方式与阴极化学计量比下单电池电压分布曲线

本算例单电池电压分布曲线未考虑温度分布对单电池电压的影响，而温度在质子交换膜燃料电池中是较为重要的物理量，模型的进一步改进应将温度信息耦合至计算流程中。电堆温度信息的耦合模型有两种常见方案：①将各单电池构建为串联的热学元件，通过热阻网络的方式求解；②可通过求解电堆能量方程实现温度计算。第二种方案能获得更具体的温度信息，但计算效率较低且整体模型的收敛性略有降低。

5.3.2　人工神经网络方法

1　机器学习在燃料电池中的应用场景

近十几年来，已有大量学者将机器学习和神经网络方法应用于燃料电池研究领域，包括电池寿命预测、性能预测、故障诊断、能量管理、流场设计、材料性能预测等。大体上，燃料电池领域可利用神经网络模型和机器学习方法开展的研究工作包括以下 3 项。

1）为了预测电堆的性能，根据实验数据驱动方法将燃料电池多种工况参数与电池输出电压的实验数据作为数据库[19]，采用人工神经网络方法进行训练，得到工况参数为输入、电池输出为输出的映射结构，对新的工况参数进行电池性能预测，从而节省大量实验时间与成本。模拟数据驱动方法将 CFD 方法与人工神经网络方法相结合[20]。对小型电堆进行三维建模与计算，改变结构参数与工况参数，得到的多组电堆输出结果作为数据库。建立结构参数与工况参数为输入，电堆性能为输出的人工神经网络，用 CFD 计算的数据库进行训练，训练完成后扩大结构参数与工况参数范围得到大量工况的预测结果，从而实现电堆输出的优化。

2）为了计算电堆不一致性及其影响，将流动分配问题应用人工神经网络模型，电池计算问题应用一维电池模型，两者结合得到由流动不一致性导致的电压不一致性，从而兼顾计算准确性与快速性。针对此方法，本书将用一个计算实例进行讲解。

3）为了计算电堆流动均匀性问题，将 CFD 方法与人工神经网络方法相结合，通过对电堆进气配置的三维建模与计算得到不同进气结构、不同流体参数、不同流道参数[21]下的流动均匀性，以进气结构参数、流道参数作为神经网络的输入，流动均匀性作为神经网络输出进行训练，训练结束后将扩大范围的进气结构参数、流道参数作为神经网络输入，从而实现对多工况流动均匀性的有效预测。

2　机器学习方法解决流动分配问题

为解决电堆中的流动分配问题，选取机器学习方法中应用最为广泛的人工神经网络（Artificial Neural Networks，ANN）以及基于此的误差反向传播人工神经网络（Back Propagation Neural Network，BPNN）。神经网络结构如图 5-27 所示。一个经典的神经网络包含三个层次：输入层、输出层和中间层（隐藏层）。多层前馈神经网络有一个输入层、多个中间层和一个输出层，前馈神经网络的信号从输入层向输出层单向非线性映射，各层之间没有反馈，每一层神经元的输出都可以作为下一层的输入，与下一层的神经元相连。BPNN 的不同点在于学习过程由信号的正向传播和误差的反向传播两个过程组成。正向传播时，把样本的特征从输入层进行输入，信号经过各个隐藏层的处理后，最后从输出层传出。对于网络的实际输出与期望输出之间的误差，把误差信号从最后一层逐层反传，从而获得各个层的误差学习信号，然后再根据误差学习信号来修正各层神经元的权值，权值不断调整的过程，也就是网络学习训练的过程。

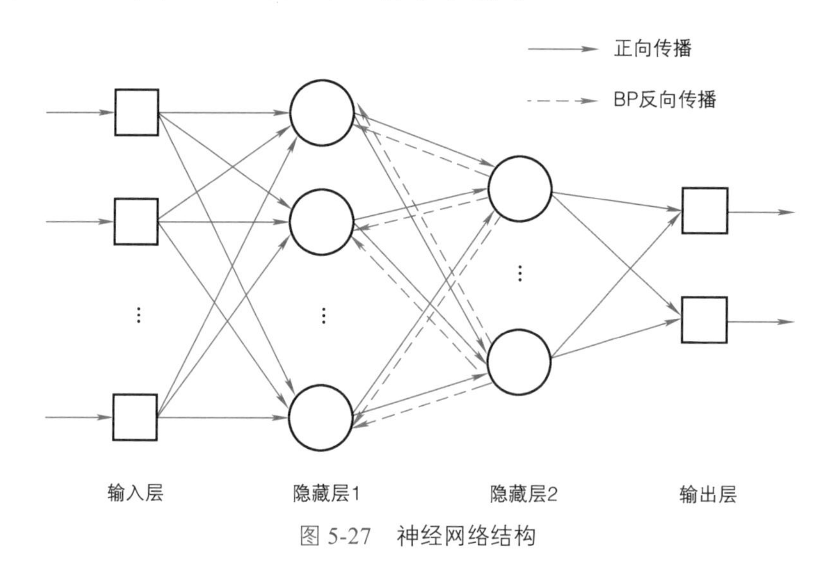

图 5-27　神经网络结构

神经网络的结构包括输入层、隐藏层、输出层，各层的每个神经元之间都由权值进行连接，得到的输出值与输入值之间的关系为

$$h_{w,b}(x)=f(\boldsymbol{W}^{\mathrm{T}}\boldsymbol{x})=f\left(\sum_{i=1}^{N}W_i\boldsymbol{x}+b\right) \tag{5-72}$$

式中，$h_{w,b}(x)$ 是经过权值 $\boldsymbol{W}$，偏置 b 修正过的输出值；N 是神经元个数。

$f\left(\sum_{i=1}^{N}W_i\boldsymbol{x}+b\right)$ 中的 $f(x)$ 称为传递函数，本研究选用的传递函数为 Log-Sigmoid 函数，表达式为

$$f(x)=\frac{1}{1+e^{-x}} \tag{5-73}$$

每个输入信号先经过正向传播，得到下一个神经元的取值：

$$e(n)=\frac{1}{2}\sum_{j=1}^{J}e_j^2(n) \tag{5-74}$$

式中，n 是迭代次数。正向传播结束后，计算值与预设值进行对比，将误差反向传递回去，在各个神经元中误差信号反向传播遵循以下公式：

$$\Delta\omega_{ij}(n)=\eta\delta_J^j v_I^i(n) \tag{5-75}$$

式中，η 是正向传播时保留的系数因子；δ 与 v 分别是输入层与输出层的反向计算神经元的标识。

神经网络拓扑结构中隐藏层节点数：

$$M=\sqrt{n+m}+a \tag{5-76}$$

式中，n 和 m 分别是输入层、输出层节点数；a 是 2 ~ 10 的任意常数，该值的选取与目标精度有关，精度与计算时间呈反比关系。

人工神经网络基本模型的局限性在于原始数据噪声引起的预测结果误差较大，以及网络结构设计、参数选择不当引起的网络收敛速度较慢和拟合效果差两个方面，可以引入遗传算法（Genetic Algorithm，GA）进行优化。图 5-28 所示为结合遗传算法优化的人工神经网络预测流程，由神经网络和遗传算法两大模块组成。数据库中的数据通过学习样本输入，优化训练过程中的网络结构参数，引

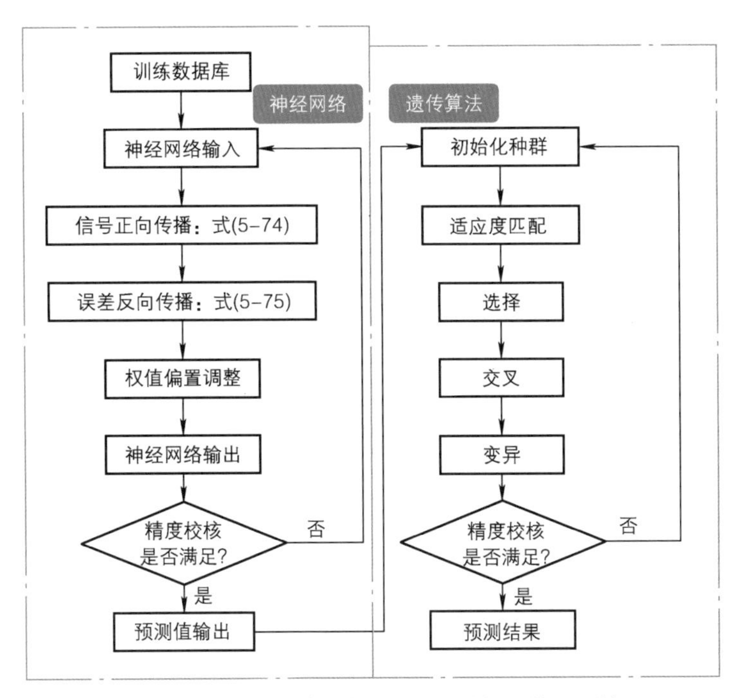

图 5-28　结合遗传算法优化的人工神经网络预测流程

入遗传算法作为辅助系统计算每一次训练的初值和终值所造成的误差，找到能使神经网络主循环中误差最小的初始权值和偏置，从而在神经网络训练过程后得到整个系统输出的最小误差。在训练完成的神经网络结构中输入新的设计参数或运行参数后，可以快速得到预测的参数。

3 计算实例：机器学习模型与单电池模型结合

本节第 2 部分介绍了人工神经网络方法，本书 3.3 节部分给出了电堆性能预测模型的具体计算过程，将两者结合可以实现基于机器学习的快速燃料电池电堆模拟并得到不同运行输入参数下的电压输出值。

图 5-29 所示为燃料电池电堆输入参数不一致性的神经网络预测结合单电池计算流程，所采用的 BP 神经网络的方法应用于电堆输入不一致的计算流程为：通过文献中的工况参数（本例选取阴阳极入口温度、阴阳极气体化学计量比、阴阳极气体压力、冷却液流量）作为学习样本输入，在人工神经网络每个神经元中进行训练，神经元包括输入层、隐藏层、输出层，各层的每个神经元之间都由权值进行连接，样本输出结果是否作为最终输出依据设定的误差值判断。同时引入遗传算法根据误差调整计算权值和偏置，遗传算法中的功能函数作用是使得神经网络初值对终值影响最小。训练完成后学习过程结束，内部拓扑结构构建完成。输入新的运行参数后，可以快速得到对应的预测参数。所得到的预测参数作为单电池预测模型的输入，计算可得到电堆模型的输出，包括 *I-V* 曲线、*I-P* 曲线和电堆温度，分析这些数据即可得到电堆的电压不一致性、温度不一致性等。

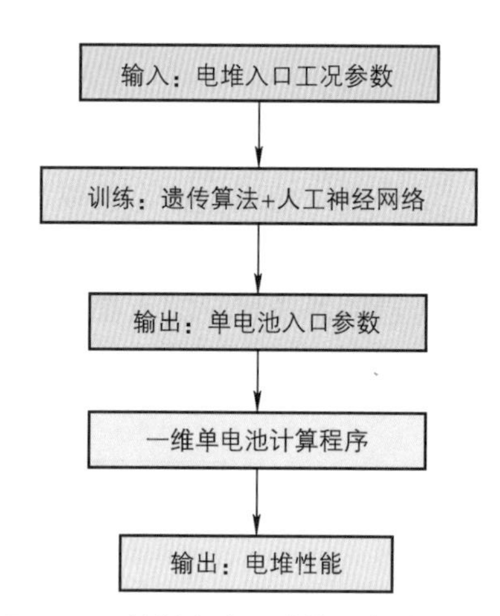

图 5-29　燃料电池电堆输入参数不一致性的神经网络预测结合单电池计算流程

选取文献 [16-18] 中的电池工况参数敏感性数据作为训练数据库，训练数据为 100，预测样本为 10，在 MATLAB 中使用图 5-28 中的经遗传算法优化的 BP 神经网络进行训练，得到包含六种工况条件的预测结果。表 5-9 列举了 10 片单电池电堆的预测结果数据，分别为阳极压力、阴极压力、阳极过量系数、阴极过量系数、电池温度、冷却液流量。

将训练结果与上一节所用的流体网络方法计算结果进行对比，图 5-30 所示为氧气浓度神经网络预测结果相对于流动网络计算值误差，预测值误差范围为 10^{-3} 等级，预测精度满足要求，说明该训练的神经网络可有效对电堆流动分配参数进行预测，并可以进行覆盖范围更广的新工况的预测。

表 5-9 神经网络预测 10 片单电池电堆多工况流动分配结果

电池数	阳极压力 / kPa	阴极压力 / kPa	阳极过量系数	阴极过量系数	电池温度 / K	冷却液流量 / (kg/s)
1	101.352	150	2	2.5	353.23	0.481
2	101.353	150.1	2.05	2.55	353.25	0.491
3	101.354	150.2	2.1	2.6	353.27	0.501
4	101.355	150.3	2.15	2.65	353.29	0.511
5	101.356	150.4	2.2	2.7	353.31	0.521
6	101.357	150.5	2.25	2.75	353.33	0.531
7	101.358	150.6	2.3	2.8	353.35	0.541
8	101.359	150.7	2.35	2.85	353.37	0.551
9	101.36	150.8	2.4	2.9	353.39	0.561
10	101.361	150.9	2.45	2.95	353.41	0.57

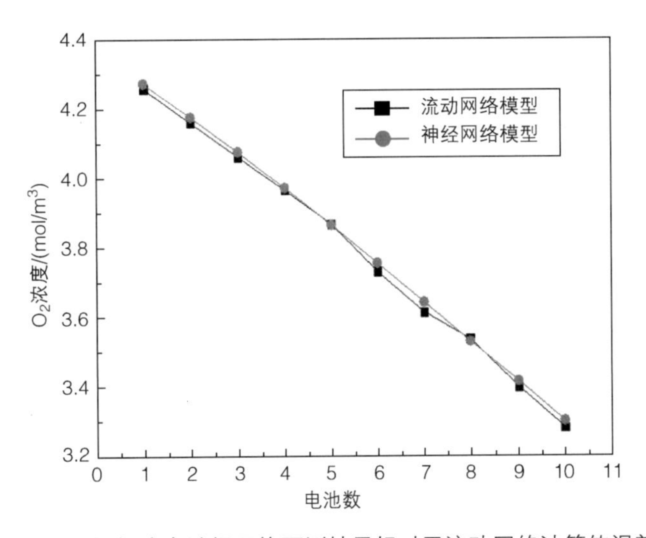

图 5-30 氧气浓度神经网络预测结果相对于流动网络计算值误差

人工神经网络可实现大量、宽范围的电堆入口参数预测，从而满足设计阶段对各个参数变化需求量大的需求。本案例针对 10 片单电池电堆，选取不同的入口压力和计量比，输入到训练完成的神经网络结构中快速获得每个单电池的入口参数，进而通过计算得到电堆输出电压，结果可用于分析工况参数的变化对电压结果产生影响的敏感性大小。本例选取了一组参考工况和八组对比工况进行预测，对比工况包含阴极化学计量比系列值（工况 1 ~ 5）以及阴极压力系列值（工况 6 ~ 8），具体取值见表 5-10。

表 5-10　参考工况和八组工况操作条件

工况	阳极压力 / kPa	阴极压力 / kPa	阳极化学计量比	阴极化学计量比	电池温度 / ℃	湿度（%）
参考工况	110	130	2	2.5	80	60
工况 1	110	130	2	**1.5**	80	60
工况 2	110	130	2	**2**	80	60
工况 3	110	130	2	**3**	80	60
工况 4	110	130	2	**4**	80	60
工况 5	110	130	2	5	80	60
工况 6	110	**140**	2	2.5	80	60
工况 7	110	**150**	2	2.5	80	60
工况 8	110	**160**	2	2.5	80	60

人工神经网络预测完成后，按照图 5-29 所示的计算流程，将预测的歧管分配数据输入到单电池计算“一维燃料电池宏观模型”中获取电压输出结果。将参考工况和对比工况的电压结果绘制在图 5-31 中，得到不同阴极压力、阴极计量比下

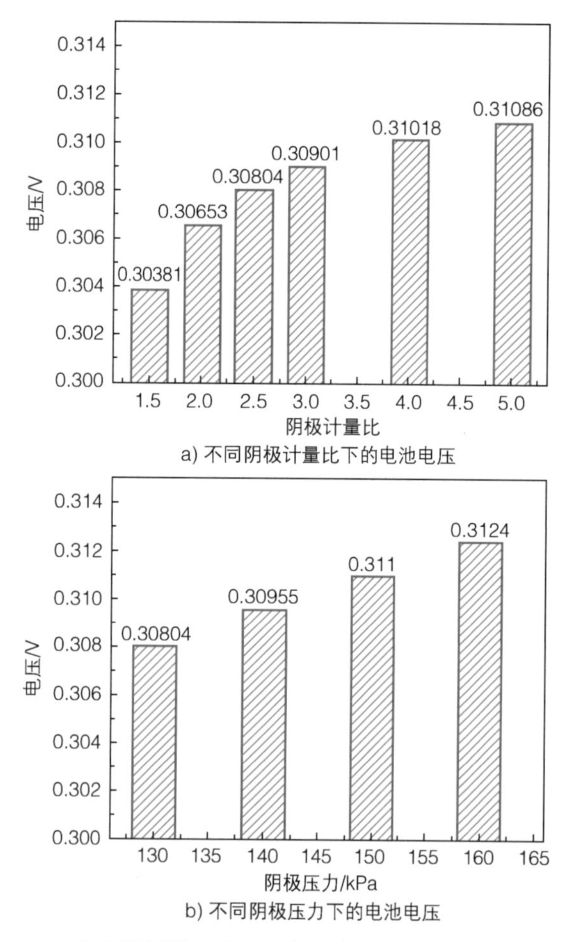

图 5-31　不同阴极计量比、阴极压力下的单电池电压预测值

的单电池电压预测值，图 5-31a 为不同阴极计量比下的电池电压，电压随阴极计量比增加而增大，计量比在 1.5 ~ 2.5 范围内电压增长幅度较为明显，而计量比在 3 ~ 5 范围内电压增长幅度减小。这一结果表明阴极化学计量比超过 3 时对输出电压的影响越来越小，这是由于氧气趋于饱和后氧气利用率对电化学反应效率的影响越来越小。图 5-31b 为化学计量比固定在 2.5 时不同阴极压力下的电池电压，随着阴极压力增大，电池输出电压增加，且这种增长呈线性，说明在一定范围内增大阴极压力有助于提升电池的输出电压。将阴极计量比和阴极压力改变时电压增大的绝对值进行比较，可知阴极计量比增大带来的电压提升略大于阴极压力的影响（计量比小于 3 时）。本例利用神经网络得到的 9 种工况预测值不仅可以快速得到电池输出电压，而且还比较了不同运行工况的参数敏感性。利用神经网络方法预测速度快、工况范围不受限的优点，可以针对电堆运行的全工况进行快速计算，比较其电压结果，从而实现参数敏感性比较和寻求最优电压的目的。

5.4　燃料电池电堆三维数值仿真方法

燃料电池电堆在运行过程中存在着复杂的传质、传热以及电化学反应现象，通过 CFD 数值仿真可以了解电堆内部流场中流体的流动、电极中的物质传输和热量传输以及电流密度分布等信息。电堆是一个组件众多的复杂系统，实验测试的难度较大、成本高且需要耗费大量的时间。CFD 数值仿真技术可以指导与辅助燃料电池的实验测试，仿真结果可用于补充已有的实验现象并揭示背后机理，同时能对电堆在不同条件下的性能进行预测从而确定电堆的优化路径。CFD 仿真技术主要应用于电堆设计流程中的初期结构设计与后期方案校核环节，有利于缩短电堆设计开发的周期，降低设计开发成本。

由于电堆歧管中的流动不均匀，单电池间的流动分配存在一定差异，这是导致电堆性能不一致的重要原因，单电池之间的性能差异会严重影响电堆的输出功率和使用寿命。在电堆的设计过程中，设计结构合理的歧管以实现反应物与冷却介质在电堆中均匀分布，对于提高单电池间电压一致性与电堆耐久性有着重要意义。由于测试的复杂性和成本的限制，目前大多对电堆歧管的实验研究使用简化的装置或者小规模电堆，且实验获得的信息有限，而 CFD 仿真技术可以有效弥补实验测试方法在电堆歧管研究上存在的不足，高效地实现歧管几何结构的设计和优化，提升单电池间流速一致性以及改进电堆内流体的流动模式。

在燃料电池电堆模拟仿真中，低维模型在计算效率方面具有显著优势，但无法反映电堆内部气体浓度、电流密度、温度等多物理场分布信息，也难以体现电堆三维结构（包括电池结构和歧管结构等）对电堆性能的影响规律。将三维全电池模型进行拓展，开发三维全尺寸电堆模型是解决这一难题的关键，但目前仍受限于计算效率和计算稳定性。本节以包含30片电池的风冷式燃料电池电堆为例[22]，介绍三维全尺寸电堆模型的建立方法和相应仿真结果。

5.4.1 三维全尺寸电堆模型

1 风冷燃料电池堆计算域

图5-32所示为三维全尺寸电堆模型计算域。图5-32a表示的是包含30片单电池的风冷燃料电池堆计算域，其中每片电池的极板、气体扩散层、微孔层、催化层和膜等主要部件均包括在计算域内，电池活化面积为50mm × 200mm。除此之外，该计算域还包括将氢气分配至每片电池阳极流场的歧管结构。在风冷燃料电池中，阴极采用开放式结构，即外界空气直接通入阴极。实际应用中往往是

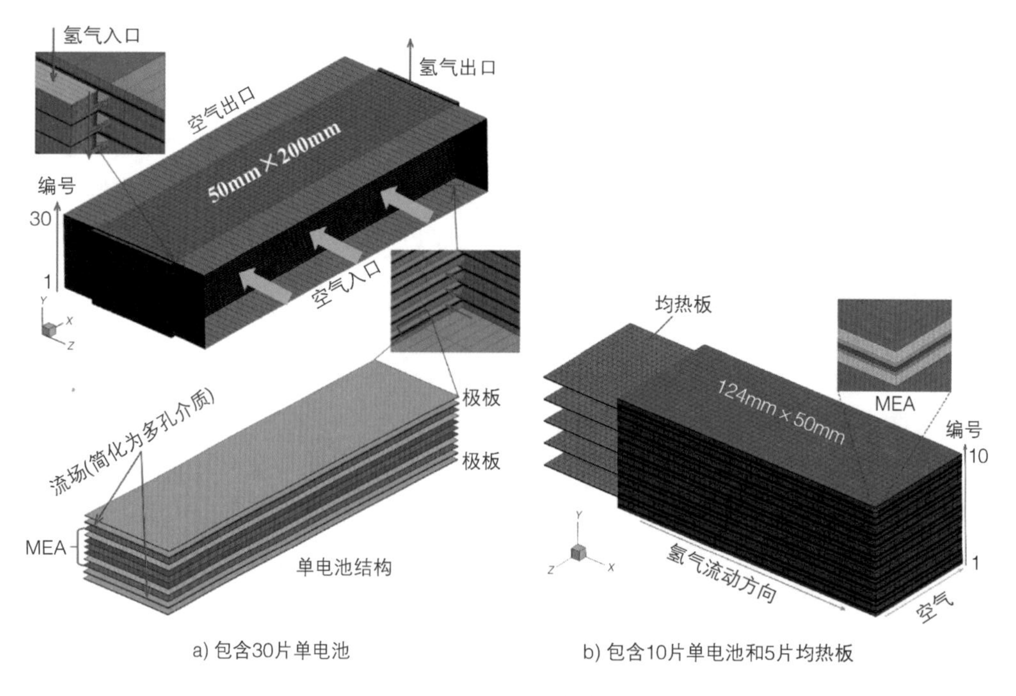

a) 包含30片单电池　　b) 包含10片单电池和5片均热板

图5-32　三维全尺寸电堆模型计算域

采用风扇为风冷燃料电池堆供气，为简化计算，该算例假设各单电池阴极进口风速是均匀的。从图 5-32a 可以看出，在电堆阴极极板入口和出口处增加两个立方体实体块代表外界环境。为了尽可能降低计算量，该计算域将阴阳极极板 / 流场复杂几何结构等效替换为均质多孔介质结构，其中孔隙率等效为沟脊结构流场中流道部分的体积占比，渗透率则可以通过数值模拟或者实验测试手段得到流动压降之后结合达西定律计算获得，这一做法的可靠性已得到广泛证实 [23, 24]。该计算域共划分有 483 万网格，其中电池宽度方向和长度方向各有 20 层和 50 层网格，每个燃料电池部件（如催化层）厚度方向给定 10 层网格。

2　控制方程和边界条件

该三维全尺寸电堆模型由第 3 章介绍的三维全电池模型拓展而来，其中模型控制方程完全一致，电堆出口压力设置为常数，入口质量流量由式（3-10）乘以电堆中单电池片数计算得到。电堆中各电池阴极极板表面设置参考电压（0V），对应阳极极板表面设置工作电流密度（所有电池工作电流密度需保持一致）。所有电堆外表面换热边界均设置为第三类边界条件，即外界环境温度为 298.15K，对流换热系数为 100W/（m^2 · K），对应空气强制对流。

3　模型验证

为了验证该三维电堆模型的可靠性，将模型计算结果与文献 [25] 中的实验结果进行了对比验证，图 5-32b 所示为实验验证用的电堆结构，该电堆共包含 10 片单电池，每片电池面积为 50mm × 124mm，每两片电池中间插有一片均热板来增强电堆散热能力，均热板长度为 160mm。实验测试中，该均热板由两片铜板焊接而成，两片铜板内表面均烧结有铜粉构成毛细结构，均热板内部有去离子水作为工质。电堆工作过程中，插入电堆的部分均热板通过工质蒸发吸收电堆热量，然后通过工质流动到外界环境交界处的部分均热板，借助工质冷凝释放热量。在该电堆模拟仿真中，为简化计算，将上述均热板简化为实体铜板。同时，考虑到该风冷电堆仅有 10 片电池，且氢气在歧管中的分配对电堆性能影响较小，该模型验证工作忽略了阳极歧管结构。该风冷电堆模型几何结构参数和运行工况见表 5-11 和表 5-12。

图 5-33 所示为三维全尺寸风冷电堆数值模拟与实验数据对比情况，包括电堆极化曲线、平均温度、平均温差和温度分布等。从图 5-33b 和 c 中可以看出，随着电流增加，电堆平均温度和温差均基本线性升高，模拟结果很好地预测了这一变化趋势，与实验结果吻合良好。在不同电流下，电堆内每片电池温度分布的预测值也与实验测试结果基本保持一致。从图 5-33d 可以看出，温度仿真曲线与实验值对应良好，证明了该三维电堆模型模拟结果的可靠性。

表 5-11　风冷电堆模型几何结构参数

参数	数值	
	模型验证算例	30 片电池电堆算例
电池片数	10	30
电池长度 /mm	124	200
电池宽度 /mm	50	50
阳极 / 阴极流道高度 /mm	0.4/1.8	0.4
阳极 / 阴极极板高度 /mm	1.0/0.5	0.1
气体扩散层，微孔层，阳极催化层，阴极催化层，膜厚度 /μm	270，30，10，15，15	100，30，5，10，10
阳极进口 / 出口面积 /[(*L*/mm) × (*W*/mm)]	—	50 × 2
阴极进口 / 出口面积 /[(*L*/mm) × (*W*/mm)]	—	200 × 38.55
均热板数量	5	—
均热板厚度 /mm	0.4	—
均热板长度 /mm	160	—
均热板宽度 /mm	50	—

表 5-12　风冷电堆运行工况

参数	数值	
	模型验证算例	30 片电池电堆算例
阳极 / 阴极进气相对湿度	0.4/0.46	0.4
进气温度	296.15K	298.15K
工作压力	1.0atm	1.0atm
工作电流密度	0 ~ 0.64A/cm^2	0.4A/cm^2
阳极 / 阴极进气化学计量比	5.0/110	2.0/50.0

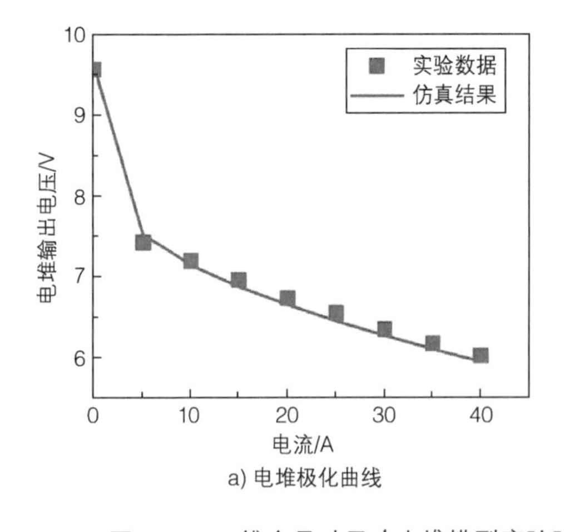

a) 电堆极化曲线

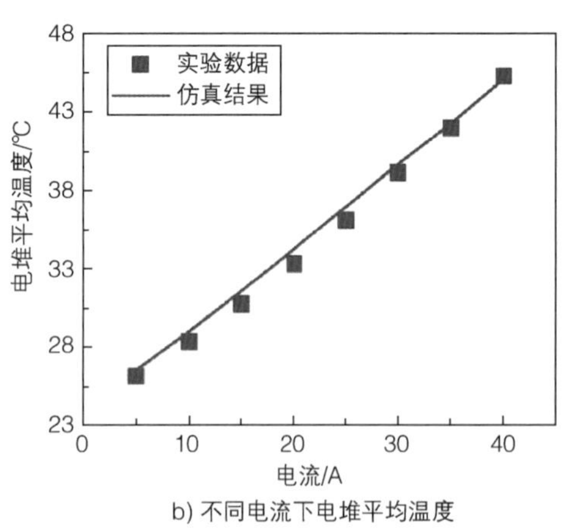

b) 不同电流下电堆平均温度

图 5-33　三维全尺寸风冷电堆模型实验验证结果（图中实验数据来自文献 [25]）

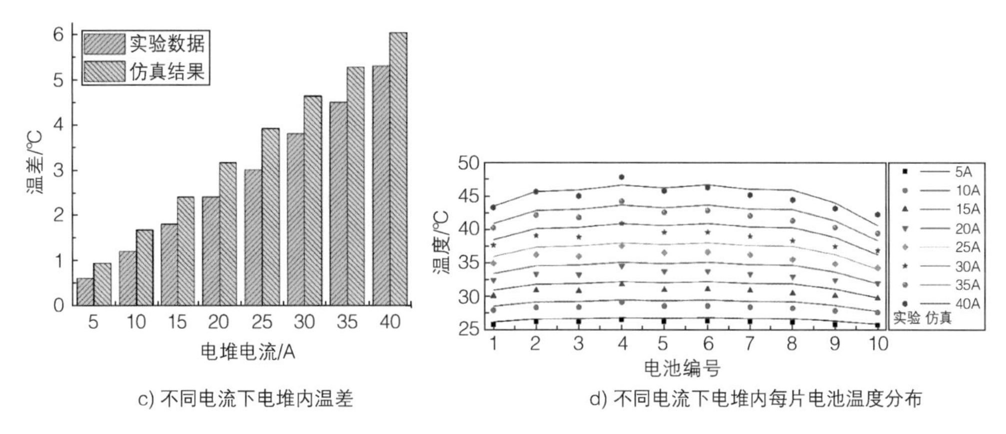

图 5-33　三维全尺寸风冷电堆模型实验验证结果（图中实验数据来自文献 [25]）（续）

4 三维全尺寸风冷电堆模拟结果分析

图 5-34 所示为包含 30 片电池的风冷燃料电池堆催化层温度分布云图，对应模拟工况和模型参数分别见表 5-12 和表 5-13。从图 5-34 中可以明显看出，在风

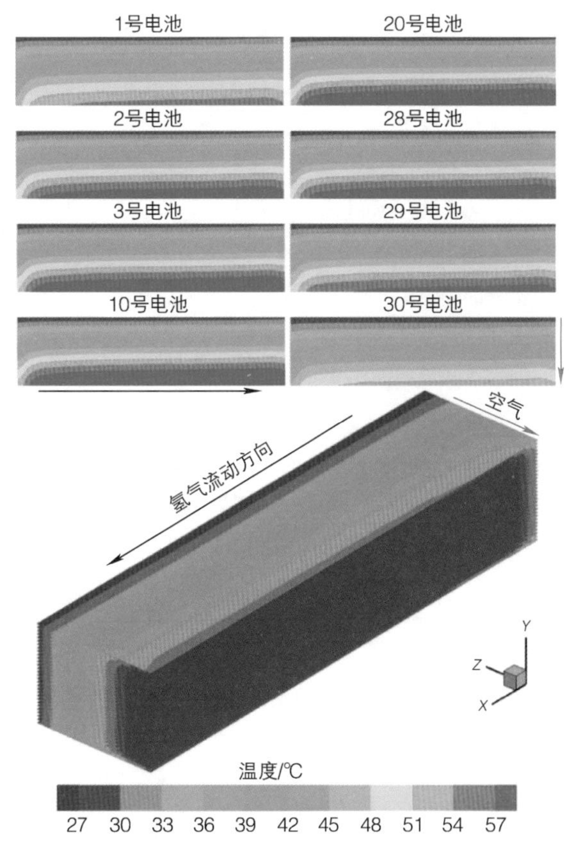

图 5-34　包含 30 片电池的风冷燃料电池堆催化层温度分布云图（$0.4A/cm^2$）

冷电堆中温度分布很不均匀，且主要存在于电堆中间位置和两侧位置电池之间，这主要是因为不同位置处电池的散热条件不同。同时，第 1 ~ 3 块电池温度要略高于第 27 ~ 30 块电池，这是由于阳极氢气流动带走的热量远远小于空气流动带走的热量，该计算结果与实验测试得到的温度分布规律基本一致[26]。与此同时，图 5-35 给出了该电堆中各单电池输出电压分布，可以看出，电堆中温度的不均匀分布也进一步导致了每片电池输出电压的不均匀分布，较低的电池温度对应较高的工作电压，这一预测的电堆内单电池的电压分布规律与实验结果也有很好的一致性[27]。

表 5-13　三维全尺寸风冷电堆模型参数

参数	数值	
	模型验证算例	30 片电池电堆算例
孔隙率：气体扩散层，微孔层	0.6，0.5	0.6，0.5
参考浓度 /（mol/m^3）：氢气，氧气	56.4，3.39	56.4，3.39
阳极 / 阴极传递系数	0.5	0.5
阳极 / 阴极传递电子数	2，4	2，4
固有电导率 /（S/m）：极板、微孔层、催化层	2000000，5000，5000	2000000，3000，3000
气体扩散层电导率 /（S/m）	平面方向：1738.40 垂直方向：347.81	平面方向：651.90 垂直方向：130.43
导热系数 / [W/（m·K）]：极板，微孔层，催化层，均热板	151，1，1，397	151，1，1
比热容 / [J/（kg·K）]：极板，扩散层，微孔层，催化层，均热板	710，568，568，568，390	710，568，568，568
气体扩散层导热系数 / [W/（m·K）]	平面方向：21 垂直方向：1.7	平面方向：21 垂直方向：1.7
膜等效质量 /（kg/mol）	1.1	1.1
干态膜密度 /（kg/m^3）	1980	1980
接触角 /（°）：气体扩散层，微孔层，催化层	110，120，95	110，120，95
渗透率 / m^2：气体扩散层，微孔层，催化层，膜	2.0×10^{-12}；1.0×10^{-12}； 1.0×10^{-13}；2.0×10^{-20}	2.0×10^{-12}；1.0×10^{-12}； 1.0×10^{-13}；2.0×10^{-20}
蒸发速率 /（1/s）	1000	1000
冷凝速率 /（1/s）	100	100
氢气 / 氧气亨利系数 / [Pa /（m^3·mol）]	4560，28000	4560，28000
阳极 / 阴极铂载量	0.16/0.64	0.05/0.25
阳极 / 阴极铂碳比	0.4/0.5	0.3/0.5
催化层结块半径 / μm	0.5	0.5
催化层结块覆盖电解质薄膜厚度 / nm	100	150
催化层结块内电解质体积分数	0.53	0.53
催化层有效铂表面占比	0.5	0.5
阳极 / 阴极交换电流密度 /（A/m^2）	1.0，5.0×10^{-8}	10，1.0×10^{-7}

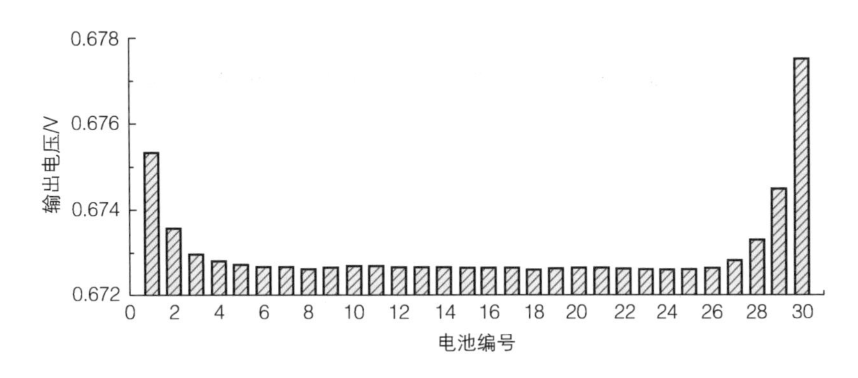

图 5-35　包含 30 片电池的风冷燃料电池堆中各电池输出电压分布（$0.4A/cm^2$）

图 5-36 所示为不同阴极空气进气流量下风冷电堆中每片电池、输出电压、催化层平均温度、催化层平均氧气浓度和催化层平均水蒸气浓度分布情况，其中进气流量分别为 0.0129kg/s、0.0215kg/s、0.0344kg/s、0.043kg/s 和 0.0517kg/s，对应进气化学计量比分别为 30，50，80，100 和 120。从图中可以明显看出，随着阴极空气进气流量的增加，风冷电堆温度逐渐降低，电堆两端位置处电池温度与电堆中间位置处电池温度差异值也逐渐缩小。电堆中各单电池温度、催化层氧气浓度和催化层水蒸气浓度分布也呈现类似特征，这说明适当增加阴极空气进气流量不仅可以提升电堆性能，还可以改善电堆内部各物理量分布均匀性。随着进气流量的不断增加，电堆性能和内部物理量分布均匀性提升效果也越来越不明显。考虑到增大进气流量将引起进气风扇功率的增加，阴极进气流量应控制在合理范围内。

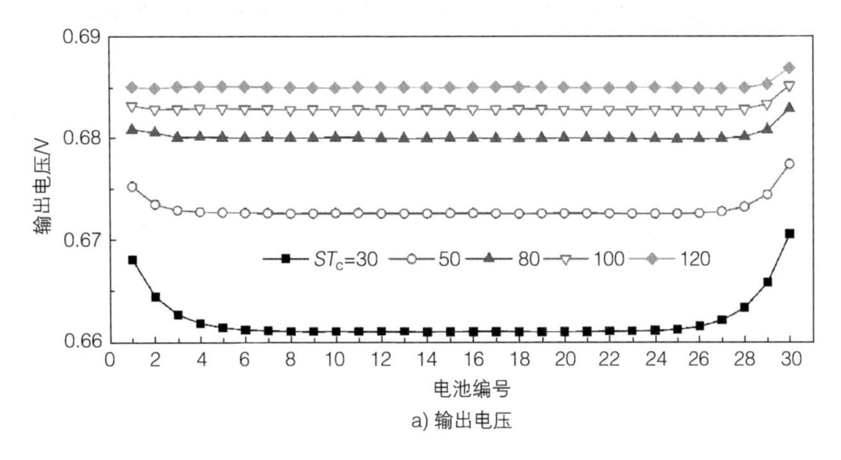

图 5-36　不同阴极空气进气流量下包含 30 片电池的风冷燃料电池堆中各电池物理量分布

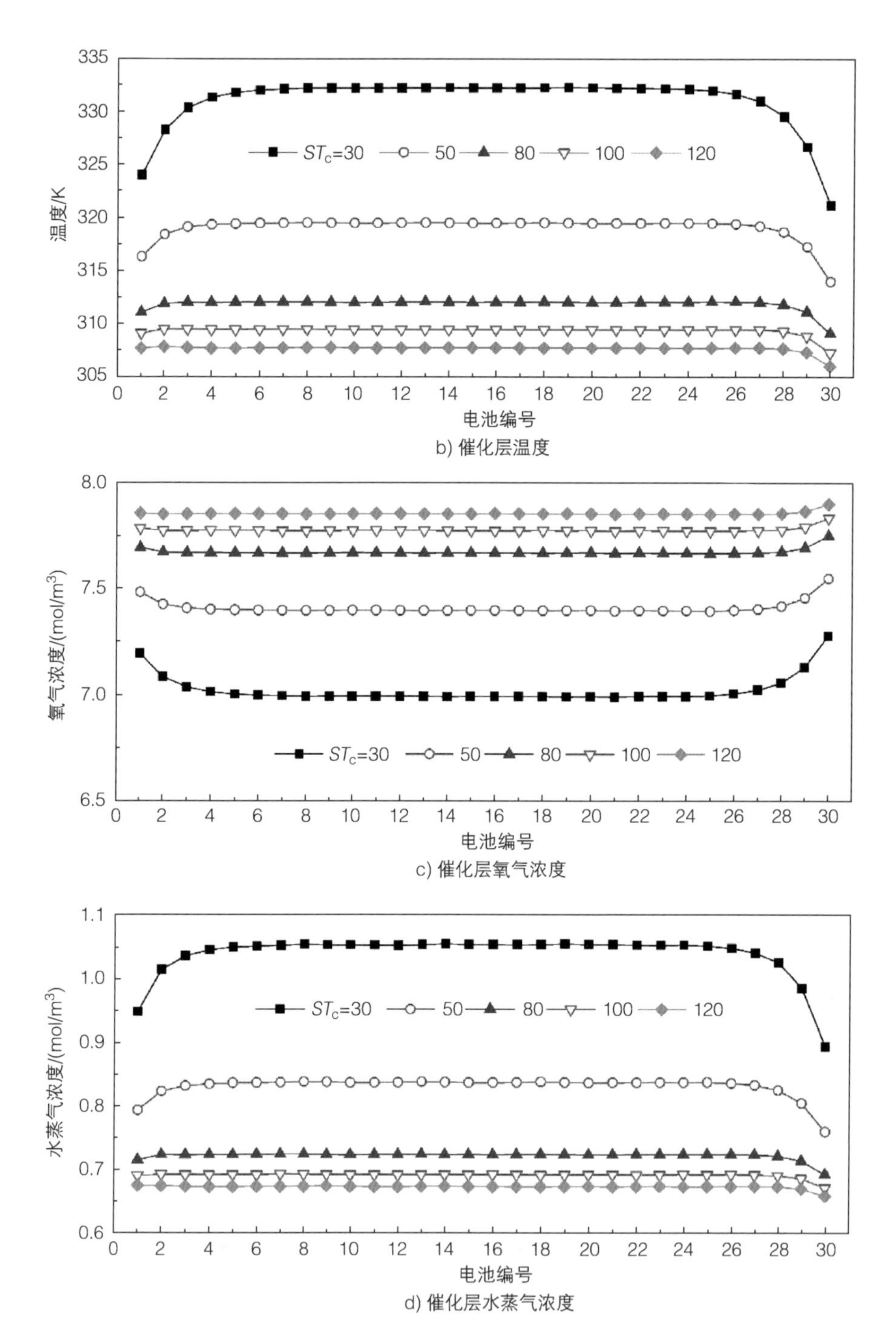

b) 催化层温度

c) 催化层氧气浓度

d) 催化层水蒸气浓度

图 5-36　不同阴极空气进气流量下包含 30 片电池的风冷燃料电池堆中各电池物理量分布（续）

5.4.2　包含风扇的电堆三维 CFD 仿真

上节介绍了电堆三维模拟的计算方法和结果分析，而在电堆运行过程中，风扇直接影响空气冷却电堆的水热管理，从而影响电堆整体运行效率，因此本小节考虑风扇结构以建立不均匀进气的空气冷却电堆三维 CFD 数值模型，并通过模型的计算结果分析了采用轴流风扇送风时阴极进气不均匀对电堆性能的影响。相比均匀流动假设下的计算结果，包含风扇模型的计算结果更接近空冷电堆的实际运行情况。

1　三维模型建立

模型利用 Fluent 提供的二次开发程序，纳入电子和离子传输、膜态水传输、液态水传输的控制方程，同时通过自编程给出模型中的入口边界条件、有效扩散率、源项等。模型中的流体旋转区采用多重参考系模型模拟风扇的转动，该模型是一种定常计算模型，将风扇旋转产生的非定常流场转换为定常流场，计算效率高，具有良好的计算精度，所以空冷电堆三维模型基于多重参考系模型来描述风扇转动引起的空气流动，并与电堆的多种“气－水－热－电”传输过程控制方程直接耦合求解。空气冷却电堆中的空气流动属于低马赫数流动，模型不考虑空气的可压缩性。由于风扇的高速旋转，靠近风扇的流场中存在湍流，湍流模型选择标准 k-ε 模型。采用 SIMPLE 算法进行求解，其中压力方程、动量方程以及湍流方程均采用二阶迎风格式进行离散。

图 5-37 所示为包含风扇的电堆三维模型的网格和计算区域，完整的计算域由电堆计算域和风扇计算域共同组成，其中风扇计算域由风扇入口区、流体旋转区、风扇格栅区以及过渡区组成，图 5-37a 显示了风扇网格的细节，其中一些小倒角、小孔、小缝隙等结构对性能影响较小但是会增大网格量，因此对其进行了忽略；图 5-37b 显示的电堆计算域包含了每片单电池的所有主要组件，包括双极板、流场板、气体扩散层、微孔层、催化层以及质子交换膜。电堆计算域中的阴极通道入口与风扇计算域的过渡区直接相连。

图 5-38 所示为风扇供气时电堆内部的流线，图 5-38a 为电堆供气流线图，由于格栅附近存在气流漩涡，为进一步明确气流在电堆内部的分布，绘制模型的横截面流线图（图 5-38b）。从图中可以看出，风扇、格栅附近以及过渡区内空气的流动非常不均匀，存在着大量的回流，当空气进入电堆的阴极流道后，流动状态逐渐变得稳定，最终气流以平缓的状态从阴极流道出口流出电堆。

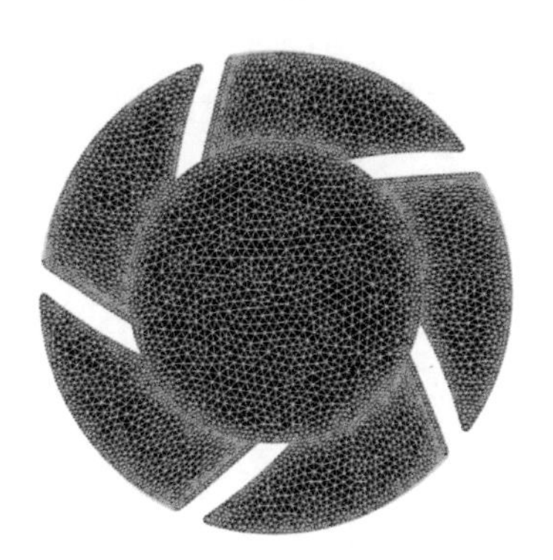

a) 风扇网格划分

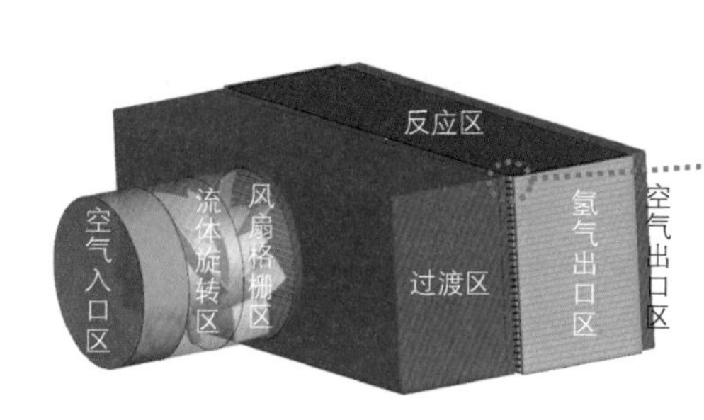

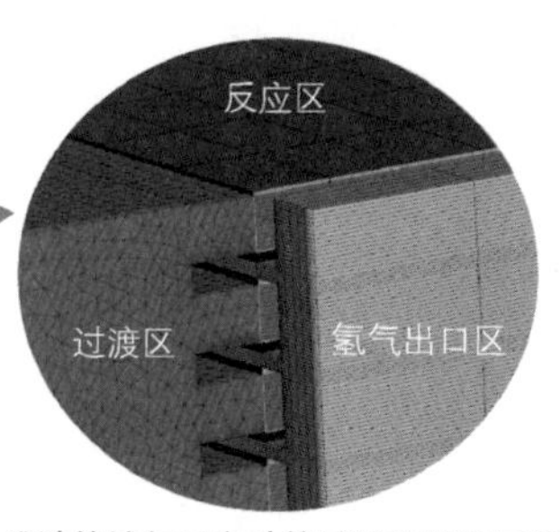

电堆计算域与风扇计算域的交界面网格

b) 完整的电堆计算域及交界面

图 5-37　包含风扇的电堆三维模型的网格和计算区域

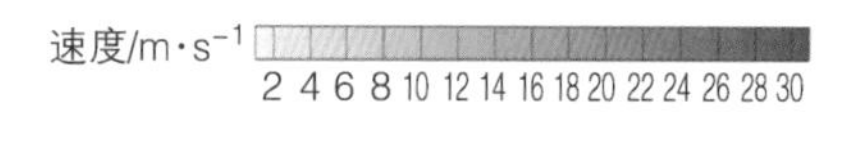

a) 包含风扇的电堆供气流线图

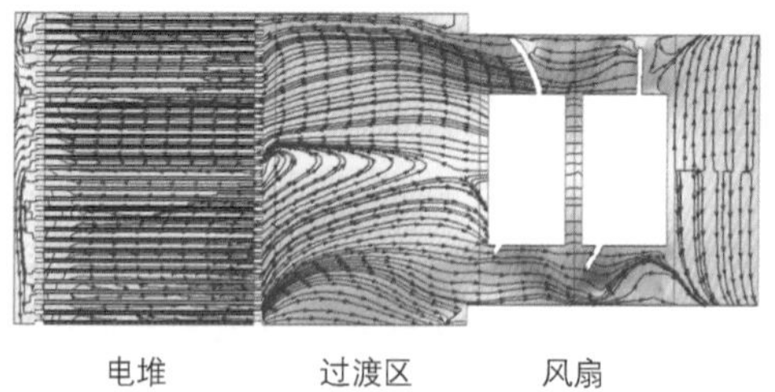

b) 包含风扇的电堆供气流线横截面

图 5-38　风扇供气时电堆内部的流线图

2 包含风扇的三维风冷电堆模拟结果分析

通过该三维数值模型可以模拟风扇供气下空冷电堆中的各项参数分布，并与均匀阴极进气条件下工作的电堆进行对比，以研究阴极进气的不均匀性对空气冷却电堆性能的影响。图 5-39 为风扇吹气送风工况下风扇供气与均匀进气阴极流道中间平面的速度分布图，图 5-39a 对比了风扇进气和均匀进气的电堆整体速度分布，从风扇进气的速度不均匀性结果可以看出，在阴极流道的入口段中，风扇转轴附近区域的风速较低，低风速区的周围存在一圈风速较高的区域，而离风扇转轴较远区域的风速相对较低且分布不均匀；阴极流道两侧是壁面，附近空气流动受到黏性力的影响，风速较小。选取电堆的第 5、15、25 片绘制其 x 方向速度分布即为图 5-39b，采用风扇供气时，阴极流道中的风速分布在不同位置的电池

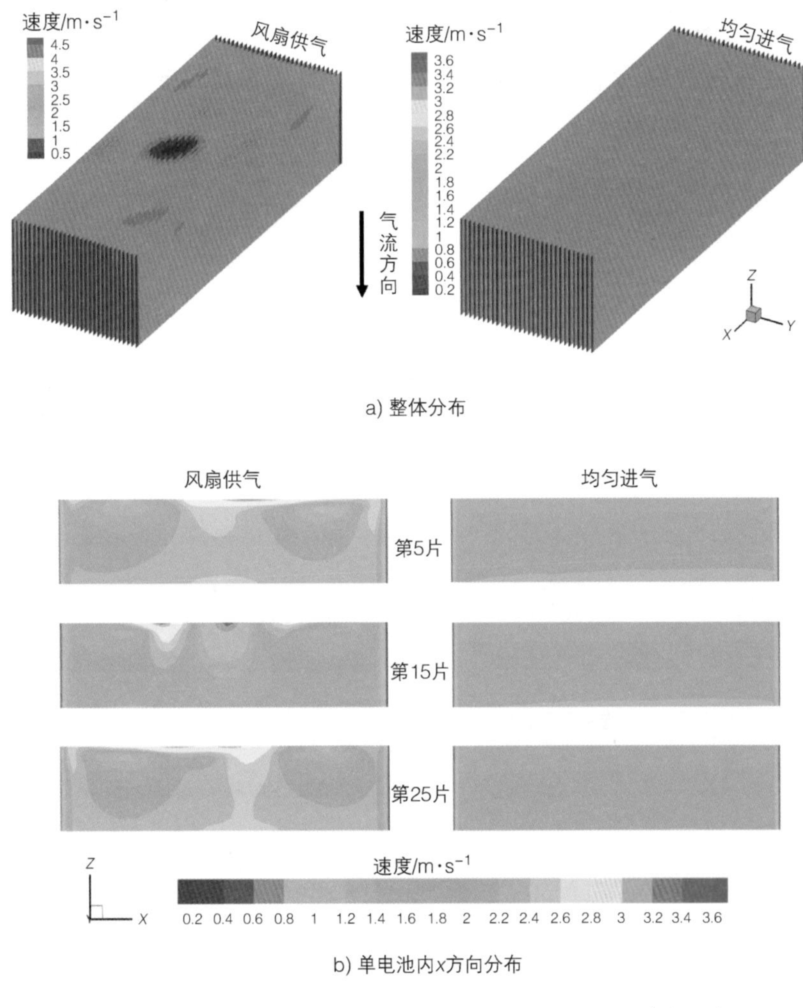

图 5-39　风扇供气与均匀进气下阴极流道中间平面的速度分布

中有很大的差异，边缘电池中心位置的流速高，两边的流速低；中间电池的中心位置流速低，两边的流速高；随着空气在阴极通道内的流动，单电池阴极流道内的风速逐渐变得均匀，但不同位置电池的阴极流道中风速的差异依然较大。采用均匀进气条件时，不同电池间以及电池阴极流道内不同位置的速度差别很小，基本实现了均匀的速度分布。由此可知，轴流风扇产生的气流是不均匀的，这是导致空冷电堆中阴极流道内风速不均匀的原因之一，阴极进气是否均匀对电堆阴极流道内风速的分布情况有着较大的影响。

图 5-40 所示为风扇供气与均匀进气下阴极催化层中间平面温度分布，

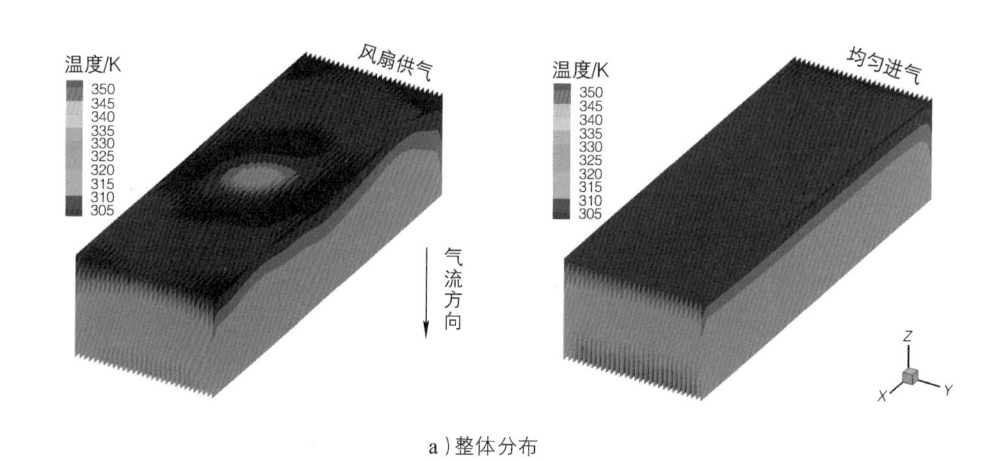

a）整体分布

风扇供气
均匀进气
第5片
第15片
第25片
Z
X
温度/K
305 310 315 320 325 330 335 340 345 350

b）单电池内分布

图 5-40　风扇供气与均匀进气下阴极催化层中间平面温度分布

图 5-40a 对比了风扇进气和均匀进气的电堆整体温度分布，分析风扇进气的温度不均匀性可以看出，在空气流动方向上（z 方向），单电池催化层的温度均逐渐升高；氢气入口处（氢气流动方向为 x 方向）的温度比出口处的温度稍低一些，温度差异并不明显，这说明氢气流动对电堆的散热影响相对较小。选取电堆的第 5、15、25 片绘制其 x 方向温度分布即为图 5-40b，在均匀进气条件下，阴极催化层的温度分布在不同位置的电池间差异较小，电堆中的温度分布比较均匀，单电池内温度较高的区域主要集中在空气流动出口和氢气流动出口重合的位置；在风扇供气条件下，电堆的温度不均匀程度明显比均匀进气条件时大，阴极催化层的温度分布在不同位置的电池间差异较大，例如中间位置电池在靠近风扇转轴区域的温度相对较高，而边缘位置的电池在靠近风扇转轴区域的温度相对较低。这是由于阴极流道内流动的空气承担了电堆主动散热的任务，流速高的区域的散热效率高，电堆的温度相对较低；阴极均匀进气时，电池之间和电池内阴极通道的流速相对均匀，除了温度沿着空气流动方向升高外，不同电池和不同位置的温度差异性不大；而采用风扇供气时，电堆内部的风速差异明显，导致了单电池内和电池之间同区域的温度不均匀；相对于空气流动，阳极的氢气流动的流量小且氢气的比热低，对电池温度产生的影响很小。

受限于空冷电堆尺寸，风扇安装空间受限，使得轴流风扇产生的气流无法得到充分发展，轴流风扇安装位置与电堆间的距离会影响到轴流风扇的送气流量和风速均匀性。因此需研究不同风扇到电堆的位置对电堆内速度分布的影响，设定风扇到电堆距离依次为 25cm、50cm 以及 75cm，风扇的占空比均设定为 66%，采用吸气送风模式。图 5-41 所示为不同风扇至电堆距离对电堆内风速大小及均匀性的影响，图 5-41a 展示了不同风扇至电堆距离下阴极通道的平均风速，随着风扇至电堆距离增加，阴极通道内的平均风速在不同位置电池间的差异逐渐减小。这是由于风扇至电堆的距离越远，风扇产生的湍流可以得到更充分的发展，使得阴极通道中的风速可以更均匀地分布。图 5-41b 为电堆采用单风扇配置时不同风扇至电堆距离下阴极通道中间平面的速度分布，分析速度大小的分布可知，距离 75cm 时电堆的速度分布明显比距离 25cm 时更均匀；距离为 25cm 时，在单片电池的阴极流道中风扇转轴附近区域的风速明显大于周围的风速，同时沿着空气流动方向，阴极流道中速度的不均匀性逐渐增大。图 5-41c 为不同距离下阴极流道与过渡区交界面的速度分布，当风扇至电堆距离为 25cm 时，交界面中风扇转轴附近区域的风速明显大于其他区域；而风扇至电堆距离为 75cm 时，交界面的风速近乎均匀分布。由此可知，增大风扇至电堆的距离可以显著改善电堆阴极流场内速度分布的均匀性。

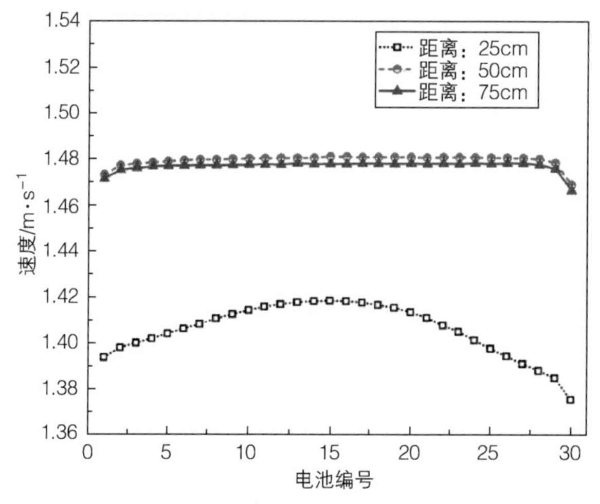

a) 不同风扇至电堆距离下阴极通道平均风速

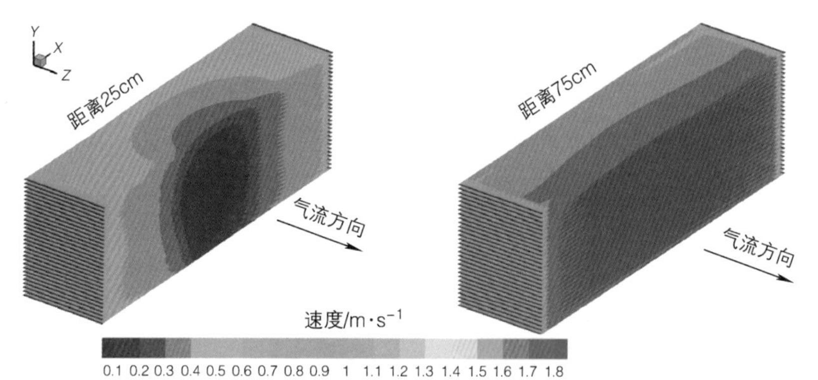

b) 不同风扇至电堆距离下阴极通道中间平面的速度分布

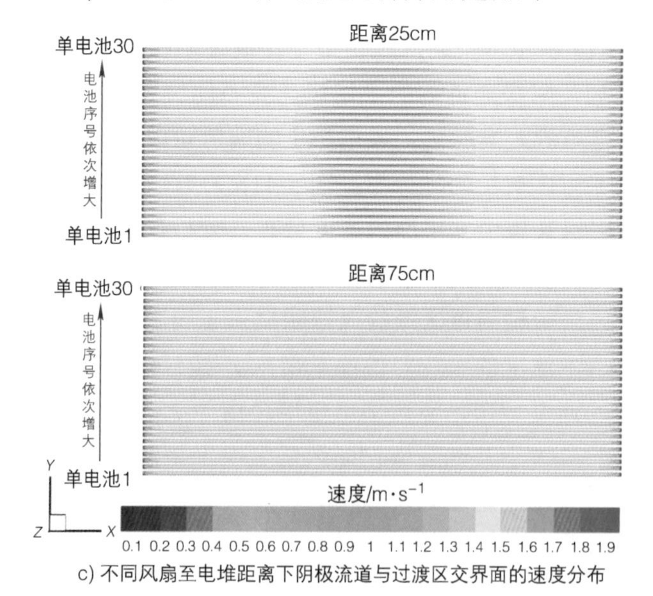

c) 不同风扇至电堆距离下阴极流道与过渡区交界面的速度分布

图 5-41　不同风扇至电堆距离对电堆内风速大小及均匀性的影响

参考文献

[1] Ye D H, ZHAN Z G. A review on the sealing structures of membrane electrode assembly of proton exchange membrane fuel cells[J]. Journal of Power Sources, 2013, 231, 285-292.

[2] HUANG F, QIU D, PENG L, et al. Optimization of entrance geometry and analysis of fluid distribution in manifold for high-power proton exchange membrane fuel cell stacks[J]. International Journal of Hydrogen Energy, 2022, 47(52): 22180-22191.

[3] CHOI E J, JIN Y P, MIN S K. Two-phase cooling using HFE-7100 for polymer electrolyte membrane fuel cell application[J]. Applied Thermal Engineering, 2018, 148, 868-877.

[4] 冯利利，陈越，李吉刚，等．碳基复合材料模压双极板研究进展 [J]. 北京科技大学学报，2021, 43(5): 585-593.

[5] 李新，王一丁，詹明．质子交换膜燃料电池密封材料研究概述 [J]. 船电技术，2020, 40(6): 19-23.

[6] JIAO K, PARK J W, LI X. Experimental investigations on liquid water removal from the gas diffusion layer by reactant flow in a PEM fuel cell[J]. Applied Energy, 2010, 87: 2770-2777.

[7] 衣宝廉．燃料电池－原理、技术、应用 [M]. 北京：化学工业出版社，2003.

[8] LIN P, ZHOU P, WU C W. A high efficient assembly technique for large proton exchange membrane fuel cell stacks: Part II. Applications[J]. Journal of Power Sources, 2010, 195: 1383-1392.

[9] LIN P, ZHOU P, WU C W. A high efficient assembly technique for large PEMFC stacks: Part I. Theory[J]. Journal of Power Sources, 2009, 194: 381-390.

[10] SASMITO A P, BIRGERSSON E, LUM K W, et al. Fan selection and stack design for open-cathode polymer electrolyte fuel cell stacks[J]. Renewable Energy, 2014, 37(1): 325-332.

[11] BARBIR F, BOSTON A, LONDON H, et al. PEM Fuel Cells: Theory and Practice[M]. New York: Elsvier, 2005.

[12] ZHAO R, HU M R, PAN R, et al. Disclosure of the internal transport phenomena in an air-cooled proton exchange membrane fuel cell—Part I: Model development and base case study[J]. International Journal of Hydrogen Energy, 2020, 45: 23504-23518.

[13] HU M, ZHAO R, PAN R, et al. Disclosure of the internal transport phenomena in an air-cooled proton exchange membrane fuel cell— part II: Parameter sensitivity analysis[J]. International Journal of Hydrogen Energy, 2021, 46(35): 18589-18603.

[14] CHOI S B, BARRON R F, WARRINGTON R O. Fluid flow and heat transfer in microtubes[J]. Actuators Syst ASME DSC, 1991, 32: 121-128.

[15] THOMAS S, BATES A, PARK S, et al. An experimental and simulation study of novel channel designs for open-cathode high-temperature polymer electrolyte membrane fuel cells[J]. Applied Energy, 2016, 165(3): 765-776.

[16] KARIMI G, BASCHUK J J, LI X. Performance analysis and optimization of PEM fuel cell stacks using flow network approach[J]. Journal of Power Sources, 2005, 147(1): 162-177.

[17] PARK J, LI X. Effect of flow and temperature distribution on the performance of a PEM fuel cell stack[J]. Journal of Power Sources, 2006, 162(1): 444-459.

[18] BASCHUK J J, LI X. Modelling of polymer electrolyte membrane fuel cell stacks based on a hydraulic network approach[J]. International Journal of Energy Research, 2004, 28(8): 697-724.

[19] RAZBANI O, ASSADI M. Artificial neural network model of a short stack solid oxide fuel cell

based on experimental data[J]. Journal of Power Sources, 2014, 246: 581-586.

[20] XU G, YU Z, XIA L, et al. Performance improvement of solid oxide fuel cells by combining three-dimensional CFD modeling, artificial neural network and genetic algorithm[J]. Energy Conversion and Management, 2022, 268: 116026.

[21] YU Z, XIA L, XU G, et al. Improvement of the three-dimensional fine-mesh flow field of proton exchange membrane fuel cell (PEMFC) using CFD modeling, artificial neural network and genetic algorithm[J]. International Journal of Hydrogen Energy, 2022, 47(82): 35038-35054.

[22] ZHANG G, QU Z, WANG Y. Full-scale three-dimensional simulation of air-cooled proton exchange membrane fuel cell stack: Temperature spatial variation and comprehensive validation[J]. Energy Conversion and Management, 2022, 270: 116211.

[23] CHEN D, XU Y, TADE M O, et al. General Regulation of Air Flow Distribution Characteristics within Planar Solid Oxide Fuel Cell Stacks[J]. ACS Energy Letters, 2017, 2(2): 319-326.

[24] WANG Y, BASU S, WANG C Y. Modeling two-phase flow in PEM fuel cell channels[J]. Journal of Power Sources, 2008, 179(2): 603-617.

[25] ZHAO J, HUANG Z, JIAN B, et al. Thermal performance enhancement of air-cooled proton exchange membrane fuel cells by vapor chambers[J]. Energy Conversion and Management, 2020, 213:112830.

[26] JIAN Q, ZHAO J. Experimental study on spatiotemporal distribution and variation characteristics of temperature in an open cathode proton exchange membrane fuel cell stack[J]. International Journal of Hydrogen Energy, 2019, 44(49): 27079-27093.

[27] ZHAO C, XING S, LIU W, et al. Air and H2 feed systems optimization for open-cathode proton exchange membrane fuel cells[J]. International Journal of Hydrogen Energy, 2021, 46(21): 11940-11951.

燃料电池系统模型及仿真方法

为了保证燃料电池持续稳定运行，需要配备供气、加湿、冷却、控制单元等外围辅助设备，为电堆提供所需燃料和氧化剂，同时保证燃料电池堆运行温度在适宜范围内。根据辅助部件的功能分类，燃料电池系统外围辅助部件分为氢气供应回路、空气供应回路、冷却回路和控制单元。在燃料电池系统的模拟仿真研究中，除了燃料电池堆模型外，还需考虑这些外围辅助回路的工作过程及耦合部件之间的作用机理。构建系统中核心部件模型，是实现燃料电池系统模型开发的关键。

本章将首先对燃料电池系统进行详细的介绍，论述系统模拟仿真建模思路及方法，对系统内的燃料电池堆、空压机、氢循环装置、加湿器等核心部件模型的构建进行介绍，最后以基于盲端阳极的燃料电池系统为例介绍系统模拟仿真过程。

6.1 燃料电池系统介绍

6.1.1 燃料电池系统

质子交换膜燃料电池系统以燃料电池堆为核心，通过外围部件为燃料电池堆提供氢气和空气，同时控制电堆温度在合适范围内。图 6-1 所示为一个典型的主动冷却式燃料电池系统原理，其主要由燃料电池堆、氢气供应回路、空气供应回路、冷却回路、电控单元等五部分组成。燃料电池堆是燃料电池系统的“心脏”，是氢气和氧气发生电化学反应的场所，在这里源源不断地产生电能、热能。氢气供应回路、空气供应回路、冷却回路和电控单元均服务于燃料电池堆，其中氢气供应回路将适量的氢气供给到燃料电池堆，空气供应回路为燃料电池堆提供正常工作所需的空气，冷却回路驱动冷却液的循环流动带走电堆产生的热量，控制电堆温度在适宜范围内，电控单元则通过传感器实时监测、处理、控制电堆的运行，确保整个系统合理科学高效地工作。

在氢气供应回路中，氢气从高压氢气瓶流出，经过减压阀组减压、氢气喷射器控制氢气流量并进一步减压后流入燃料电池堆发生电化学反应。反应后的残余混合气体经过气水分离器，将气流中的液态水除去。根据阳极回路的不同设计模式，反应后的残余氢气直接排出电堆或者通过氢气循环装置泵送到阳极进口以提高氢气利用率。有关氢气供应回路的详细介绍参见 6.1.2 节。

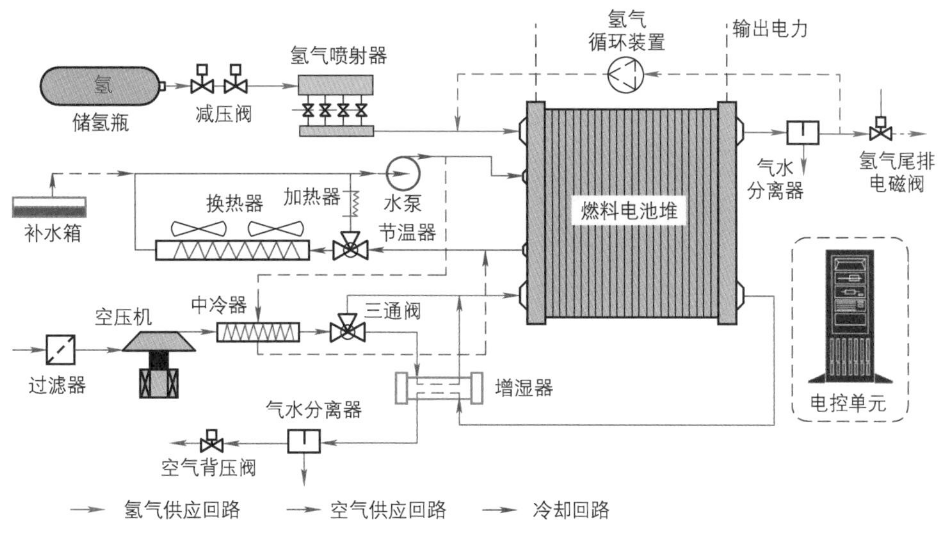

图 6-1　燃料电池系统原理

在空气供应回路中，空气依次流经过滤器、空气压缩机、中冷器、增湿器，最后进入电堆参与电化学反应。在电堆出口，未反应的气体和生成的水形成高温高湿的废气，其流过增湿器的湿侧，对干侧的空气进行增湿。废气依次经过气水分离器和空气背压阀后流出电堆。在空气供应回路中，空气压缩机和背压阀共同实现空气压力和流量的耦合控制[1]。美国能源部针对大功率燃料电池系统建议将流经气水分离器的空气继续流入膨胀机对外做功，回收废气的能量，从而提高系统综合能量利用效率[2]。有关空气供应回路的详细介绍参见 6.1.3 节。

冷却回路对燃料电池堆的运行温度进行控制，常采用“大循环 + 小循环”模式，实现常温工况下通过冷却液带走电堆热量。大循环是指冷却液需要流经散热器进行降温，小循环则是冷却液不经过散热器直接流入水泵。冷却液通过水泵驱动，在冷却回路和燃料电池堆内循环流动，经过电堆加热的高温冷却液流经节温器后分流，根据冷却液温度调整节温器的开度，进而控制大循环和小循环的冷却液流量，经过降温后的大循环冷却液混合小循环冷却液后，流回到水泵入口端，实现冷却液循环。电加热器通常安装在小循环支路，在燃料电池系统冷启动初期阶段加热冷却液至合适温度，实现电池堆温度的快速提升。有关冷却回路的详细介绍参见 6.1.4 节。

电控单元利用系统内温度传感器、压力传感器、电压巡检等部件监测系统的工作状态，控制系统内的阀门、水泵、压缩机等部件的运行，实现氢气供应回路、空气供应回路和冷却回路的功能，使得燃料电池堆在所需的工作点工作，输出电能。

6.1.2 氢气供应回路

氢气是整个系统的“动力燃料”，其供给流量直接影响系统输出功率和能量利用效率。高化学计量比的氢气供给会导致阳极与阴极之间的压差增大，在质子交换膜内部形成应力集中现象，降低质子交换膜耐久性，同时大量的氢气未通过电化学反应消耗而被浪费，导致系统氢利用率低；低化学计量比的氢气供给容易引起局部的“氢饥饿”现象，造成电流密度分布不均衡，降低燃料电池的性能，甚至引起碳腐蚀、催化剂流失等不可逆损伤，直接影响燃料电池耐久性。氢气在燃料电池系统中以液态或气态的形式储存在氢瓶中，液态形式下储氢能量密度高，相同空间下储存更多的氢能，但液态储氢温度较低（低于 30K），对储氢瓶的保温要求极高。此外，液氢需要经过汽化器[3]、热交换器等设备进行汽化和升温后才能达到燃料电池堆的使用要求，系统复杂度增加，商业化应用尚存在技术难度。气态氢是目前氢燃料系统常用的氢存储方式，为实现更多的氢气储存，氢气在氢瓶中被压缩到 35MPa 或 70MPa。氢气喷射器实现了氢气流量和压力的控制，它由 3～5 个高频电磁阀并联组成，通过控制每个电磁阀开闭的占空比，确保输出氢气的流量与压力维持稳定。

根据电池反应后残余氢气的流动方向和处理方式，图 6-2 所示为氢气供应回路的 3 种流通模式：流通模式、盲端模式和再循环模式[4]。在流通模式下，特定化学计量比的过量氢气供给电堆，电化学反应后残余氢气通过气水分离器和背压阀后直接排放到外部环境。在此设计模式下的系统可以提供大功率输出，持续的氢气流带走了流道中可能存在的液态水及阴极侧交叉渗透的氮气，为阳极侧反应位点持续提供足量的反应气体。但是，系统的氢利用率低、排出的氢气具有安全隐患等问题限制了流通模式的应用，目前只有燃料电池测试系统使用该模式。盲端阳极模式可以改善系统的燃料利用率，常闭式尾排电磁阀代替了氢气背压阀，促使氢气尽可能在电堆中被消耗，但是该系统设计也引入了一些问题，如氮气和液态水在阳极流道和气体扩散层积聚，降低了反应物的分压、阻碍了气体扩散层中的质量传输，无法提供足够高的输出功率。盲端阳极模式结构简单，系统成本低，目前主要用于低功率需求的应用场所，如移动电源、自行车、无人机等。氢气供应回路采用再循环模式时，利用外置的氢气循环装置（如氢循环泵或引射器）将经过气水分离器分离液态水后的残余氢气和水蒸气输运到电堆阳极入口进行再利用。再循环模式具有较高的系统氢气利用率，可实现超过 0.9 的氢气循环比[5]，同时循环氢气中的水蒸气可以加湿电堆，降低燃料电池堆的欧姆损失。但是，这种设计模式提高了氢气供应回路的复杂性，机械式的循环装置增加了系统的寄生功耗，同时氢气再循环流通也会增加氢气泄漏的风险。由于再循环模式可以实现高输出功率，目前商用大功率燃料电池系统的氢气供应回路均采用该模式。

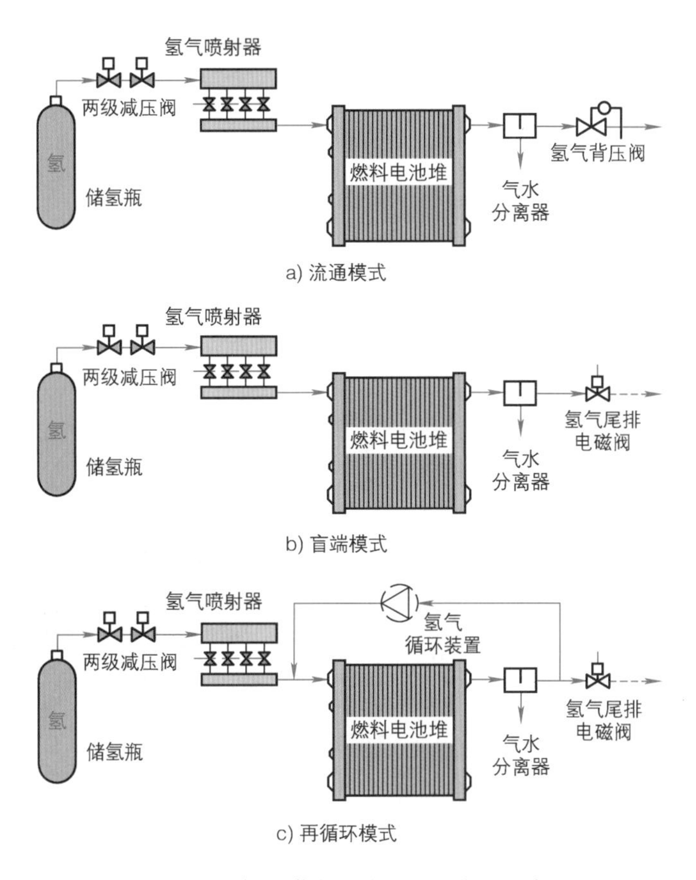

图 6-2　氢气供应回路的 3 种流通模式

对于氢气供应回路，盲端模式和再循环模式均可以提供较高的氢利用率，但是阳极出口端长期封闭运行会造成阳极水淹和局部氢饥饿，降低燃料电池的性能和使用寿命。周期性吹扫操作被用于系统中以缓解水和惰性气体的积聚，但频繁的吹扫会导致腔体压力波动，影响膜电极的力学性能，降低其使用寿命。为改善电堆水管理问题，有研究者[6]采用在电堆出口安装冷凝器以冷凝废气的方式控制燃料电池内部水蒸气分布，提高大电流密度下的电堆输出功率。Zhao 等人[7]比较了冷凝器对盲端模式和再循环模式的影响，冷凝器用于再循环模式中能更有效地缓解流道水积聚引起的电压下降。氢气尾排电磁阀的定期吹扫会引起瞬时的腔体内气体压力变化，同时打破了原有电堆的水热平衡，容易造成局部的氢饥饿，有必要为燃料电池系统确定最佳的吹扫时间和吹扫间隔时间，控制氢气尾排电磁阀的最佳操作。Jian 等人[8]利用 40 片的电堆搭建燃料电池系统进行实验研究，其中阳极供应回路采用盲端模式。他们根据最大燃料利用策略，确定最佳的吹扫时间和吹扫间隔时间为 0.44s 和 14.86s。然而，氢气尾排电磁阀的启闭操作与燃料电池的类型、生产商、电堆片数、系统设计构型、操作工况等有关，在系统运行中，最佳的吹扫时间和吹扫间隔时间应不断更新设置，以保证系统的最佳输出性能和燃料利用率等。

6.1.3 空气供应回路

在燃料电池系统中，空气作为氧化剂供应到燃料电池堆的阴极腔，空气供应回路为燃料电池堆提供满足操作与控制要求（温度、压力、湿度、流量）的干净空气。空气的驱动形式分为空压机驱动和风扇驱动。图 6-3 所示为风扇驱动的空冷式燃料电池系统，风扇推动环境空气供给燃料电池堆进行电化学反应，大流量的空气同时兼顾冷却电堆的作用。为保证电堆的冷却效果，风扇驱动的空气化学计量比需要维持在较高水平（50 ~ 150）[9]，因此系统中风扇的电功耗较高。空压机驱动则是目前商用大功率燃料电池系统的主流形式，经过过滤器净化的干净空气需要利用空压机实现电堆流量供给和气体增压，其对系统的输出和效率影响较大。燃料电池系统要求空压机具有高效率、宽的工作范围、输出空气不含油、低噪声、体积小和重量轻等特性，目前采用的空压机包括离心式、罗茨式、螺杆式，其中离心式空压机凭借高的工作效率（>70%）被广泛用于产品级燃料电池系统。空压机的工作状态决定着燃料电池堆空气供给的流量和压力，如果空压机的控制策略不合适，导致空气供给延迟和波动，情况严重时会缩短燃料电池堆的使用寿命。因此在燃料电池系统中需要高效的空气供应控制策略。Li 等人[10]提出了基于扰动观测器的多输出反馈控制策略实现控制电堆空气的最佳供给。该策略能够对系统干扰因素（湿度、温度、水蒸气等）提供快速的动态响应和强大的鲁棒性。Wang 等人[11]提出一种基于模型预测控制和比例 - 积分 - 微分控制（PID）的串并联耦合控制算法，获得不同电流密度下的最佳空气化学计量比，实现系统最大净功率输出。经过空压机增压的空气温度超过 200℃，如此高温度的空气经过加湿器会增加加湿器的加湿负担[12]，而且 200℃超过了 Nafion 膜的最大玻璃化温度（Nafion 117@120 ~ 140℃[13]），存在质子交换膜损坏的风险，此外高温的空气会引入更多的热量进入燃料电池堆，增加了电堆热管理难度，同时在阴极入口处极易造成膜干现象[14]，所以有必要在空气进入电堆之前降低空气温度。在空压机和增湿器之间布置中冷器降低空气温度是空气供应回路常用的设计，中冷器实际是一种热交换器，常采

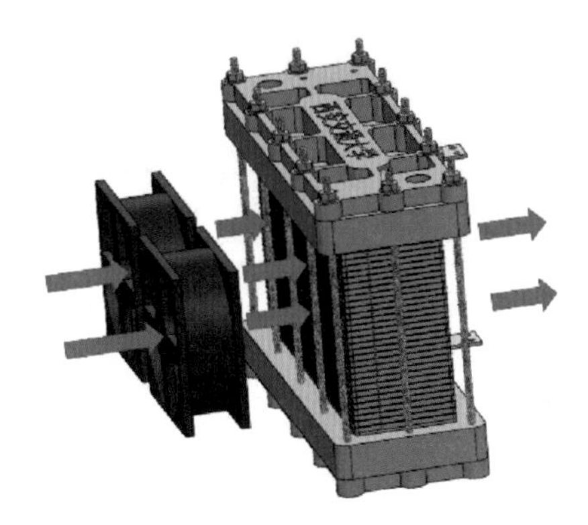

图 6-3　风扇驱动空气供应

用紧凑板翅式换热器，主要有空冷式和水冷式。空冷式中冷器利用风扇冷却空气回路内的高温空气，水冷式是空气供应回路主流的中冷器形式，通过引入冷却回路内的水流过中冷器实现空气的降温，这样更容易控制空气温度，使中冷器出口气体温度降低至电堆运行温度。经过电堆反应后的残余空气在增湿器降低湿度和气水分离器分离液态水后，通常直接释放到周围环境。排放的空气具有较大的机械能（高气体压力）和内能（水蒸气潜热），会造成系统能量的浪费。在大功率燃料电池系统，这样的能量浪费现象更明显。图 6-4 所示为空气供应回路的无膨胀机设计模式和有膨胀机设计模式，其中膨胀机安装在气水分离器和背压阀之间。在需要回收利用空气能量的设计需求下，膨胀机设计模式可以实现气体机械能的部分回收利用，通过膨胀机和空压机的耦合联动设计，降低空压机的泵功损耗，提高系统综合效率。在一些空气回路设计方案中，离开气水分离器的废气先进入中冷器被加热后再进入膨胀机做功 [15]，从而进一步提高膨胀机的能量回收效率。

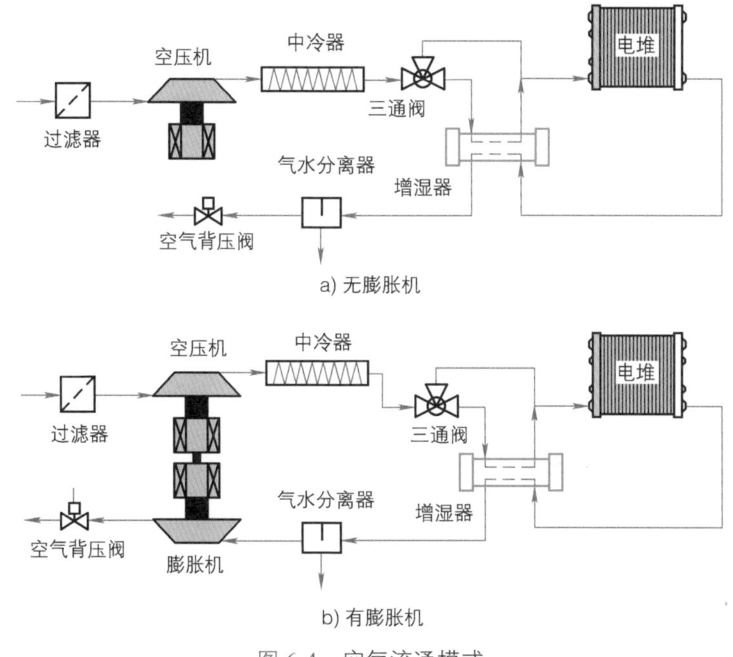

图 6-4　空气流通模式

类似阳极供应回路的盲端模式和再循环模式同样适用于空气供应回路，主要集中在一些特定领域，如飞机和无人驾驶航空器。有研究报道了将空气供应回路废气再循环设计策略用于燃料电池系统 [16-18]，通过回收废气中的水蒸气加湿电堆阴极侧空气，促使空气湿度从 25% 增加到 85%，同时减少对外部加湿器的依赖。Fan 等人 [19] 设计了一种双盲端模式的燃料电池系统，即阳极和阴极均采用盲端模式设计，极大地简化了系统，提高了反应物的利用率。研究结果表明该系统在操作运行中，氢和氧的利用率都接近 100%，但是盲端模式下出口水气积聚引起的电堆水管理困难等问题依然没有得到有效的解决。

增湿器是空气供应回路中重要的部件之一，利用它对进入电堆的空气进行加湿，保证了质子交换膜的膜态水含量，避免了可能出现的膜干故障以及较高的欧姆损失。常见的增湿器有鼓泡加湿器、焓轮加湿器及膜加湿器。鼓泡加湿器的工作原理是将气体直接通入去离子水中进行气体加湿，加湿效果由水温、液面高度和气体流量决定，气体湿度控制难度大。鼓泡加湿器的压降较高，降低了电堆的工作压力，不利于电堆输出功率的提升。焓轮加湿器利用多孔陶瓷焓轮在湿气体侧吸收水分，焓轮转动到干气体侧后水分蒸发来加湿气体。气体的湿度由焓轮转速控制，需要依靠外界电力驱动焓轮。焓轮加湿器的密封困难，而且驱动焓轮所带来的电功耗负载较高。膜加湿器由膜分隔形成两个通道，其中一个通道的干气体被流过另一个通道的气体（气 – 气型膜加湿器）或液体（气 – 液型膜加湿器）完成加湿和加热。加湿器采用的膜通常是 Nafion 膜，水蒸气的浓度梯度驱动水分子由膜的高浓度侧渗透到低浓度侧。膜加湿器没有移动部件，是最简单、最常用、能耗最低的加湿方法 [20]，非常适用于低温质子交换膜燃料电池系统空气供应回路。

为了优化空气供应回路，工程师们尝试效仿阳极供应回路取缔增湿器，通过内增湿技术或自增湿技术满足电堆对空气湿度的要求 [14]。内增湿技术是将增湿功能重整到燃料电池堆，在燃料电池堆增加一段不参与电化学反应的部分（常选用多孔碳板、薄膜等渗水材料），利用水的浓差扩散作用加湿气体。内增湿技术需要修改现有的燃料电池堆结构，增加了电堆的体积，增加了电堆的组装与密封的难度，同时降低了电堆功率密度。在早期的小功率电堆产品中尝试使用过内增湿技术，增湿效果不佳，随后逐渐被弃用。自增湿技术是充分利用电堆阴极产生的水，在电池内部实现自循环，满足电堆不同位置气体的加湿要求。为满足电堆自增湿要求，可采用的手段包括自增湿流场设计、复合自增湿膜、优化膜电极结构及气体流动方式等。自增湿技术简化了空气供应回路，同时优化了燃料电池设计，是目前燃料电池系统发展的重要方向 [21]。

6.1.4 冷却回路

冷却回路通过控制燃料电池堆的热量传递调控电堆运行温度，实现系统高效热管理。质子交换膜燃料电池运行温度范围在 60 ~ 95℃之间，与环境温度较低的温差导致系统的自然对流和热辐射换热效果不佳，燃料电池堆中的产热绝大部分需要通过冷却回路的强制对流换热导出电堆。冷却回路通过控制燃料电池堆

的热量传递，减少废热的排放，实现系统高效热管理。为了确保电堆在适宜温度运行，必须控制冷却液的流量，通常冷却回路要确保冷却液在电堆进口和出口之间的温度差不能超过 10℃[22]。因此冷却回路的设计优化以及冷却液的流量控制是燃料电池系统热管理的关键，对保证燃料电池系统高效率、长寿命运行至关重要。在低温环境下，利用冷却回路的辅助加热功能提高电堆的冷启动能力也是系统冷却回路的重要作用。

图 6-5 所示为燃料电池冷却回路的设计原理，其与传统内燃机冷却系统类似，均采用“大循环 + 小循环”模式。大循环模式是指冷却液由水泵驱动流经换热器，通过换热器将电堆内产生的热量散失到环境中[23]，这主要用在电堆正常运行阶段；小循环模式是指冷却液在管路和电堆中循环，电堆产生热量积聚在冷却液和电堆内部，促使冷却液和电堆的温度升高，这主要用在电堆低温冷启动阶段，为了缩短冷启动时间，在小循环管路中安装电加热器辅助促进冷却液升温。这两种模式的切换是通过节温器调控实现的，节温器是一种三通阀，传统节温器采用石蜡作为芯体感温材料，通过石蜡的膨胀与凝固感应冷却液温度的变化，实现对大循环和小循环冷却液流量的控制。这种节温器属于被动控制，节温器的开启 / 关闭存在明显的迟滞现象，无法准确控制冷却液的流量分配，导致冷却液温度的控制精度低。由于燃料电池堆对温度极其敏感，因此在燃料电池系统的冷却回路中常采用电子节温器，虽然其内部调节结构复杂、成本较高，但通过电子信号控制阀门开度大小，具有动作灵敏、调节精度高的优势，可以实现对冷却液温度的精确控制。

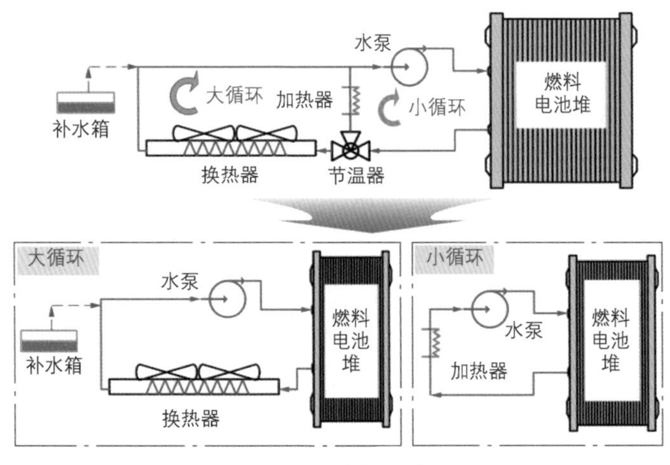

图 6-5　冷却回路

水泵在冷却回路中用于推动冷却液在管路中流动。水泵有离心式、旋转式和容积式等类型，其中，离心式水泵结构简单、供给流量大，常用于冷却回路。为了减小电堆气体腔和水腔的压力差，防止压差过大造成双极板的损坏，水泵被安装在电堆冷却液进口端，以提供充足的冷却液压力。水泵也是整个燃料电池系统的寄生功耗源之一，它降低了系统的净输出功率和系统净效率，在保证电堆运行温度的前提下，优化运行工况参数、降低水泵功耗是系统冷却回路研究的重点。

冷却回路中采用的冷却液通常是乙二醇与水的混合溶液，具有较强的溶解性，可以溶解电堆双极板、金属管路以及焊缝处的金属离子，使得冷却液的电导率增加。高电导率的冷却液会带走电堆双极板上更多的电子，造成电堆性能降低，严重情况下会造成系统电绝缘性下降，出现“漏电”故障。因此在冷却回路中还需要安装去离子罐，保证冷却液的电导率始终维持在较低的水平[24]。去离子罐与冷却回路的管路并联，应尽可能降低去离子罐的高压降对冷却回路压力损失的影响。去离子罐属于消耗部件，在冷却回路中需要定期更换。

6.2 燃料电池系统建模思路

如 6.1 节所述，燃料电池系统是由多个部件通过各自的接口连接组成的复杂系统，部件的接口之间存在着物质、能量与信息的传递，最终实现整个系统稳定高效运行。燃料电池全局系统模型的构建过程是根据系统中每一个部件的物理现象及工作过程构建其相应的局部部件数学模型，获得部件接口传递的物质流、能量流与信息流。根据部件之间物理参数的传递关系将局部部件模型顺次连接起来，最终实现整个燃料电池系统的全局系统模型构建。

全局系统建模的核心工作是系统中各局部部件模型的构建，局部部件模型的优劣直接影响整个系统模型的计算准确性。根据建模考虑的空间维度，局部部件模型可分为高维度模型（3D 模型）、低维度模型（2D 模型和 1D 模型）和集总模型（0D 模型）。高维度模型是完整考虑部件的几何结构的数学模型，也是与真实部件最接近的数学模型，高维度模型的计算需要强大的计算能力，其计算精度与部件几何结构的网格划分密切相关。高维度模型对于单个局部部件是适用的，但是面对多部件耦合的复杂燃料电池系统，其模型构建与计算过程极为复杂。低维度模型是对部件全尺寸模型在部分空间维度妥协的结果，根据对计算结果的需求进行理想化假设，降低模型计算复杂度，但模型计算的准确性也随之降低。集总模型是忽略了部件空间分布差异后的简化模型，通过设置部件的输入参数，可快速计算获得部件的输出。集总模型也是目前局部部件模型中常采用的数学模型。由于局部部件模型被简化，模型计算的准确性也随之下降，因此如何平衡局部部件模型准确性和系统计算效率，是燃料电池系统建模研究的重点方向之一。

燃料电池全局系统模型的实现通常基于自编程序方法与商业软件方法。自编程序方法是根据构建的局部部件模型，采用编程语言实现其数学方程的计算求解，通过物质流、能量流和信息流的传递方向，连接每一个局部部件模型进而构建完成全局系统模型，实现整个系统的模拟仿真。自编程序方法对于局部部件和全局系统均有最高的灵活度，可以灵活改变局部部件模型，并且依据模拟仿真的需求进行全局系统模型搭建。自编程序方法对于操作人员的编程能力和数学能力有极高的要求，高校及科研机构常采用该方法实现复杂系统模拟仿真，可在保证计算效率的前提下改善局部部件模型，提高系统计算准确性。为了降低系统模拟仿真难度，一些商业软件也被用来实现燃料电池系统模型的构建，如 MATLAB/Simulink、AMESim、Aspen Plus 等。商业软件均采用模块图建模方式，将系统中局部部件模型整合在模块库中进行调用，避免了烦琐的数学建模和程序编写过程，使操作人员更专注于物理系统本身的设计，但是商业软件的封闭性导致无法对局部部件模型进行改善以提高模型准确性。因此商业软件无法满足对计算准确性要求较高的系统模拟仿真工作。

6.3 系统级燃料电池堆模型

6.3.1 电堆部件模型

在开展燃料电池系统模拟仿真工作时，燃料电池堆部件模型依然是系统模型搭建的核心。与单独研究单电池和电堆不同，燃料电池堆部件模型在系统模型中需要进行极大的简化，通常为简单的 0D/1D 模型，而不是第 3 章提到的高维度数值模型。高维度数值模型伴随着庞大的计算资源需求，对于系统级模拟仿真，其时间成本和经济成本均难以承受；其次，高维度数值模型与系统内其他部件模型的数据传输接口耦合困难，而部件模型之间的参数传递是系统模拟研究的重点关注过程。因此在系统模型中主要采用 0D/1D 燃料电池模型。

0D/1D 燃料电池模型对电池内的“气 – 水 – 热 – 电 – 力”过程进行了很大

程度的简化，但是为了考虑电堆内部水热管理问题，燃料电池氢/氧电化学反应、阳极侧和阴极侧的气体与水的传输扩散过程、水的相变过程等有必要在系统建模时进行考虑。在燃料电池中，氢气流和空气流通过电堆内歧管分配到单电池的阳极侧和阴极侧，分别进行氢氧化反应和氧还原反应，而冷却水则流经双极板水腔以冷却电堆。图 6-6 描述了燃料电池内部气 – 水 – 电的传输过程，这也是低维度电池模型构建的指导示意图。氢气和氧气的电化学反应分别在阳极和阴极的催化层（CL）反应位点进行，这个过程伴随着复杂的跨界面的质量转移过程。阳极通道（CH）中的氢气通过阳极通道 – 气体扩散层界面（ACH-GDL）和阳极气体扩散层（GDL）到达阳极催化反应位点，即质子交换膜 – 阳极气体扩散层界面（PEM-AGDL）。阴极侧的氧气通过 CCH-GDL 界面和阴极气体扩散层到达阴极催化反应位点，即质子交换膜 – 阴极气体扩散层界面（PEM-CGDL）。质子拖曳和水反向扩散共同作用引起了质子交换膜（PEM）内水的迁移。在 PEM-AGDL 界面和 PEM-CGDL 界面上，膜态水转化为水蒸气和液态水，然后分别流向阳极和阴极的气体扩散层。最终，液态水和水蒸气由阳极和阴极的通道出口流出电堆。此外，由于燃料电池阴极侧与阳极侧存在氮气的浓度梯度，氮气交叉渗透过程也会发生在质子交换膜和气体扩散层中，引起阳极氮气含量增加。

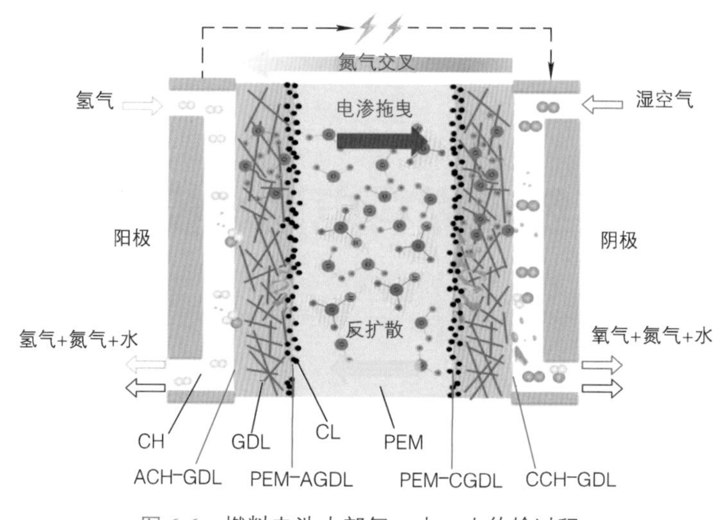

图 6-6　燃料电池内部气 – 水 – 电传输过程

考虑到上述燃料电池的传输过程及电化学反应，可构建面向系统的模块化燃料电池低维模型。图 6-7 展示了模块化的燃料电池堆低维模型的组成，其由电化学反应模块、阳极流动扩散模块、阴极流动扩散模块、膜传输模块和产热模块组成，来自供气歧管和排气歧管的气体压力、工作条件（负载电流和温度）等被作为电堆部件模型的输入参数。电堆部件模型的输出参数不仅包括电堆的性能参数

（如电压、功率等），还包括电堆的产热、运行温度、进口和出口流量以及燃料电池内的水含量。

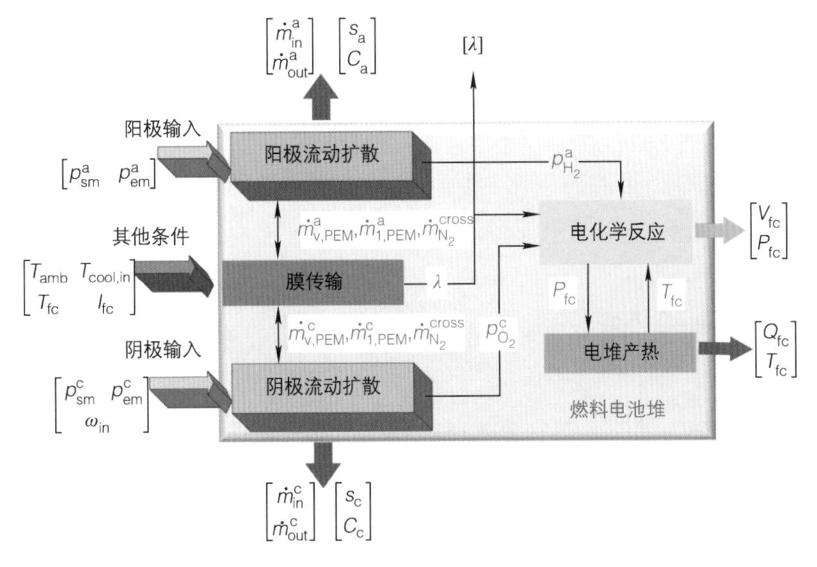

图 6-7　模块化燃料电池堆低维模型

在详细介绍燃料电池堆模型之前，需要对模型构建的一系列假设进行说明。燃料电池堆每个子部件（CH、GDL、PEM 等）假设具有相同的温度，忽略了电堆内部件之间温度的差异性。氢气供应回路和空气供应回路提供的气体（如氢气、氧气、氮气、水蒸气）都被视为理想气体。单电池的性能差异在电堆模型中通常被忽略，这极大地提高了计算效率，降低了建模难度。假设燃料电池通道中的液体具有与气体相同的速度，便于计算离开电堆的液态水通量。催化层的物理厚度假定为零，质子交换膜与气体扩散层的接触边界即为催化层。阴极电化学反应生成的水被假定为液态水，并很快流入阴极气体扩散层。

6.3.2　电堆部件局部模块模型

本节将详细介绍系统级的燃料电池堆部件模型的组成：电化学反应模块、阳极流动扩散模块、阴极流动扩散模块、膜传输模块和电堆产热模块。

1　电化学反应模块

电化学反应模块用于燃料电池堆输出电压和输出功率的计算。忽略单电池之间的不一致性，电堆的功率和电压可通过下式计算：

$$P_{fc} = N_{cell} V_{cell} (I_{fc} A_{cell}) \tag{6-1}$$

$$V_{fc} = N_{cell} V_{cell} \tag{6-2}$$

式中，N_{cell} 是燃料电池堆单电池片数；I_{fc} 是工作电流密度（A/cm^2）；A_{cell} 是电池面积（cm^2）；V_{cell} 是单电池电压（V）；V_{fc} 是电堆输出电压（V）；P_{fc} 是电堆输出功率（W）。

根据第 2 章燃料电池的电化学理论介绍，燃料电池电压由可逆电压E_r、活化损失η_{act}、欧姆损失η_{ohm}以及浓差损失η_{con}计算：

$$V_{cell} = E_r - \eta_{act} - \eta_{ohm} - \eta_{con} \tag{6-3}$$

可逆电压表示氢 / 氧电化学反应的理论最大电压，由能斯特方程计算：

$$E_r = 1.229 - \frac{163.23}{2F}(T_{fc} - 298.15) + \frac{RT_{fc}}{2F} \ln\left[\frac{p_{H_2}^a}{1.01\times10^5} \times \left(\frac{p_{O_2}^c}{1.01\times10^5}\right)^{0.5}\right] \tag{6-4}$$

式中，F 是法拉第常数，F =96485 C/mol；R 是理想气体常数，R=8.314 J/（mol·K）；T_{fc} 是燃料电池堆运行温度（K）；$p_{H_2}^a$ 和 $p_{O_2}^c$ 分别是阳极侧氢气分压和阴极侧氧气分压（Pa），其计算方法详见阳极流动扩散模块（6.3.2 节第 2 部分）和阴极流动扩散模块（6.3.2 节第 3 部分）。

式（6-3）中的三种损失电压分别是由燃料电池的反应动力学、电荷转移和反应物质量转移（主要是氧气传输）引起的极化造成的。塔费尔方程用于处理燃料电池的反应活化损失，具体计算如下：

$$\eta_{act} = \frac{RT_{fc}}{2\alpha_{H_2} F} \ln\left(\frac{I_{fc} + I_{leak}}{I_{0,a}}\right) + \frac{RT_{fc}}{4\alpha_{O_2} F} \ln\left(\frac{I_{fc} + I_{leak}}{I_{0,c}}\right) \tag{6-5}$$

式中，α_{H_2} 和 α_{O_2} 为电荷转移系数；$I_{0,a}$ 和 $I_{0,c}$ 表示参考交换电流密度（A/cm^2）；I_{leak} 是由于氢气微泄漏引起的电流密度损失（A/cm^2），根据经验设定为常数 [25]。

欧姆损失通过欧姆定律计算，具体为

$$\eta_{ohm} = I_{fc}\delta_{PEM}/\sigma_{PEM} + I_{fc}ASR_0 \tag{6-6}$$

式中，δ_{PEM} 是质子交换膜厚度（cm）；σ_{PEM} 是膜电导率（S/cm）；ASR$_0$ 是除质子交换膜外其他部件的面积比电阻总和（Ω · cm^2）。膜电导率由经验式计算获得：

$$\sigma_{PEM} = \alpha_c (0.005193\lambda - 0.00326)\exp\left[1268\left(1/303.15 - 1/T_{fc}\right)\right] \tag{6-7}$$

式中，α_c 和 λ 分别是膜电导率修正因子及膜态水含量。

浓差损失可以采用与活化损失类似的计算式，具体表达式如下 [26]：

$$\eta_{con}=\left(\frac{RT_{fc}}{2F}\right)\left(1+\frac{1}{c}\right)\ln\left(\frac{I_L}{I_{lim}-I_{fc}-I_{leak}}\right) \tag{6-8}$$

式中，I_L 是电池极限电流密度（A/cm^2）；c 是常数，由实验测定。

2 阳极流动扩散模块

该模块计算阳极侧氢气分压 $p_{H_2}^a$，其可用于电化学反应模块可逆电压计算 [式（6-4）]；计算阳极进口端和出口端的流量（$\dot{m}_{in}^a$ 和 $\dot{m}_{out}^a$）以及阳极侧气体扩散层的水含量（C_a 和 s_a），用作电堆部件模型的部分输出结果。

根据理想气体假设计算阳极腔体的氢气分压，公式如下：

$$p_{H_2}^a=RT_{fc}m_{H_2}^a/(M_{H_2}V_{CH}^a) \tag{6-9}$$

式中，$m_{H_2}^a$ 是单电池内阳极流道中的氢气质量（kg）；M_{H_2} 是氢气摩尔质量（kg/mol）；V_{CH}^a 是阳极通道体积（m^3）。

阳极通道内气体质量可通过式（6-10）~ 式（6-13）计算：

$$\frac{dm_{H_2}^a}{dt}=\dot{m}_{in,cell}^a-\dot{m}_{H_2,GDL}^a-\dot{m}_{out,cell}^aY_{H_2}^a \tag{6-10}$$

$$\frac{dm_v^a}{dt}=-\dot{m}_{v,GDL}^a-\dot{m}_{out,cell}^aY_v^a+S_{phase}^a \tag{6-11}$$

$$\frac{dm_l^a}{dt}=-\dot{m}_{l,GDL}^a-\dot{m}_{l,out}^a-S_{phase}^a \tag{6-12}$$

$$\frac{dm_{N_2}^a}{dt}=\dot{m}_{N_2}^{cross}-\dot{m}_{out,cell}^aY_{N_2}^a \tag{6-13}$$

式中，m_v^a、m_l^a和$m_{N_2}^a$分别是阳极通道中水蒸气、液态水和氮气的质量（kg）；$\dot{m}_{in,cell}^a$和$\dot{m}_{out,cell}^a$是阳极通道的进口和出口的气体流量（kg/s）；$\dot{m}_{l,out}^a$表示阳极通道出口的液态水流量（kg/s）；$\dot{m}_{N_2}^{cross}$是氮气的交叉渗透流量（kg/s）；$Y_{H_2}^a$、Y_v^a和$Y_{N_2}^a$是阳极通道内的氢气、水蒸气和氮气的质量分数，$Y_{H_2}^a+Y_v^a+Y_{N_2}^a=1$；$S_{phase}^a$为单位时间内阳极通道水蒸气和液态水的相变转化量（kg/s），液态水蒸发为水蒸气为正，计算如下：

$$S_{phase}^a=\begin{cases}\dfrac{\gamma_c V_{CH}^a M_{H_2O}}{RT_{fc}}\dfrac{p_v^a}{\sum p_i^a}(p_{sat}-p_v^a) & p_v^a\geqslant p_{sat}\\ \gamma_e m_l^a(p_{sat}-p_v^a) & p_v^a<p_{sat}\end{cases} \tag{6-14}$$

式中，γ_c 是水蒸气的冷凝速率（1/s）；γ_e 是液态水蒸发速率 [1/（Pa · s）]；p_{sat} 是燃料电池温度对应的水蒸气饱和蒸气压（Pa）。

考虑到燃料电池流道和连接歧管之间的压力差相当小，亚临界喷嘴流量方程的线性化形式[27]可以用来计算单电池流道与歧管之间的气体流量，具体表达式如下：

$$\dot{m}_{\text{in,cell}}^{\text{a}} = k_{\text{in}}^{\text{a}}(p_{\text{SM}}^{\text{a}} - \sum p_i^{\text{a}}) \tag{6-15}$$

$$\dot{m}_{\text{out,cell}}^{\text{a}} = k_{\text{out}}^{\text{a}}(\sum p_i^{\text{a}} - p_{\text{EM}}^{\text{a}}) \tag{6-16}$$

式中，k_{in}^{a} 和 $k_{\text{out}}^{\text{a}}$ 表示进口和出口的流量系数 [kg/（Pa·s）]；p_{SM}^{a} 和 p_{EM}^{a} 是电堆阳极进出口歧管压力（Pa），具体可参考歧管模型（6.4.1 节）；p_i^{a} 表示阳极内每种气体（氢气、氮气和水蒸气）的分压（Pa）。

在利用式（6-10）~式（6-13）计算每种气体的质量后，通过理想气体状态方程获得对应的气体分压。进入和离开燃料电池堆的气体流量为

$$\dot{m}_{\text{in}}^{\text{a}} = N_{\text{cell}} \dot{m}_{\text{in,cell}}^{\text{a}} \tag{6-17}$$

$$\dot{m}_{\text{out}}^{\text{a}} = N_{\text{cell}} \dot{m}_{\text{out,cell}}^{\text{a}} \tag{6-18}$$

氢气、水蒸气和液态水通过扩散作用穿过阳极通道–气体扩散层界面（ACH-GDL）进入气体扩散层中，跨界面的流量计算如下：

$$\dot{m}_{\text{H}_2,\text{GDL}}^{\text{a}} = M_{\text{H}_2} A_{\text{cell}} I_{\text{fc}} / (2F) \tag{6-19}$$

$$\dot{m}_{\text{v,GDL}}^{\text{a}} = M_{\text{H}_2\text{O}} A_{\text{cell}} D_{\text{eff,GDL}}^{\text{a}} \frac{p_{\text{v}}^{\text{a}} / (RT_{\text{fc}}) - C_{\text{a}}}{\delta_{\text{GDL}}} \tag{6-20}$$

$$\dot{m}_{\text{l,GDL}}^{\text{a}} = \frac{A_{\text{cell}} \rho_{\text{l}} K s_{\text{a,re}}^4}{\mu_{\text{l}} \delta_{\text{GDL}}} \left| \frac{\text{d}p_c^{\text{a}}}{\text{d}s_{\text{a,re}}} \right| \tag{6-21}$$

式中，p_{v}^{a} 是阳极流道内的水蒸气分压（Pa）；$D_{\text{eff,GDL}}^{\text{a}}$、$K$、$p_c^{\text{a}}$ 分别是阳极气体扩散层有效扩散系数（m^2/s）、绝对渗透率（m^2）、毛细压力（Pa），上述参数的计算可参考文献 [28]；$s_{\text{a,re}}$是相对液态水饱和度，即$s_{\text{a,re}} = (s_{\text{a}} - s_{\text{im}})/(1 - s_{\text{im}})$，其中$s_{\text{im}}$常取 0.1。

在燃料电池气体扩散层内水含量的高低直接影响反应气体的扩散和电极反应，准确预测水含量变得尤为重要。气体扩散层内水含量可以用水蒸气浓度和液态水饱和度表征，定义如下：

$$C_{\text{a}} = p_{\text{v,GDL}}^{\text{a}} / (RT_{\text{fc}}) \tag{6-22}$$

$$s_{\text{a}} = m_{\text{l,GDL}}^{\text{a}} / (\rho_{\text{l}} \varepsilon_{\text{GDL}} V_{\text{GDL}}^{\text{a}}) \tag{6-23}$$

式中，ε_{GDL} 是阳极气体扩散层的孔隙率；$V_{\text{GDL}}^{\text{a}}$ 是阳极气体扩散层体积（m^3）；

$p_{v,GDL}^{a}$ 是气体扩散层的水蒸气分压（Pa）；$m_{l,GDL}^{a}$ 是气体扩散层中液态水质量（kg），它们可根据质量守恒定律计算：

$$\frac{dp_{v,GDL}^{a}}{dt}=RT_{fc}\left(\frac{\dot{m}_{v,GDL}^{a}+\dot{m}_{v,PEM}^{a}}{M_{H_2O}\delta_{GDL}A_{cell}}+S_{e}^{a}\right) \tag{6-24}$$

$$\frac{dm_{l,GDL}^{a}}{dt}=\varepsilon_{GDL}\dot{m}_{l,PEM}^{a}+\dot{m}_{l,GDL}^{a}-M_{H_2O}\varepsilon_{GDL}V_{GDL}^{a}S_{e}^{a} \tag{6-25}$$

式中，$\dot{m}_{v,PEM}^{a}$ 和 $\dot{m}_{l,PEM}^{a}$ 分别是单位时间内质子交换膜–阳极气体扩散层界面（PEM-AGDL）膜态水与水蒸气和液态水的转化质量（kg/s），在膜传输模块（6.3.2 节第4 部分）详细介绍；S_{e}^{a} 是单位时间内单位体积的阳极气体扩散层的水蒸发摩尔量[mol/（m^3·s）]，由式（6-26）计算：

$$S_{e}^{a}=\begin{cases}\gamma_{c}\varepsilon_{GDL}(1-s_{a})[p_{sat}/(RT_{fc})-C_{a}] & p_{sat}\geqslant p_{v,GDL}^{a}\\ \gamma_{c}\varepsilon_{GDL}s_{a}[p_{sat}/(RT_{fc})-C_{a}] & p_{sat}<p_{v,GDL}^{a}\end{cases} \tag{6-26}$$

3 阴极流动扩散模块

该模块主要计算阴极侧氧气分压 $p_{O_2}^{c}$，其用于电化学反应模块可逆电压计算；计算阴极进口端和出口端的流量（$\dot{m}_{in}^{c}$ 和 $\dot{m}_{out}^{c}$）以及阴极侧气体扩散层的水含量（C_c 和 s_c），作为电堆部件模型的部分输出结果。阴极流动扩散模块的计算与阳极流动扩散模块的计算类似。

根据理想气体假设，利用理想气体状态方程计算阴极腔体的氧气分压：

$$p_{O_2}^{c}=RT_{fc}m_{O_2}^{c}/(M_{O_2}V_{CH}^{c}) \tag{6-27}$$

式中，$m_{O_2}^{c}$、M_{O_2} 和 V_{CH}^{c} 分别是单电池内阴极流道中的氧气质量（kg）、氧气摩尔质量（kg/mol）、阴极通道体积（m^3）。

阴极通道内气体质量可通过式（6-28）~ 式（6-31）计算获得：

$$\frac{dm_{O_2}^{c}}{dt}=\frac{0.233}{1+\omega_{in}}\dot{m}_{in,cell}^{c}-\dot{m}_{O_2,GDL}^{c}-\dot{m}_{out,cell}^{c}Y_{O_2}^{c} \tag{6-28}$$

$$\frac{dm_{v}^{c}}{dt}=\frac{\omega_{in}}{1+\omega_{in}}\dot{m}_{in,cell}^{c}-\dot{m}_{v,GDL}^{c}-\dot{m}_{out,cell}^{c}Y_{v}^{c}+S_{phase}^{c} \tag{6-29}$$

$$\frac{dm_{l}^{c}}{dt}=-\dot{m}_{l,GDL}^{ca}-\dot{m}_{l,out}^{c}-S_{phase}^{c} \tag{6-30}$$

$$\frac{dm_{N_2}^{c}}{dt}=\frac{1-0.233}{1+\omega_{in}}\dot{m}_{in,cell}^{c}-\dot{m}_{N_2}^{cross}-\dot{m}_{out,cell}^{c}Y_{N_2}^{c} \tag{6-31}$$

式中，$m_{\mathrm{v}}^{\mathrm{c}}$、$m_{\mathrm{l}}^{\mathrm{c}}$ 和 $m_{\mathrm{N_2}}^{\mathrm{c}}$ 分别是阴极通道内水蒸气、液态水和氮气的质量（kg）；$\dot{m}_{\mathrm{in,cell}}^{\mathrm{c}}$ 和 $\dot{m}_{\mathrm{out,cell}}^{\mathrm{c}}$ 是阴极通道进口和出口的气体流量（kg/s）；$\dot{m}_{\mathrm{l,out}}^{\mathrm{c}}$ 是阴极通道出口的液态水流量（kg/s）；ω_{in} 是阴极进口含湿量（kg/kg）；$Y_{\mathrm{O_2}}^{\mathrm{c}}$、$Y_{\mathrm{v}}^{\mathrm{c}}$ 和 $Y_{\mathrm{N_2}}^{\mathrm{c}}$ 是阴极通道内的氧气、水蒸气和氮气的质量分数，$Y_{\mathrm{O_2}}^{\mathrm{c}}+Y_{\mathrm{v}}^{\mathrm{c}}+Y_{\mathrm{N_2}}^{\mathrm{c}}=1$；$S_{\mathrm{phase}}^{\mathrm{c}}$ 是单位时间内阴极通道水蒸气和液态水的相变转化量（kg/s），液态水蒸发为水蒸气为正，计算如下：

$$S_{\mathrm{phase}}^{\mathrm{c}}=\begin{cases}\dfrac{\gamma_{\mathrm{c}}V_{\mathrm{CH}}^{\mathrm{c}}M_{\mathrm{H_2O}}}{RT_{\mathrm{fc}}}\dfrac{p_{\mathrm{v}}^{\mathrm{c}}}{\sum p_i^{\mathrm{c}}}(p_{\mathrm{sat}}-p_{\mathrm{v}}^{\mathrm{c}}) & p_{\mathrm{v}}^{\mathrm{c}}\geqslant p_{\mathrm{sat}}\\ \gamma_{\mathrm{e}}m_{\mathrm{l}}^{\mathrm{c}}(p_{\mathrm{sat}}-p_{\mathrm{v}}^{\mathrm{c}}) & p_{\mathrm{v}}^{\mathrm{c}}<p_{\mathrm{sat}}\end{cases} \tag{6-32}$$

与阳极侧的计算类似，阴极进口和出口的气体流量可以计算为

$$\dot{m}_{\mathrm{in,cell}}^{\mathrm{c}}=k_{\mathrm{in}}^{\mathrm{c}}(p_{\mathrm{SM}}^{\mathrm{c}}-\sum p_i^{\mathrm{c}}) \tag{6-33}$$

$$\dot{m}_{\mathrm{in}}^{\mathrm{c}}=N_{\mathrm{cell}}\dot{m}_{\mathrm{in,cell}}^{\mathrm{c}} \tag{6-34}$$

$$\dot{m}_{\mathrm{out,cell}}^{\mathrm{c}}=k_{\mathrm{out}}^{\mathrm{c}}(\sum p_i^{\mathrm{c}}-p_{\mathrm{EM}}^{\mathrm{c}}) \tag{6-35}$$

$$\dot{m}_{\mathrm{out}}^{\mathrm{c}}=N_{\mathrm{cell}}\dot{m}_{\mathrm{out,cell}}^{\mathrm{c}} \tag{6-36}$$

式中，$k_{\mathrm{in}}^{\mathrm{c}}$ 和 $k_{\mathrm{out}}^{\mathrm{c}}$ 表示进口和出口的流量系数 [kg/（Pa·s）]；p_i^{c}（Pa）表示阴极腔体每种气体（氧气、氮气和水蒸气）的分压，在利用式（6-28）~ 式（6-31）计算每种气体的质量后，通过理想气体状态方程获得对应的气体分压。

氧气、水蒸气和液态水通过扩散作用穿过阴极通道－气体扩散层界面（CCH-GDL）进入气体扩散层中，跨界面的流量计算如下：

$$\dot{m}_{\mathrm{O_2,GDL}}^{\mathrm{c}}=M_{\mathrm{O_2}}A_{\mathrm{cell}}I_{\mathrm{fc}}/(4F) \tag{6-37}$$

$$\dot{m}_{\mathrm{v,GDL}}^{\mathrm{c}}=M_{\mathrm{H_2O}}A_{\mathrm{cell}}D_{\mathrm{eff,GDL}}^{\mathrm{c}}\frac{p_{\mathrm{v}}^{\mathrm{c}}/(RT_{\mathrm{fc}})-C_{\mathrm{c}}}{\delta_{\mathrm{GDL}}} \tag{6-38}$$

$$\dot{m}_{\mathrm{l,GDL}}^{\mathrm{c}}=\frac{A_{\mathrm{cell}}\rho_{\mathrm{l}}Ks_{\mathrm{c,re}}^{4}}{\mu_{\mathrm{l}}\delta_{\mathrm{GDL}}}\left|\frac{\mathrm{d}p_c^{\mathrm{c}}}{\mathrm{d}s_{\mathrm{c,re}}}\right| \tag{6-39}$$

式中，$D_{\mathrm{eff,GDL}}^{\mathrm{c}}$、$p_c^{\mathrm{c}}$、$s_{\mathrm{c,re}}$ 分别是阴极气体扩散层有效扩散系数（$\mathrm{m^2/s}$）、毛细压力（Pa）、阴极相对液态水饱和度，上述参数的计算过程与阳极侧类似；$p_{\mathrm{v}}^{\mathrm{c}}$ 是阴极流道内的水蒸气分压（Pa）。

在燃料电池阴极侧，电化学反应生成的水以及质子携带的水会以液态或气态的形式快速进入气体扩散层，为了改善阴极侧水管理，获得气体扩散层中水含量是至关重要的。气体扩散层的水含量包括水蒸气含量和液态水含量，分别以水蒸气浓度和液态水饱和度表征，其定义如下：

$$C_c = p^c_{v,GDL} / (RT_{fc}) \tag{6-40}$$

$$s_c = m^c_{l,GDL} / (\rho_l \varepsilon_{GDL} V^c_{GDL}) \tag{6-41}$$

式中，ε_{GDL} 和 V^c_{GDL} 分别是阴极气体扩散层的孔隙率和体积（m^3）；$p^c_{v,GDL}$ 和 $m^c_{l,GDL}$ 是气体扩散层的水蒸气分压（Pa）和液态水质量（kg），利用质量守恒定律计算：

$$\frac{dp^c_{v,GDL}}{dt} = RT_{fc}\left(\frac{\dot{m}^c_{v,GDL} + \dot{m}^c_{v,PEM}}{M_{H_2O}\delta_{GDL}A_{cell}} + S^c_e\right) \tag{6-42}$$

$$\frac{dm^c_{l,GDL}}{dt} = \varepsilon_{GDL}\left(\dot{m}^c_{l,PEM} + M_{H_2O}\frac{I_{fc}A_{cell}}{2F}\right) + \dot{m}^c_{l,GDL} - M_{H_2O}\varepsilon_{GDL}V^c_{GDL}S^c_e \tag{6-43}$$

式中，$\dot{m}^c_{v,PEM}$ 和 $\dot{m}^c_{l,PEM}$ 是单位时间内质子交换膜－阴极气体扩散层界面（PEM-CGDL）膜态水与水蒸气和液态水的转化质量（kg/s）；S^c_e 是单位时间内单位体积的阴极气体扩散层的水蒸发摩尔量 [mol/（m^3·s）]，由式（6-44）计算：

$$S^c_e = \begin{cases} k_c\varepsilon_{GDL}(1-s_c)\left[p_{sat}/(RT_{fc}) - C_c\right] & p_{sat} \geqslant p^c_{v,GDL} \\ k_c\varepsilon_{GDL}s_c\left[p_{sat}/(RT_{fc}) - C_c\right] & p_{sat} < p^c_{v,GDL} \end{cases} \tag{6-44}$$

4 膜传输模块

膜传输模块主要依据燃料电池质子交换膜内的水传输过程和气体交叉渗透过程，计算获得质子交换膜的膜态水含量 λ、单位时间内质子交换膜与气体扩散层界面处膜态水与水蒸气和液态水的转化质量（$\dot{m}^a_{v,PEM}$、$\dot{m}^a_{l,PEM}$、$\dot{m}^c_{v,PEM}$ 和 $\dot{m}^c_{l,PEM}$）以及电池内氮气交叉流量 $\dot{m}^{cross}_{N_2}$。

膜态水含量 λ 表示质子交换膜的水合状态，高膜态水含量 λ 意味着质子交换膜处于湿润甚至饱和状态，质子传导率高；低膜态水含量 λ 表示质子交换膜处于干燥状态，质子传导率差，较低的 λ 易引发膜干。膜态水含量 λ 的计算主要有两种方式，其一是准静态模型（模型 1），其二是动态模型（模型 2）。对于模型 1，膜态水含量 λ 是质子交换膜两侧多孔电极内等效膜态水含量的均值，表达式如下：

$$\lambda = \frac{(\lambda^a_{eq} + \lambda^c_{eq})}{2} \tag{6-45}$$

式中，λ^a_{eq} 和 λ^c_{eq} 是阳极侧和阴极侧气体扩散层内的等效膜态水含量，按照下式计算：

$$\lambda^j_{eq} = \begin{cases} 0.043 + 17.81a_j - 39.85a_j^2 + 36.0a_j^3 & 0 < a_j \leqslant 1 \\ 14.0 + 1.4(a_j - 1) & 1 < a_j \leqslant 3 \end{cases} \tag{6-46}$$

式中，a_j 是阳极侧或阴极侧的水活度，$a_j = p_{v,GDL}^j / p_{sat}$。跨膜水通量则利用质子交换膜内水的电渗拖曳效应和反扩散效应计算：

$$J_{H_2O,PEM} = n_d \frac{I_{fc}}{F} - D_{PEM} \frac{C_v^c - C_v^a}{\delta_{PEM}} \tag{6-47}$$

式中，等号右侧第一项表示质子拖曳引起的水分子迁移项，第二项表示由于阳极和阴极水浓度差异引起的反扩散项；C_v^a 和 C_v^c 是质子交换膜阳极侧和阴极侧的水浓度（mol/m³），$C_v^j = \frac{\rho_{PEM}}{EW} \lambda_{eq}^j$；$n_d$ 是电渗拖曳系数，由式（6-48）计算；D_{PEM} 是膜内水扩散系数（m²/s）。由式（6-49）和式（6-50）计算：

$$n_d = 0.0029\lambda^2 + 0.05\lambda - 3.4 \times 10^{-19} \tag{6-48}$$

$$D_{PEM} = D_0 \exp\left[2416(1/303.15 - 1/T_{fc})\right] \tag{6-49}$$

$$D_0 = \begin{cases} 1.0 \times 10^{-10} & \lambda < 2 \\ \left[1 + 2(\lambda - 2)\right] \times 10^{-10} & 2 \leqslant \lambda \leqslant 3 \\ \left[3 - 1.167(\lambda - 3)\right] \times 10^{-10} & 3 < \lambda < 4.5 \\ 1.25 \times 10^{-10} & \lambda \geqslant 4.5 \end{cases} \tag{6-50}$$

若采用模型 1 计算质子交换膜的水传输过程，假设质子交换膜与气体扩散层界面处膜态水全部转化为水蒸气，则质子交换膜与气体扩散层界面处单位时间内膜态水与水蒸气和液态水的转化量为

$$\begin{cases} \dot{m}_{v,PEM}^a = -M_{H_2O} J_{H_2O,PEM} A_{cell} & \dot{m}_{l,PEM}^a = 0 \\ \dot{m}_{v,PEM}^c = M_{H_2O} J_{H_2O,PEM} A_{cell} & \dot{m}_{l,PEM}^c = 0 \end{cases} \tag{6-51}$$

当考虑在质子交换膜与气体扩散层界面处同时发生膜态水与水蒸气的转化及膜态水与液态水的转化过程，可采用模型 2（基于膜态水的质量守恒定律）来计算膜态水含量λ，表达式如下：

$$\frac{d\lambda}{dt} = -\frac{EW}{\delta_{PEM} \rho_{PEM} M_{H_2O} A_{cell}} \left[(\dot{m}_{v,PEM}^a + \dot{m}_{l,PEM}^a) + (\dot{m}_{v,PEM}^c + \dot{m}_{l,PEM}^c)\right] \tag{6-52}$$

式中，EW 和 ρ_{PEM} 分别是膜当量（kg/mol）和干膜密度（kg/m³）。质子交换膜与气体扩散层界面单位时间内膜态水与水蒸气和液态水的转化量可以利用膜态水在界面处的吸附 / 脱附过程计算[29，30]：

$$\dot{m}_{v,PEM}^a = \begin{cases} M_{H_2O} A_{cell} \varepsilon_{CL} \delta_{CL} \gamma_v \frac{\rho_{PEM}}{EW} (1 - s_a)(\lambda - \lambda_{eq}^a) & \lambda < 14 \\ M_{H_2O} A_{cell} \varepsilon_{CL} \delta_{CL} \gamma_v \frac{\rho_{PEM}}{EW} (1 - s_a)(14 - \lambda_{eq}^a) & \lambda \geqslant 14 \end{cases} \tag{6-53}$$

$$\dot{m}_{\mathrm{l,PEM}}^{\mathrm{a}}=\begin{cases}M_{\mathrm{H_2O}}A_{\mathrm{cell}}\varepsilon_{\mathrm{CL}}\delta_{\mathrm{CL}}\gamma_{\mathrm{l}}\dfrac{\rho_{\mathrm{PEM}}}{\mathrm{EW}}s_{\mathrm{a}}(\lambda-\lambda_{\mathrm{eq}}^{\mathrm{a}}) & \lambda<14\\ M_{\mathrm{H_2O}}A_{\mathrm{cell}}\left[\dfrac{2\rho_{\mathrm{PEM}}D_{\mathrm{PEM}}^{\mathrm{a}}}{\mathrm{EW}}\dfrac{(\lambda-\lambda_{\mathrm{eq}}^{\mathrm{a}})}{\delta_{\mathrm{PEM}}}-n_{\mathrm{d}}^{\mathrm{a}}\dfrac{I_{\mathrm{fc}}}{F}\right] & \lambda\geqslant 14\end{cases} \tag{6-54}$$

$$\dot{m}_{\mathrm{v,PEM}}^{\mathrm{c}}=\begin{cases}M_{\mathrm{H_2O}}A_{\mathrm{cell}}\varepsilon_{\mathrm{CL}}\delta_{\mathrm{CL}}\gamma_{\mathrm{v}}\dfrac{\rho_{\mathrm{PEM}}}{\mathrm{EW}}(1-s_{\mathrm{c}})(\lambda-\lambda_{\mathrm{eq}}^{\mathrm{c}}) & \lambda<14\\ M_{\mathrm{H_2O}}A_{\mathrm{cell}}\varepsilon_{\mathrm{CL}}\delta_{\mathrm{CL}}\gamma_{\mathrm{v}}\dfrac{\rho_{\mathrm{PEM}}}{\mathrm{EW}}(1-s_{\mathrm{c}})(14-\lambda_{\mathrm{eq}}^{\mathrm{c}}) & \lambda\geqslant 14\end{cases} \tag{6-55}$$

$$\dot{m}_{\mathrm{l,PEM}}^{\mathrm{c}}=\begin{cases}M_{\mathrm{H_2O}}A_{\mathrm{cell}}\varepsilon_{\mathrm{CL}}\delta_{\mathrm{CL}}\gamma_{\mathrm{l}}\dfrac{\rho_{\mathrm{PEM}}}{\mathrm{EW}}s_{\mathrm{c}}(\lambda-\lambda_{\mathrm{eq}}^{\mathrm{c}}) & \lambda<14\\ M_{\mathrm{H_2O}}A_{\mathrm{cell}}\left[\dfrac{2\rho_{\mathrm{PEM}}D_{\mathrm{PEM}}^{\mathrm{c}}}{\mathrm{EW}}\dfrac{(\lambda-\lambda_{\mathrm{eq}}^{\mathrm{c}})}{\delta_{\mathrm{PEM}}}+n_{\mathrm{d}}^{\mathrm{c}}\dfrac{I_{\mathrm{fc}}}{F}\right] & \lambda\geqslant 14\end{cases} \tag{6-56}$$

式中，γ_{v} 和 γ_{l} 是水蒸气和液态水的吸附 / 脱附系数（1/s）；δ_{CL} 和 $\varepsilon_{\mathrm{CL}}$ 分别是催化层厚度（m）与孔隙率。

这里需要说明，燃料电池堆模型虽然忽略催化层物理厚度，但为了计算单位时间内膜态水与水蒸气和液态水的转化量，需要引入催化层部分结构参数（厚度和孔隙率）。

根据 4.1 节所述，质子交换膜具有气体渗透性，一些气体可以渗透过质子交换膜。氢气和氧气渗透过膜，然后迅速发生反应，式（6-5）的损失电流密度就是由这种现象引起的。阴极中的氮气也会通过膜交叉渗透到阳极，根据菲克（Fick）扩散定律可以计算其扩散量，表达式如下：

$$\dot{m}_{\mathrm{N_2}}^{\mathrm{cross}}=M_{\mathrm{N_2}}A_{\mathrm{cell}}k_{\mathrm{N_2}}(p_{\mathrm{N_2}}^{\mathrm{c}}-p_{\mathrm{N_2}}^{\mathrm{a}})/\delta_{\mathrm{PEM}} \tag{6-57}$$

式中，$k_{\mathrm{N_2}}$是有效氮气渗透系数 [mol/（m · Pa · s）]，依据式（6-58）计算[31]：

$$k_{\mathrm{N_2}}=\alpha_{\mathrm{N_2}}(0.0295+1.21f_{\mathrm{v}}-1.93f_{\mathrm{v}}^2)\times 10^{-11}\exp\left[\frac{Ea_{\mathrm{N_2}}}{R}\left(\frac{1}{303.15}-\frac{1}{T_{\mathrm{fc}}}\right)\right] \tag{6-58}$$

式中，f_{v} 表示质子交换膜内膜态水的体积分数；$\alpha_{\mathrm{N_2}}$ 是修正因子；$Ea_{\mathrm{N_2}}$ 为氮气活化能（kJ/mol）。

5　电堆产热模块

在系统级模拟仿真中考虑燃料电池堆模型时，为了提高计算效率，通常假设电池内的温度分布均匀，忽略电池在三维空间温度的差异性，即电池每个部件具有同样的运行温度值。在燃料电池系统运行时，部分化学能转变为热能，引起燃料电池温度升高。为了维持电堆的温度，产生的热量主要通过双极板水腔的冷却液带走，电堆表面与周围环境也会有小部分的热量散失。根据热力学第一定律[32]构建燃料电池堆的能量守恒关系式，表达式如下：

$$c_{fc}\frac{dT_{fc}}{dt}=\frac{N_{cell}I_{fc}A_{cell}}{2F}\text{LHV}-P_{fc}-\Phi_{cool}-\Phi_{loss}-\Phi_{g} \tag{6-59}$$

式中，c_{fc} 是电堆等效热容（J/K），由电堆内各部件的比热容通过加权求和获得；LHV 是氢气的低热值（J/mol）；Φ_{cool}、Φ_{loss} 和 Φ_{g} 分别是单位时间内电池水腔冷却液带走的热量（W）、电堆与周围环境的散热量（W）、单位时间内气体吸收电堆的热量（W）。

燃料电池水腔的散热计算可参考板式换热器，采用传热方程或效能－传热单元法（ε-NTU 法）计算。当采用传热方程时，Φ_{cool} 由公式（6-60）给出：

$$\Phi_{cool}=h_{cool}A_{cool}(T_{fc}-T_{cool,in}) \tag{6-60}$$

式中，A_{cool}、$T_{cool,in}$、h_{cool}表示电堆水腔换热面积（m^2）、冷却液入口温度（K）、冷却液与双极板水腔的换热系数 [W/（m^2·K）]，其中，换热系数可依据经验设定为恒定值[33]或者利用 Gnielinski 公式[34]计算相应的努塞特数：

$$Nu_{cool}=\frac{h_{cool}L}{k_{cool}}=\frac{(f/8)(Re_{cool}-1000)Pr_{cool}}{1+12.7\sqrt{f/8}(Pr_{cool}^{2/3}-1)}\left[1+(d/L)^{2/3}\right]c_{t} \tag{6-61}$$

$$c_{t}=\left(Pr_{cool}/Pr_{fc}\right)^{0.01} \tag{6-62}$$

$$f=\left[1.82\lg(Re_{cool})-1.64\right]^{-2} \tag{6-63}$$

式中，L 和 d 是流动换热长度（m）与水力直径（m）；f 和 c_{t} 是达西（Darcy）阻力系数和修正系数；Re_{cool}、Pr_{cool} 和 Pr_{fc} 是水腔冷却液换热雷诺数、普朗特数、在电堆温度下的普朗特数；k_{cool} 是冷却液导热系数 [W/（m·K）]。

此外，当采用效能－传热单元法计算时，Φ_{cool} 可以由下式给出：

$$\Phi_{cool}=\varepsilon(\dot{m}_{cool}c_{p,cool})(T_{fc}-T_{cool,in}) \tag{6-64}$$

式中，ε是传热效能；$\dot{m}_{cool}$ 是冷却液流量（kg/s）；$c_{p,cool}$ 是冷却液的比热容 [J/（kg·K）]。

冷却液与电堆的换热可假设为冷却液与相变材料的换热，忽略电堆内温度分布的差异性，利用式（6-65）计算传热效能[35]，表达式如下：

$$\varepsilon=1-\exp(-\text{NTU}) \tag{6-65}$$

$$\text{NTU}=\frac{K_{cool}A_{cool}}{W_{cool}c_{cool}} \tag{6-66}$$

式中，K_{cool} 是冷却液与燃料电池堆的等效换热系数 [W/（m^2·K）]，表达式如下：

$$K_{\text{cool}}=\left[\sum\left(\delta_i/k_i\right)+1/h_{\text{cool}}\right]^{-1} \tag{6-67}$$

式中，下标 i 表示电堆内的部件，包括双极板、气体扩散层、微孔层、催化层及质子交换膜等；δ_i 为部件 i 的厚度（m）；k_i 为部件 i 的导热系数 [W/（m・K）]。

电堆与外部环境的散热包括电堆外表面的自然对流散热及电堆的辐射散热，计算方法如下：

$$\Phi_{\text{loss}}=h_{\text{nc}}A_{\text{sur}}(T_{\text{fc}}-T_{\text{amb}})+\varepsilon_{\text{h}}\sigma_{\text{r}}A_{\text{sur}}(T_{\text{fc}}^4-T_{\text{amb}}^4) \tag{6-68}$$

式中，等式右侧第一项为自然对流热损失，第二项为热辐射损失；h_{nc} 是自然对流换热系数 [W/(m^2・K)]；A_{sur} 是电堆的外表面积（m^2）；ε_{h} 是电堆外壁面的发射率；σ_{r} 是黑体辐射常数 [W/（m^2・K^4）]。

电堆与外部环境的散热在电堆全部热损失中占比较小，在系统研究中常忽略不计。此外，假设气体进入电堆被加热到电堆运行温度，则单位时间内气体吸收电堆的热量 Φ_{g} 可以计算为

$$\Phi_{\text{g}}=\dot{m}_{\text{in}}^{\text{a}}c_{p,\text{a}}(T_{\text{fc}}-T_{\text{in}}^{\text{a}})+\dot{m}_{\text{in}}^{\text{c}}c_{p,\text{c}}(T_{\text{fc}}-T_{\text{in}}^{\text{c}}) \tag{6-69}$$

式中，T_{in}^{a} 和 T_{in}^{c} 是阳极和阴极的进口气体温度（K）；$c_{p,\text{a}}$ 和 $c_{p,\text{c}}$ 分别是阳极和阴极的混合气体的比热容 [J/(kg・K)]。

综上，通过计算燃料电池堆在运行过程的产热和不同形式的散热过程，代入公式（6-59），可最终获得燃料电池堆的实时运行温度。

6.4　系统内辅助部件模型

本节将介绍质子交换膜燃料电池系统各回路内部件模型的搭建方法，包括歧管模型、空压机模型、氢循环装置模型，加湿器模型和冷却回路模型。

6.4.1　歧管模型

歧管表示的是管路及相邻部件间的连接区域，可以将歧管视作一个集总部件。在燃料电池系统中，歧管包括供应歧管（Supply Manifold，SM）和排气歧管（Exhaust Manifold，EM）。顾名思义，供应歧管代表气体进入电堆前的管路，

如阳极氢气喷射器与电堆之间的管路、阴极加湿器与电堆之间的管路；排气歧管则代表燃料电池堆出口与阀门之间的管路，包括阳极侧排气歧管和阴极侧排气歧管。作为一个集总部件，供应歧管和排气歧管均可基于质量守恒定律构建数学模型，表达式如下：

$$\frac{\mathrm{d}p_{\mathrm{m}}}{\mathrm{d}t}=\frac{RT_{\mathrm{m}}}{V_{\mathrm{m}}M_{\mathrm{m}}}(\dot{m}_{\mathrm{in,m}}-\dot{m}_{\mathrm{out,m}}) \tag{6-70}$$

式中，p_{m} 是歧管平均压力（Pa），下标 m 表示供应歧管 SM 或排气歧管 EM；V_{m} 是歧管体积（m^3）；$\dot{m}_{\mathrm{in,m}}$ 和 $\dot{m}_{\mathrm{out,m}}$ 分别是歧管的进口流量和出口流量（kg/s）；M_{m} 是歧管内混合气体的平均摩尔质量（kg/mol），即总质量与总摩尔数的比值。

歧管管口的流量可以采用阀门节流模型计算：

$$\dot{m}_{\mathrm{m}}=\begin{cases}\dfrac{C_{\mathrm{D}}A_{\mathrm{T}}p_{\mathrm{up}}}{\sqrt{RT_{\mathrm{up}}/M_{\mathrm{m}}}}\left(\dfrac{p_{\mathrm{dw}}}{p_{\mathrm{up}}}\right)^{\frac{1}{\gamma}}\sqrt{\dfrac{2\gamma}{\gamma-1}\left[1-\left(\dfrac{p_{\mathrm{dw}}}{p_{\mathrm{up}}}\right)^{\frac{\gamma-1}{\gamma}}\right]} & \dfrac{p_{\mathrm{dw}}}{p_{\mathrm{up}}}>\left(\dfrac{2}{\gamma+1}\right)^{\frac{\gamma}{\gamma-1}}\\ \dfrac{C_{\mathrm{D}}A_{\mathrm{T}}p_{\mathrm{up}}}{\sqrt{RT_{\mathrm{up}}/M_{\mathrm{m}}}}\gamma^{\frac{1}{2}}\left(\dfrac{2}{\gamma+1}\right)^{\frac{\gamma+1}{2(\gamma-1)}} & \dfrac{p_{\mathrm{dw}}}{p_{\mathrm{up}}}\leqslant\left(\dfrac{2}{\gamma+1}\right)^{\frac{\gamma}{\gamma-1}}\end{cases} \tag{6-71}$$

式中，p_{up} 和 p_{dw} 是上游和下游压力（Pa）；$\dot{m}_{\mathrm{m}}$ 是进口或出口流量（kg/s），即 $\dot{m}_{\mathrm{in,m}}$ 和 $\dot{m}_{\mathrm{out,m}}$；C_{D} 是管口缩放因子；A_{T} 是管口横截面积（m^2），均由实验测得；γ 是绝热指数，对于双原子气体，常取 1.4。

当 p_{up} 与 p_{dw} 的差值非常小时，气体流动始终处于亚临界区域，进一步，可以采用线性化流量方程计算管口流量：

$$\dot{m}_{\mathrm{m}}=k_{\mathrm{f}}(p_{\mathrm{up}}-p_{\mathrm{dw}}) \tag{6-72}$$

式中，k_{f} 是管口流量系数 [kg/（Pa · s）]，根据实验数据获得。

6.4.2 空压机模型

如 6.1.3 节所述，空压机为系统空气供应回路提供满足流量和压力要求的空气。因此，构建空压机模型，需要根据系统需求的空气压力和空气流量，获得空压机的工作状态。目前，主要有两种方法构建空压机模型，第一种需要借助计算流体力学方法获得空压机的流量－压力－转速特性，第二种是基于实验测量数据，通过建立 look-up 数据表[36]、多项式拟合[33，37]、机器学习[38]等方法获得空压机每个工作点的流量－压力－转速的对应关系。第一种方法所涉及的模型参数众多，而且模型计算复杂耗时，鲁棒性差，不适用于复杂系统建模研究，因此空压机模型常采用第二种方法进行构建。本节介绍基于最小二乘法的多项式拟合方法构建

空压机模型。

图 6-8 所示为典型的空压机流量－压力特性（MAP 图），该图描述了空压机的转速、流量及升压比的关系，空压机的转速范围为 20k ~ 140k r/min，在固定转速下，随着空压机供给的流量增加，空压机输出的升压比降低。空压机的工作范围在最大流量线和喘振线之间，超出该范围后，空压机无法正常工作。通过空压机 MAP 图提供的数据，利用多项式拟合方法，构建转速、升压比及流量的数学关系：

$$
\begin{cases}
x=(r_{\mathrm{cp,rd}}-\bar{r}_{\mathrm{cp,rd}})/s_{\mathrm{N}} \\
y=\left(p_{\mathrm{cp,rd}}/p_{\mathrm{rd}}-\bar{p}_{\mathrm{cp,rd}}/p_{\mathrm{rd}}\right)/s_{\mathrm{p}} \\
\dot{m}_{\mathrm{cp,rd}}=\sum_{\mathrm{i}=0}^{5}\sum_{\mathrm{j}=0}^{5-\mathrm{i}}p_{\mathrm{W,ij}}x^{\mathrm{i}}y^{\mathrm{j}}
\end{cases}
\tag{6-73}
$$

式中，$\dot{m}_{\mathrm{cp,rd}}$、$r_{\mathrm{cp,rd}}$ 和 $p_{\mathrm{cp,rd}}$ 分别是空压机的流量（kg/s）、转速（r/min）和出口压力（kPa）；x 和 y 是对转速和升压比的 Z-score 标准化；下标 rd 表示空压机测试条件为标准工况，即环境温度 15℃、环境压力 101.3 kPa；p_{rd} 是标准工况下的环境压力（kPa）；$p_{\mathrm{W,ij}}$ 是多项式拟合系数，对于图 6-8 所示空压机 MAP 图，拟合系数结果如下：

$$
p_{\mathrm{W,ij}}\in\boldsymbol{P}_W=\begin{bmatrix}
0.03031 & 0.1075 & 0.132 & 0.08128 & 0.01458 & 0.004063 \\
0.1522 & 0.3602 & 0.396 & 0.169 & 0.02529 & - \\
0.203 & 0.499 & 0.3938 & 0.0985 & - & - \\
0.1622 & 0.2963 & 0.1275 & - & - & - \\
0.06091 & 0.05059 & - & - & - & - \\
0.003581 & - & - & - & - & -
\end{bmatrix}
\tag{6-74}
$$

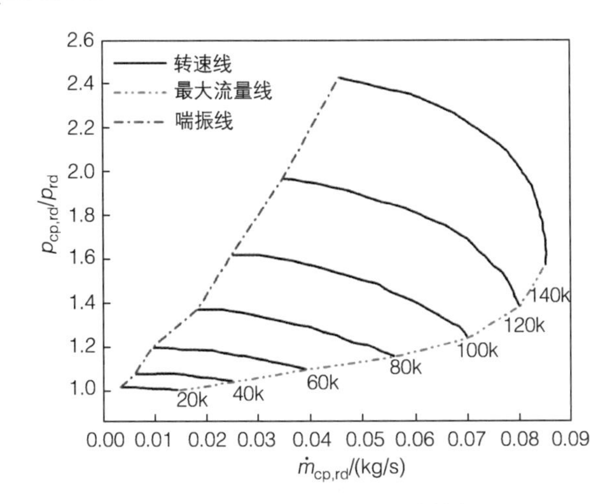

图 6-8　空压机流量－压力特性

空压机工作状态边界的两条边界线（喘振线和最大流量线）同样采用多项式拟合获得其数学关系：

$$p_{\text{surge,rd}} / p_{\text{rd}} = p_0 + p_1 \dot{m}_{\text{cp,rd}}^1 + p_2 \dot{m}_{\text{cp,rd}}^2 + p_3 \dot{m}_{\text{cp,rd}}^3 \tag{6-75}$$

$$p_{\text{max,rd}} / p_{\text{rd}} = p_0 + p_1 \dot{m}_{\text{cp,rd}}^1 + p_2 \dot{m}_{\text{cp.rd}}^2 + p_3 \dot{m}_{\text{cp,rd}}^3 + p_4 \dot{m}_{\text{cp.rd}}^4 + p_5 \dot{m}_{\text{cp,rd}}^5 \tag{6-76}$$

式中，$p_{\text{surge,rd}}$ 是标准工况下空压机发生喘振时的出口压力（kPa）；$p_{\text{max,rd}}$ 表示空压机最小输出气体压力（kPa）。

在利用式（6-73）获得空压机的输出流量后，必须保证当前转速和流量下，空压机输出气体压力满足 $p_{\text{max,rd}} \leqslant p_{\text{cp,rd}} \leqslant p_{\text{surge,rd}}$。

由于空压机模型拟合所用数据的标准测量条件（15℃、101.3kPa）与空压机实际使用的环境条件存在差异，需要对空压机的压力、转速及流量进行修正，以获得实际的压力、转速和流量，修正方法如下：

$$p_{\text{cp}} = p_{\text{cp,rd}} p_{\text{rd}} / p_{\text{amb}} \tag{6-77}$$

$$r_{\text{cp}} = r_{\text{cp,rd}} \sqrt{p_{\text{rd}} / p_{\text{amb}}} \tag{6-78}$$

$$\dot{m}_{\text{cp}} = \begin{cases} \dfrac{\dot{m}_{\text{cp,rd}}\ p_{\text{rd}} / p_{\text{amb}}}{\sqrt{T_{\text{rd}} / T_{\text{amb}}}} & \dot{m}_{\text{cp.rd}} > \dot{m}_{\text{cp.min}} \\ \dfrac{\dot{m}_{\text{cp.min}}\ p_{\text{rd}} / p_{\text{amb}}}{\sqrt{T_{\text{rd}} / T_{\text{amb}}}} & \dot{m}_{\text{cp.rd}} \leqslant \dot{m}_{\text{cp.min}} \end{cases} \tag{6-79}$$

式中，p_{amb}、T_{amb}、T_{rd} 是环境压力（kPa）、环境温度（K）及测试标准环境温度（K）；$\dot{m}_{\text{cp.min}}$ 是在标准测试条件下的空压机最小流量值（kg/s），由制造商提供。

空压机转子由配套的驱动电机驱动旋转，其转速的动态变化过程通过一个带有惯性的块状旋转参数模型表示，表达式如下：

$$r_{\text{cp}} = 30 \omega_{\text{cp}} / \pi \tag{6-80}$$

$$J_{\text{cp}} \frac{\mathrm{d}\omega_{\text{cp}}}{\mathrm{d}t} = \tau_{\text{cm}} - \tau_{\text{cp}} \tag{6-81}$$

式中，ω_{cp} 和 J_{cp} 是空压机角速度（rad/s）和转子转动惯量（kg · m^2）；τ_{cm} 和 τ_{cp} 分别是电机驱动转矩和空压机负载转矩（N · m），计算方程如下：

$$\tau_{\text{cm}} = \eta_{\text{cm}} \frac{\kappa_{\text{t}}}{R_{\text{cm}}} (V_{\text{cm}} - \kappa_{\text{v}} \omega_{\text{cm}}) \tag{6-82}$$

$$\tau_{\text{cp}} = \frac{p_{\text{cp}}}{\omega_{\text{cp}}} = \frac{c_{\text{air}} T_{\text{cp,in}}}{\omega_{\text{cp}} \eta_{\text{cp}}} \left[\left(p_{\text{cp}} / p_{\text{amb}} \right)^{(\gamma-1)/\gamma} - 1 \right] \dot{m}_{\text{cp}} \tag{6-83}$$

式中，κ_t 和 κ_v 是电机常数；R_{cm} 是驱动电机电阻（Ω）；V_{cm} 是驱动电机端电压（V）；ω_{cm} 是电机的角速度（rad/s），$\omega_{cm}=\omega_{cp}/r$，其中 r 为转速比。

气体在空压机中被压缩，随着气体压力的升高，气体温度也升高，可按照绝热压缩过程模拟空压机内气体压缩过程，获得空压机出口气体温度为

$$T_{cp,out}=T_{cp,in}+\frac{T_{cp,in}}{\eta_{cp}}[(p_{cp}/p_{amb})^{(\gamma-1)/\gamma}-1] \tag{6-84}$$

基于空压机流量特性拟合和电机驱动空压机转子过程模拟，可以构建完整的空压机模型，通过输入空气流量和压力的需求值，调整空压机转速以达到系统空气供应回路的空气供给要求。

6.4.3　氢循环装置模型

氢循环装置是系统氢气供应回路采用再循环模式设计时需要的装置，利用它可以将未反应的氢气重新输送到电堆阳极入口进行再利用，从而提高系统的氢气利用率。图 6-9 所示为常用的氢循环装置，包括机械式压缩机（氢循环泵）、引射器和电化学氢泵（Electrochemical Hydrogen Pump，EHP）。氢循环泵与空压机类似，基于封闭体积的缩小实现氢气压力的提升，主要有往复式、螺杆式、回转式、涡旋式和离心式；引射器利用气流喷射的高速高能流，在引射器腔体内形成负压区，使得电堆出口的氢气回流到电堆入口并进行再利用；电化学氢泵的结构与燃料电池类似，利用直流电将阳极低浓度氢解离为电子和质子，质子穿过膜电极，电子通过外电路转移到阴极，在那里重新生成氢气，实现氢气的提纯和增压。

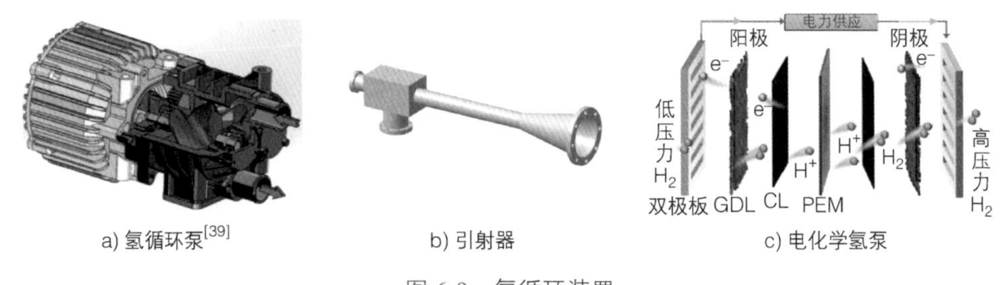

a) 氢循环泵[39]　　b) 引射器　　c) 电化学氢泵

图 6-9　氢循环装置

三种氢循环装置的优缺点见表 6-1，目前主流的燃料电池系统采用的是氢循环泵，虽然它增加了系统的寄生功耗，但是其成熟的技术更受产品级燃料电池系统的青睐。一些企业也在设计开发引射器，试图在燃料电池系统产品中采用多引射器方式[40-42]或者氢循环泵与引射器联合使用方式[43, 44]，降低引射器对系统负

载工况的敏感性。电化学氢泵当前处于技术开发阶段，如何利用低成本材料和优化制造技术去设计生产低功耗、高耐久和高氢气纯度的产品是其面临的挑战[45]。三种氢循环装置的工作原理各有差异，其局部部件的数学模型构建也是不同的，将在后续依次介绍。

表 6-1　氢循环装置的优点和缺点[46, 47]

氢循环装置	优点	缺点
氢循环泵	结构简单、技术成熟、成本较低	高噪声、高功耗、润滑油污染电堆、金属氢脆问题等
引射器	可移动部件少、运行维护成本低、零功耗、可靠性高	设计困难、对系统负载工况敏感、高噪声问题等
电化学氢泵	低噪声、低功耗、操作灵活性高、无移动部件等	技术不成熟、可能需要复杂的热管理、部件耐久性差等

1 氢循环泵

在燃料电池系统模拟仿真中，氢循环泵的模型构建与空压机模型（6.4.2 节）类似，根据制造商提供的氢循环泵流量 - 压力特性图（MAP 图），采用 look-up 数据表、多项式拟合、机器学习等方法，利用实验数据获得系统在不同工况时氢循环泵的流量、升压以及转速的对应关系。图 6-10 为典型的氢循环泵的流量 - 压力特性，与空压机不同，氢循环泵工作转速较低，范围在 2000 ~ 7000r/min 之间。关于氢循环泵的详细建模，可参考 6.4.2 节空压机建模过程。

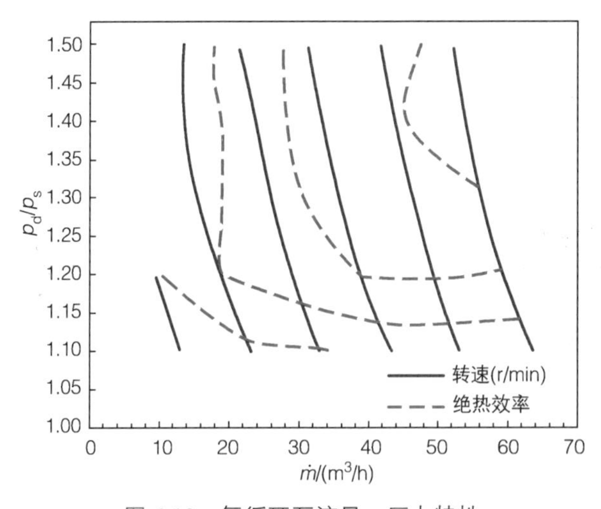

图 6-10　氢循环泵流量 - 压力特性

2 引射器

图 6-11 所示为引射器的内部结构，其内部由泵吸区、混合区和扩散区三部

分组成，来自氢气瓶的初级流流入喷嘴，经过喷嘴喉部后，气流达到超声速状态，导致泵吸区压力非常低，利用压力差，电堆出口的二次流被泵吸到引射器，然后经过混合和扩散后流入电堆。

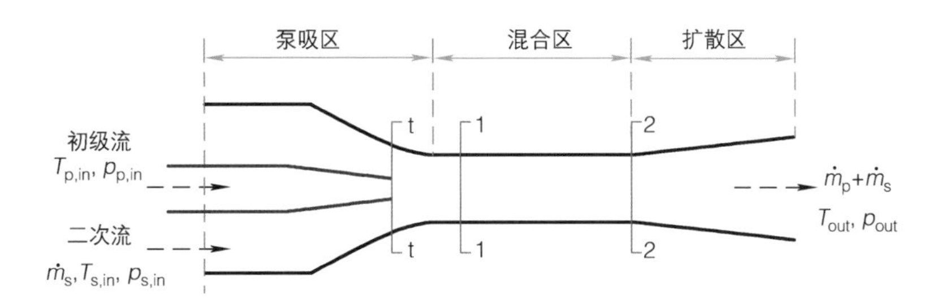

图 6-11　引射器结构 [48]

构建引射器局部部件模型时，引射器内涉及的气体均视作理想气体，引射器内的流动处于稳定状态。引射器的初级流和二次流在引射器入口、扩散区出口处的气体动能损失以及引射器内壁与环境的散热损失被忽略。在局部部件模型中，初级流参数（气体压力 $p_{p,in}$、气体温度 $T_{p,in}$）与二次流参数（气体流量 $\dot{m}_s$、压力 $p_{s,in}$、温度 $T_{s,in}$）作为模型的已知参数或输入参数用于模型求解。首先，在泵吸区，二次流始终处于亚临界状态，计算泵吸区出口二次流压力$p_{s,t}$、二次流温度$T_{s,t}$和马赫数$Ma_{s,t}$，表达式如下：

$$p_{s,t}=\frac{p_{s,in}}{\left(1+\frac{\gamma-1}{2}\eta_s Ma_{s,t}^2\right)^{\gamma/\gamma-1}} \tag{6-85}$$

$$T_{s,t}=\frac{T_{s,in}}{1+\frac{\gamma-1}{2}\eta_s Ma_{s,t}^2} \tag{6-86}$$

$$Ma_{s,t}=\frac{\dot{m}_s}{p_{s,in}A_{s,t}\sqrt{\frac{\gamma M_s\eta_s}{RT_{s,in}}\left(1+\frac{\gamma-1}{2}Ma_{s,t}^2\right)^{(\gamma-1)/(\gamma+1)}}} \tag{6-87}$$

式中，η_s 是泵吸区二次流的等熵压缩效率；$A_{s,t}$ 是泵吸区出口二次流的横截面积（m^2）。

在泵吸区，初级流的流速有可能达到当地声速，因此初级流可能处于临界状态，也可能处于亚临界状态，通过临界压力比 $v_{cr}=\left[2/(\gamma+1)\right]^{\gamma/(\gamma-1)}$ 判断。当初级流在泵吸区达到临界状态，即 $v_{cr}>p_{s,t}/p_{p,in}$，泵吸区初级流的流量 $\dot{m}_p$、马赫数 $Ma_{p,t}$ 及出口压力 $p_{p,t}$ 可以计算为

$$\dot{m}_{\mathrm{p}}=p_{\mathrm{p,in}}A_{\mathrm{p,t}}\sqrt{\frac{M_{\mathrm{p}}\eta_{\mathrm{p}}\gamma}{RT_{\mathrm{p,in}}}\left(\frac{2}{\gamma+1}\right)^{(\gamma+1)/(\gamma-1)}} \tag{6-88}$$

$$Ma_{\mathrm{p,t}}=1 \tag{6-89}$$

$$p_{\mathrm{p,t}}=\frac{p_{\mathrm{p,in}}}{\left(1+\frac{\gamma-1}{2}\eta_{\mathrm{p}}Ma_{\mathrm{p,t}}^{2}\right)^{\gamma/(\gamma-1)}} \tag{6-90}$$

式中，M_{p} 是初级流的摩尔质量（kg/mol）；$A_{\mathrm{p,t}}$ 是泵吸区初级流喉部（即 t－t 截面）的横截面积（m^2）。

当初级流在泵吸区处于亚临界状态时，即 $v_{\mathrm{cr}}\leqslant p_{\mathrm{s,t}}/p_{\mathrm{p,in}}$，则初级流的流量 $\dot{m}_{\mathrm{p}}$、马赫数 $Ma_{\mathrm{p,t}}$ 及喉部压力 $p_{\mathrm{p,t}}$ 为

$$\dot{m}_{\mathrm{p}}=A_{\mathrm{p,t}}p_{\mathrm{p,in}}\sqrt{\frac{2\eta_{\mathrm{p}}\gamma\left[\left(p_{\mathrm{s,t}}/p_{\mathrm{p,in}}\right)^{2/\gamma}-\left(p_{\mathrm{s,t}}/p_{\mathrm{p,in}}\right)^{(1+\gamma)/\gamma}\right]}{RT_{\mathrm{p,in}}(\gamma-1)/M_{\mathrm{p}}}} \tag{6-91}$$

$$Ma_{\mathrm{p,t}}=\sqrt{\frac{2}{(\gamma-1)}\left[1-\left(p_{\mathrm{s,t}}/p_{\mathrm{p,in}}\right)^{(\gamma-1)/\gamma}\right]} \tag{6-92}$$

$$p_{\mathrm{p,t}}=p_{\mathrm{s,t}} \tag{6-93}$$

泵吸区出口初级流的气体温度可以采用下式计算：

$$T_{\mathrm{p,t}}=\frac{T_{\mathrm{p,in}}}{1+\frac{\gamma-1}{2}\eta_{\mathrm{s}}Ma_{\mathrm{p,t}}^{2}} \tag{6-94}$$

利用马赫数$Ma_{\mathrm{s,t}}$和$Ma_{\mathrm{p,t}}$，可以获得泵吸区出口初级流和二次流的气流速度为

$$u_{\mathrm{p,t}}=Ma_{\mathrm{p,t}}\sqrt{\gamma RT_{\mathrm{p,t}}/M_{\mathrm{p}}} \tag{6-95}$$

$$u_{\mathrm{s,t}}=Ma_{\mathrm{s,t}}\sqrt{\gamma RT_{\mathrm{s,t}}/M_{\mathrm{s}}} \tag{6-96}$$

在混合区，初级流和二次流逐渐完成了混合过程，混合过程包含两个过程：剧烈混合过程和稳定等熵流动过程[48]。在混合区入口段，高速的初级流和二次流发生剧烈不稳定的混合过程，按照质量守恒、动量守恒及能量守恒求解该区域内气体流动过程：

$$\dot{m}_{\mathrm{p}}+\dot{m}_{\mathrm{s}}=\frac{M_{\mathrm{mix}}p_{\mathrm{mix}}u_{\mathrm{mix}}A_{\mathrm{mix}}}{RT_{\mathrm{mix,1}}} \tag{6-97}$$

$$\eta_{\mathrm{mix}}\left[(\dot{m}_{\mathrm{p}}u_{\mathrm{p,t}}+p_{\mathrm{p,t}}A_{\mathrm{p,t}})+(\dot{m}_{\mathrm{s}}u_{\mathrm{s,t}}+p_{\mathrm{s,t}}A_{\mathrm{s,t}})\right]=(\dot{m}_{\mathrm{s}}+\dot{m}_{\mathrm{p}})u_{\mathrm{mix}}+p_{\mathrm{mix,1}}A_{\mathrm{mix}} \tag{6-98}$$

$$\dot{m}_{\mathrm{p}}\left(c_{\mathrm{p,p}}T_{\mathrm{p,t}}+\frac{u_{\mathrm{p,t}}^{2}}{2}\right)+\dot{m}_{\mathrm{s}}\left(c_{\mathrm{p,s}}T_{\mathrm{s,t}}+\frac{u_{\mathrm{s,t}}^{2}}{2}\right)=(\dot{m}_{\mathrm{s}}+\dot{m}_{\mathrm{p}})\left(c_{\mathrm{p,mix}}T_{\mathrm{mix,1}}+\frac{u_{\mathrm{mix}}^{2}}{2}\right) \tag{6-99}$$

式中，M_{mix} 是混合区气流摩尔质量（kg/mol）；A_{mix} 是混合区的横截面积（m^2）；$u_{p,t}$、$u_{s,t}$ 和 u_{mix} 分别是混合区剧烈混合段初级流、二次流及混合后气流的速度（m/s）；$T_{mix,1}$ 和 $p_{mix,1}$ 是混合气流剧烈混合段气体的温度（K）和压力（Pa）；η_{mix} 是混合区的初级流和二次流的混合效率。

根据式（6-97）~ 式（6-99），联立计算获得 u_{mix}、$p_{mix,1}$ 和 $T_{mix,1}$。在剧烈混合段，混合气流的马赫数计算如下：

$$Ma_{mix,1} = \frac{u_{mix}}{\sqrt{\gamma R T_{mix,1} / M_{mix}}} \tag{6-100}$$

稳定等熵混合段的气体压力 $p_{mix,2}$、马赫数 $Ma_{mix,2}$ 和气体温度 $T_{mix,2}$ [49] 的计算过程如下：

$$p_{mix,2} = p_{mix,1}\left[1+\frac{2\gamma}{\gamma+1}(Ma_{mix,1}^2-1)\right] \tag{6-101}$$

$$Ma_{mix,2} = \sqrt{\frac{1+[(\gamma-1)/2]Ma_{mix,1}^2}{\gamma Ma_{mix,1}^2-(\gamma-1)/2}} \tag{6-102}$$

$$T_{mix,2} = T_{mix,1}\frac{Ma_{mix,1}^2}{Ma_{mix,2}^2} \tag{6-103}$$

混合气流在扩散区得到进一步膨胀，达到所需的出口气体压力 p_{out} 和气体温度 T_{out}：

$$p_{out} = p_{mix,2}\left(\eta_d \frac{\gamma-1}{2}Ma_{mix,2}^2+1\right)^{\gamma/(\gamma-1)} \tag{6-104}$$

$$T_{out} = T_{mix,2}\left(1+\frac{\gamma-1}{2}\eta_d Ma_{mix,2}^2\right) \tag{6-105}$$

通过求解式（6-85）~ 式（6-105），计算引射器内不同区的气流状态参数（温度、压力、流速），最终可获得引射器出口气流的温度、压力和流速。

3 电化学氢泵

为了获得满足要求的氢气压力和纯度，电化学氢泵常采用多片堆叠形式，低浓度的氢气在阳极侧氧化为质子，质子在外电场作用下迁移到阴极侧并且被还原成氢气，通过调节电化学氢泵的电流和电压，在氢泵阴极侧输出可利用的高压高浓度氢气。电化学氢泵在阳极和阴极的反应如下：

$$阳极：H_2 \rightarrow 2H^+ + 2e^-$$

$$阴极：2H^+ + 2e^- \rightarrow H_2$$

氢泵的驱动电压V_{EHP}由可逆电压、活化损失和欧姆损失三部分组成：

$$V_{EHP} = N_{EHP}(E_{r,EHP} + \eta_{act,EHP} + \eta_{ohm,EHP}) \tag{6-106}$$

式中，N_{EHP}是氢泵的片数；$E_{r,EHP}$ 是单片氢泵的可逆电压（V）；$\eta_{act,EHP}$ 和$\eta_{ohm,EHP}$分别是单片氢泵的活化损失（V）和欧姆损失（V），进一步，它们可以由下列公式计算[46]：

$$E_{r,EHP} = \frac{RT_{EHP}}{2F}\ln\frac{p_c}{p_a} \tag{6-107}$$

$$\eta_{act,EHP} = \frac{RT_{EHP}}{2\alpha_{H_2}F}\ln\frac{I_{EHP}}{I_{0,H_2}} \tag{6-108}$$

$$\eta_{ohm,EHP} = R_{EHP}I_{EHP}A_{EHP} \tag{6-109}$$

式中，p_a、p_c 是氢泵的阳极和阴极压力（Pa）；R_{EHP} 是单片氢泵的电阻（Ω）；A_{EHP} 是氢泵反应面积（cm^2）；I_{EHP} 是氢泵工作电流密度（A/cm^2）。根据电荷守恒，氢泵的工作电流密度由氢泵可供给的氢气流量 $\dot{m}_s$ 决定，表达式如下：

$$I_{EHP} = \frac{2F\dot{m}_s}{N_{EHP}A_{EHP}M_{H_2}} \tag{6-110}$$

根据直流电路功率计算方式，电化学氢泵在工作过程的电功率为

$$P_{EHP} = V_{EHP}I_{EHP}A_{EHP} \tag{6-111}$$

6.4.4 加湿器模型

本节以膜加湿器为例，介绍一个用于燃料电池系统的加湿器热力学模型构建过程。图 6-12 所示为膜加湿器模型，模型中充分考虑了供气侧与排气侧通过质子交换膜的热量交换与水传输过程。对于加湿器热力学模型构建，加湿器内的气体均假设为理想气体；假设加湿器保温良好，与周围环境热绝缘，因此热量传递只发生在膜的两侧；此外，加湿器内气体的宏观动能和势能变化忽略不计。

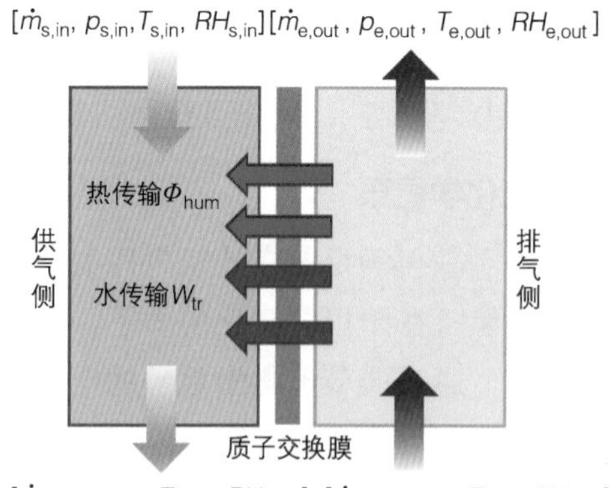

图 6-12 膜加湿器模型

基于质量守恒定律和能量守恒定律，构建加湿器部件模型的供气侧和排气侧的控制方程如下：

$$\frac{\mathrm{d}m_i}{\mathrm{d}t}=\dot{m}_{i,\mathrm{in}}+\dot{m}_{i,\mathrm{tr}}-\dot{m}_{i,\mathrm{out}}=\frac{\dot{m}_{i,\mathrm{in}}}{1+\omega_{i,\mathrm{in}}}(\omega_{i,\mathrm{in}}-\omega_{i,\mathrm{out}}) \tag{6-112}$$

$$\begin{aligned}\frac{\dot{m}_{i,\mathrm{out}}}{1+\omega_{i,\mathrm{out}}}h_{i,\mathrm{g,out}}+\frac{\dot{m}_{i,\mathrm{out}}\omega_{i,\mathrm{out}}}{1+\omega_{i,\mathrm{out}}}h_{i,v,\mathrm{out}}=\varPhi_i+\frac{\dot{m}_{i,\mathrm{in}}}{1+\omega_{i,\mathrm{in}}}h_{i,\mathrm{g,in}}+\frac{\dot{m}_{i,\mathrm{in}}\omega_{i,\mathrm{in}}}{1+\omega_{i,\mathrm{in}}}h_{i,v,\mathrm{in}}\\+\dot{m}_{i,\mathrm{tr}}h_{\mathrm{tr}}-\left(\frac{\mathrm{d}m_i}{\mathrm{d}t}c_{v,i}T_i+m_ic_{v,i}\frac{\mathrm{d}T_i}{\mathrm{d}t}\right)\end{aligned} \tag{6-113}$$

式中，下标 i 表示供气侧 s 和排气侧 e；$\dot{m}_{i,\mathrm{in}}$ 和 $\dot{m}_{i,\mathrm{out}}$ 是进口和出口流量（kg/s）；$\omega_{i,\mathrm{in}}$ 和 $\omega_{i,\mathrm{out}}$ 是进口和出口含湿量（kg/kg）；$\varPhi_i$ 是单位时间跨膜流入供气侧或排气侧的热量（W）；$\dot{m}_{i,\mathrm{tr}}$ 是跨膜的水传输量（kg/s）；$h_{i,\mathrm{g,in}}$ 和 $h_{i,\mathrm{g,out}}$ 是膜加湿器进口和出口的气体焓值（J/kg）；$h_{i,\mathrm{v,in}}$ 和 $h_{i,\mathrm{v,out}}$ 分别是膜加湿器进口和出口的水蒸气焓值（J/kg）；h_{tr} 是跨膜传输水蒸气焓值（J/kg）；$c_{v,i}$ 是混合气体的定容比热容 [J/（kg・K）]；T_i 是气体温度（K），近似为 $(T_{i,\mathrm{in}}+T_{i,\mathrm{out}})/2$。

膜加湿器内跨膜的水传输过程与燃料电池内跨膜水传输过程类似，可以通过 Fick 扩散定律计算：

$$\dot{m}_{\mathrm{tr}}=D_{\mathrm{PEM}}\frac{C_{\mathrm{e}}-C_{\mathrm{s}}}{\delta_{\mathrm{mem}}}M_{\mathrm{H_2O}}A_{\mathrm{hum}} \tag{6-114}$$

式中，A_{hum} 是加湿器质子交换膜面积（m^2）；$\dot{m}_{\mathrm{tr}}$ 是排气侧向供气侧的水传输通量（kg/s）。对于式（6-112）和式（6-113），在供气侧 $\dot{m}_{\mathrm{s,tr}}=\dot{m}_{\mathrm{tr}}$；在排气侧$\dot{m}_{\mathrm{e,tr}}=-\dot{m}_{\mathrm{tr}}$；其他参数的计算可参考 6.3.2 节。

单位时间内膜加湿器跨膜的热量 $\varPhi_{\mathrm{hum}}$ 可以利用换热器的传热方程式计算：

$$\varPhi_{\mathrm{hum}}=h_{\mathrm{hum}}A_{\mathrm{hum}}\Delta T_{\mathrm{m}} \tag{6-115}$$

式中，h_{hum} 是对流换热系数 [W/（m^2·K）]，通过计算努塞特数获得，$h_{\mathrm{hum}}=\lambda Nu_{\mathrm{hum}}/D_h$，其中，努塞特数 Nu_{hum} 可以被假定为恒定值 [50] 或者根据 Gnielinski 公式 [34] 计算；ΔT_{m} 是对数平均温差（K），根据换热器逆流方式计算，表达式如下：

$$\Delta T_{\mathrm{m}}=\frac{(T_{\mathrm{e,in}}-T_{\mathrm{s,out}})-(T_{\mathrm{e,out}}-T_{\mathrm{s,in}})}{\ln\left[(T_{\mathrm{e,in}}-T_{\mathrm{s,out}})/(T_{\mathrm{e,out}}-T_{\mathrm{s,in}})\right]} \tag{6-116}$$

根据膜加湿器的工作过程，$\varPhi_{\mathrm{hum}}$ 表示单位时间内排气侧向供气侧传递的热量（W）。因此，对于式（6-113），在供气侧 $\varPhi_{\mathrm{s}}=\varPhi_{\mathrm{hum}}$，在排气侧 $\varPhi_{\mathrm{e}}=-\varPhi_{\mathrm{hum}}$。

加湿器出口的流量可采用节流方式计算 [50]，表达式如下：

$$\dot{m}_{i,\text{out}}=Cr_i\sqrt{p_{i,\text{out}}-p_{i,\text{sub}}} \tag{6-117}$$

式中，Cr_i 是供气侧或排气侧的出口流量系数；$p_{i,\text{out}}$ 是出口压力（Pa）；$p_{i,\text{sub}}$ 是加湿器下游的气体压力（Pa），对于供气侧，下游压力是进入电堆的气体压力，对于排气侧，下游压力是空气供应回路内背压阀前端压力。

在加湿器模型中，供气侧的入口参数 $\dot{m}_{\text{s,in}}$、$p_{\text{s,in}}$、$T_{\text{s,in}}$ 和 $\text{RH}_{\text{s,in}}$，排气侧的入口参数 $\dot{m}_{\text{e,in}}$、$p_{\text{e,in}}$、$T_{\text{e,in}}$ 和 $\text{RH}_{\text{e,in}}$ 为模型的输入参数，通过加湿器部件模型求解获得加湿器出口的参数 $\dot{m}_{\text{s,out}}$、$p_{\text{s,out}}$、$T_{\text{s,out}}$、$\text{RH}_{\text{s,out}}$、$\dot{m}_{\text{e,out}}$、$p_{\text{e,out}}$、$T_{\text{e,out}}$ 和 $\text{RH}_{\text{e,out}}$。

上述提到的加湿器模型是一个动态计算过程，为简化加湿器模型计算，假设加湿器加湿工作良好，加湿器出口气体湿度始终稳定在设定湿度值，采用稳态模型计算加湿器出口的气体含湿量和流量，计算公式如下：

$$\omega_{\text{s,out}}=\frac{M_{\text{H}_2\text{O}}}{M_{\text{g}}}\frac{\text{RH}_{\text{set}}p_{\text{sat}}}{(p_{\text{s,in}}+p_{\text{sm}})/2-\text{RH}_{\text{set}}p_{\text{sat}}} \tag{6-118}$$

$$\dot{m}_{\text{s,out}}=\dot{m}_{\text{s,in}}(1+\omega_{\text{s,out}}) \tag{6-119}$$

$$\dot{m}_{\text{e,out}}=\dot{m}_{\text{e,in}}(1-\omega_{\text{s,out}}) \tag{6-120}$$

式中，M_{g}是供气侧干气体摩尔质量（kg/mol）；RH_{set}是设定的供气湿度；$\omega_{\text{s,out}}$是加湿器供气侧出口的含湿量（kg/kg）。

6.4.5 冷却回路模型

冷却回路带走燃料电池堆产生的大部分热量，维持电堆温度在适宜的范围，它对电堆的稳定运行至关重要。本节主要介绍冷却回路内的换热器、节温器和水泵的局部部件模型构建方法。

在氢燃料电池系统冷却回路中，换热器通常采用高效紧凑的管带式交叉流换热器，冷却液在管侧流动，空气穿过周围的管带，为了强化换热，散热管带加工百叶窗结构，以增强空气侧气流的扰动，可获得较大的对流换热系数。这类换热器结构复杂，可以采用黑箱模型的思想简化换热器建模过程，将换热器的液侧和气侧各看作一个黑箱，在换热器的液侧，流入黑箱的能量为冷却液的进口焓值，流出黑箱的能量为冷却液的出口焓值以及与气侧的对流换热量，流入能量和流出能量的差值为冷却液的内能变化。根据能量守恒定律，求解冷却液的温度，表达式如下：

$$\rho_{\text{cool}}V_{\text{ex,l}}c_{p,\text{cool}}\frac{\mathrm{d}T_{\text{ex,l}}}{\mathrm{d}t}=\dot{m}_{\text{cool}}c_{p,\text{cool}}(T_{\text{ex,l,in}}-T_{\text{ex,l,out}})-\Phi_{\text{ex}} \tag{6-121}$$

式中，$T_{\text{ex,l,in}}$ 和 $T_{\text{ex,l,out}}$ 是换热器进口和出口的冷却液温度（K）；$\varPhi_{\text{ex}}$ 是单位时间内换热器液侧和气侧之间的对流换热量（W）。

采用相同的方法，求解换热器的气侧温度，表达式如下：

$$\rho_{\text{g}} V_{\text{ex,g}} c_{\text{g}} \frac{\mathrm{d}T_{\text{ex,g}}}{\mathrm{d}t} = \dot{m}_{\text{g}} c_{\text{g}} (T_{\text{ex,g,in}} - T_{\text{ex,g,out}}) + \varPhi_{\text{ex}} \tag{6-122}$$

式中，$T_{\text{ex,g,in}}$ 和 $T_{\text{ex,g,out}}$ 是换热器进口和出口的气体温度（K）；$\dot{m}_{\text{g}}$ 是换热器的气侧流量（kg/s）。

单位时间内换热器液侧和气侧的对流换热量可以采用效能－传热单元法（ε-NTU）计算：

$$\varPhi_{\text{ex}} = \varepsilon (\dot{m} c_p)_{\min} (T_{\text{ex,l,in}} - T_{\text{ex,g,in}}) \tag{6-123}$$

式中，$(\dot{m} c_p)_{\min}$ 是气侧或液侧的最小热容（W/K）；ε 是换热器的效能。

针对本节提到的换热器类型，采用如下的拟合公式计算换热效能[51，52]：

$$\varepsilon = \frac{\left[(1 - C^* \varepsilon_{\text{i}})/(1 - \varepsilon_{\text{i}})\right]^N - 1}{\left[(1 - C^* \varepsilon_{\text{i}})/(1 - \varepsilon_{\text{i}})\right]^N - C^*} \tag{6-124}$$

$$\varepsilon_{\text{i}} = 1 - \exp\left\{ \frac{\text{NTU}^{0.22}}{C^*} \left[\exp(-C^* \text{NTU}^{0.78}) - 1 \right] \right\} \tag{6-125}$$

式中，ε_{i} 是单程流动的效能；ε 是换热器总效能；N 是换热器的程数。

式中的NTU 和 C^* 可进一步通过下式获得：

$$\text{NTU} = \frac{KA}{(\dot{m} c_p)_{\min}} = \frac{KA}{\min(\dot{m}_{\text{g}} c_{p,\text{g}}, \dot{m}_{\text{cool}} c_{p,\text{cool}})} \tag{6-126}$$

$$C^* = \frac{\min(\dot{m}_{\text{g}} c_{p,\text{g}}, \dot{m}_{\text{cool}} c_{p,\text{cool}})}{\max(\dot{m}_{\text{g}} c_{p,\text{g}}, \dot{m}_{\text{cool}} c_{p,\text{cool}})} \tag{6-127}$$

$$\frac{1}{KA} = \frac{1}{h_{\text{cool}} A_{\text{ex,cool}}} + \frac{\delta}{k_{\text{ex}} A_{\text{ex}}} + \frac{1}{\eta_0 h_{\text{g}} A_{\text{ex,g}}} \tag{6-128}$$

式中，KA 是总换热系数（W/K）；h_{cool} 和 h_{g} 分别是冷却液与固体壁面、空气与固体壁面的对流换热系数 [W/（m^2·K）]；δ 是扁管厚度（m）；k_{ex} 是扁管导热系数 [W/（m·K）]；η_0 是肋总效率。

关于换热器液侧的对流换热系数 h_{cool}，可通过相应的努塞特数计算，例如Gnielinski 公式[34]。刘纪福[53]提供了一种计算该类型换热器液侧努塞特数的关联式：

$$Nu_{cool}=\begin{cases}2.97L/D & Re_{cool}<2200\\ \dfrac{(f/2)(Re_{cool}-1000)Pr_{cool}}{1.07+12.7\sqrt{f/8}(Pr_{cool}^{2/3}-1)} & 2200\leqslant Re_{cool}<10^4\\ 0.023Re_{cool}^{0.8}Pr_{cool}^{0.3} & Re_{cool}\geqslant 10^4\end{cases}\tag{6-129}$$

式中，参数 f 的计算可参考式（6-63）。

对于换热器气侧的对流换热系数，利用 j 因子[14，54]进行计算：

$$h_g=j\dot{m}_{g,min}/Pr_g^{2/3}\tag{6-130}$$

$$j=Re_g^{-0.49}\left(\frac{\theta}{90}\right)^{0.27}\left(\frac{F_p}{L_p}\right)^{-0.14}\left(\frac{F_l}{L_p}\right)^{-0.29}\left(\frac{T_d}{L_p}\right)^{-0.23}\left(\frac{L_l}{L_p}\right)^{0.68}\left(\frac{T_p}{L_p}\right)^{-0.28}\left(\frac{\delta_f}{L_p}\right)^{-0.05}\tag{6-131}$$

式中，θ、F_p、F_l、T_d、L_l、T_p、δ_f 和 L_p 是换热器气侧结构有关的参数，详细可参考文献 [14]。

对于换热器的压力损失，主要考虑液侧的压力损失，因为其与水泵和节温器的工作状态密切相关。液侧的压力损失主要包括沿程损失和局部损失，计算如下：

$$\Delta p_{ex,cool}=f_{ex}\frac{\rho_{cool}u_{cool}^2}{2}\frac{L}{d_i}+\zeta_{ex}\frac{\rho_{cool}u_{cool}^2}{2}\tag{6-132}$$

式中，等号右侧第一项表示沿程损失，第二项表示局部损失；f_{ex} 和 ζ_{ex} 分别是沿程损失因子和局部损失因子。

综上，根据换热器气侧和液侧的入口参数（流量和温度），可以求得换热器的散热流量、冷却液的出口温度及冷却液的压降。

节温器是个一进两出的三通阀，两个出口端是可变截面积的出口，通过控制节温器的开度调整两个出口的截面积配比，进而分配冷却回路大循环 / 小循环的流量，实现燃料电池堆冷却液进口温度的精准温控。根据阀门特性，两个端口的冷却液流量可通过下式计算：

$$\begin{cases}\dot{m}_{th,mj}=\alpha_{th}A_{max}k_v\rho_{cool}\sqrt{\Delta p_{mj}\rho_{H_2O}/\rho_{cool}}\\ \dot{m}_{th,mi}=(1-\alpha_{th})A_{max}k_v\rho_{cool}\sqrt{\Delta p_{mi}\rho_{H_2O}/\rho_{cool}}\end{cases}\tag{6-133}$$

式中，下标 mj 和 mi 分别表示大循环和小循环；α_{th} 是节温器的开度，范围 0 ~ 1；

k_v 是节温器的流量系数；A_{max} 是节温器全开时的最大流通横截面积（m^2）；Δp_{mj} 和 Δp_{mi} 分别是大循环流路与小循环流路上节温器的压降（Pa）；ρ_{H_2O} 为 15℃时水的密度（kg/m^3）。

水泵用于驱动冷却回路内冷却液的循环，水泵模型通过相似定律进行构建，即水泵的流量与转速呈正比；水泵的扬程与转速的二次方呈正比，表达式如下：

$$\frac{\dot{m}_{pu}}{\dot{m}_{pu,rd}}=\frac{r_{pu}}{r_{pu,rd}},\quad \frac{\Delta p_{pu}}{\Delta p_{pu,rd}}=\left(\frac{r_{pu}}{r_{pu,rd}}\right)^2 \tag{6-134}$$

式中，下标 rd 表示额定状态。根据厂商提供的水泵在额定转速 $r_{pu,rd}$ 下的流量 $\dot{m}_{pu,rd}$ 和扬程 $\Delta p_{pu,rd}$，通过式（6-134）计算水泵工作转速 r_{pu} 下的流量 $\dot{m}_{pu}$ 和扬程 Δp_{pu}。水泵的转速通过控制电机的端电压（0~48V）来调整，电机端电压 V_{pu}、电机线圈电流 i_{pu} 和水泵旋转角频率 ω_{pu} 的关系 [55] 如下所示：

$$V_{pu}=L_{pu}\frac{dI_{pu}}{dt}+i_{pu}R_{pu}+\kappa_{cm}\omega_{pu} \tag{6-135}$$

$$J_{pu}\frac{d\omega_{pu}}{dt}=\tau_{cm}-\tau_{pu}=\kappa_{cm}i_{pu}-\kappa_{pu}\omega_{pu} \tag{6-136}$$

式中，L_{pu} 是电机驱动电感（H）；R_{pu} 是电机线圈电阻（Ω）；J_{pu} 是水泵转动惯量（$kg\cdot m^2$）；τ_{cm} 和 τ_{pu} 分别是电机驱动转矩和水泵摩擦力矩（N·m）；κ_{cm} 和 κ_{pu} 分别是电机转矩常数与摩擦力矩常数。

进一步，通过水泵的角频率计算水泵转速$r_{pu}=30\omega_{pu}/\pi$。通常情况下，水泵的时间常数远小于冷却回路内冷却液的热响应时间，因此在系统建模研究中水泵模型常采用稳态模型，即忽略水泵转速的改变时间。通过式（6-135）和式（6-136），获得稳定状态下水泵的旋转角频率：

$$\omega_{pu}=\frac{\kappa_{cm}V_{pu}}{\kappa_{cm}^2+\kappa_{pu}R_{pu}} \tag{6-137}$$

水泵的电功耗与其工作流量、输出扬程、工作效率密切相关，可通过下式计算：

$$P_{pu}=\Delta p_{pu}\dot{m}_{pu}/(\rho_{cool}\eta_{pu}) \tag{6-138}$$

式中，η_{pu} 是水泵的工作效率。此外，在燃料电池冷却回路中，水泵流量即为燃料电池堆水腔的冷却液流量，即 $\dot{m}_{pu}=\dot{m}_{cool}$。

6.5 基于盲端阳极的燃料电池系统模拟仿真

6.5.1 全局系统模型构建

本节介绍采用自编程序方法实现基于盲端阳极的燃料电池系统的建模与模拟仿真案例[56]。图 6-13 所示为构建的盲端阳极燃料电池系统，如前文所述，盲端模式使得系统氢气供应回路得到了简化，来自氢气瓶的气体压力通过减压阀降低到电堆工作压力，电堆出口的吹扫阀会定期开启，缓解电堆阳极的氮气和水的积聚。假设冷却回路运行良好，保证燃料电池堆始终在设定温度下工作，因此，本案例不考虑冷却回路的建模。由于燃料电池堆在恒定温度下运行，电堆局部部件模型中的电堆产热模块也不在本案例的考虑范围内。此外，膜传输模块采用 6.3.2 节的模型 2 计算，即考虑了在质子交换膜与气体扩散层界面处同时发生膜态水与水蒸气的转化及膜态水与液态水的转化过程。本案例所述系统的加湿器采用电加热方式调节水温，从而实现控制加湿器出口的湿度，确保加湿器出口气体的湿度始终维持在设定值。

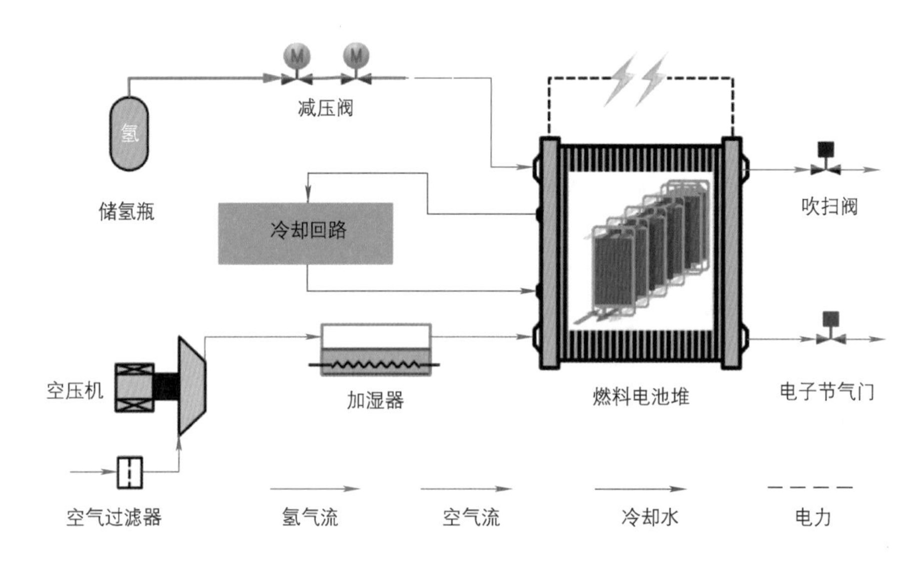

图 6-13 基于盲端阳极的燃料电池系统

采用 6.3 节所述的电堆局部部件模型，6.4 节所述的歧管部件模型、空压机部件模型、加湿器部件模型以及阀门节流模型，搭建基于盲端阳极的燃料电池系统全局模型，其中，阀门节流模型用于计算减压阀、吹扫阀和电子节气门。在全局系统模型中，每一个局部部件模型像一个黑盒子，通过建立的数学模型表示其输入和输出之间的关系。图 6-14 所示为基于盲端阳极的燃料电池系统内局部部件模型的输入参数、输出参数以及各部件模型之间的参数传递关系。以燃料电池堆模型为例，其输入参数包括运行温度 T_{fc}、负载电流 I_{fc}、阳极歧管压力 p_{sm}^{a}和 p_{em}^{a}、阴极歧管压力 p_{sm}^{c} 和 p_{em}^{c}、阴极进气湿度 ω_{in}；其输出参数包括电堆输出电压 V_{fc}、电堆输出功率 P_{fc}、电堆膜态水含量参数（λ、s_{a}、C_{a}、s_{c}、C_{c}）、电堆阳极侧进出口的流量 $\dot{m}_{in}^{a}$ 和 $\dot{m}_{out}^{a}$、电堆阴极侧进出口的流量 $\dot{m}_{in}^{c}$ 和 $\dot{m}_{out}^{c}$。其中，电堆部件模型的输入压力参数（p_{sm}^{a}、p_{em}^{a}、p_{sm}^{c}和p_{em}^{c}）分别来自阳极供应歧管模型、阳极排气歧管模型、阴极供应歧管模型、阴极排气歧管模型的输出参数；电堆部件模型输出的进出口流量参数（$\dot{m}_{in}^{a}$、$\dot{m}_{out}^{a}$、$\dot{m}_{in}^{c}$ 和 $\dot{m}_{out}^{c}$）同样作为阳极供应歧管模型、阳极排气歧管模型、阴极供应歧管模型、阴极排气歧管模型的输入参数。

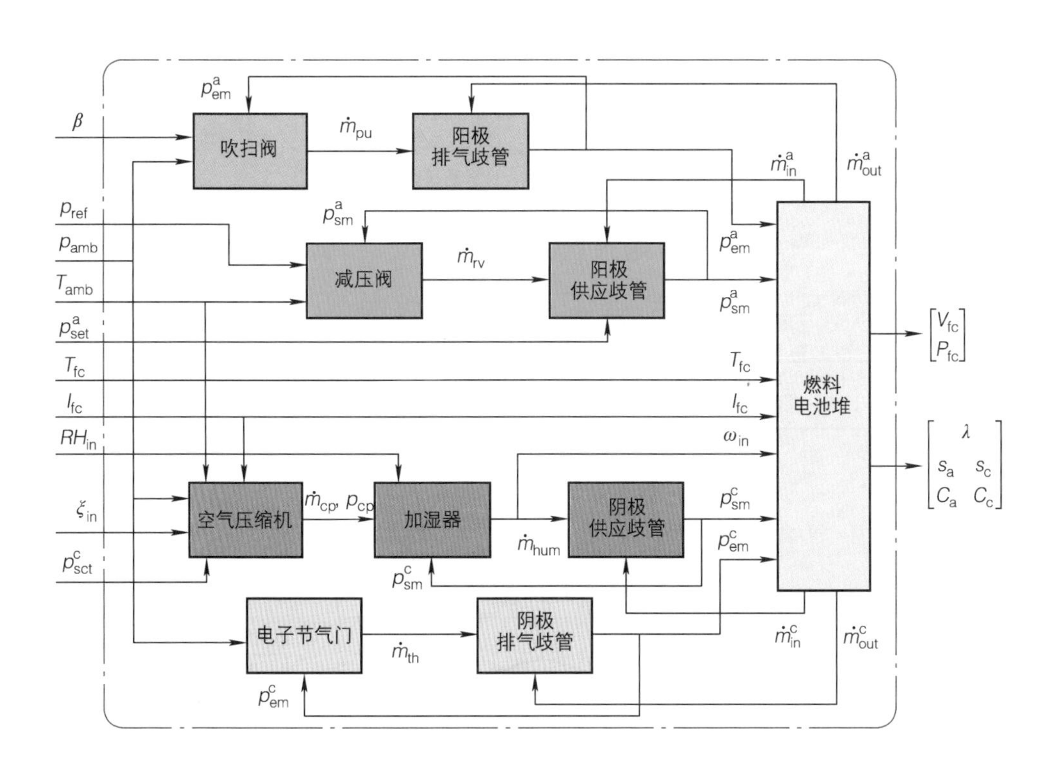

图 6-14　局部部件模型的参数传递关系

基于图 6-14 提供的部件模型的参数传递关系，采用自编写程序的方法完成基于盲端阳极的燃料电池系统内局部部件模型的计算与全局系统模型的构建。图 6-15 所示为燃料电池全局系统模型的计算流程：①设置电堆和辅助部件的结构参数，对燃料电池堆的气体压力、温度和液态水含量进行了初始化，设置全局系统模型模拟的操作条件和模拟运行总时间。②对氢气供应回路和空气供应回路进行了计算。在氢气供应回路中，采用减压阀和供应歧管局部部件模型计算阳极供应歧管的气体压力，采用吹扫阀和排气歧管局部部件模型计算阳极排气歧管的

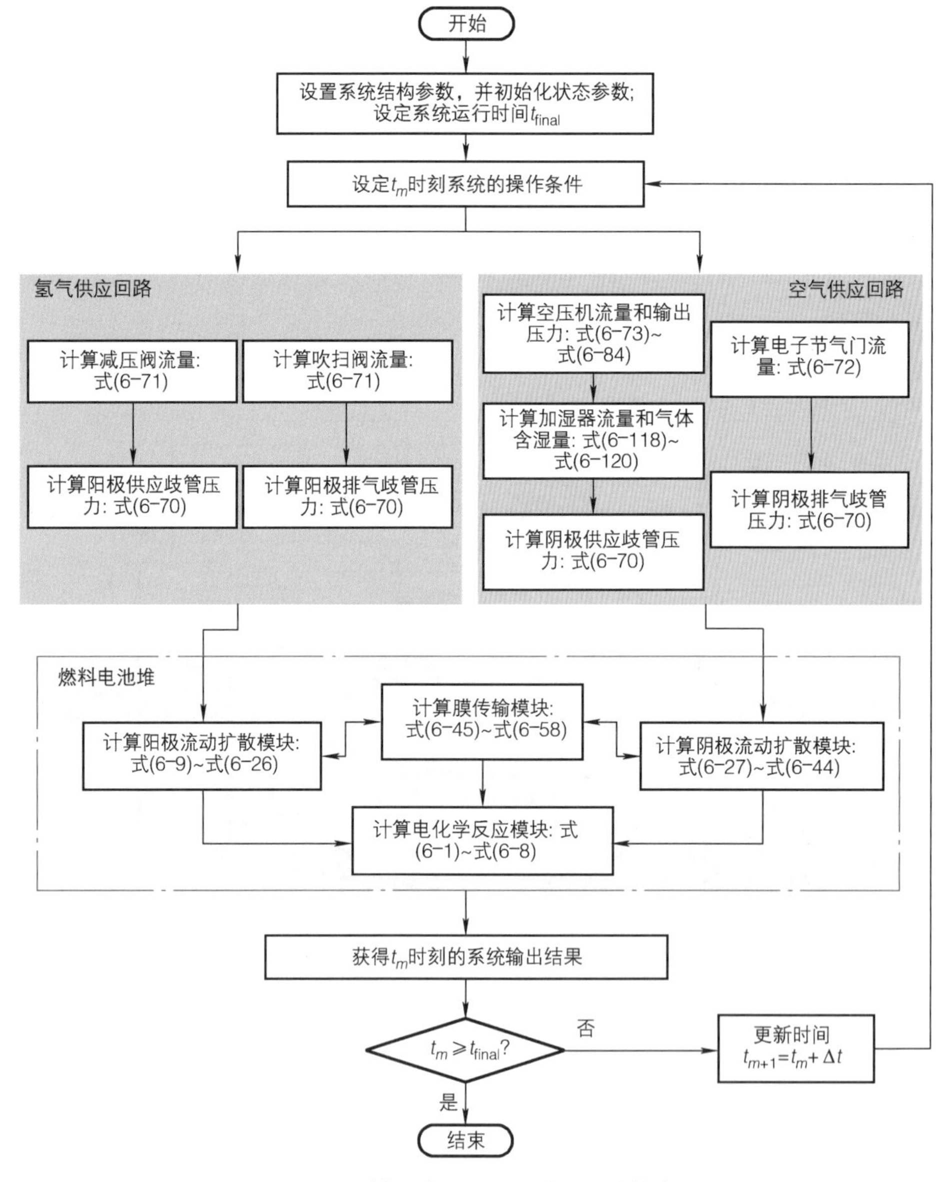

图 6-15　燃料电池全局系统模型的计算流程

气体压力。在空气供应回路中，通过求解压缩机、加湿器和供应歧管的局部部件模型，计算出阴极供应歧管气体压力和空气含湿量。利用电子节气门和排气歧管局部部件模型计算阴极排气歧管的气体压力。③将供应歧管、排气歧管的气体压力值作为电堆局部部件模型的输入参数，求解燃料电池堆模型中的阳极流动扩散模块、阴极流动扩散模块、膜传输模块及电化学反应模块，计算电堆输出功率和电压。在此基础上，计算完成了燃料电池全局系统模型的一个时间步长。④确定当前系统的仿真运行时间是否达到了总运行时间限制。如果不满足要求，则更新当前系统仿真时间，并输入相应的操作条件。然后，重复求解氢气供应回路、空气供应回路和燃料电池堆。直到当前的系统仿真时间达到设定的总运行时间，模拟仿真程序将停止运行，输出计算结果。

6.5.2　输入参数

本案例构建的盲端阳极氢燃料电池系统中燃料电池堆的额定功率为 30kW，单电池有效面积为 $290cm^2$，单电池片数为 180 片。盲端阳极燃料电池系统中电堆局部部件模型所需详细参数见表 6-2。表 6-3 补充了系统内其他辅助部件建模所需参数，空压机部件模型采用图 6-8 所示的 MAP 图拟合建模。系统的操作参数设置为：运行温度为 65℃、阳极进气压力为 1.5×10^5Pa、阴极进气压力为 1.5×10^5Pa、空气化学计量比为 2.0、加湿器控制空气湿度为 100%、环境温度为 25℃、环境压力为 1atm。氢气供应回路的吹扫阀需要设置定期开启 / 关闭，吹扫阀采取恒定的吹扫策略，即设置吹扫阀第一次开启时间为系统模拟开始后的 20s，设置吹扫持续时间为 1s（信号参数 β 取 1），设置吹扫间隔时间为 40s（信号参数 β 取 0）。

表 6-2　燃料电池部件模型参数

参数	数值	单位
单电池片数；N_{cell}	180	—
电池有效面积；A_{cell}	290	cm^2
流道体积；V_{CH}^{a}、V_{CH}^{c}	1.36×10^{-5}，2.72×10^{-5}	m^3
GDL、CL 和 PEM 的厚度；δ_{GDL}、δ_{CL}、δ_{PEM}	200，10，25	μm
GDL 和 CL 的孔隙率；ε_{GDL}、ε_{CL}	0.5，0.3	—
干膜等效质量；EW	1.1	kg/mol
干膜密度；ρ_{PEM}	1980	kg/m^3
损失电流密度；I_{leak}	0.01	A/cm^2
极限电流密度；I_l	1.7	A/cm^2
交换电流密度；$I_{0,a}$、$I_{0,c}$	0.1，3×10^{-6}	A/cm^2
电荷转移系数；α_{H_2}、α_{O_2}	0.5，0.3	—

（续）

参数	数值	单位
内部电阻；ASR_0	0.0001	$\Omega\cdot cm^2$
经验系数；c	0.3	—
电导率修正系数；α_c	0.21	—
冷凝速率；γ_c	100	l/s
蒸发速率；γ_e	0.001	1/(Pa·s)
液态水黏度；μ_l	406.1×10^{-6}	Pa·s
液态水和水蒸气的吸附 / 脱附系数；γ_l、γ_v	100，1.3	l/s
流量系数；k_{in}^{a}、k_{out}^{a}、k_{in}^{c}、k_{out}^{c}	6.67×10^{-9}，6.67×10^{-9}，16.78×10^{-9}，13.42×10^{-9}	kg/(Pa·s)
氮气交叉修正因子；α_{N_2}	0.1	—

表 6-3　辅助部件模型参数

参数	数值	单位
阳极和阴极供应歧管体积；V_{sm}^{a}、V_{sm}^{c}	1.5×10^{-4}，1.5×10^{-4}	m^3
阳极和阴极排气歧管体积；V_{em}^{an}、V_{em}^{ca}	3.2×10^{-3}，1.1×10^{-3}	m^3
减压阀流量系数；$C_{d,re}$	$C_{d,re}=1-k_{cd}(p_{re}-p_{sm}^{a})$	—
减压阀有效截面积；$A_{t,re}$	$A_{t,re}=k_{re}(p_{re}-p_{sm}^{a})$	m^2
减压阀系数；k_{re}	9.0×10^{-11}	m^2/Pa
减压阀系数；k_{cd}	5.0×10^{-6}	1/Pa
吹扫阀流量系数；$C_{d,pv}$	0.487	—
吹扫阀有效截面积；$A_{t,pv}$	3.08×10^{-6}	m^2
节气门流量系数；k_{th}	5.0×10^{-5}	kg/（Pa·s）
空压机转动惯量；J_{cp}	5.0×10^{-5}	kg/m^2
空压机力矩常数；κ_v	0.026	—
空压机力矩常数；κ_t	0.036	—
空压机转速比；r_{cp}	8.44	—
空压机效率；η_{cp}	0.8	—
电机线圈电阻；R_{cm}	0.8	Ω
电机效率；η_{cm}	0.97	—
空压机喘振曲线拟合系数；$p_0\sim p_3$	0.9747，16.67，381.9，−1015	—
空压机最大流量曲线拟合系数；$p_0\sim p_5$	0.7579，31.46，−1525，3.952×10^4，-4.892×10^5，2.35×10^6	— —

6.5.3　系统负载工况研究

采用新欧洲驾驶循环协议（New European Driving Cycle，NEDC）作为负载条件输入进行盲端阳极燃料电池系统的模拟研究（图 6-16）。图 6-16a 展示了

NEDC 协议提供的车辆速度变化曲线，其由 4 个完全相同的城市驾驶工况和 1 个高速驾驶工况组成，车辆速度最高达到 120km/h。考虑到计算效率，选择 1 个城市驾驶工况和 1 个高速工况组成的简化 NEDC 作为本案例的负载条件。为了实现车辆速度与系统负载电流的转换，假设系统负载电流与车辆速度之间存在线性关系，并且本案例燃料电池系统在负载电流为 350A（即 $1.207A/cm^2$）时可以驱动车辆以 120km/h 的速度行驶。图 6-16b 为简化 NEDC 协议系统负载电流曲线，系统总运行时间为 600s。负载电流可分为低负载区（I_{fc}<$0.5A/cm^2$）、中等负载区（$0.5A/cm^2 \leqslant I_{fc} \leqslant 0.9A/cm^2$）和高负载区（$I_{fc}$>$0.9A/cm^2$）。在 NEDC 协议下的城市驾驶场景，燃料电池系统经历了三次启动和怠速阶段，所有负载电流均在低负载区；在高速驾驶场景，系统电流变化跨越三个负载区域。当系统在启动和停机阶段，负载电流属于低负载区；当系统运行在 248.2 ~ 472.5s 之间，负载电流处于中等负载区；此后，负载电流保持在高负载电流区，直到系统进行停止操作。

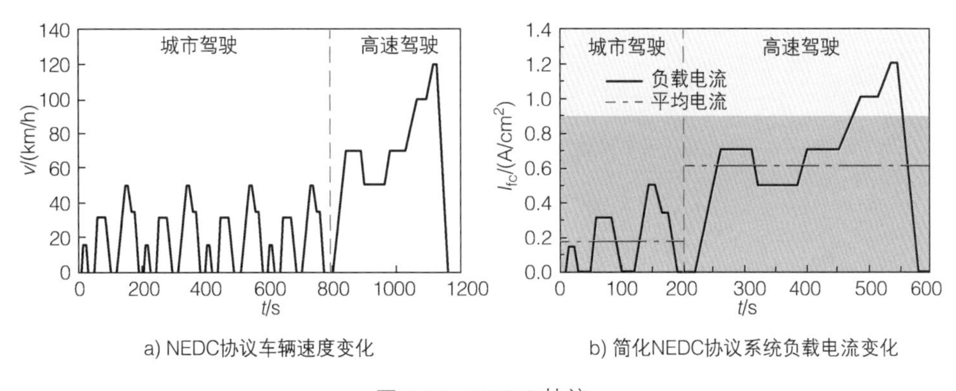

a) NEDC协议车辆速度变化　　b) 简化NEDC协议系统负载电流变化

图 6-16　NEDC 协议

图 6-17 所示为燃料电池系统在简化 NEDC 协议下单电池的电压和功率的动态变化。输出电压和输出功率随着负载电流的变化而变化，以满足燃料电池系统的功率需求。在城市驾驶场景，电压变化曲线存在三个峰值（达到开路电压），这对应车辆运行的三次怠速阶段。在城市驾驶场景下燃料电池的电压平均值达到 0.89V。在高速驾驶阶段，较高的负载电流导致电压降低，平均电压降至 0.71V。电池输出功率曲线形状与负载电流形状变化相似，在城市驾驶场景和高速驾驶场景的平均功率分别达到 41.91W 和 117.48W。

图 6-18 所示为燃料电池系统在简化 NEDC 协议下运行时膜态水含量、阴极气体扩散层的水蒸气浓度和液态水饱和度的动态行为。在城市驾驶场景下，负载电流处于低负载区，膜态水含量由负载电流控制，变化的负载电流导致膜态水含量显著波动。在高速驾驶场景的中等负载区（248.2 ~ 472.5s），膜态水含量稳定在 14 附近。当负载电流进入高负载区，电池内膜态水含量变化主要由气体

流量主导控制，膜态水含量开始下降并偏离了饱和状态（$\lambda = 14$）。气体扩散层中水蒸气浓度的变化与膜态水含量相似，而液态水饱和度在城市驾驶场景和高速驾驶场景均明显波动，说明液态水含量对负载变化更敏感。在高速驾驶场景的中等负载区，液态水含量曲线出现了波动尖峰，这是因为在中等负载区，阳极吹扫引起的水损失主要是电池内的液态水，因此阳极吹扫操作导致燃料电池液态水含量骤降。

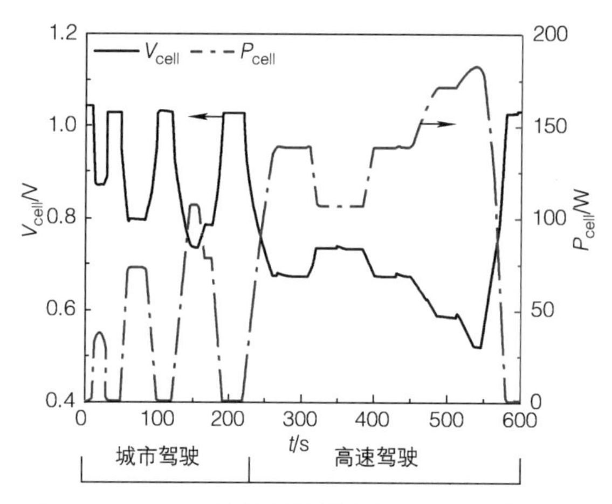

图 6-17　NEDC 协议的燃料电池电压和功率变化

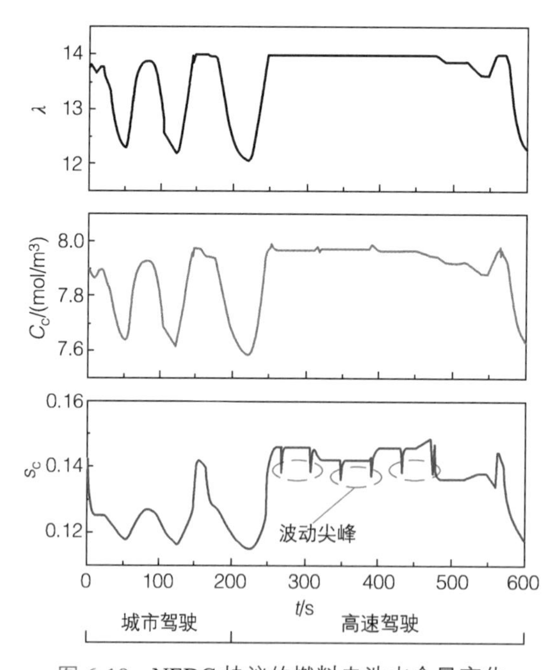

图 6-18　NEDC 协议的燃料电池水含量变化

系统模型也用来评估盲端阳极燃料电池系统的氢利用率，系统氢利用率的计算公式为

$$\eta_{H_2}=\frac{\int_{t_1}^{t_2}(\dot{m}_{in}^{a}-\dot{m}_{out}^{a}Y_{H_2}^{a})dt}{\int_{t_1}^{t_2}\dot{m}_{in}^{a}dt} \tag{6-139}$$

式中，t_1 和 t_2 分别是计算起始与终止时间（s）；$Y_{H_2}^{a}$ 为电堆阳极出口氢气质量分数。

进出口气体流量 $\dot{m}_{in}^{a}$ 和 $\dot{m}_{out}^{a}$ 由式（6-17）和式（6-18）计算。NEDC 工况协议下盲端阳极燃料电池系统工作时的氢利用率见表 6-4，由于城市驾驶场景的平均负载电流较低，其消耗的氢气少，氢利用率较低（98.75%），在整个 NEDC 协议（4 个城市驾驶场景和 1 个高速驾驶场景）内，盲端阳极燃料电池系统的氢利用率达到了 99.34%。从系统氢利用率角度看，基于盲端阳极的燃料电池系统具有极高的优势。

表 6-4　NEDC 协议的燃料电池系统氢利用率

驾驶协议	NEDC		
	城市驾驶	高速驾驶	平均
氢利用率（%）	98.75	99.70	99.34

参考文献

[1] 陈凤祥，陈兴．燃料电池系统空气供应内膜解耦控制器设计 [J]. 同济大学学报（自然科学版），2016, 44(12): 1924-1930.

[2] AHLUWALIA R K, X. WANG J-K P, CETINBAS C F, et al. Fuel cell system modeling and analysis[R]. Washington: The U.S. Department of Energy, 2017.

[3] 赵康．车载液氢汽化器换热研究 [D]. 北京：中国航天科技集团公司第一研究院，2018.

[4] HWANG J J. Effect of hydrogen delivery schemes on fuel cell efficiency[J]. Journal of Power Sources, 2013, 239: 54-63.

[5] DU Z, LIU Q, WANG X, et al. Performance investigation on a coaxial-nozzle ejector for PEMFC hydrogen recirculation system[J]. International Journal of Hydrogen Energy, 2021, 46(76): 38026-38039.

[6] YU X, ZHANG C, LI M, et al. Experimental investigation of self-regulating capability of open-cathode PEMFC under different fan working conditions[J]. International Journal of Hydrogen Energy, 2022 06(27): 26599-26608.

[7] ZHAO J, HUANG X, TU Z, et al. Water distribution and carbon corrosion under high current density in a proton exchange membrane fuel cell[J]. International Journal of Energy Research, 2022, 46(3): 3044-3056.

[8] JIAN Q, LUO L, HUANG B, et al. Experimental study on the purge process of a proton exchange membrane fuel cell stack with a dead-end anode[J]. Applied Thermal Engineering,

2018, 142: 203-214.

[9] ZHAO R, HU M, PAN R, et al. Disclosure of the internal transport phenomena in an air-cooled proton exchange membrane fuel cell—Part I: Model development and base case study[J]. International Journal of Hydrogen Energy, 2020, 45(43): 23504-23518.

[10] LI M, YIN H, DING T, et al. Air flow rate and pressure control approach for the air supply subsystems in PEMFCs[J]. ISA Transactions, 2022, 128: 624-634.

[11] WANG Y, LI H, FENG H, et al. Simulation study on the PEMFC oxygen starvation based on the coupling algorithm of model predictive control and PID[J]. Energy Conversion and Management, 2021, 249: 114851.

[12] YANG Z, DU Q, JIA Z, et al. Effects of operating conditions on water and heat management by a transient multi-dimensional PEMFC system model[J]. Energy, 2019, 183: 462-476.

[13] JUNG H-Y, KIM J W. Role of the glass transition temperature of Nafion 117 membrane in the preparation of the membrane electrode assembly in a direct methanol fuel cell (DMFC)[J]. International Journal of Hydrogen Energy, 2012, 37(17): 12580-12585.

[14] 焦魁，王博文，杜青，等. 质子交换膜燃料电池水热管理 [M]. 北京：科学出版社，2020.

[15] 周百慧，张国强，华周发，等. 车用燃料电池的集成式空气系统和车用燃料电池：CN212625676U[P]. 2020-04-13.

[16] KIM B J, KIM M S. Studies on the cathode humidification by exhaust gas recirculation for PEM fuel cell[J]. International Journal of Hydrogen Energy, 2012, 37(5): 4290-4299.

[17] XU L, FANG C, HU J, et al. Self-humidification of a polymer electrolyte membrane fuel cell system with cathodic exhaust gas recirculation[J]. Journal of Electrochemical Energy Conversion and Storage, 2018, 15(2): 021003.

[18] WU C W, LIU B, WEI M Y, et al. Mechanical response of a large fuel cell stack to impact: a numerical analysis[J]. Fuel Cells, 2015, 15(2): 344-351.

[19] FAN L, XING L, TU Z, et al. A breakthrough hydrogen and oxygen utilization in a H2-O2 PEMFC stack with dead-ended anode and cathode[J]. Energy Conversion and Management, 2021, 243: 114404.

[20] BAHARLOU HOUREH N, AFSHARI E. Three-dimensional CFD modeling of a planar membrane humidifier for PEM fuel cell systems[J]. International Journal of Hydrogen Energy, 2014, 39(27): 14969-14979.

[21] JIAO K, XUAN J, DU Q, et al. Designing the next generation of proton-exchange membrane fuel cells[J]. Nature, 2021, 595(7867): 361-369.

[22] HUANG Z, JIAN Q. Cooling efficiency optimization on air-cooling PEMFC stack with thin vapor chambers[J]. Applied Thermal Engineering, 2022, 217: 119238.

[23] 李文浩，方虹璋，杜常清，等. 氢燃料电池发动机热管理系统的控制方案研究 [J]. 车用发动机，2022, (1): 58-63.

[24] 郝建强. 氢燃料电池车冷却液去离子罐：CN216528971U[P]. 2021-11-17.

[25] XU L, FANG C, LI J, et al. Nonlinear dynamic mechanism modeling of a polymer electrolyte membrane fuel cell with dead-ended anode considering mass transport and actuator properties[J]. Applied Energy, 2018, 230: 106-121.

[26] O′HAYRE R, CHA S-W, COLELLA W, et al. Fuel cell fundamentals[M]. 3rd ed. Hoboken: John Wiley & Sons, 2016.

[27] PUKRUSHPAN J T. Modeling and control of PEM fuel cell systems and fuel processors[D]. Detroit: The University of Michigan, 2003.

[28] NAM J H, KAVIANY M. Effective diffusivity and water-saturation distribution in single-and

two-layer PEMFC diffusion medium[J]. International Journal of Heat and Mass Transfer, 2003, 46(24): 4595-4611.

[29] HU J, LI J, XU L, et al. Analytical calculation and evaluation of water transport through a proton exchange membrane fuel cell based on a one-dimensional model[J]. Energy, 2016, 111: 869-883.

[30] LI X, HAN K, SONG Y. Dynamic behaviors of PEM fuel cells under load changes[J]. International Journal of Hydrogen Energy, 2020, 45(39): 20312-20320.

[31] AHLUWALIA R K, WANG X. Buildup of nitrogen in direct hydrogen polymer-electrolyte fuel cell stacks[J]. Journal of Power Sources, 2007, 171(1): 63-71.

[32] 陶文铨 . 传热学 [M]. 第 5 版 . 北京 : 高等教育出版社 , 2019.

[33] YANG Z, DU Q, JIA Z, et al. A comprehensive proton exchange membrane fuel cell system model integrating various auxiliary subsystems[J]. Applied Energy, 2019, 256: 113959.

[34] GNIELINSKI V. New equations for heat and mass transfer in the turbulent flow in pipes and channels[J]. NASA STI/recon technical report A, 1975, 41(1): 8-16.

[35] 展茂胜 . 质子交换膜燃料电池热管理系统的优化与控制 [D]. 济南 : 山东大学 , 2020.

[36] 裴冯来 , 侯明涛 , 贺继龙 , 等 . 质子交换膜燃料电池空压机建模 [J]. 储能科学与技术 , 2019, 8(6): 1247-1252.

[37] PUKRUSHPAN J T, PENG H, STEFANOPOULOU A G. Control-oriented modeling and analysis for automotive fuel cell systems[J]. Journal of Dynamic Systems, Measurement, and Control, 2004, 126(1): 14-25.

[38] ZHAO D, ZHENG Q, GAO F, et al. Disturbance decoupling control of an ultra-high speed centrifugal compressor for the air management of fuel cell systems[J]. International Journal of Hydrogen Energy, 2014, 39(4): 1788-1798.

[39] XING L, FENG J, CHEN W, et al. Development and Testing of a Roots Pump for Hydrogen Recirculation in Fuel Cell System[J]. Applied Sciences, 2020, 10(22): 8091.

[40] 李勇 , 孔庆军 , 黄艳 . 一种燃料电池供氢回氢多组引射器装置及其燃料电池系统 : CN216958116U[P]. 2022-01-27.

[41] 方川 , 丁铁新 , 李飞强 , 等 . 一种具有多模式喷头的引射器、燃料电池系统及控制方法 : CN114396396A[P]. 2022-03-25.

[42] 周苏 , 胡哲 , 王凯凯 , 等 . 质子交换膜燃料电池系统引射器的氢气循环特性 [J]. 同济大学学报 (自然科学版), 2018, 46(8): 1115-1121, 1130.

[43] 韩济泉 , 孔祥程 , 冯健美 , 等 . 大功率燃料电池汽车氢循环系统性能分析 [J]. 汽车工程 , 2022, 44(1): 1-7, 35.

[44] HE J, CHOE S-Y, HONG C-O. Analysis and control of a hybrid fuel delivery system for a polymer electrolyte membrane fuel cell[J]. Journal of Power Sources, 2008, 185(2): 973-984.

[45] DURMUS G N B, COLPAN C O, DEVRIM Y. A review on the development of the electrochemical hydrogen compressors[J]. Journal of Power Sources, 2021, 494: 229743.

[46] TOGHYANI S, BANIASADI E, AFSHARI E. Performance analysis and comparative study of an anodic recirculation system based on electrochemical pump in proton exchange membrane fuel cell[J]. International Journal of Hydrogen Energy, 2018, 43(42): 19691-19703.

[47] TOGHYANI S, AFSHARI E, BANIASADI E. A parametric comparison of three fuel recirculation system in the closed loop fuel supply system of PEM fuel cell[J]. International Journal of Hydrogen Energy, 2019, 44(14): 7518-7530.

[48] ZHU Y, CAI W, WEN C, et al. Shock circle model for ejector performance evaluation[J]. Energy Conversion and Management, 2007, 48(9): 2533-2541.

[49] HUANG B J, CHANG J M, WANG C P, et al. A 1-D analysis of ejector performance[J]. International Journal of Refrigeration, 1999, 22(5): 354-364.

[50] CHEN D, PENG H. A thermodynamic model of membrane humidifiers for PEM fuel cell humidification control[J]. Journal of Dynamic Systems, Measurement, and Control, 2005, 127(3): 424-432.

[51] WANG C C, FU W L, CHANG C T. Heat transfer and friction characteristics of typical wavy fin-and-tube heat exchangers[J]. Experimental Thermal and Fluid Science, 1997, 14(2): 174-186.

[52] NOIE S H. Investigation of thermal performance of an air-to-air thermosyphon heat exchanger using ε-NTU method[J]. Applied Thermal Engineering, 2006, 26(5-6): 559-567.

[53] 刘纪福 . 翅片管换热器的原理与设计 [M]. 哈尔滨 : 哈尔滨工业大学出版社 , 2013.

[54] CHANG Y J, WANG C C. A generalized heat transfer correlation for Iouver fin geometry[J]. International Journal of Heat and Mass Transfer, 1997, 40(3): 533-544.

[55] HU P, CAO G Y, ZHU X J, et al. Coolant circuit modeling and temperature fuzzy control of proton exchange membrane fuel cells[J]. International Journal of Hydrogen Energy, 2010, 35(17): 9110-9123.

[56] HU P, CAO G Y, ZHU X J, et al. Coolant circuit modeling and temperature fuzzy control of proton exchange membrane fuel cells[J]. International Journal of Hydrogen Energy, 2010, 35(17): 9110-9123.

[57] HU B B, QU Z G, TAO W Q. A comprehensive system-level model for performance evaluation of proton exchange membrane fuel cell system with dead-ended anode mode[J]. Applied Energy, 2023, 347: 121327.

电堆性能衰减机制及其数值仿真

耐久性和寿命一直是影响质子交换膜燃料电池商业化推广的重要因素，美国能源部设定用于轻型车辆的燃料电池寿命目标为8000h，我国着重发展的重型车辆对燃料电池的寿命提出了更高的要求，需要在2030年将寿命提升到30000h。目前这一目标的实现仍然非常具有挑战性，主要是因为复杂的运行条件和工作状态会加速燃料电池各部件的老化，造成不可逆的性能衰减。其中开路/怠速、变负载和频繁启停是电池运行过程中最常见但会对性能衰减产生显著影响的三种工况，本章针对这三种工况对燃料电池各部件衰退的影响进行了全面的讲述，并构建了各部件衰退的数学模型。

7.1 燃料电池性能衰减机制概述

7.1.1 开路/怠速工况下的性能衰减

在怠速工况下虽然燃料电池系统不向外输出功率，但为了维持燃料电池系统内其他部件的正常运转，燃料电池仍处于运行状态。此时燃料电池的工作电流密度极低（一般小于10mA/cm^2），电池的输出电压接近于开路电压（Open Circuit Voltage，OCV），因此怠速工况也被称为开路工况。

在开路/怠速工况下，质子交换膜会发生严重的化学降解。一方面在开路/怠速工况下燃料电池内几乎不发生电化学反应，这使得阴、阳极的氧气和氢气几乎没有消耗从而保持较高的压力，同时电池内部不产生水导致质子交换膜比较干燥，使其对阴阳极气体的分离效果减弱，气体交叉渗透加剧。渗透到阳极的氧气在低电位下被还原成过氧化氢（阴极电位一般高于其平衡电位，不利于过氧化氢的生成），随后与金属离子（如Fe^{2+}、Cu^{2+}、Co^{2+}等）发生Fenton反应被分解成自由基（以HO•为主，还包括HOO•、H•等），其化学反应式为

$$O_2 + 2H^+ + 2e^- \longrightarrow H_2O_2,\ E_0 = 0.695V \tag{7-1}$$

$$Fe^{2+} + H_2O_2 + H^+ \longrightarrow Fe^{3+} + \bullet OH + H_2O \tag{7-2}$$

图7-1所示为质子交换膜的化学降解过程，Fenton反应产生的自由基会攻击质子交换膜主链和侧链中的脆弱处使其断裂和分解[1-3]。质子交换膜的主链决定其机械性能，侧链决定其导电性能，主链和侧链的化学降解导致质子交换膜变薄

甚至穿孔、表面粗糙度增大、磺酸基团流失，从而使得燃料电池导电性能变差、氢气交叉渗透量增大，造成燃料电池性能衰减甚至失效。

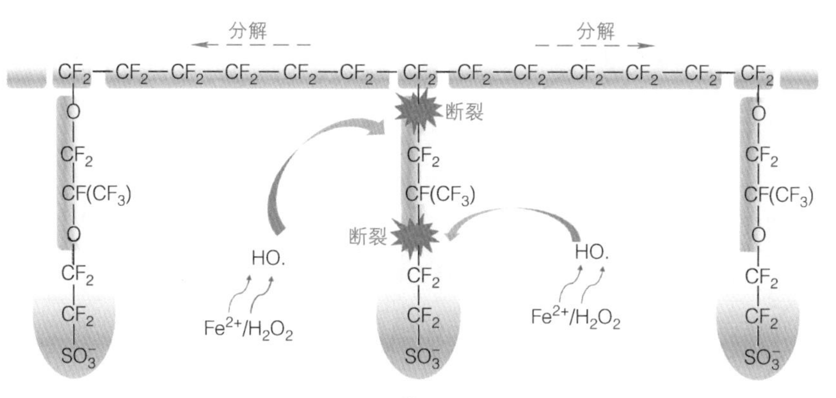

图 7-1　质子交换膜化学降解过程

另一方面，在燃料电池正常运行时金属离子在质子电势梯度的影响下聚集在阴极，而在开路 / 怠速工况下质子电势梯度几乎为零，使得金属离子在浓度梯度的影响下由阴极向阳极迁移，提高了质子交换膜和阳极中金属离子的浓度，促进了 Fenton 反应的发生。Futter[4] 等人的研究结果表明电压从 0.95V 降低到 0.75V 后，质子交换膜内的 Fe^{2+} 浓度降低了 91.3%，相应的质子交换膜化学降解速率降低了 92.5%。

7.1.2　变载工况下的性能衰减

燃料电池的输出功率需要随需求的改变而不断变化，比如车辆行驶过程中的加速与减速、固定式发电站的电力需求变化等。负载的快速变化是对燃料电池耐久度的最大考验，因为快速变载会引起电池电压、供气量、压力、温度、含水量等剧烈波动，造成一系列问题：电压的快速变化导致阴极铂催化剂降解；供气量需求的快速变化容易导致阳极或阴极发生缺气，造成碳腐蚀、局部热点等问题；温度和相对湿度的变化会导致催化层和质子交换膜出现机械老化等。本节主要从这几个方面讲述变载工况引起的燃料电池各部件衰退。

1　铂催化剂的降解

铂催化剂的降解过程主要包括溶解 / 再沉积、沉淀、脱落、团聚、烧结等。脱落和团聚主要和碳腐蚀相关，详细描述请见 7.1.3 节碳腐蚀的影响。烧结主要与氢气和氧气直接发生反应释放大量热量有关，详细描述请见本节中阴极缺气的影响。本节主要介绍图 7-2 所示的溶解 / 再沉积和沉淀导致的铂催化剂降解。

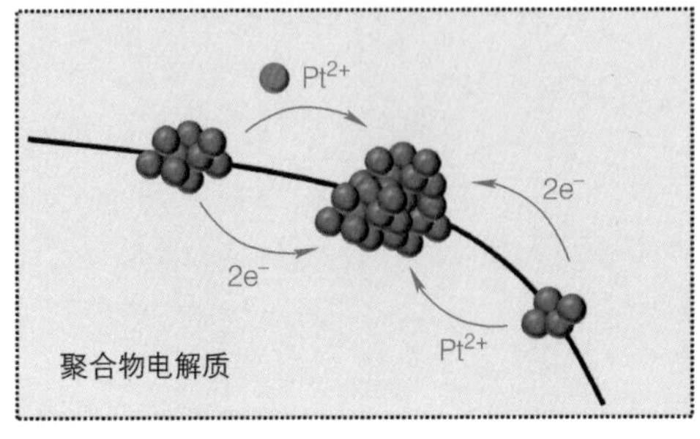

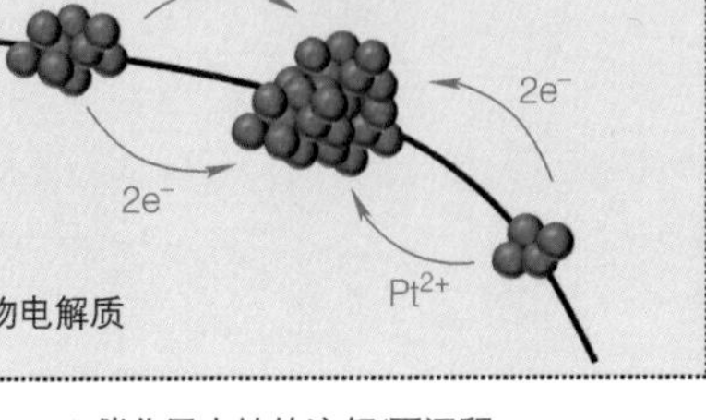

a) 催化层内铂的溶解/再沉积

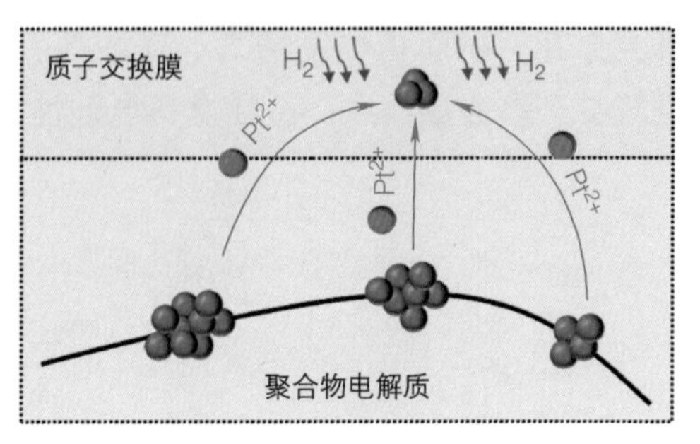

b) 质子交换膜内铂的沉淀

图 7-2　铂催化剂降解示意图

图 7-2a 展示了铂催化剂的溶解 / 再沉积过程。当阴极电位超过铂电化学溶解反应电位时，铂颗粒表面的铂原子被氧化成 Pt^{2+} 并从颗粒表面脱离进入聚合物，这使得聚合物中 Pt^{2+} 浓度逐渐升高，化学反应式如下：

$$Pt - 2e^{-} \longleftrightarrow Pt^{2+}, E_0 = 1.188\text{V} \tag{7-3}$$

铂颗粒表面发生电化学溶解的同时也会发生再沉淀，即 Pt^{2+} 在铂颗粒表面被还原成铂原子，这使得 Pt^{2+} 存在一个平衡浓度。然而催化层内的铂催化剂是由粒径不同的铂颗粒组成的，铂颗粒越小，电化学溶解反应平衡电位越低，相同电位下溶解反应速率越快。对于大粒径铂颗粒来讲，聚合物中的 Pt^{2+} 浓度高于其平衡值，再沉积反应速率大于电化学溶解反应速率，因此粒径逐渐增大。相应的对于小粒径铂颗粒来讲 Pt^{2+} 浓度低于其平衡值，因此电化学溶解反应不断发生使其粒径逐渐变小。随着时间的推移，催化层内铂颗粒的平均粒径逐渐增大，这就是 Ostwald 熟化 [5]。除此之外，从图 7-2b 可以看到，电化学溶解反应形成的 Pt^{2+} 在聚合物内移动时有一部分会进入到质子交换膜中，这部分 Pt^{2+} 与从阳极渗透过的氢气相遇时会被还原成铂原子，从而造成铂催化剂在质子交换膜内的沉淀，其化学反应式为

$$Pt^{2+} + H_2 \longrightarrow Pt + 2H^{+} \tag{7-4}$$

溶解 / 再沉积会降低铂催化剂的比表面积，沉淀会直接造成铂催化剂的流失，这两者都会使得阴极催化层的 ECSA 减小，严重影响燃料电池性能。高电位下铂颗粒在发生电化学溶解反应的同时其表面也会发生氧化反应，颗粒表面的铂原子被氧化成 PtO，保护其不再发生电化学溶解反应，其化学反应式为

$$Pt + H_2O \longleftrightarrow PtO + 2H^{+} + 2e^{-},\quad E_0 = 0.98\text{V} \tag{7-5}$$

PtO 并不是绝对稳定的，铂原子和氧原子会发生图 7-3 所示的位置缓慢置换过程。发生置换反应后暴露在表面的铂会与 H^{+} 发生溶解反应产生 Pt^{2+}，这部分

Pt^{2+} 同样会参与到上述溶解 / 再沉积和沉淀过程，造成铂催化剂的降解。这个过程称之为铂催化剂的化学溶解，其化学反应过程可表示为

$$PtO \longrightarrow O\text{-}Pt，O\text{-}Pt + 2H^+ \longrightarrow Pt^{2+} + H_2O \tag{7-6}$$

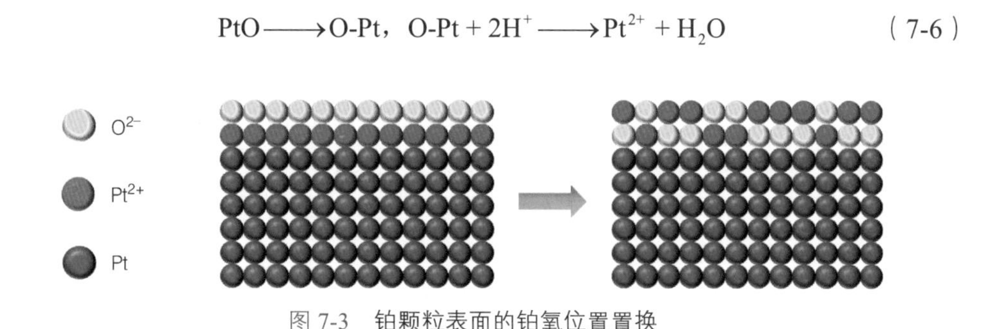

图 7-3　铂颗粒表面的铂氧位置置换

2　阴极和阳极缺气对电池部件的损伤

在变载工况中，气体响应总是滞后于电流 / 电压响应，燃料电池快速加载时阴极或阳极供气无法满足电化学反应就会发生缺气问题[6]。这种问题在大尺寸的燃料电池电堆中格外严重，电池各单片之间、单片内入口与出口之间、流道与脊背之间的供气存在固有差异，快速加载时这种差异会被放大，很容易造成不同程度的缺气问题。

燃料电池的正常工作需要有足够的氢气和氧气参与电化学反应，一旦缺气则会发生各种寄生反应，导致电池部件衰退。在质子交换膜燃料电池中，氧气的传输阻力本身就比较大，如果双极板的设计或电堆歧管的气体分配不合理，则在快速加载过程中很容易出现阴极缺气问题。图 7-4 所示为阴极缺气的影响，当阴极缺气而外部负载强制燃料电池输出电流时，阳极产生的 H^+ 和 e^- 并不能完全参与到阴极氧气的还原反应中，这种情况下多余的 H^+ 和 e^- 会在阴极反应生成氢气，相当于阳极的氢气转移到了阴极，即“氢泵效应”。转移到阴极的氢气会直接与氧气发生化学反应，该反应会释放大量热量并形成局部热点，加速质子交换膜的热老化，同时也会造成阴极催化剂的烧结。例如，Taniguchi 等人[7]观察到仅仅两个小时的阴极缺气便导致阴极催化层的 ECSA 下降了 46%。

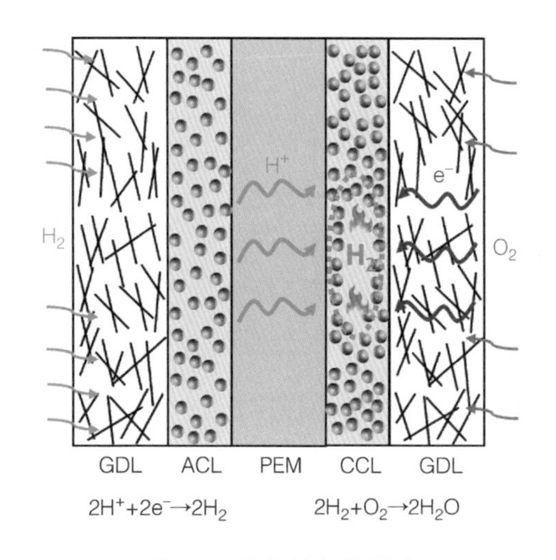

图 7-4　阴极缺气的影响

虽然燃料电池内氢气的传输阻力比氧气低很多，但出于降低燃料电池系统的寄生功耗、提高氢气利用率等方面的考虑，供氢时氢气的化学计量比一般都比较低，这使得阳极也很容易出现缺气现象。阳极缺气需要分局部缺气和全局缺气两种情况，图 7-5 所示为阳极局部缺气和全局缺气的影响。当阳极出现局部缺气，缺气区域氢气的压力会降低，这加剧了阴极氧气的交叉渗透，从而在阳极缺气区域形成氢空界面。氢空界面一旦形成，与之位置相对应的阴极催化层区域就容易出现严重碳腐蚀，详细机理请见 7.1.3 节。当阳极缺气量比较严重，尤其是阳极的化学计量比低于 1 时，就会出现阳极全局缺气。一旦全局缺气发生，理论上燃料电池将不能产生足够的电流，此时如果外部负载强制电池向外输出电流，阳极催化层就会发生严重的碳腐蚀从而提供阴极氧气还原反应需要的 H^+ 和 e^-，这将导致阳极的电势急剧升高，燃料电池出现反极现象。

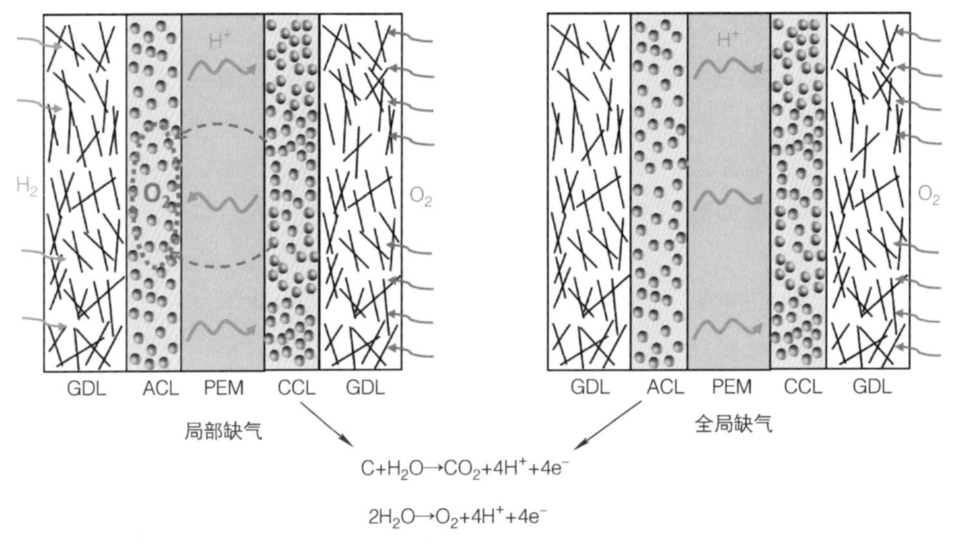

图 7-5　阳极局部缺气和全局缺气的影响

除快速变载外，“水淹”也是造成燃料电池缺气的常见原因，尤其是在电池高电流密度工作时很容易发生。为了提高燃料电池的比功率密度，简化加湿系统，燃料电池的额定工作电流密度在不断升高。在高电流密度下阴极的水生成速率加快，容易造成阴极水淹从而导致阴极缺气，同时阴极出口处积聚的水会反向扩散到阳极，容易造成阳极水淹问题从而导致阳极缺气。

3 燃料电池的机械损伤

催化层和质子交换膜的机械损伤主要源自于变载工况下聚合物含水量的反复变化。在高负载工况下电化学反应产生大量的水，催化层内的聚合物和质子交换膜含水量增加，体积发生膨胀，而在低负载工况下含水量降低，体积发生收缩。

燃料电池的反复变载使催化层和质子交换膜不断地收缩膨胀，产生的残余应力和应变会导致多个方面的机械损伤。

图 7-6 所示为催化层可能发生的机械损伤。首先聚合物的反复收缩膨胀会直接导致图 7-6a 展示的催化层开裂。催化层的开裂会严重阻碍气体的传输和质子电子的传导，同时造成液态水的积聚，降低电池的输出性能。其次催化层和质子交换膜会出现图 7-6b 展示的分层问题。虽然催化层内的聚合物和质子交换膜都会发生收缩膨胀，但两者的物理性质并不相同，这导致两者内部的残余应力和应变有差异，多次循环后两者会发生分层。分层会阻碍电子（催化层和扩散层之间）和质子（催化层和质子交换膜之间）的传输，导致接触电阻明显增大，影响电池的输出性能。同时分层后会导致局部区域的电流密度过高，产生更多的水和热量，造成局部区域的衰退。最后不断地收缩膨胀还会导致图 7-6c 展示的催化层内聚合物重新分布。一方面，部分铂颗粒会失去聚合物的覆盖，没有质子传导介质的这部分铂催化剂的表面无法发生电化学反应，降低了催化剂的 ECSA。另一方面，部分铂颗粒表面的聚合物厚度明显增大，这阻碍了反应物到达铂催化剂表面，增大了传质阻力。

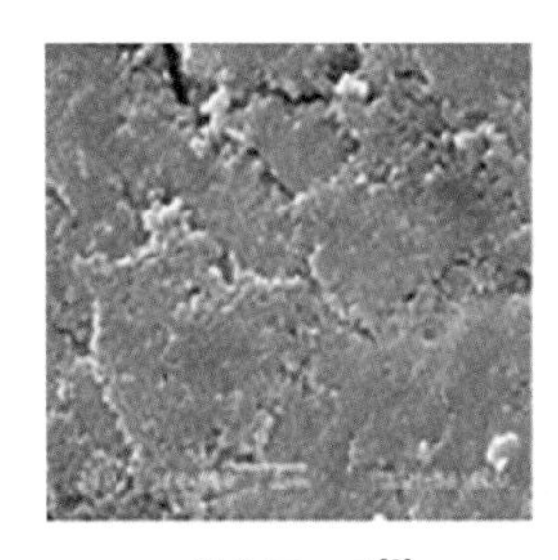

a) 催化层开裂[8]

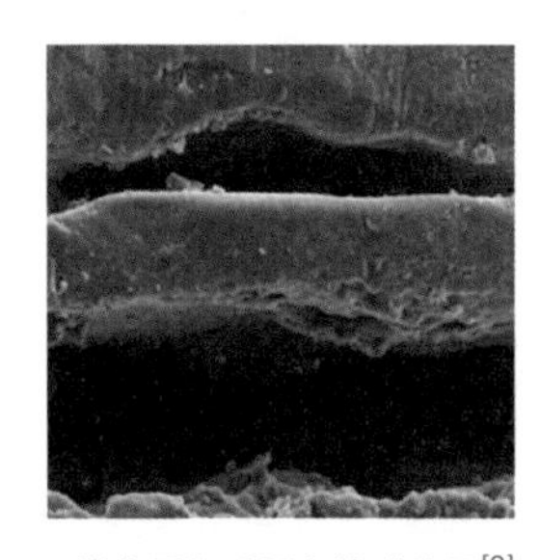

b) 催化层与质子交换膜分层[9]

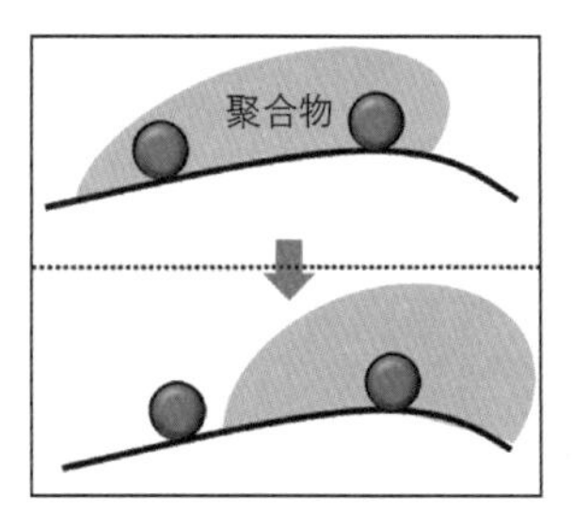

c) 催化层内聚合物再分布

图 7-6 催化层可能发生的机械损伤

变载工况对质子交换膜的机械损伤主要是使其开裂、变薄甚至穿孔，损伤之后的质子交换膜内质子的传导能力和气体隔离能力明显下降，造成电池性能的大幅衰减乃至失效。Liu 等人 [10] 测量发现经历过 600h 的变负载循环后质子交换膜的渗氢电流从 $2mA/cm^2$ 增长到了 $17mA/cm^2$，超过了 DOE 规定的失效阈值（$15mA/cm^2$）。

7.1.3 启动 / 停机工况下的性能衰减

燃料电池在其寿命周期内要频繁地启动和停机，启动 / 停机工况造成燃料电池性能衰减的主要原因是氢空界面的形成。氢空界面形成后会大幅提高阴极的电位从而造成阴极催化层的碳腐蚀。本节主要讲述氢空界面的形成原因、形成后引发的碳腐蚀机理、严重碳腐蚀以及冷启动这一特殊启动工况导致的电池性能衰减。

1 氢空界面的形成及其引发的碳腐蚀

随着燃料电池的不断发展，近年来铂载量已降至约 0.3mg/cm^2，这主要归因于负载型铂催化剂的使用。在负载型铂催化剂中，极小的铂颗粒均匀地分散在碳载体上，从而大大增加了催化剂的活性比表面积。然而碳载体在热力学上并不稳定，理论上当电极电势超过 0.207V 就会发生腐蚀反应：

$$C + 2H_2O \longrightarrow CO_2 + 4H^+ + 4e^-, \quad E_0 = 0.207V \tag{7-7}$$

电极电势进一步提高后碳载体还会被氧化成 CO，而 CO 会导致 Pt 催化剂中毒：

$$C + H_2O \longrightarrow CO + 2H^+ + 2e^-, \quad E_0 = 0.518V \tag{7-8}$$

在燃料电池的工作温度范围内，碳腐蚀的动力学反应速率非常缓慢。目前普遍认为在燃料电池正常运行电压范围内碳腐蚀效应不明显，只有电极电势超过 1.2V 才会引发比较严重的碳腐蚀反应[11，12]。然而在燃料电池的运行过程中存在一种特殊情况，一旦阳极出现氢空界面，对应的阴极区域会出现非常高的过电势，从而使碳载体发生严重的腐蚀反应。

在 7.1.2 节已经讲过当阳极局部缺气时阴极的氧气会渗透到阳极形成氢空界面，本节讲述氢空界面形成的另一种情况。停机时，氢气的压力逐渐降低，这使得氧气容易通过交叉渗透进入阳极形成氢空界面。此外由于阳极的氢气并没有被完全耗尽，吹扫时空气进入阳极也会形成氢空界面。启动时，由于电堆的密封技术并不能将电堆与外界环境完全隔离，启动前电堆的阳极往往被空气充满，启动时氢气进入阳极与空气相遇后也会形成氢空界面。

图 7-7 所示为氢空界面形成后燃料电池内部的电位分布。氢空界面一旦形成，燃料电池就会被分隔成两个区域，区域 A 的阳极被氢气充满，燃料电池发生正常的电化学反应，阳极接地，电子导体电位为 0V，阴极电子导体电位假设为 0.85V。由于扩散层和双极板具有非常好的导电性，电极平面方向的电子电位几乎相同，即区域 B 阳极和阴极的电子电位与区域 A 相同，分别为 0V 和 0.85V。但区域 B 的阳极此时被空气充满，无法发生正常的氢气氧化反应，取而代之的是氧气的还原反应。而此时区域 B 的阳极电子电位为零，ORR 反应的发生让区域 B 的聚合物电位骤降至 −0.593V。如果忽略质子传输产生的压降，此时区域 B 的过电位提升至了 1.443V，大幅提高了阴极的碳腐蚀反应速率。从图中还可以看出，此时的区域 B 的质子是由阴极向阳极传导，方向与区域 A 相反，即产生了反向电流。实际上此时的燃料电池可以看成是燃料电池和电解池的连接，区域 A 为电源，区域 B 为电解池。

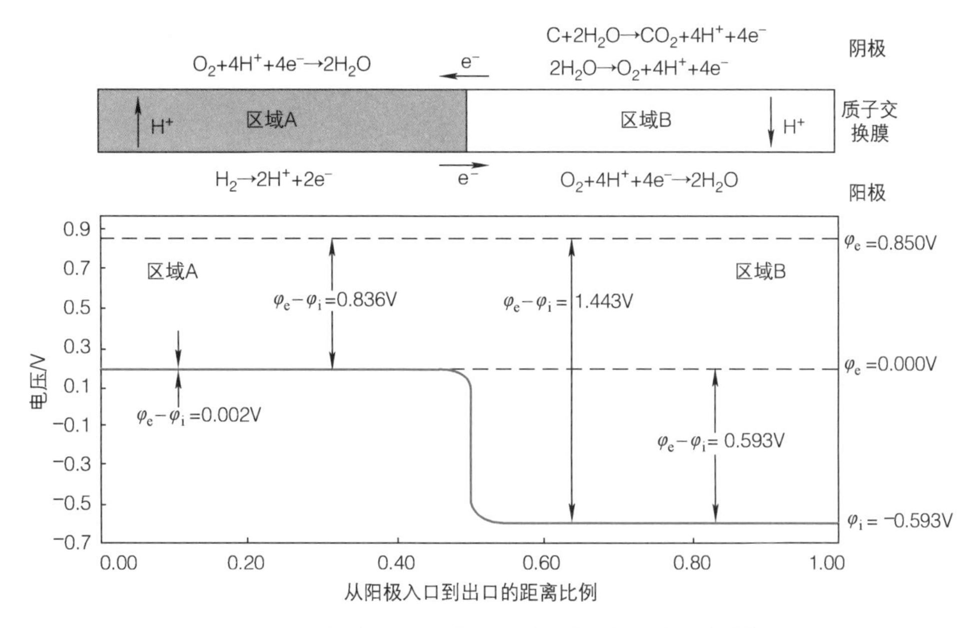

图 7-7　氢空界面形成后燃料电池内部电位分布 [13]

碳腐蚀主要发生在氢空界面形成后氧气侧对应的阴极区域，这使得碳腐蚀现象具有明显的不均匀性。停机过程中空气向阳极的扩散和启动时氢气的流入使氢空界面的氧气侧主要集中于阳极出口区域，停机的吹扫阶段使氢空界面的氧气侧主要集中于阳极的入口区域。因此碳腐蚀最严重的区域应该是阳极出口对应的阴极区域，其次是阳极入口区域，最后是阳极中心区域。

2　碳腐蚀对电池性能的影响

对于碳载铂催化剂，碳腐蚀会直接造成铂催化剂降解。图 7-8 所示为铂催化剂脱落和团聚的过程，可以看到碳载体发生腐蚀后，一部分铂颗粒会团聚在附近的铂颗粒上，造成铂颗粒尺寸的增长。另一部分铂颗粒会直接脱落排出燃料电池，造成铂催化剂的流失。

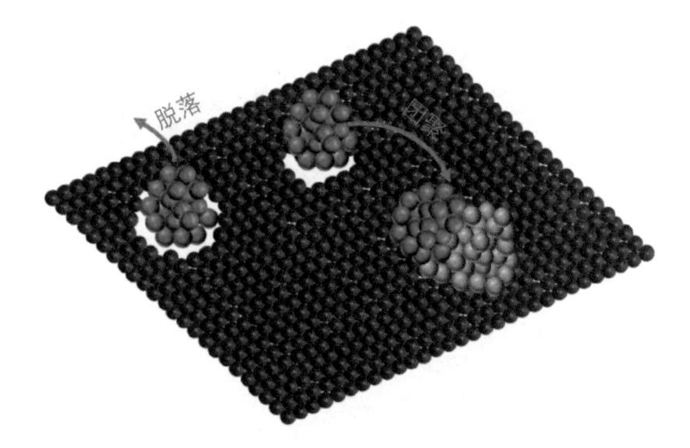

图 7-8　铂催化剂的脱落和团聚

碳腐蚀还会使欧姆电阻增大。一方面碳载体作为电子传导的主要途径，腐蚀后会增大电子传导阻力。另一方面碳腐蚀发生后覆盖在其表面的聚合物会重新分布，改变了质子传导的路径，从而增大了质子传导阻力。最后碳腐蚀还会导致催化层孔隙尺度传质阻力的大幅增加：首先碳腐蚀会导致催化层内聚合物重新分布，造成部分铂颗粒裸露，另一部分铂颗粒表面的聚合物厚度增加，提高了氧气的传质阻力；其次 CO_2 不是碳腐蚀反应的唯一产物，碳载体表面的氧化会形成一些含氧基团，这些基团会降低催化层的疏水性，造成液态水的聚集，增大附着水膜的厚度，从而增大传质阻力；最后，碳载体作为催化层的骨架，过度腐蚀后会导致催化层结构崩塌，降低孔隙率，从而阻碍氧气的传输。

3 冷启动对电池性能的影响

作为一种特殊的燃料电池启动方式，冷启动除了会造成与常规启动 / 停机工况相同的电池衰减外，还会因为电池内部水的结冰产生额外的性能损伤。一方面，液态水结冰后会堵塞气体传质路径，造成缺气从而导致电池性能衰减。Xie 等人 [14] 在冷启动的过程中观测到了反极现象，加热后电压恢复正常，这说明阳极出现了大规模的缺气。另一方面，液态水结冰时体积会膨胀，产生的局部应力会导致电池各部件出现机械损伤，主要包括图 7-9 所示的催化层与扩散层之间的分层、催化层与质子交换膜之间的分层、裂纹的形成和扩展、扩散层内疏水 PTFE 与碳纤维分离等。分层导致电池内接触电阻急剧增加；PTFE 与碳纤维的分离会降低扩散层的疏水性，增大了发生水淹的概率；在冻胀应力的作用下催化层会发生开裂，并且由于液态水易在缝隙内聚集并结冰，催化层的裂纹会快速扩展，严重阻碍了氧气的传输以及电子和质子的传导。

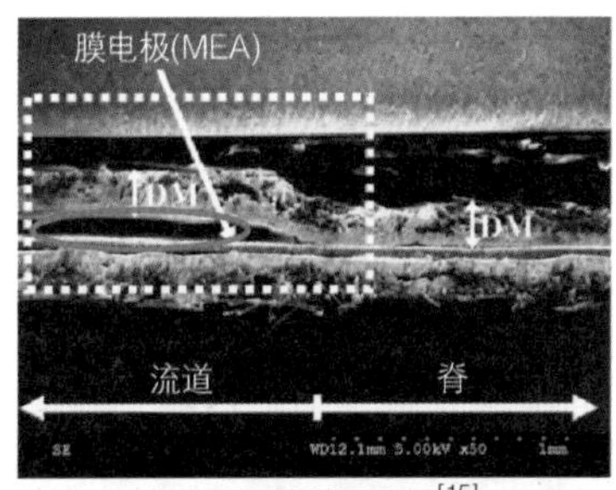

a) 催化层和扩散层分层[15]

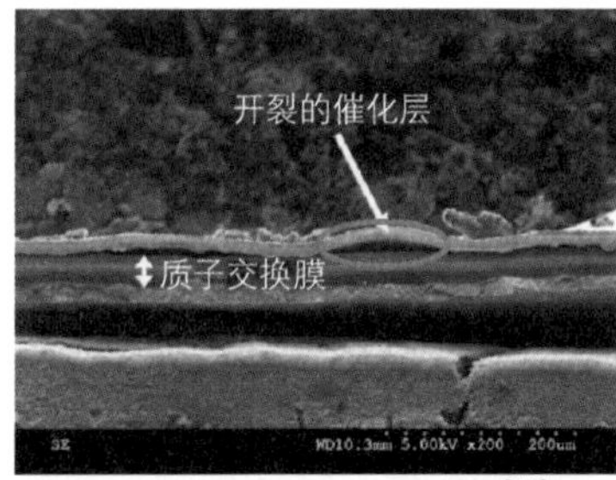

b) 催化层和质子交换膜分层[15]

c) 催化层开裂[15]

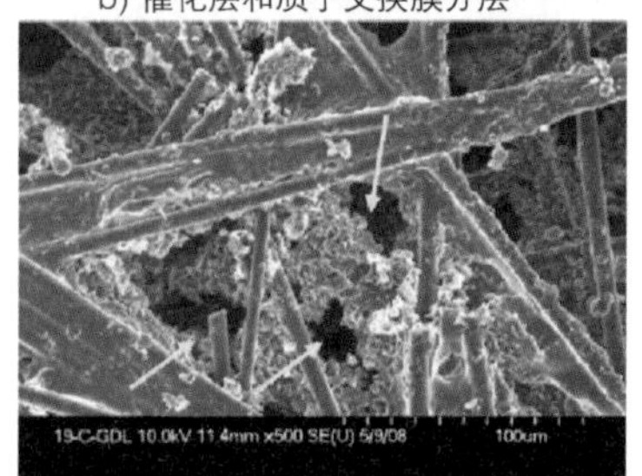
d) 扩散层内疏水PTFE与碳纤维分离[16]

图 7-9 冷启动导致的机械损伤

7.2　质子交换膜的化学降解模型

质子交换膜的化学降解主要源自于自由基的攻击，目前广泛认同的理论是自由基主要来源于过氧化氢的分解。因此本节以最常见的全氟磺酸膜为例，从自由基对质子交换膜的攻击、过氧化氢的生成与分解以及各组分的传输过程三个方面构建质子交换膜的化学降解模型。

7.2.1　自由基对质子交换膜的攻击

本节主要讲述自由基导致质子交换膜化学降解的机理、化学降解速率计算方法以及化学降解后膜的厚度变化，全氟磺酸膜化学降解过程如图 7-10 所示。图 7-10a 展示了一个完整的全氟磺酸膜化学结构单元，其主要由疏水的主链和带有磺酸基的侧链组成。考虑到目前生产的全氟磺酸膜已经很少包含易受自由基攻击的羧酸端基，而侧链中包含的 αO 和 βO 很容易受到自由基的攻击而断裂，因此可以认为膜的化学降解起源于侧链的断裂。

首先以 HO• 为主的自由基会攻击侧链的 α-OCF_2，造成磺酸基团的脱落并生成图 7-10b 展示的 $R_f\alpha O\bullet$，这一过程称为侧链的断裂，其对应的化学反应式和反应速率可表示为

$$R_f\alpha OCF_2CF_2SO_3 + HO\bullet \longrightarrow R_f\alpha O\bullet + OHCF_2CF_2SO_3 \tag{7-9}$$

$$r_{scs} = k_{scs}C_{R_fSO_3}C_{HO\bullet} \tag{7-10}$$

随后被激活的 $R_f\alpha O\bullet$ 在三个 HO• 的攻击下发生分解，一直持续到与主链的结合处，生成图 7-10c 展示的 $R_f\beta O\bullet$，这一过程称为侧链的分解，具体表示式为

$$R_f\beta OCF_2CF(CF_3)\alpha O\bullet + 3HO\bullet \longrightarrow R_f\beta O\bullet + CF_3\bullet + 3HF + 2CO_2 \tag{7-11}$$

$$r_{scu} = k_{scu}C_{R_f\alpha O\bullet}C_{HO\bullet} \tag{7-12}$$

$R_f\beta O\bullet$ 被攻击后会导致主链的断裂，并在端部形成图 7-10d 展示的羧酸基团，表达式为

$$R_f\beta O\bullet + HO\bullet + 2H_2O \longrightarrow 2(CF_2)_{2m}COOH + 3HF \tag{7-13}$$

$$r_{mcs} = k_{mcs}C_{R_f\beta O\bullet}C_{HO\bullet} \tag{7-14}$$

最后，从图 7-10e 可以看出带有羧酸基团的主链在自由基的攻击下每次断裂一个 CF_2，从而不断分解变短，其表达式如下：

$$(CF_2)_{2m}COOH + 2HO\bullet \longrightarrow (CF_2)_{2m-1}COOH + 2HF + CO_2 \tag{7-15}$$

$$r_{mcu} = k_{mcu} C_{-COOH} C_{HO\bullet} \tag{7-16}$$

式中，r_{scs}、r_{scu}、r_{mcs} 和 r_{mcu} 分别是侧链断裂、侧链分解、主链断裂和主链分解的反应速率 $[mol/(m^3 \cdot s)]$；k_{scs}、k_{scu}、k_{mcs} 和 k_{mcu} 是各反应步的反应速率常数 $[m^3/(mol \cdot s)]$；$C_{HO\bullet}$、$C_{R_fSO_3}$、$C_{R_f\alpha O\bullet}$、$C_{R_f\beta O\bullet}$ 和 C_{-COOH} 分别是羟基自由基、磺酸基团、αO• 基团、βO• 基团和羧酸基团的摩尔浓度（mol/m^3）。

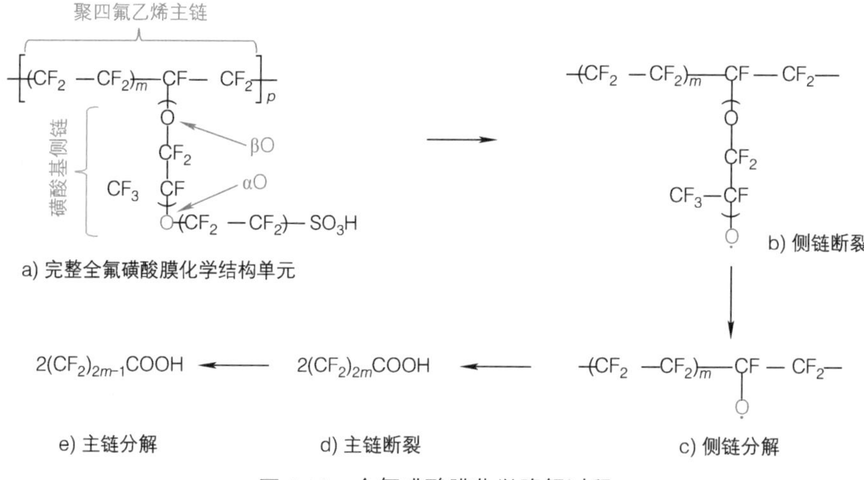

图 7-10　全氟磺酸膜化学降解过程

除了上述主要降解过程，膜的化学降解过程中还存在两种特殊情况，产生一些短链碎片从而造成额外的质量损失。一方面，$R_f\beta O\bullet$ 被攻击时会导致主链断裂，如图 7-11 所示，当被攻击的 $R_f\beta O\bullet$ 靠近主链端部时，断裂形成的主链碎片比较小，这些细小的碎片会从膜中脱离。

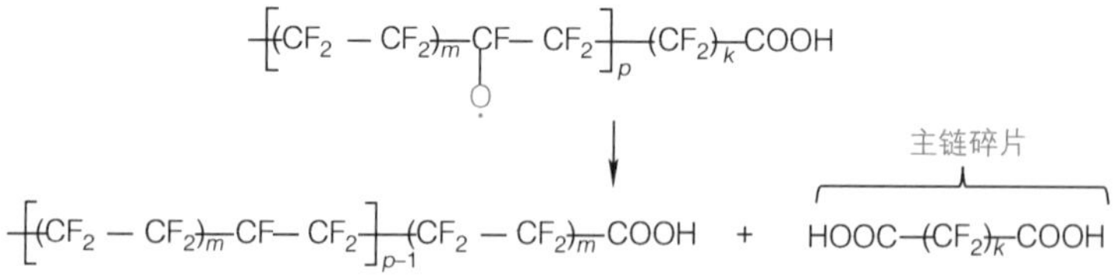

$$\left[(CF_2-CF_2)_m-CF-CF_2\right]_p(CF_2)_k COOH$$

$$\downarrow$$

$$\left[(CF_2-CF_2)_m-CF-CF_2\right]_{p-1}(CF_2-CF_2)_m COOH \;+\; \underbrace{HOOC-(CF_2)_k-COOH}_{\text{主链碎片}}$$

图 7-11　主链碎片产生过程

主链断裂的位置是随机的，因此主链碎片的产生速率（r_{mc}）需要考虑断裂位置处于主链端部的概率，其表达式为

$$r_{\mathrm{mc}}=\frac{C_{-\mathrm{COOH}}}{C_{(\mathrm{CF_2})_{2m+2}}}r_{\mathrm{mcs}} \tag{7-17}$$

式中，$C_{(\mathrm{CF_2})_{2m+2}}$ 是未发生分解的完整主链结构单元的摩尔浓度（$\mathrm{mol/m^3}$）。

另一方面，从图 7-12 可以看出，主链的不断分解有可能导致侧链整体流失，侧链包括 $\mathrm{R_fSO_3}$、$\mathrm{R_f\beta O\bullet}$、$\mathrm{R_f\alpha O\bullet}$。

$$\left(\mathrm{CF_2}-\mathrm{CF_2}\right)_m\underset{\mathrm{R_fSO_3/R_f\alpha O/R_f\beta O}}{\mathrm{CF}}-\mathrm{COOH}\longrightarrow\left(\mathrm{CF_2}-\mathrm{CF_2}\right)_m\mathrm{COOH}+\underbrace{\mathrm{R_fSO_3/R_f\alpha O/R_f\beta O}}_{\text{侧链碎片}}$$

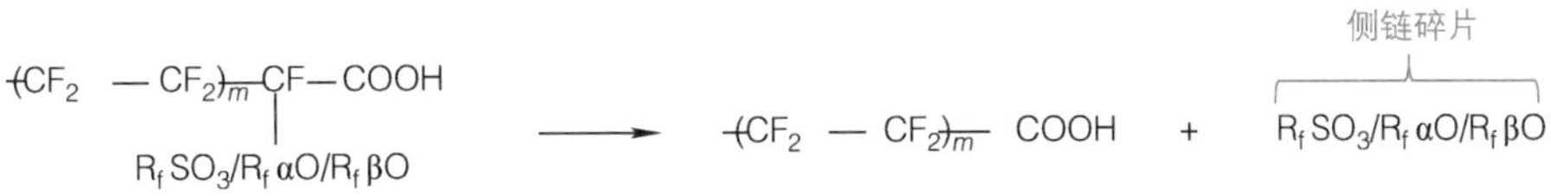

图 7-12　侧链碎片的产生过程

严格来讲主链的分解是一个多步反应，为方便计算此处将其简化为一步反应，根据平均片段长度进行修正，则 $\mathrm{R_fSO_3}$、$\mathrm{R_f\beta O\bullet}$、$\mathrm{R_f\alpha O\bullet}$ 三种侧链的分解速率分别为

$$r_{\mathrm{sc,R_fSO_3}}=\frac{C_{\mathrm{R_fSO_3}}}{C_{\mathrm{R_fSO_3}}+C_{\mathrm{R_f\beta O\bullet}}+C_{\mathrm{R_f\alpha O\bullet}}}\frac{r_{\mathrm{mcu}}}{k} \tag{7-18}$$

$$r_{\mathrm{sc,R_f\beta O\bullet}}=\frac{C_{\mathrm{R_f\beta O\bullet}}}{C_{\mathrm{R_fSO_3}}+C_{\mathrm{R_f\beta O\bullet}}+C_{\mathrm{R_f\alpha O\bullet}}}\frac{r_{\mathrm{mcu}}}{k} \tag{7-19}$$

$$r_{\mathrm{sc,R_f\alpha O\bullet}}=\frac{C_{\mathrm{R_f\alpha O\bullet}}}{C_{\mathrm{R_fSO_3}}+C_{\mathrm{R_f\beta O\bullet}}+C_{\mathrm{R_f\alpha O\bullet}}}\frac{r_{\mathrm{mcu}}}{k} \tag{7-20}$$

式中，k 是与羧基相连的 $\mathrm{CF_2}$ 片段的平均长度，即每个片段上 $\mathrm{CF_2}$ 的个数：

$$k=\frac{C_{\mathrm{CF_2}}}{C_{-\mathrm{COOH}}} \tag{7-21}$$

式中，$C_{\mathrm{CF_2}}$ 是即将发生分解的 $\mathrm{CF_2}$ 片段的摩尔浓度（$\mathrm{mol/m^3}$）。

质子交换膜侧链的降解造成磺酸基团的流失，导致膜的导电性能下降，而主链的降解造成质量流失，使膜的厚度逐渐变薄，化学降解过程中膜的厚度可表示为

$$\delta_{\mathrm{PEM}}=\frac{\rho_{\mathrm{PEM}}}{\rho_{\mathrm{PEM,0}}}\delta_{\mathrm{PEM,0}} \tag{7-22}$$

式中，ρ_{PEM} 是干态膜密度（$\mathrm{g/m^3}$），表达式为

$$\rho_{\text{PEM}} = \sum C_i M_i \tag{7-23}$$

式中，C_i 是各类聚合物片段的摩尔浓度（mol/m³），包括 R_fSO_3、$R_f\alpha O\bullet$、$R_f\beta O\bullet$、$(CF_2)_{2m+2}$、$(CF_2)_kCOOH$；M_i 是其对应的摩尔质量（g/mol），以 $m=6.5$ 为例，数值分别为 362、182、16、750、$50k+45$。

7.2.2 过氧化氢的生成与分解

导致质子交换膜化学降解的自由基来源于过氧化氢的分解，而过氧化氢来源于氧气的二电子还原反应，因此本节主要讲述过氧化氢的生成与分解机理，以及化学反应速率计算方法。

过氧化氢的生成反应式如下：

$$O_2 + 2H^+ + 2e^- \longrightarrow H_2O_2, \quad E_0 = 0.695\text{V} \tag{7-24}$$

化学反应速率可以用修正的 B-V 方程计算，表达式为

$$r_{\text{ORR},2e^-} = a_{\text{pt}} j_{\text{ORR},2e^-,0} \frac{C_{O_2}}{C_{O_2}^{\text{ref}}} \chi_{\text{ORR},2e^-} \exp\left(-\frac{F\eta_{\text{ORR},2e^-}}{RT}\right) / 2F \tag{7-25}$$

式中，a_{pt} 是催化剂比表面积（1/m）；$j_{\text{ORR},2e^-,0}$ 是单位催化剂表面积上的氧气二电子还原反应的参考交换电流密度（A/m²）；C_{O_2} 是氧气的摩尔浓度（mol/m³）；$\chi_{\text{ORR},2e^-}$ 是氧气发生二电子还原反应的概率，可表示为膜态水含量 λ 和膜当量质量 EW 的函数：

$$\chi_{\text{ORR},2e^-} = \left[\frac{1980 + 32.4\lambda}{1.1674(1 + 0.0648\lambda)\text{EW}}\right]^2 \tag{7-26}$$

反应生成的过氧化氢与金属离子发生 Fenton 反应生成各种自由基，以 Fe^{2+} 为例，Fenton 反应及其副反应见表 7-1，经过 Arrhenius 方程修正后其反应速率可统一表示为

$$r_i = k_{i,\text{ref}} \exp\left[\frac{Ea_i}{R}\left(\frac{1}{T_{\text{ref}}} - \frac{1}{T}\right)\right] \prod_j (C_j)^{n_{i,j}} \tag{7-27}$$

式中，$k_{i,\text{ref}}$ 是参考温度（298.15K）下反应 i 的反应速率常数 [m³/(mol · s)]；Ea_i 是化学反应 i 的活化能（J/mol）；C_j 是反应物 j 的摩尔浓度（mol/m³）；$n_{i,j}$ 是反应物 j 在反应 i 中的化学计量比。

表 7-1　Fenton 反应及其副反应

反应速率 /[mol/(m³·s)]	化学反应	$k_{i,\mathrm{ref}}$ /[m³/(mol·s)]	Ea_i / (J/mol)
$r_{\mathrm{Fe},1}$	$Fe^{2+}+H_2O_2+H^+\longrightarrow Fe^{3+}+HO\bullet+H_2O_2$	6.3×10^{-2}	3.54×10^4
$r_{\mathrm{Fe},2}$	$Fe^{2+}+HO\bullet+H^+\longrightarrow Fe^{3+}+H_2O$	2.3×10^5	1.26×10^5
$r_{\mathrm{Fe},3}$	$Fe^{2+}+HOO\bullet+H^+\longrightarrow Fe^{3+}+H_2O_2$	1.2×10^3	4.2×10^4
$r_{\mathrm{Fe},4}$	$Fe^{3+}+HOO\bullet\longrightarrow Fe^{2+}+O_2+H^+$	20	3.3×10^4
$r_{\mathrm{Fe},5}$	$Fe^{3+}+H_2O_2\longrightarrow Fe^{2+}+HOO\bullet+H^+$	4×10^{-8}	9×10^3
$r_{\mathrm{rad},1}$	$HO\bullet+H_2O_2\longrightarrow HOO\bullet+H_2O$	2.7×10^4	1.4×10^4
$r_{\mathrm{rad},2}$	$HOO\bullet+H_2O_2\longrightarrow HO\bullet+H_2O+O_2$	3×10^{-3}	3×10^4
$r_{\mathrm{rad},3}$	$2HOO\bullet\longrightarrow H_2O_2+O_2$	8.6×10^2	2.06×10^4
$r_{\mathrm{rad},4}$	$HO\bullet+H_2\longrightarrow H\bullet+H_2O$	4.2×10^7	0
$r_{\mathrm{rad},5}$	$H\bullet+O_2\longrightarrow HOO\bullet$	2.1×10^{10}	0

虽然 Fenton 反应会消耗 Fe^{2+}，但 Fe^{2+} 和 Fe^{3+} 之间本身存在可逆的氧化还原反应，这就意味着发生 Fenton 反应后生成的 Fe^{3+} 会被再次还原成为 Fe^{2+}，因此只需要少量的 Fe^{2+}，Fenton 反应就会一直发生，从而造成质子交换膜的不断分解。Fe^{3+} 还原为 Fe^{2+} 的反应速率以及对应的平衡电位，可由下式计算：

$$Fe^{3+}+e^-\longleftrightarrow Fe^{2+} \tag{7-28}$$

$$r_{\mathrm{Fe,redox}}=a_{\mathrm{Pt}}k_{\mathrm{Fe,redox}}F\sqrt{C_{\mathrm{Fe}^{2+}}C_{\mathrm{Fe}^{3+}}}\left[\exp\left(-\frac{F\eta_{\mathrm{Fe}}}{2RT}\right)-\exp\left(\frac{F\eta_{\mathrm{Fe}}}{2RT}\right)\right] \tag{7-29}$$

$$E_0^{\mathrm{Fe}}=-1.23\times10^{-2}+4.147\times10^{-3}T-5.111\times10^{-6}T^2+\frac{RT}{F}\ln\left(\frac{C_{\mathrm{Fe}^{3+}}}{C_{\mathrm{Fe}^{2+}}}\right) \tag{7-30}$$

式中，$k_{\mathrm{Fe,redox}}$是反应速率常数（m/s）；$C_{\mathrm{Fe}^{2+}}$ 和 $C_{\mathrm{Fe}^{3+}}$ 分别是聚合物内 Fe^{2+} 和 Fe^{3+} 的摩尔浓度（mol/m³）；E_0^{Fe} 是平衡反应电位（V）。

从上式可以看出，当电池电位高于平衡电位时有利于 Fe^{2+} 氧化成 Fe^{3+}，反之有利于 Fe^{3+} 还原成 Fe^{2+}，因此 Fe^{3+} 主要聚集于阴极而 Fe^{2+} 主要聚集于阳极。

7.2.3　各组分的传输过程

根据传输途径，可以将膜电极中传输的物质分为气相和聚合物相两类，具体包含的物质见表 7-2，膜电极的结构和物性参数见表 7-3。

表 7-2　膜电极中传输的物质

计算区域	阳极 GDL/MPL	阳极 CL	PEM	阴极 CL	阴极 GDL/MPL
气相	H_2、O_2、H_2O、H_2O_2、HF		—	H_2、O_2、H_2O、H_2O_2、HF	
聚合物相	—	H_2、O_2、H_2O、H_2O_2、HF、Fe^{2+}、Fe^{3+}、自由基、膜片段			—

表 7-3　膜电极结构和物性参数

参数	数值
扩散层厚度	250μm
微孔层厚度	25μm
催化层厚度	10μm
质子交换膜厚度	30μm
扩散层孔隙率	0.78
微孔层孔隙率	0.65
催化层孔隙率	0.4
聚合物体积分数	0.3
干态膜密度	1980kg/m^3
磺酸基团摩尔浓度	1780.6mol/m^3

气相物质的传输过程可以表示为

$$\frac{\partial(\varepsilon C_{i,\mathrm{g}})}{\partial t}=\nabla\cdot(\varepsilon^{1.5}D_{i,\mathrm{g}}\nabla C_{i,\mathrm{g}})+S_{i,\mathrm{g}} \tag{7-31}$$

式中，ε 是多孔电极的孔隙率；$D_{i,\mathrm{g}}$ 是气相物质 i 的扩散系数（$\mathrm{m^2/s}$），不同组分的扩散系数列于表 7-4；$C_{i,\mathrm{g}}$ 是物质 i 的摩尔浓度（$\mathrm{mol/m^3}$）；$S_{i,\mathrm{g}}$ 是物质 i 的源项 [$\mathrm{mol/(m^3 \cdot s)}$]。

表 7-4　气相物质的扩散系数

参数	数值 /（m^2/s）
氢气扩散系数	$D_{\mathrm{H_2,g}}=1.005\times10^{-4}(T/333.15)^{1.5}(101325/p)$
氧气扩散系数	$D_{\mathrm{O_2,g}}=2.652\times10^{-5}(T/333.15)^{1.5}(101325/p)$
阳极水蒸气扩散系数	$D^{\mathrm{a}}_{\mathrm{H_2O,g}}=1.005\times10^{-4}(T/333.15)^{1.5}(101325/p)$
阴极水蒸气扩散系数	$D^{\mathrm{c}}_{\mathrm{H_2O,g}}=2.982\times10^{-5}(T/333.15)^{1.5}(101325/p)$
过氧化氢扩散系数	$D_{\mathrm{H_2O_2,g}}=1.88\times10^{-5}(T/333.15)^{1.5}(101325/p)$
氢氟酸扩散系数	$D_{\mathrm{HF,g}}=2.652\times10^{-5}(T/333.15)^{1.5}(101325/p)$

聚合物传输的物质可以分为三类。第一类是溶解相，主要包括氢气、氧气、水、过氧化氢、氢氟酸等，这类物质的传输过程可以表示为

$$\frac{\partial(\varepsilon_{\mathrm{ion}}C_{i,\mathrm{ion}})}{\partial t}=\nabla\cdot(\varepsilon_{\mathrm{ion}}^{1.5}D_{i,\mathrm{ion}}\nabla C_{i,\mathrm{ion}})+S_{i,\mathrm{ion}} \tag{7-32}$$

式中，ε_{ion} 是聚合物的体积分数；$D_{i,\text{ion}}$ 是溶解相物质 i 的扩散系数（m^2/s），不同组分的扩散系数见表 7-5；$C_{i,\text{ion}}$ 是物质 i 的摩尔浓度（mol/m^3）；$S_{i,\text{ion}}$ 是物质 i 的源项 [mol/(m³ · s)]。

在催化层中气相物质和溶解相物质之间会相互转换，其转换速率与溶解相的平衡浓度有关：

$$r_{i,\text{ig}} = \gamma_{i,\text{ig}}(C_{i,\text{ion}} - C_{i,\text{ion}}^{\text{eq}}) \tag{7-33}$$

$$C_{i,\text{ion}}^{\text{eq}} = \frac{C_{i,\text{g}}RT}{H_i} \tag{7-34}$$

式中，$\gamma_{i,\text{ig}}$ 是物质 i 的转化系数（1/s），统一取值 1000；H_i 是物质 i 的亨利系数 [(Pa · m³)/mol]，不同组分的亨利系数见表 7-5。

表 7-5　溶解相物质的扩散系数和亨利系数

参数	数值
氢气扩散系数	$D_{H_2,\text{ion}} = 4.1\times10^{-7}\exp(-2602/T)$
氧气扩散系数	$D_{O_2,\text{ion}} = 3.1\times10^{-7}\exp(-2768/T)$
过氧化氢扩散系数	$D_{H_2O_2,\text{ion}} = 1.5\times10^{-10}$
氢氟酸扩散系数	$D_{\text{HF},\text{ion}} = 1.5\times10^{-10}$
氢气亨利系数	$H_{H_2} = 2.584\times10^{3}\exp(170/T)$
氧气亨利系数	$H_{O_2} = 1.348\times10^{5}\exp(-666/T)$
过氧化氢亨利系数	$H_{H_2O_2} = 6.83\times10^{7}\exp(-7379/T)$
氢氟酸亨利系数	$H_{\text{HF}} = 4.149\times10^{8}\exp(-7400/T)$

第二类物质是各种金属离子，其传输过程受浓度梯度和质子电势梯度的共同影响，可以用 Nernst-Plank 方程描述：

$$\frac{\partial(\varepsilon_{\text{ion}}C_{\text{Fe}})}{\partial t} + \nabla\cdot(-D_{\text{Fe}}\nabla C_{\text{Fe}} - u_{\text{Fe}}z_{\text{Fe}}C_{\text{Fe}}F\nabla\varphi_{\text{ion}}) = S_{\text{Fe}} \tag{7-35}$$

式中，ε_{ion} 是聚合物的体积分数；D_{Fe} 是铁离子扩散系数（m^2/s）；u_{Fe} 是铁离子迁移率 [(s · mol)/kg]，Fe^{2+} 和 Fe^{3+} 的流动性分别为 1.25×10^{-13} 和 1.25×10^{-14}；z_{Fe} 是铁离子的电荷数，φ_{ion} 是质子电势（V）。其中扩散系数是流动性的函数：

$$D_{\text{Fe}} = u_{\text{Fe}}RT \tag{7-36}$$

第三类物质是自由基和质子交换膜的各类片段，假设这类物质只存在于质子交换膜中，并忽略其扩散过程：

$$\frac{\partial C_{i,\text{ion}}}{\partial t} = S_{i,\text{ion}} \tag{7-37}$$

上述方程中涉及的源项表达式见表 7-6，其中将所有流失的氟化物统一为氟化氢的形式。

表 7-6　模型源项

源项 /[mol/(m³ · s)]	阳极催化层	质子交换膜	阴极催化层
$S_{H_2,g}$	$r_{H_2,ig}$	—	$r_{H_2,ig}$
$S_{H_2,ion}$	$-r_{H_2,ig}$	$-r_{rad,4}$	$-r_{H_2,ig}$
$S_{O_2,g}$	$r_{O_2,ig}$	—	$r_{O_2,ig}$
$S_{O_2,ion}$	$-r_{ORR,2e^-}-r_{O_2,ig}$	$r_{Fe,4}+r_{rad,2}+r_{rad,3}-r_{rad,5}$	$-r_{ORR,2e^-}-r_{O_2,ig}$
$S_{H_2O,g}$	$r_{H_2O,ig}$	—	$r_{H_2O,ig}$
$S_{H_2O,ion}$	$-r_{H_2O,ig}$	—	$-r_{H_2O,ig}$
$S_{H_2O_2,g}$	$r_{H_2O_2,ig}$	—	$r_{H_2O_2,ig}$
$S_{H_2O_2,ion}$	$r_{ORR,2e^-}-r_{H_2O_2,ig}$	$-r_{Fe,1}+r_{Fe,3}-r_{Fe,5}$	$r_{ORR,2e^-}-r_{H_2O_2,ig}$
$S_{HF,g}$	$r_{HF,ig}$	—	$r_{HF,ig}$
$S_{HF,ion}$	$-r_{HF,ig}$	$4r_{scs}+6r_{scu}+3r_{mcs}+2r_{mcu}+2kr_{mc}$ $+11r_{sc,R_fSO_3}+7r_{sc,R_f\alpha O\cdot}+r_{sc,R_f\beta O\cdot}$	$-r_{HF,ig}$
$S_{Fe^{2+}}$	$-r_{Fe,redox}$	$-r_{Fe,1}-r_{Fe,2}-r_{Fe,3}+r_{Fe,4}+r_{Fe,5}$	$-r_{Fe,redox}$
$S_{HO\cdot}$	—	$r_{Fe,1}-r_{Fe,2}-r_{rad,1}+r_{rad,2}-r_{rad,4}$ $-r_{scs}-3r_{scu}-r_{mcs}-2r_{mcu}$	—
$S_{R_fSO_3}$	—	$-r_{scs}-r_{sc,R_fSO_3}$	—
$S_{R_f\alpha O\cdot}$	—	$r_{scs}-r_{scu}-r_{sc,R_f\alpha O\cdot}$	—
$S_{R_f\beta O\cdot}$	—	$r_{scu}-r_{mcs}-r_{sc,R_f\beta O\cdot}$	—
$S_{(CF_2)_{2m+2}}$	—	$-2r_{mcs}+r_{mc}$	—
$S_{(CF_2)_kCOOH}$	—	$2r_{mcs}-2r_{mc}$	—
S_{CF_2}	—	$2(2m+1)r_{mcs}-r_{mcu}-2kr_{mc}$	—

7.2.4　沉淀铂对质子交换膜化学降解的影响

目前关于质子交换膜化学降解的仿真研究大多基于上述模型，该模型虽然可以准确模拟质子交换膜变薄甚至穿孔失效的过程，但仍存在一些需要调整之处。在上述模型中过氧化氢主要在阳极产生，同时阳极侧的 Fe^{2+} 浓度也高于阴极，这必然导致质子交换膜内靠近阳极侧的区域自由基浓度最高，相应的化学降解也最

严重。然而从图 7-13 可以看出，质子交换膜阴极侧化学降解明显比阳极侧更严重，这与上述模型并不相符。

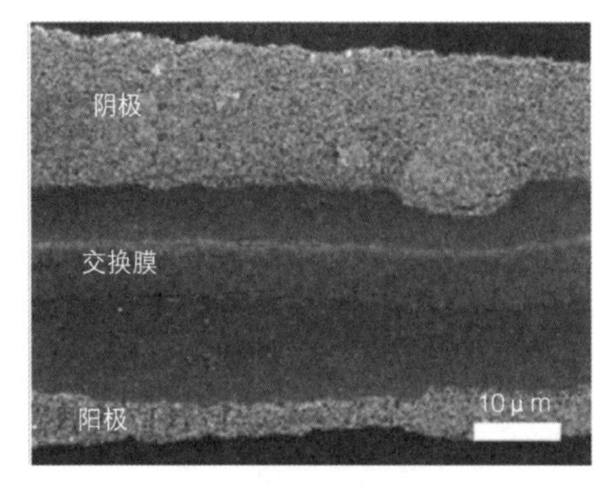

图 7-13　质子交换膜化学降解后的 SEM 图像 [17]

针对此问题一些学者提出了不同的看法，他们认为自由基的生成过程并不是简单的过氧化氢在金属离子的作用下分解产生，因为许多实验结果表明沉淀在质子交换膜中的铂颗粒会对膜的化学降解过程产生重大影响。目前部分学者认为沉积铂的存在促进了质子交换膜的化学降解 [18-23]，但具体影响机制尚不清楚。一些学者认为沉积铂可以作为过氧化氢生成反应的电化学反应位点 [18, 19]，还有学者认为沉积铂促进了过氧化氢和金属离子的 Fenton 反应，加剧了自由基的生成 [22, 23]，更有甚者猜测自由基不需要过氧化氢的分解，可以由氢气和氧气直接在沉积铂上产生 [20]。另一部分学者观察到有铂带存在时质子交换膜化学降解速率更慢，从而认为沉积铂的存在抑制了质子交换膜的化学降解 [24, 25]。针对这一矛盾现象，学者们也展开了专门的研究，结果表明需要辩证地看待沉积铂对质子交换膜化学降解的影响，铂颗粒的大小、密度、形状等因素的不同会产生截然相反的影响 [26, 27]。小粒径的铂颗粒会促进自由基的生成，而铂颗粒粒径太大或分布太密集则会磨灭生成的自由基，使其无法分解质子交换膜，同时立方形的铂颗粒会促进膜分解而树状、星状等不规则的铂颗粒会抑制膜分解。

虽然目前沉淀铂对质子交换膜化学降解的影响机制仍不是完全清楚，但本模型基于上述学者的实验结果和猜想对传统化学降解模型进行了改进，结果表明考虑沉淀铂影响的化学降解模型的模拟数据与实验数据吻合更好。

首先改进的模型认为沉淀在质子交换膜内的铂颗粒也可以为电化学反应提供反应位点，因此过氧化氢在质子交换膜内也会产生，反应速率表达式为

$$r_{\mathrm{ORR,2e^-}} = 4\pi r^2 N_{\mathrm{total}} j_{\mathrm{ORR,2e^-,0}} \frac{C_{\mathrm{O_2}}}{C_{\mathrm{O_2}}^{\mathrm{ref}}} \chi_{\mathrm{ORR,2e^-}} \exp\left(-\frac{F\eta_{\mathrm{ORR,2e^-}}}{RT}\right) / 2F \tag{7-38}$$

式中，r 是沉淀铂颗粒的半径（m）；N_{total} 是沉淀铂颗粒的密度（$1/\mathrm{m}^3$）。

其次沉淀铂会促进 Fenton 反应的发生，因此对 Fenton 反应的化学反应速率进行了修正：

$$r_{\mathrm{Fe,1}} = \zeta k_{\mathrm{Fe,1,ref}} \exp\left[\frac{Ea_{\mathrm{Fe,1}}}{R}\left(\frac{1}{T_{\mathrm{ref}}} - \frac{1}{T}\right)\right] C_{\mathrm{Fe^{2+}}} C_{\mathrm{H_2O_2}} \tag{7-39}$$

$$\zeta = \max\left[1, 4\pi\left(\frac{r}{r_{ref}}\right)^2 \frac{N_{total}}{N_{total}^{ref}}\right] \quad (7-40)$$

式中，ζ 是修正系数；r_{ref} 和 N_{total}^{ref} 分别是沉淀铂的参考半径（m）和颗粒密度（$1/m^3$）。

沉淀铂在促进 Fenton 反应的同时也会磨灭产生的自由基，铂颗粒尺寸越大对自由基的磨灭效果越强，因此在计算自由基浓度时引入了自由基逃逸概率的概念，表达式为

$$P = \left(\frac{r_{ref}}{r}\right)^{\frac{3}{4}} \quad (7-41)$$

最后在计算氧气跨膜传输过程时，要考虑氢气和氧气会在质子交换膜内的沉淀铂颗粒表面发生氢氧反应，这会显著影响氧气的浓度分布，具体结果请见 7.3 节。

7.2.5 传统模型与改进模型的计算结果对比

图 7-14a 和图 7-14b 分别展示了在 90℃、50% 加湿、阳极氢气 / 阴极空气（绝对压力 150kPa）条件下保持开路状态 100h 后传统模型和改进模型计算得到的质子交换膜厚度变化，可以看出模型改进前后都可以准确模拟化学降解导致的膜厚度变化。膜的厚度变化接近于线性变化，这可能是气体交叉渗透增加和易受自由基攻击位点减少共同作用的结果。图 7-15a 和图 7-15b 分别展示了两种模型得到的累计氟释放量，从总释放量来看，模型改进前后模拟值与实验值吻合得都较好，因为氟的释放量与质子交换膜的厚度变化是保持一致的。但从阴极和阳极分别释放的氟元素来看，改进后的模型明显更符合实验值，阴极的氟释放量高于阳极，说明阴极侧的质子交换膜化学降解更严重，这与 SEM 拍摄的图像（图 7-13）一致，而传统模型无法捕捉到这种现象。

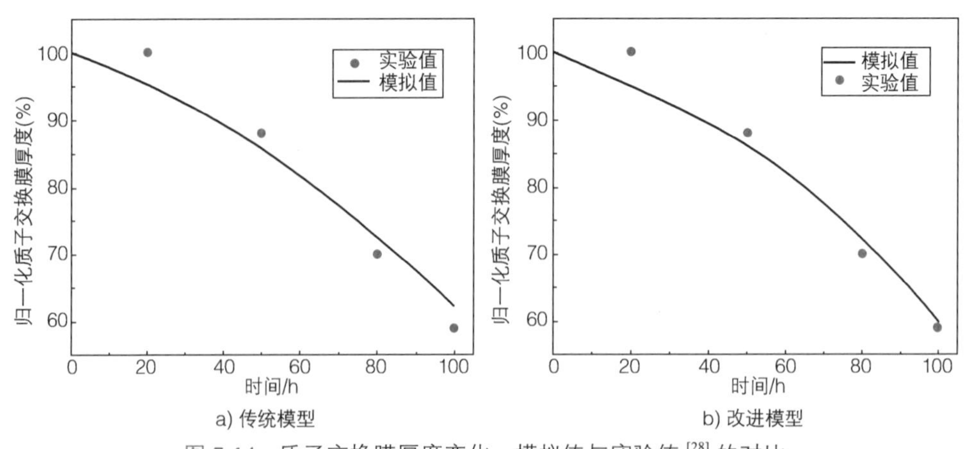

图 7-14　质子交换膜厚度变化：模拟值与实验值 [28] 的对比

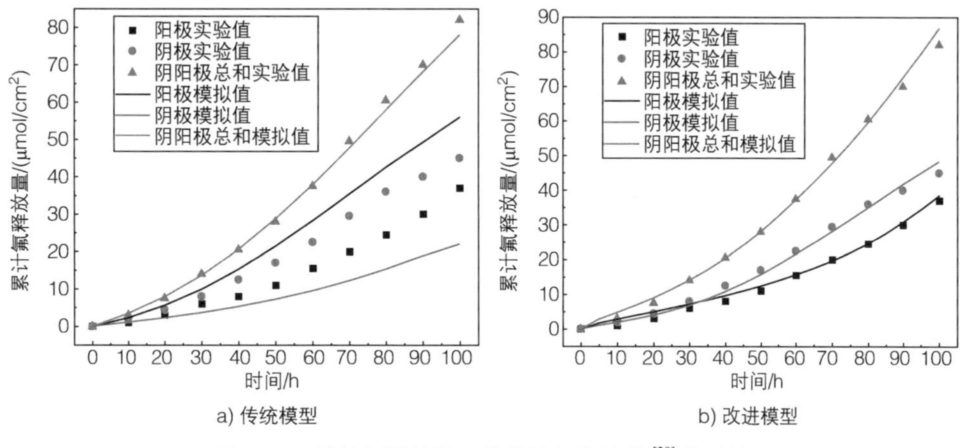

图 7-15　累计氟释放量：模拟值与实验值[28]的对比

7.2.6　质子交换膜化学降解过程分析

图 7-16 所示为质子交换膜内流失的磺酸基团、αO• 基团、βO• 基团和羧酸基团的平均摩尔浓度随开路状态工作时间的演化。可以看出在质子交换膜化学降解过程中磺酸基团的流失最为严重，而 αO• 基团和 βO• 基团的浓度却并不高，这说明它们只是膜化学降解的中间产物，存在的时间很短。从各类基团的生成反应式上来讲，αO• 基团、βO• 基团和羧酸基团的浓度与其化学计量比相除之后求和应该等于流失的磺酸基团浓度，但从图中可以看出，这种规律只在开路前期符合。这可能是在中后期大量短链碎片产生的原因，羧酸基团的浓度逐渐趋于稳定也证实了这一点。

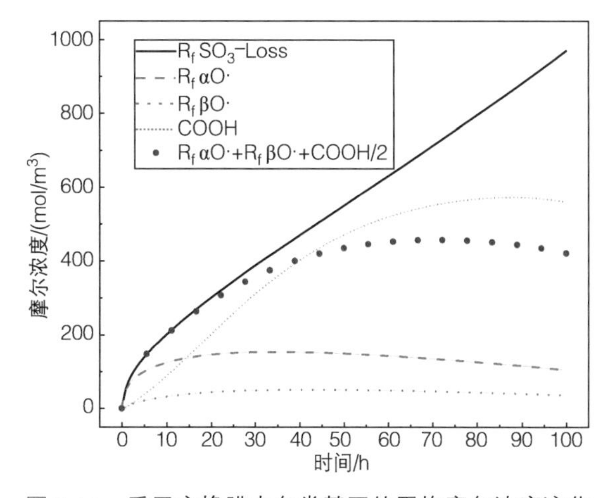

图 7-16　质子交换膜内各类基团的平均摩尔浓度演化

为了进一步探究其原因，图 7-17 量化了主侧链的断裂和分解以及短链碎片的产生对质子交换膜化学降解的贡献。可以看到开路前期膜的降解主要由主侧链的断裂和分解导致，此时质子交换膜的长链相对保持完整，短链碎片不易产生。随着时间的推移，完整的长链逐渐断裂，短链碎片产生得越来越多，其对膜化学降解的贡献也越来越大，在开路后期甚至成了导致膜降解的主要原因。

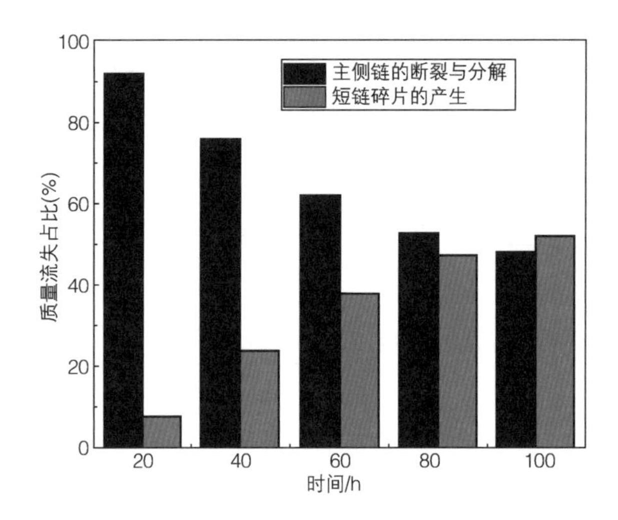

图 7-17　主侧链的断裂与分解和短链碎片的产生对质子交换膜化学降解的贡献

图 7-18 所示为铁离子和过氧化氢在聚合物中的浓度分布，可以看到受铁离子之间氧化还原反应的影响，Fe^{2+} 主要分布在阳极而 Fe^{3+} 主要分布在阴极。同时 Fe^{2+} 在质子交换膜内几乎成线性分布，这说明 Fenton 反应消耗的 Fe^{2+} 相较于其传输通量可以忽略不计，在阳极还原产生的 Fe^{2+} 可以快速地参与到过氧化氢的分解过程中，从而使质子交换膜不断降解。图 7-18b 展示了不同时刻下过氧化氢在质子交换膜内的浓度分布，可以看出虽然阳极侧的过氧化氢浓度明显高于阴极，但沉淀铂表面也会生成过氧化氢，明显提高了其在阴极侧的浓度。过氧化氢在沉淀铂表面的生成主要集中在铂带附近的阳极侧，因为此处沉淀铂颗粒较大同时局部电势接近于零（详细分析请见 7.3.4 节的图 7-28），为过氧化氢的生成提供了很好的条件。此外从图 7-18b 还可以看出，过氧化氢的整体浓度随开路时间先下降后上升，这可能是因为开路前期沉淀铂的逐渐生成降低了氧气的交叉渗透量，同时促进了过氧化氢的分解，而随着质子交换膜厚度的逐渐降低，氧气的交叉渗透量增大，过氧化氢的浓度逐渐升高。结合图 7-18a 和图 7-18b 可以发现，阳极侧的 Fe^{2+} 和过氧化氢浓度都要高于阴极侧，但阴极侧的质子交换膜化学降解却更严重，这说明沉淀铂对 Fenton 反应的促进作用才是其影响膜化学降解的主要原因。

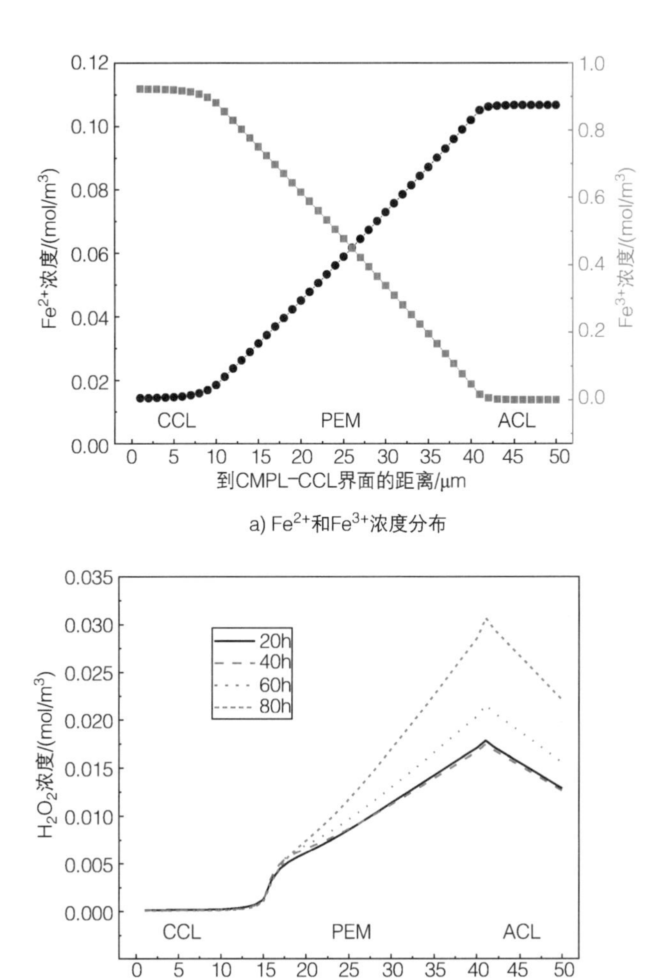

a) Fe^{2+}和Fe^{3+}浓度分布

b) 过氧化氢浓度分布

图 7-18　铁离子和过氧化氢在聚合物内的浓度分布

7.3　铂催化剂的降解和铂带生成模型

本节建立了一个一维模型以描述铂催化剂在催化层内降解和质子交换膜内的铂带生成过程。前者主要包括铂催化剂的电化学溶解 / 再沉积、PtO 的生成与分解以及铂离子的流失，后者包括铂颗粒成核、尺寸不均匀增长（铂带形成）以及沉淀铂颗粒上的氢氧反应。模型包含的参数及数值见表 7-7。

表 7-7 模型包含的参数及数值

参数	数值
电化学溶解正向反应速率系数，$v_{f,dis}$	1×10^4/s
电化学溶解逆向反应速率系数，$v_{b,dis}$	2×10^{-2}/s
铂催化剂的面密度，Γ	2.2×10^{-5}mol/m^2
RH100% 下电化学溶解反应的活化焓，$H_{dis}^{RH100\%}$	4×10^4J/mol
电化学溶解反应平衡电势，$E_{0,dis}$	1.118V
电荷转移系数，α	0.5
铂的表面张力，γ	2.4N/m
Pt^{2+} 参考摩尔浓度，$C_{Pt^{2+}}^{ref}$	4mol/m^3
铂的摩尔体积，Ω_{Pt}	9.09×10^{-6}m^3/mol
水的摩尔体积，Ω_{H_2O}	1.8×10^{-5}m^3/mol
聚合物的摩尔体积 Ω_{ion}	5.56×10^{-4}m^3/mol
阴极催化层聚合物体积分数，ε_{ion}	0.3
铂氧化反应的正向反应速率系数，$v_{f,ox}$	1.5×10^3/s
铂氧化反应的逆向反应速率系数，$v_{b,ox}$	8×10^5/s
铂氧化反应的活化焓，H_{ox}	1.2×10^4J/mol
铂氧化反应的平衡电势，$E_{0,ox}$	1.03V
PtO 之间的相互作用能，ω	5×10^4J/mol
Pt^{2+} 扩散系数，$D_{Pt^{2+}}$	1×10^{-9}m^2/s
HOR 参考交换电流密度，$i_{0,HOR}$	10A/m^2
ORR 参考交换电流密度，$i_{0,ORR}$	1×10^{-3}A/m^2
氢气参考摩尔浓度，$C_{H_2}^{ref}$	56.4mol/m^3
氧气参考摩尔浓度，$C_{O_2}^{ref}$	3.39mol/m^3
阴极催化层厚度，δ_{CCL}	10μm
质子交换膜厚度，δ_{PEM}	20μm

7.3.1 铂催化剂的降解

如前文所讲，小粒径铂颗粒易发生电化学溶解，而大粒径铂颗粒易发生沉积，图 7-19 所示为铂颗粒尺寸由于溶解 / 再沉积而发生变化的过程，其中铂颗粒的部分体积是镶嵌在碳载体中的，这部分铂不参与溶解 / 再沉积反应。

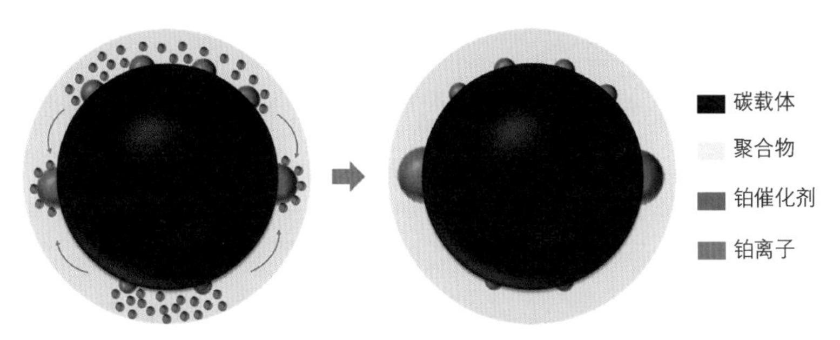

图 7-19　溶解 / 再沉积改变铂颗粒尺寸

在计算铂颗粒的尺寸变化时采用半球模型假设，即假设每个铂颗粒只有一半的表面发生电化学溶解反应，由此可得铂颗粒在溶解过程中尺寸的变化关系为

$$\frac{\partial r}{\partial t}=-\frac{1}{2}r_{\mathrm{dis}}\Omega_{\mathrm{Pt}} \tag{7-42}$$

式中，r 是铂颗粒的半径（m）；r_{dis} 是电化学溶解速率 [mol/(m^2 · s)]；Ω_{Pt} 是铂的摩尔体积（m^3/mol）。

铂颗粒表面发生电化学溶解反应的同时也会生成 PtO，抑制溶解反应的发生，PtO 覆盖率的瞬时演变可表示为

$$\frac{\partial \theta}{\partial t}=\frac{r_{\mathrm{ox}}}{\Gamma}-\frac{2\theta}{r}\frac{\partial r}{\partial t} \tag{7-43}$$

式中，θ 是 PtO 覆盖率；r_{ox} 是 PtO 生成速率 [mol/(m^2 · s)]。

铂的电化学溶解速率和氧化速率可以用修正的 B-V 方程计算：

$$\begin{aligned}r_{\mathrm{dis}}=&v_{\mathrm{f,dis}}\Gamma\exp\left(-\frac{E_{\mathrm{a,dis}}}{RT}\right)(1-\theta)\cdot\\&\left\{\begin{array}{l}\exp\left[\dfrac{2F(1-\alpha)}{RT}(E-E_{\mathrm{eq,dis}})\right]\\-\dfrac{v_{\mathrm{b,dis}}}{v_{\mathrm{f,dis}}}\dfrac{C_{\mathrm{Pt^{2+}}}}{C_{\mathrm{Pt^{2+}}}^{\mathrm{ref}}}\exp\left[-\dfrac{2F\alpha}{RT}(E-E_{\mathrm{eq,dis}})\right]\end{array}\right\}\end{aligned} \tag{7-44}$$

$$\begin{aligned}r_{\mathrm{ox}}=&v_{\mathrm{f,ox}}\Gamma\exp\left[-\frac{1}{RT}(E_{\mathrm{a,ox}}+\beta\theta)\right]\cdot\\&\left\{\begin{array}{l}\left(1-\dfrac{\theta}{2}\right)\exp\left[\dfrac{2F(1-\alpha)}{RT}(E-E_{\mathrm{eq,ox}})\right]\\-\dfrac{v_{\mathrm{b,ox}}}{v_{\mathrm{f,ox}}}(10^{-2\mathrm{PH}})\exp\left[-\dfrac{2F\alpha}{RT}(E-E_{\mathrm{eq,ox}})\right]\end{array}\right\}\end{aligned} \tag{7-45}$$

式中，$v_{\mathrm{f,dis}}$ 和 $v_{\mathrm{f,ox}}$ 分别是电化学溶解和氧化反应的正向反应速率常数（1/s）；$v_{\mathrm{b,dis}}$

和 $v_{b,ox}$ 分别是电化学溶解和氧化反应的逆向反应速率常数（1/s）；$E_{a,dis}$ 和 $E_{a,ox}$ 分别是电化学溶解和氧化反应的活化能（J/mol），其中 $E_{a,dis}$ 受相对湿度影响很大；α 是电荷转移系数；$C_{Pt^{2+}}$ 是 Pt^{2+} 的浓度（mol/m^3）；$E_{eq,dis}$ 是电化学溶解的平衡电位（V），催化层内的铂颗粒的直径一般为 2 ~ 5nm，在表面张力的作用下反应的平衡电位会降低：

$$E_{eq,dis} = E_{0,dis} - \frac{\Omega_{Pt}\gamma_{total}}{rF} \tag{7-46}$$

式中，$E_{0,dis}$ 是铂块的电化学溶解反应平衡电位（V）；γ_{total} 是铂的总表面张力（J/m^2），其表达式为

$$\gamma_{total} = \gamma + \Gamma\theta RT\left[\begin{aligned}&\ln\left(\frac{v_{b,ox}}{v_{f,ox}}\right) + \ln(10^{-2PH}) - \frac{2F}{RT}(E - E_{eq,ox})\\&+\frac{\omega\theta}{2RT} + \ln\left(\frac{\theta}{2}\right) + \frac{2-\theta}{\theta}\ln\left(1-\frac{\theta}{2}\right)\end{aligned}\right] \tag{7-47}$$

式中，$E_{eq,ox}$ 是铂氧化反应的平衡电位（V），受铂氧化物之间的相互作用的影响，平衡电位会有所升高：

$$E_{eq,ox} = E_{0,ox} + \frac{\omega\theta}{2F} \tag{7-48}$$

式中，$E_{0,ox}$ 是铂块的氧化反应平衡电位（V）；ω 是铂氧化物之间的相互作用能（J/mol）。

根据前文所述，PtO 并不稳定，其化学溶解反应也会导致铂催化剂的降解，但这种效应只有在高电位下才会显现。图 7-20 所示为恒电压测试下 Pt^{2+} 浓度随电压的变化。电压低于 1V 时，Pt^{2+} 浓度随着电压升高而增大，尤其是电压大于 0.9V 后 Pt^{2+} 浓度迅速升高，这说明铂颗粒的电化学溶解起主导作用；在 1 ~ 1.2V 的电压区间内 Pt^{2+} 浓度随着电压升高而减小，这说明铂颗粒表面的氧化层起到了很好的保护作用；电压大于 1.2V 后，铂颗粒的表面氧化严重抑制了电化学溶解，但 Pt^{2+} 浓度却随着电压升高而再次增大，这说明此时化学溶解是主要的溶解机制。从上述分析我们可以推断，电压大于 1.2V 后化学溶解过程才会对 Pt^{2+} 浓度产生显著影响，而正常情况下燃料电池单片的电压不会超过 1.2V，因此下文忽略了化学溶解对铂降解的影响 [30, 31]。

铂颗粒溶解 / 再沉淀导致铂颗粒的粒径分布（PSD）发生变化，基于式（7-42），PSD 随时间的变化可表示为

$$\frac{\partial N(r)}{\partial t} + \frac{\partial}{\partial r}\left[N(r,t)\frac{\partial r}{\partial t}\right] = 0 \tag{7-49}$$

式中，$N(r)$ 代表单位体积催化层内粒径为 r 的铂颗粒数量（$1/m^3$）。需要说明的是，由于本节不考虑碳腐蚀的影响，所以上述方程忽略了碳腐蚀引起的铂颗粒的脱落和团聚。

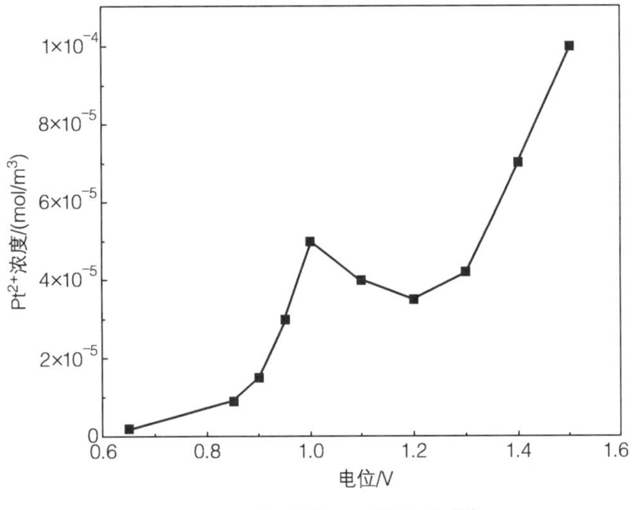

图 7-20　恒电位下 Pt^{2+} 浓度 [29]

电化学溶解反应受温度、相对湿度、电压等因素影响，反应速率在催化层内不均匀分布，在浓度梯度的作用下，反应生成的 Pt^{2+} 在催化层聚合物内传输，其传质方程可表示为

$$\frac{\partial(\varepsilon_{ion}C_{Pt^{2+}})}{\partial t}=\nabla\cdot(\varepsilon_{ion}^{1.5}D_{Pt^{2+},eff}\nabla C_{Pt^{2+}})+S_{Pt^{2+}} \tag{7-50}$$

$$S_{Pt^{2+}}=\int_0^{\infty}2\pi r^2N(r)r_{Diss}(r)dr \tag{7-51}$$

式中，ε_{ion} 是催化层内聚合物的体积分数；$D_{Pt^{2+},eff}$ 是 Pt^{2+} 在聚合物内的有效扩散系数（m^2/s），与聚合物的含水量有关：

$$D_{Pt^{2+},eff}=D_{Pt^{2+}}\frac{\lambda\Omega_{H_2O}}{\Omega_{ion}+\lambda\Omega_{H_2O}} \tag{7-52}$$

式中，λ 是膜态水含量；Ω_{ion} 和 Ω_{H_2O} 分别是聚合物和水的摩尔体积（m^3/mol）。

7.3.2 铂带的生成

Pt^{2+} 在质子交换膜内的沉淀并不是无规则的，通过非原位观测技术，发现长期 OCV 测试后的质子交换膜内存在一条明显的铂带。铂带附近的 Pt^{2+} 浓度接近于零，铂带越靠近阴极催化层，催化层与质子交换膜交界处 Pt^{2+} 的浓度梯度越大，对应的沉淀效应越明显，因此铂带对阴极催化剂的降解有重要影响。此外，膜内沉淀的铂颗粒对质子交换膜的化学降解有重要影响，虽然目前其影响机理尚不明确，但不可否认的是充分理解铂沉淀的完整过程和机理对提高燃料电池寿命具有重要意义。

铂带的生成分为铂颗粒成核和尺寸增长两个主要阶段，如图 7-21 所示。在图 7-21a 描述的成核阶段，来自阴极的 Pt^{2+} 被氢气迅速还原成铂原子，这一过程进行得非常快，以至于绝大部分的 Pt^{2+} 在刚进入质子交换膜后就被还原成铂原子。铂原子的半径为 0.14nm，小于质子交换膜内水团簇之间连接通道的尺寸（约为 1nm），因此铂原子可以在质子交换膜内轻松扩散，从而均匀地分布在整个质子交换膜。为降低表面自由能，铂原子之间会相互聚集形成铂颗粒，当铂颗粒的尺寸大于水团簇连接通道的尺寸后铂颗粒不再发生移动，成核阶段结束。在成核阶段铂颗粒的尺寸很小，无法为电化学反应提供活性位点 [32]，此时的氢气和氧气不会在质子交换膜内发生反应，而还原 Pt^{2+} 消耗的氢气相对于扩散通量可以忽略不计，因此在成核阶段氢气和氧气在质子交换膜内基本成线性分布。

在图 7-21b 描述的尺寸增长阶段，铂颗粒的尺寸超过了临界值（1nm），氢气和氧气在其表面发生电化学反应，这使得氢气和氧气在质子交换膜内成类抛物线分布。这在很大程度上降低了质子交换膜阴极侧的氢气浓度，使得大部分 Pt^{2+} 在 δ_b 处被大量还原。还原形成的铂原子虽然仍可以自由移动，但会被周围的铂颗粒快速吸附，这使得铂颗粒的尺寸不再均匀分布，δ_b 处的铂颗粒尺寸明显更大，逐渐形成铂带。

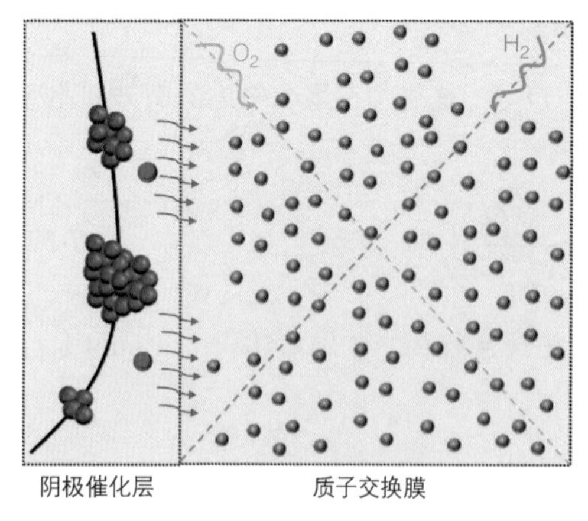

a) 成核阶段

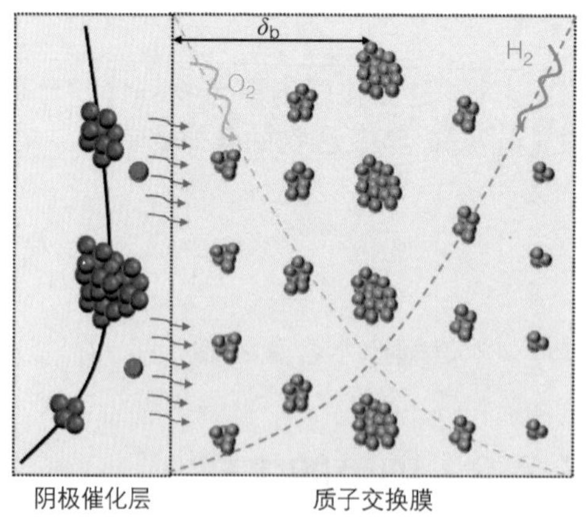

b) 尺寸增长阶段

图 7-21　铂带的生成过程

在成核阶段，两个铂颗粒（此处认为铂原子为最小的铂颗粒）之间的聚集速率受扩散系数和铂颗粒尺寸的影响，包含 m 个和 n 个铂原子的铂颗粒间的聚集速率表示为

$$K_{agg}(m,n)=4\pi D_{Pt}r_{Pt}\frac{r_{Pt,n}}{r_{Pt,m}}\left(1+\frac{r_{Pt,m}}{r_{Pt,n}}\right)^2 \tag{7-53}$$

式中，D_{Pt} 是铂原子在质子交换膜内的扩散系数，约为 $1\times10^{-10}m^2/s$；r_{Pt} 是铂原子的半径，约为 0.14nm；$r_{Pt,m}$ 和 $r_{Pt,n}$ 是两个铂颗粒的半径（nm）。

从上式可以看出，相同尺寸的两个铂颗粒之间的聚集速率是最小的。虽然考虑铂颗粒的尺寸效应可以更真实地描述成核过程，但势必会增加模型复杂度，而且相比于铂颗粒的尺寸增长过程，此阶段的尺寸效应可以忽略不计，因此本节采用最小的聚集速率，约为 $1\times10^{-18}m^3/s$。基于最小聚集速率，沉淀铂的颗粒密度可以通过下式获得：

$$\frac{dN_{Pt,k}}{dt}=\frac{K_{agg}}{2}\sum_{m+n=k}N_{Pt,m}N_{Pt,n}-K_{agg}N_{Pt,k}\sum_{m=1}^{\infty}N_{Pt,m}+S_{Pt}\delta_{k=1} \tag{7-54}$$

式中，$N_{Pt,k}$ 是包含 k 个铂原子的铂颗粒的密度（$1/m^3$）；S_{Pt} 是铂原子的平均体积源项 $[1/(m^3\cdot s)]$，表达式为

$$S_{Pt}=\frac{J_{Pt^{2+}}N_A}{\delta_{PEM}} \tag{7-55}$$

式中，$J_{Pt^{2+}}$ 是从阴极催化层进入质子交换膜的 Pt^{2+} 通量 $[mol/(m^2\cdot s)]$；N_A 是阿伏加德罗常数（1/mol）；δ_{PEM} 是质子交换膜的厚度（m）。

对式（7-54）求解，可以得到铂颗粒密度的表达式为

$$N_{total}=\sqrt{\frac{2S_{Pt}}{K_{agg}}}\tanh\frac{t}{\tau_{agg}} \tag{7-56}$$

式中，τ_{agg} 是聚集过程的特征时间（s），表达式为

$$\tau_{agg}=\sqrt{\frac{2}{S_{Pt}K_{agg}}} \tag{7-57}$$

铂颗粒的不断聚集使得颗粒尺寸逐渐增大，当颗粒尺寸大于水团簇连接通道的尺寸后铂颗粒不再发生移动，成核阶段结束。

在尺寸增长阶段，铂颗粒通过吸附周围的铂原子而不断增长，其尺寸变化可表示为

$$\frac{4\pi r^2 N_{\text{total}}}{\Omega_{\text{Pt}}}\frac{\partial r}{\partial t}=K_{\text{ads}} \tag{7-58}$$

式中，K_{ads} 是铂颗粒对铂原子的吸附速率 [mol/(m^3 · s)]，可通过下式计算：

$$K_{\text{ads}}=4\pi D_{\text{Pt}} r N_{\text{total}} C_{\text{Pt}} \tag{7-59}$$

从上式可以看出，铂颗粒对铂原子的吸附速率与铂原子的摩尔浓度直接相关，而此阶段的铂原子不再均匀分布，其浓度随时间的变化可表示为

$$\frac{\partial C_{\text{Pt}}}{\partial t}=\nabla\cdot\left(D_{\text{Pt}}\nabla C_{\text{Pt}}\right)-K_{\text{ads}}+k_{\text{Pt}^{2+}}C_{\text{Pt}^{2+}}C_{\text{H}_2} \tag{7-60}$$

式中，$k_{\text{Pt}^{2+}}$ 是 Pt^{2+} 被氢气还原的反应速率系数 [m^3/(mol · s)]，表达式为

$$k_{\text{Pt}^{2+}}=4\pi D_{\text{H}_2} r_{\text{Pt}} N_{\text{A}} \tag{7-61}$$

在尺寸增长阶段铂颗粒的尺寸超过了临界值，其表面可以为氢气和氧气提供电化学反应活性位点，氧气和氢气的浓度不再成线性分布，其传质方程可表示为

$$\frac{\partial C_{\text{H}_2}}{\partial t}=\nabla\cdot\left(D_{\text{H}_2}\nabla C_{\text{H}_2}\right)-k_{\text{Pt}^{2+}}C_{\text{Pt}^{2+}}C_{\text{H}_2}-K_{\text{HOR}} \tag{7-62}$$

$$\frac{\partial C_{\text{O}_2}}{\partial t}=\nabla\cdot\left(D_{\text{O}_2}\nabla C_{\text{O}_2}\right)-K_{\text{ORR}} \tag{7-63}$$

式中，K_{HOR} 和 K_{ORR} 分别是氢气和氧气的电化学反应速率 [mol/(m^3 · s)]，其表达式如下：

$$K_{\text{HOR}}=\frac{4\pi r_{\text{Pt}}^2 N_{\text{total}} j_{\text{HOR}}}{2F} \tag{7-64}$$

$$K_{\text{ORR}}=\frac{4\pi r_{\text{Pt}}^2 N_{\text{total}} j_{\text{ORR}}}{4F} \tag{7-65}$$

式中，j_{HOR} 和 j_{ORR} 分别是单位面积 Pt 上氢气和氧气电化学反应的电流密度（A/m^2）。由于电子不能在质子交换膜内传导，因此在每个铂颗粒上电化学反应满足局部电荷平衡，即氢气和氧气的反应速率相等，因此可以用 B-V 方程计算其数值：

$$j_{\text{HOR}}^{\text{BV}}=j_{\text{HOR},0}\frac{C_{\text{H}_2}}{C_{\text{H}_2}^{\text{ref}}}\left[\exp\left(\frac{\alpha_{\text{HOR}}^{\text{a}}F}{RT}\eta_{\text{HOR}}\right)-\exp\left(-\frac{\alpha_{\text{HOR}}^{\text{c}}F}{RT}\eta_{\text{HOR}}\right)\right] \tag{7-66}$$

$$j_{\text{ORR}}^{\text{BV}}=j_{\text{ORR},0}\frac{C_{\text{O}_2}}{C_{\text{O}_2}^{\text{ref}}}\left[-\exp\left(\frac{\alpha_{\text{ORR}}^{\text{a}}F}{RT}\eta_{\text{ORR}}\right)+\exp\left(-\frac{\alpha_{\text{ORR}}^{\text{c}}F}{RT}\eta_{\text{ORR}}\right)\right] \tag{7-67}$$

但需要注意的是，质子交换膜内阴极侧氢气浓度较低，相应的阳极侧氧气浓

度较低，这使得采用 B-V 方程计算得到的动力学电流密度有可能超过受浓度限制的极限电流密度，表达式如下：

$$j_{\mathrm{HOR}}^{\mathrm{lim}}=2FC_{\mathrm{H_2}}\frac{D_{\mathrm{H_2}}}{r_{\mathrm{Pt}}} \tag{7-68}$$

$$j_{\mathrm{ORR}}^{\mathrm{lim}}=4FC_{\mathrm{O_2}}\frac{D_{\mathrm{O_2}}}{r_{\mathrm{Pt}}} \tag{7-69}$$

因此想要计算铂颗粒表面的电流密度和质子交换膜内的电压分布需要分情况讨论。

1）动力学电流密度大于氢气的极限电流密度而小于氧气的极限电流密度，此时电流密度等于氢气的极限电流密度，对应的电势值根据氧气的 B-V 方程计算。这种情况多出现在阴极侧，极低的氢气极限电流密度使得电势值接近于开路电压。

2）动力学电流密度大于氧气的极限电流密度而小于氢气的极限电流密度，此时电流密度等于氧气的极限电流密度，对应的电势值根据氢气的 B-V 方程计算。这种情况多出现在阳极侧，极低的氧气极限电流密度使得电势值接近于零。

3）动力学电流密度同时大于氢气和氧气的极限电流密度，此时电流密度等于两者之间较小的极限电流密度，此时电势值无法计算。这种情况多出现在铂带附近，此处的电势值成断崖式分布。

4）动力学电流密度同时小于氢气和氧气的极限电流密度，此时电流密度等于动力学电流密度，电势值根据 B-V 方程计算。这种情况一般只存在于增长阶段初期，较小的铂颗粒尺寸使得电化学反应速率较慢，氢气和氧气的浓度还没有发生明显变化。

从上述理论分析可以发现，铂带的生成位置主要和质子交换膜内氢气和氧气的浓度分布有关。对大量的实验结果总结后发现，铂带的生成位置可以统一成阳极氢气压力和阴极氧气压力的函数：

$$\delta_{\mathrm{b}}=\frac{2k_{\mathrm{O_2}}p_{\mathrm{O_2}}\delta_{\mathrm{PEM}}}{k_{\mathrm{H_2}}p_{\mathrm{H_2}}+2k_{\mathrm{O_2}}p_{\mathrm{O_2}}} \tag{7-70}$$

式中，$k_{\mathrm{O_2}}$ 和 $k_{\mathrm{H_2}}$ 分别是氧气和氢气的跨膜渗透率（$\mathrm{m^2}$）；$p_{\mathrm{O_2}}$ 和 $p_{\mathrm{H_2}}$ 分别是氧气和氢气的压力（Pa）。

7.3.3　模型验证

如上文所述，铂降解会改变铂颗粒的 PSD，使催化层的 ECSA 降低，因此可以对比这两者的模拟结果与实验结果以验证模型的正确性。实验数据来源于文献 [33]，燃料电池在不同温度（80℃和90℃）和湿度（100%和30%），阳极氢气/阴极氮气，无背压的条件下经历10000次方波电压循环（0.4V和0.95V各持续10s）。用于实验的燃料电池阴极铂载量为0.2mg/cm^2，通过透射电子显微镜（TEM）观察，催化层内铂颗粒的初始半径基本符合均值1.6nm、方差0.09的正态分布。图7-22所示为不同温度和相对湿度下ECSA演变的模拟结果与实验结果对比，最大相对误差为4.1%，充分证明了模型的准确性。此外图7-23展示了10000次电压循环后不同温度和相对湿度下铂颗粒PSD的模拟结果与实验结果对比，两者的吻合程度较高，进一步证明了模型的准确性。

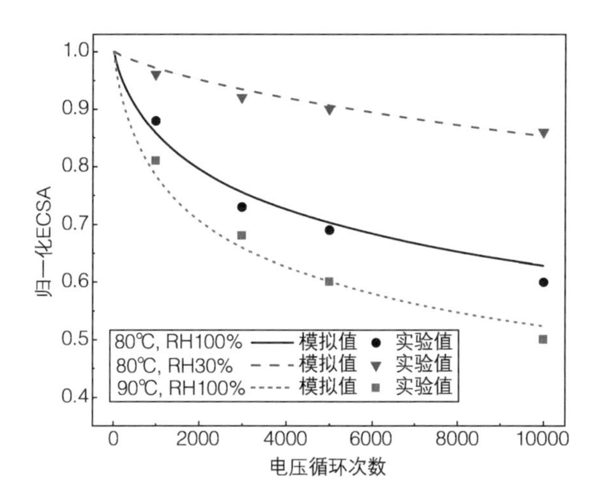

图7-22 ECSA在不同温度和湿度下随电压循环的演变：模拟值与实验值[33]的对比

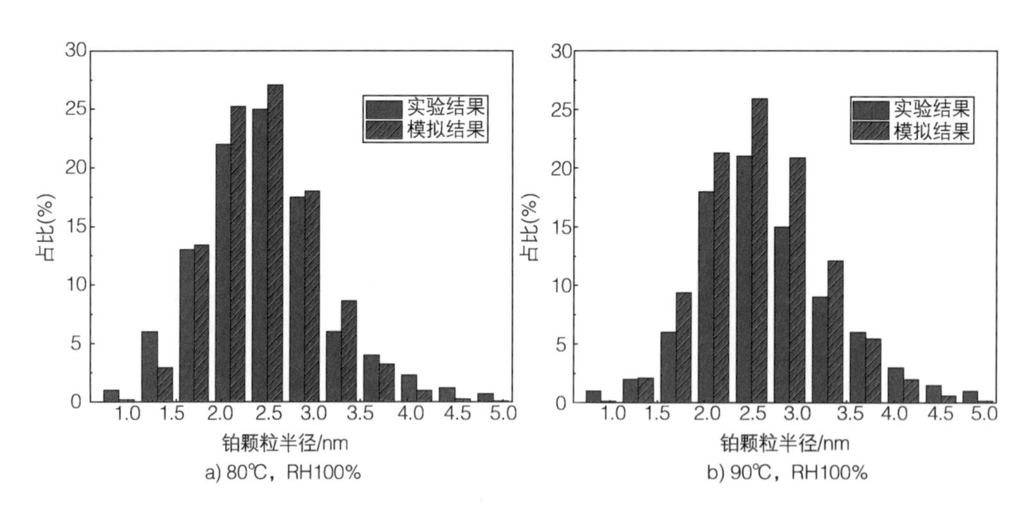

图7-23 不同温度和湿度下10000次电压循环后铂颗粒的PSD：模拟值与实验值[33]的对比

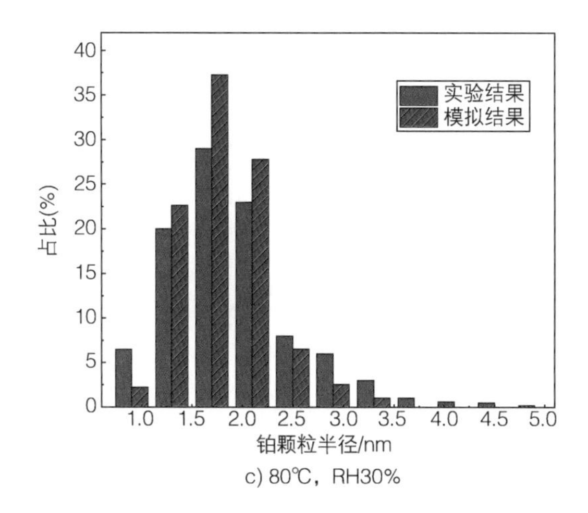

c) 80℃，RH30%

图 7-23　不同温度和湿度下 10000 次电压循环后铂颗粒的 PSD：模拟值与实验值[33] 的对比（续）

7.3.4　影响铂降解的主要因素和铂带生成过程分析

基于构建的模型，本节将研究温度、相对湿度和变载方式对铂催化剂降解的影响，并比较 Ostwald 熟化和铂沉淀对铂催化剂降解的贡献。

1　温度和相对湿度的影响

图 7-24 对比了 40℃、60℃和 80℃三种不同温度以及 30%、70%、100% 三种不同相对湿度下的 ECSA 衰减。从图 7-24a 可以看出温度升高加快了 ECSA 的衰减，但影响并不显著，温度从 40℃提高到 80℃后 ECSA 在 10000 次电压循环后的衰减仅提高了 10%。相比之下相对湿度的影响更大，从图 7-24b 可以看出降低相对湿度可以有效抑制 ECSA 衰减。10000 次电压循环后 100% 相对湿度条件下 ECSA 衰减了 55%，而 30% 相对湿度条件下 ECSA 仅衰减了 20%。一方面，相对湿度增加后 Pt^{2+} 在聚合物内的扩散率增大，更多的 Pt^{2+} 扩散进入质子交换膜，质量损失增加。另一方面，更重要的是随着相对湿度的提高，电化学溶解反应的活化能明显降低，大大提高了电化学溶解速率。燃料电池在实际运行过程中，内部温度和相对湿度的分布并不均匀，对应的铂催化剂降解也存在明显的空间差异性。因此，将铂催化剂降解模型和全电池性能模型结合在一起能够更准确地反映铂催化剂的不均匀降解特性，同时可以探究铂降解对电池性能的影响规律。

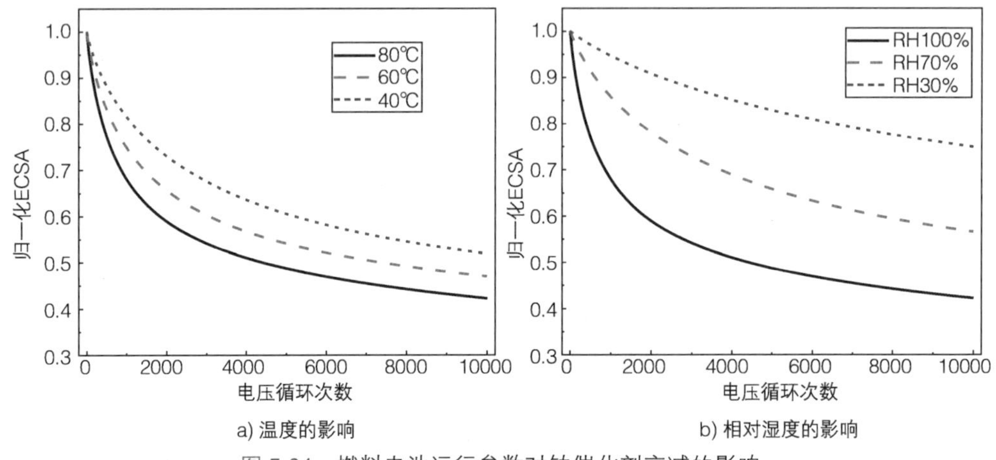

a) 温度的影响　　b) 相对湿度的影响

图 7-24　燃料电池运行参数对铂催化剂衰减的影响

2 变载方式的影响

为探究变载方式对铂衰减的影响，基于上述模型计算了三角波电压循环（0.6～1V，电压变化率为 50mV/s）、方波形电压循环（0.6V 和 1V 各保持 8s）以及梯形波电压循环（三角波和方波的结合）下阴极催化层 ECSA 的变化，结果如图 7-25 所示。在循环次数相同的情况下方波和梯形波的电压循环导致的 ECSA 衰减明显高于三角波电压循环，这说明长时间处于高电位会加剧铂催化剂的降解。

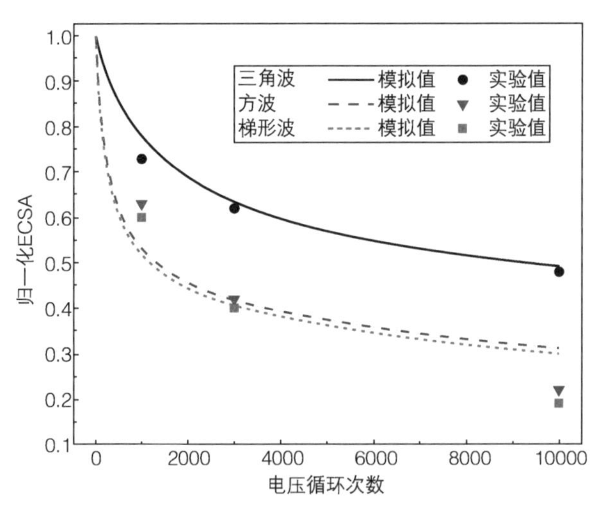

图 7-25　不同波形电压循环下阴极催化层 ECSA 的演化：模拟值与实验值 [34] 对比

为进一步探究背后的原因，图 7-26 分别比较了三种电压循环方式下 Pt^{2+} 浓度和 PtO 覆盖率的演变。随着电压的升高，Pt^{2+} 浓度迅速升高，且对比下可以发现电压升高速率越快，Pt^{2+} 浓度峰值越高。相比之下，PtO 覆盖率的增长速率明显滞后于 Pt^{2+} 浓度，成一种类对数曲线增长。高电位下 PtO 覆盖率的缓慢增长导致方波和梯形波电压循环下 Pt^{2+} 浓度迅速达到峰值后缓慢下降，但在一个电压循

环内其 Pt^{2+} 浓度仍然整体高于三角波电压循环，这可能是方波和梯形波电压循环下铂催化剂降解更快的原因。

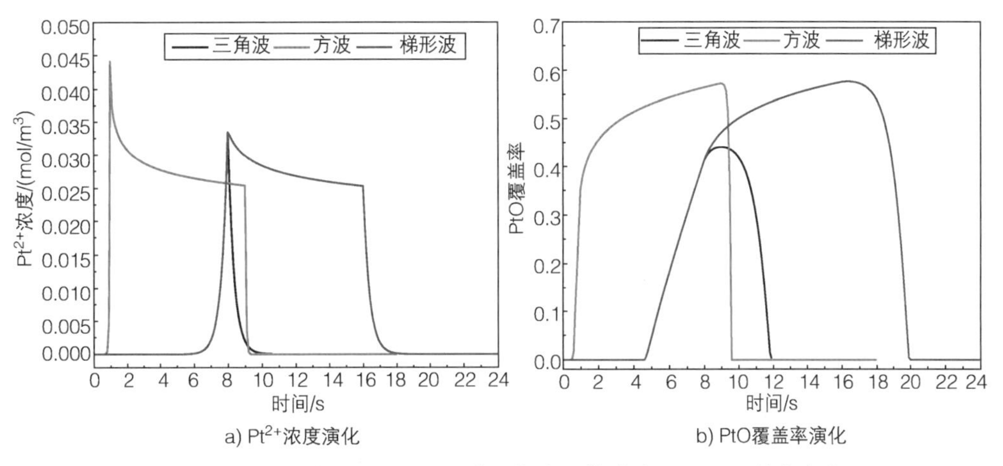

图 7-26　不同波形电压循环一个周期内 Pt^{2+} 浓度和 PtO 覆盖率演化

从前文的降解机理我们知道铂催化剂的降解主要由溶解 / 再沉积（Ostwald 熟化）和在质子交换膜内的沉淀导致，图 7-27 对比了两者在不同电压循环方式下对铂催化剂降解的贡献。可以看出 Ostwald 熟化是导致铂催化剂降解的主要原因，而铂沉淀产生的影响较小。在三角波电压循环下 Ostwald 熟化造成了 46.4% 的 ECSA 衰减，而梯形波电压循环下衰减值为 62.9%，这说明相比于高电位熟化更易发生于电压快速变化区期间。梯形波电压循环下熟化造成的 ECSA 衰减高于方波电压循环，说明熟化速率与电压变化速率成负相关。与三角波电压循环相比，方波和梯形波电压循环下铂沉淀造成的 ECSA 衰减明显更大，这意味着长时间保持高电位会使更多 Pt^{2+} 扩散进入质子交换膜内，造成铂催化剂的永久流失。

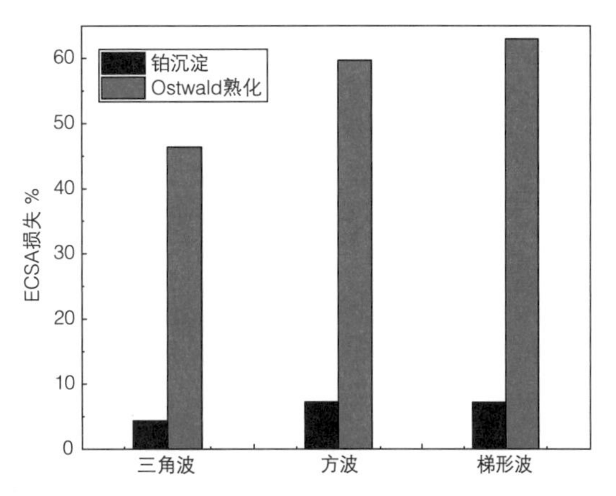

图 7-27　不同波形电压循环下由 Ostwald 熟化和铂沉淀导致的 ECSA 衰减

3 铂带生成过程分析

图 7-28 所示为铂带形成前期和后期质子交换膜内溶解的氢气和氧气浓度分布、铂颗粒尺寸以及局部电势分布。在铂带形成前期，铂颗粒尺寸较小，氢气和氧气的消耗量较小，阴极侧的氢气浓度和阳极侧的氧气浓度相对较高，对应的二

者动力学电流密度小于极限电流密度，根据 B-V 方程计算得到的电势平滑连续，从阴极侧到阳极侧变化幅度很小。而在铂带形成后期，铂颗粒的尺寸明显增大，铂带处铂颗粒半径将近 100nm，这使得氢气和氧气的浓度在经过铂带后变得极低。相应地，质子交换膜内的局部电势在铂带处出现了断崖式分布，阴极侧电势接近开路电压，阳极侧电势接近于零，这与使用铂探针测得的膜内电势分布一致[35]。根据经验公式（7-70）计算得到的铂带位置为 4.752μm，与模拟结果基本一致，这说明本节提出的模型可以准确描述铂带形成过程。

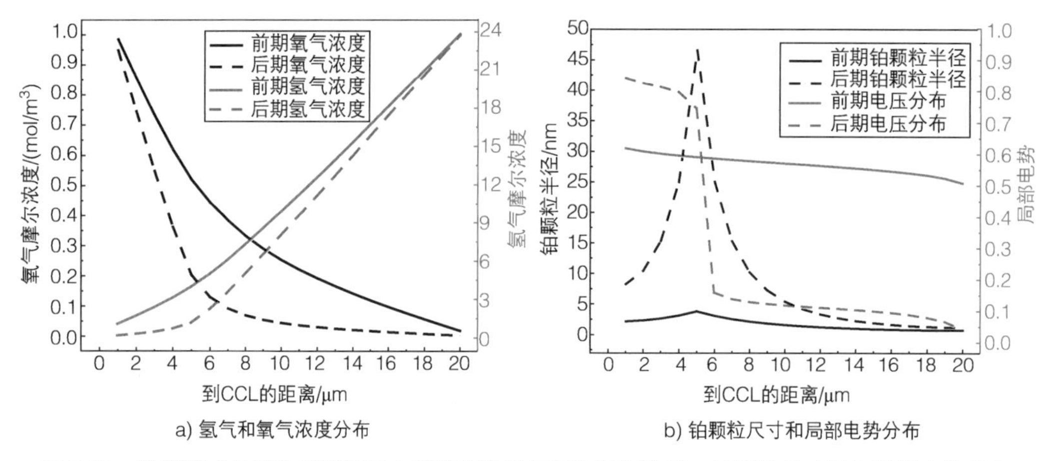

图 7-28　铂带形成前期和后期质子交换膜内溶解氢气和氧气浓度、铂颗粒尺寸以及局部电势分布

 7.4　水淹导致的碳腐蚀模型

催化层内的碳载体腐蚀问题是限制质子交换膜燃料电池寿命的重要因素之一，本节主要研究了燃料电池在不同操作条件下的碳腐蚀特性。质子交换膜燃料电池内部的水分布直接决定了碳载体的腐蚀速率，本节首先利用燃料电池三维性能计算模型研究了不同操作条件下燃料电池高电流密度工况（$1.6A/cm^2$）时内部的水分布情况，并根据水蒸气分压与饱和蒸气压的关系将催化层划分为不同级别的水淹区。在此基础上，将计算得到的水分布输入到碳载体腐蚀数学模型中，研究了燃料电池运行过程中非水淹区和水淹区的碳载体腐蚀量。本研究的目的是为了更清楚地了解燃料电池催化层的碳腐蚀特性，并为缓解燃料电池水淹引起的碳载体腐蚀问题提供建议。

7.4.1　碳腐蚀动力学模型

本节采用 Gallagher[36] 提出的碳腐蚀动力学模型，详细阐述了阴极催化层碳载体腐蚀的动力学机理，刻画了二氧化碳及其他表面氧化碳的生成与时间、温度和电势等参数的关系。该模型提出碳载体表面存在两种反应位：一种是“CO_2 生成速度决定步骤”的活化位，另一种是“CO_2 生成及其各种碳氧化物生成”的活化位。Gallagher 提出的机制的前半部分描述了 CO_2 的形成，而后半部分涉及表面氧化物的形成。然而在实际应用中，确定碳载体表面生成的各种特定的氧化物是非常困难的，因此 Dhanushkodi 等人 [37] 基于 AST 测试对 Gallagher 等提出的模型进行简化，忽略了表面氧化物形成的相关反应，在保证精确度的前提下获得了更为简洁的碳载体腐蚀模型。图 7-29 所示为碳载体的氧化过程，并给出了可逆与不可逆的边界。缺陷位点的水解醇化是碳载体电化学氧化的初始反应，并进一步被氧化形成 CO_2，在上述整个反应过程中，在形成羧基（—COOH）导致环被打开之后，碳原子配位结构实际上就不可能被重构，因此碳载体的腐蚀实际上是几乎不可逆的。本节结合上述两个模型，对正常运行和水淹两种条件下燃料电池的碳载体腐蚀情况进行了建模。在此模型中，CO_2 的生成速率与水蒸气分压成正比，当水蒸气的分压超过饱和蒸气压时会产生液态水。根据水蒸气分压与饱和蒸气压的关系对燃料电池催化层进行水淹区域划分。当阴极出口处水积聚，反向扩散后导致阳极水淹发生局部缺气，形成氢空界面后导致对应的阴极区域发生碳腐蚀。在模型中，水淹条件下碳载体与相对湿度为 100% 的水蒸气发生反应，其对碳腐蚀的影响体现在高电位上。

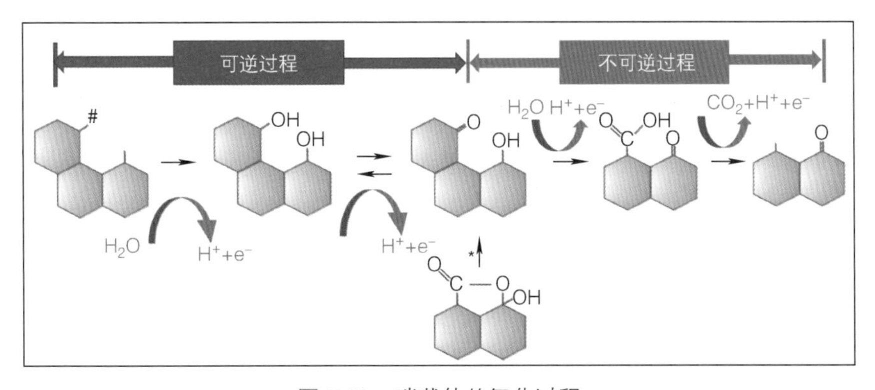

图 7-29　碳载体的氧化过程

根据反应机理，在非水淹区将与 CO_2 生成相关的两种类型的反应位定义为 # 和 *。# 表示 CO_2 生成速度决定步骤的反应位，* 是 CO_2 生成和表面碳氧化物生成的反应位。碳在 # 反应位上完成碳的氧化，生成 $C^{\#}OH$，并完成对水的可逆吸附，生成 $C^{\#}(H_2O)_{ads}$，这两种中间氧化物结合生成 $C^{\#}OC^{\#}OH$，在这一环节，CO_2 生成的速度决定反应步骤，随后该中间体发生一系列氧化反应并生成 CO_2：

$$C^{\#} + H_2O \longrightarrow C^{\#}OH + H^+ + e^- \tag{7-71}$$

$$\begin{cases} C^{\#} + H_2O \longleftrightarrow C^{\#}(H_2O)_{ads} \\ C^{\#}(H_2O)_{ads} + C^{\#}OH \longrightarrow C^{\#}OC^{\#}OH + 2H^+ + 2e^- \\ 2C^{\#}OC^{\#}OH + 3C^* + 3H_2O \longrightarrow C^*O(C^*OOH)_2 + 2C^{\#} + 2C^{\#}OH + 4H^+ + 4e^- \\ C^*O(C^*OOH)_2 \longrightarrow C^*OOH + C^*O + * + CO_2 + H^+ + e^- \\ C^*OOH \longrightarrow * + CO_2 + H^+ + e^- \end{cases} \tag{7-72}$$

上述化学方程式的反应动力学速率表达式为

$$r_{11} = k_{11}\theta_{VAC} \exp\left[\frac{\alpha_{11}F}{RT}(E - E_{eq,11}) - g\theta_{COH}\right] \tag{7-73}$$

$$k_{11} = k_{11,ref} \exp\left(-\frac{E_{a,11}}{RT}\right) \tag{7-74}$$

$$r_{12} = k_{12}\theta_{VAC}\theta_{COH}\left(\frac{p_0}{p_0^{ref}}\right)\exp\left[\frac{\alpha_{12}F}{RT}(E - E_{eq,12})\right] \tag{7-75}$$

$$k_{12} = k_{12,ref} \exp\left(-\frac{E_{a,12}}{RT}\right) \tag{7-76}$$

式中，r_{11} 和 r_{12} 分别是式（7-73）和式（7-75）的反应速率 [mol/(m^2・s)]；k_{11} 和 k_{12} 是反应速率常数 [mol/(m^2・s)]；$E_{a,11}$ 和 $E_{a,12}$ 是反应活化能（J/mol）；θ_{VAC} 是碳表面空位置的分数；θ_{COH} 是碳表面被 $C^{\#}OH$ 覆盖的部分；g 是 Frumkin 因子。

碳表面 $C^{\#}OH$ 位点的生成速率表示为

$$\frac{\partial\theta_{COH}}{\partial t} = \frac{r_{11} - 2r_{13}}{[\#]} \tag{7-77}$$

当电池内部水蒸气分压超过饱和压力时，水蒸气将冷凝为液态水，电池内部发生水淹。在水淹区，电势普遍大于 1V，此时碳腐蚀机理发生改变，腐蚀速率急剧增大。式（7-78）显示了在 # 位点上催化氧化物 $C^{\#}OH$ 的消耗量，此平衡受到其他表面氧化物的影响。暴露在大于 1V 的电势下会在碳表面产生氧化物 C^*O 和 $C_x^{\#}O$。式（7-80）中氧化物 C*O 和 $C_x^{\#}O$ 相互作用形成 $C_x^{\#}O_2$，进一步降低催化氧化物 $C^{\#}OH$ 的平衡浓度，反应式如下：

$$2C^{\#}OH + (x-2)C^{\#} + H_2O \longrightarrow C_x^{\#}O_3 + 4H^+ + 4e^- \tag{7-78}$$

$$xC^{\#}+H_2O \rightleftarrows C_x^{\#}O+2H^{+}+2e^{-} \tag{7-79}$$

$$C_x^{\#}O+C^{*}O \longrightarrow C_x^{\#}O_2+C^{*} \tag{7-80}$$

$$2C^{\#}OH+(x-2)C^{\#}+H_2O+C_x^{\#}O_2 \longrightarrow C_x^{\#}O_3+C_x^{\#}O_2+4H^{+}+4e^{-} \tag{7-81}$$

反应的动力学表达式和 $C^{\#}OH$ 的物质平衡如下：

$$r_{21}=k_{21}\theta_{\text{VAC}}\theta_{\text{COH}}\left(\frac{p_0}{p_0^{\text{ref}}}\right)\exp\left[\frac{\alpha_{21}F}{RT}(E-E_{\text{eq},21})-g(1-\theta_{\text{VAC}})\right] \tag{7-82}$$

$$r_{22}=k_{22}\left\{\begin{array}{l}(\theta_{\text{VAC}})^3\exp\left[\frac{\alpha_{a,22}F}{RT}(E-E_{\text{eq},22})-g(1-\theta_{\text{VAC}})\right]- \\ \theta_{\text{C}_x\text{O}}\exp\left[-\frac{\alpha_{c,22}F}{RT}(E-E_{\text{eq},22})+g(1-\theta_{\text{VAC}})\right]\end{array}\right\} \tag{7-83}$$

$$r_{23}=-k_{23}\theta_{\text{C}_x\text{O}}\theta_{\text{CO}}\exp\left[-\frac{\alpha_{23}F}{RT}(E-E_{\text{eq},23})\right] \tag{7-84}$$

$$r_{24}=k_{24}\theta_{\text{VAC}}\theta_{\text{COH}}\theta_{(\text{C}_x\text{O}_2)}^{0.25}\exp\left[\frac{\alpha_{24}F}{RT}(E-E_{\text{eq},24})-g(1-\theta_{\text{VAC}})\right] \tag{7-85}$$

各氧化物的计算表达式如下：

$$\frac{\partial\theta_{\text{COH}}}{\partial t}=\frac{r_{11}-2(r_{21}+r_{24})}{[\#]} \tag{7-86}$$

$$\frac{\partial\theta_{\text{C}_x\text{O}}}{\partial t}=\frac{r_{22}+r_{23}}{[\#]} \tag{7-87}$$

$$\frac{\partial\theta_{\text{CO}}}{\partial t}=\frac{0.5r_{12}+r_{23}}{[*]} \tag{7-88}$$

$$\frac{\partial\theta_{\text{C}_x\text{O}_3}}{\partial t}=\frac{r_{21}+r_{24}}{[\#]} \tag{7-89}$$

式中，[#] 和 [*] 分别是每个部位的表面浓度。假设 [*] 为 10^{-4}mol/m^2，[#] 取决于所使用的原始炭黑材料以及随后在掺入 MEA 之前的氩气气氛中的热处理过程，可以通过该热处理步骤的温度来估计，如下式所示：

$$[\#]=70.3\exp(-0.0075T_{\text{heat}}) \tag{7-90}$$

单位面积碳摩尔数的瞬时变化率为

$$\frac{\partial N_C}{\partial t} = -r_{12} S_C M_C N_C \tag{7-91}$$

式中，S_C 是碳的比表面积（m^2/g）；M_C 是碳的摩尔质量（g/mol）；N_C 是单位面积中碳的摩尔数（mol/m^2）。

该模型采用 2200℃热处理的高比表面积碳（HSAC）作为催化剂碳载体。模型中使用的参数值见表 7-8。

表 7-8　碳腐蚀模型的参数及数值

符号	数值	单位
α_{11}	0.35	—
α_{12}	0.65	—
α_{13}	0.5	—
α_{21}	0.5	—
$E_{a,11}$	10	kJ/mol
$E_{a,12}$	110	kJ/mol
$E_{a,13}$	10	kJ/mol
$E_{a,21}$	10	kJ/mol
$k_{11,ref}$	2.35×10^{-16}	$mol/(cm^2 \cdot s)$
$k_{12,ref}$	9.50×10^{-3}	$mol/(cm^2 \cdot s)$
$k_{13,ref}$	1.18×10^{-12}	$mol/(cm^2 \cdot s)$
$k_{21,ref}$	2.35×10^{-11}	$mol/(cm^2 \cdot s)$
$E_{eq,11}$	1	V
$E_{eq,12}$	0.15	V
$E_{eq,13}$	1	V
$E_{eq,21}$	1	V

7.4.2　影响碳腐蚀的主要因素

本节讨论了不同条件下阴极催化层中水摩尔分数的分布，通过比较水蒸气分压与饱和蒸气压的关系，将催化层划分为不同程度的水淹区。当水蒸气分压超过饱和蒸气压时，认为这里会产生液态水，并根据液态水的生成量划分不同程度的水淹区。在非水淹区，水蒸气分压小于饱和蒸气压；在轻度水淹区，水蒸气分压大于饱和蒸气压，但超出量小于 10%；剩余部分为严重水淹区域。本研究假设燃料电池中所有的水都以气态形式存在，研究了正常条件运行下燃料电池阴极催化层碳载体的腐蚀情况；然后假定在严重水淹区域发生阳极水淹进而发生水淹条件下的碳载体腐蚀，研究水淹条件下阴极催化层碳载体的腐蚀特性。

1 相对湿度的影响

图 7-30 所示为 90℃、1atm、不同相对湿度条件下阴极催化层内的水摩尔分数分布及沿流道的水蒸气分压。从图 7-31a 可以看出，阴极催化层中的水摩尔分数与相对湿度成正比，增大相对湿度可提高催化层中水的摩尔分数。随着相对湿度的增加，燃料电池内部的水淹面积增大。从图 7-31b 可以看出当相对湿度为 20% 时，燃料电池中没有水淹现象；当相对湿度为 50% 时，流场尾部出现了轻度水淹现象（距阴极入口的无量纲距离 >0.71）；当相对湿度为 80% 时，流场中部开始出现水淹现象（>0.34），流场尾部水淹情况严重。

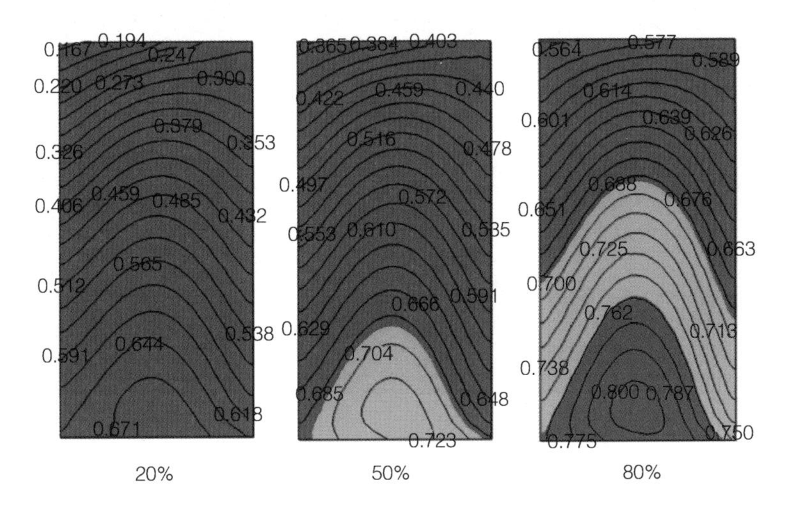

a) 阴极催化层中水的摩尔分数(非水淹区-绿色，轻度水淹区-黄色，重度水淹区-红色)

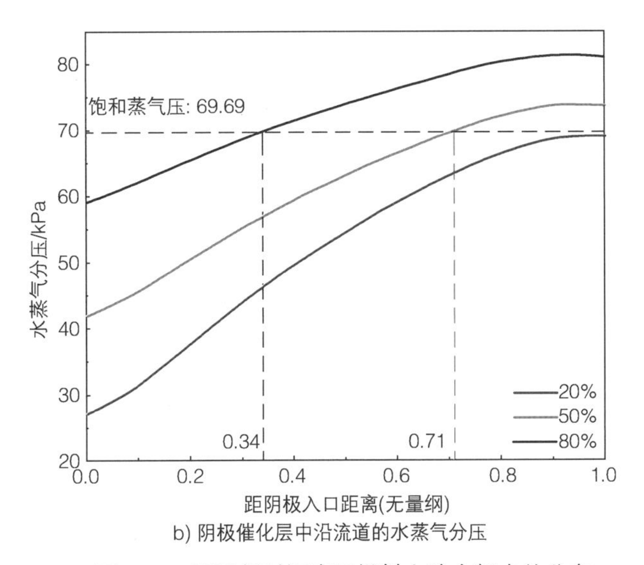

b) 阴极催化层中沿流道的水蒸气分压

图 7-30　不同相对湿度下燃料电池内部水的分布

2 操作温度的影响

图 7-31 所示为不同操作温度下阴极催化层中水摩尔分数的分布和沿流道的水蒸气分压。在图 7-31a 中，相同电流密度下燃料电池内部产生的水量相同，阴极侧的水分布也基本相同。从图 7-32b 可以看出，在 70℃时饱和蒸气压仅为 30.96kPa，流场前半段即发生了严重的水淹（>0.12），而随着温度的升高，燃料电池的水淹面积逐渐减小，在 90℃时未发生水淹现象。

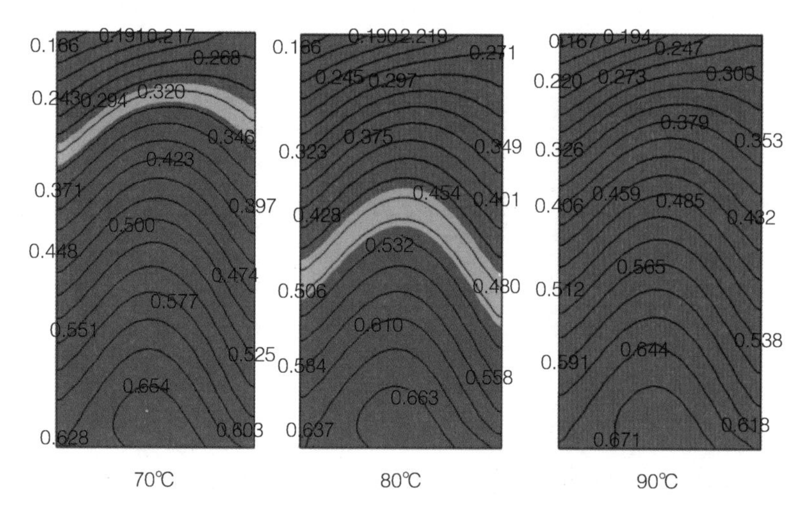

a) 阴极催化层中水的摩尔分数(非水淹区-绿色，轻度水淹区-黄色，重度水淹区-红色)

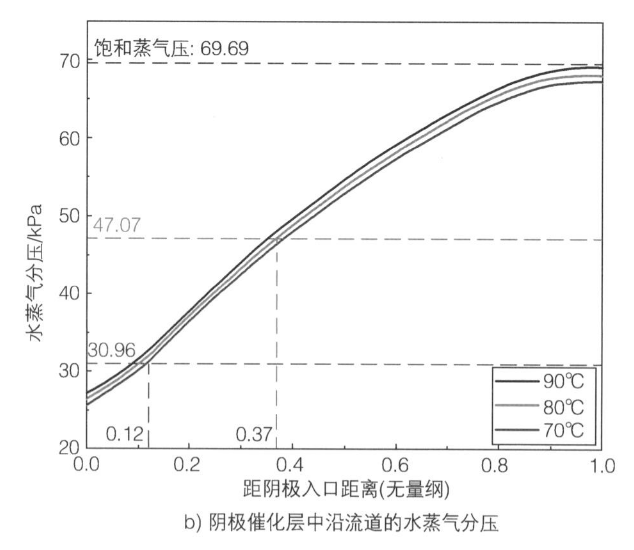

b) 阴极催化层中沿流道的水蒸气分压

图 7-31 不同操作温度下燃料电池内部水的分布

3 操作压力的影响

操作压力通过影响水蒸气分压来影响水的分布。操作压力越大，反应产生的水蒸气压力越大，所以水蒸气分压能更快地达到饱和压力。图 7-32 所示为阴极催化层中水摩尔分数的分布以及不同压力下沿流道的水蒸气分压。从图 7-32a 可以看出，在恒温工况下饱和蒸气压保持不变，水蒸气摩尔分数随着压力的增大而减小。然而从图 7-32b 可以看出虽然从 1atm 增加到 2atm 降低了水蒸气的摩尔分数，但总气体压力增加了两倍，因此水蒸气分压随操作压力的增大而增大。当操作压力为 1atm 时，燃料电池内没有水淹现象。当操作压力增加到 1.5atm 时，流场尾部开始出现水淹现象，水淹面积随着操作压力的增加而增大。

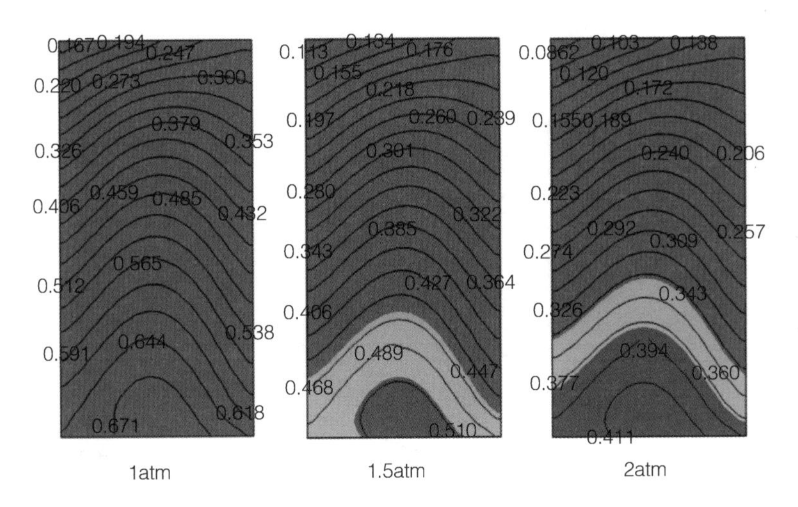

a) 阴极催化层中水的摩尔分数(非水淹区-绿色，轻度水淹区-黄色，重度水淹区-红色)

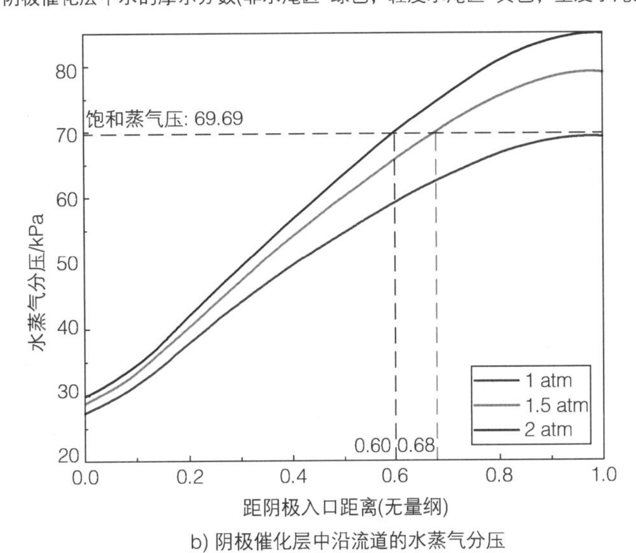

b) 阴极催化层中沿流道的水蒸气分压

图 7-32　不同操作压力下燃料电池内部水分布

4 催化层的碳腐蚀特性

图 7-33 所示为在不同条件下以 1.6A/cm^2 电流密度运行 5000h 后阴极催化层中的碳含量分布。可以发现，流场入口区域的碳腐蚀相对较轻，流场出口区域的碳腐蚀最为严重。在进气加湿不同的情况下，流场入口区域表现出不同的腐蚀程度，而出口区域由于水的积累，腐蚀程度相近。在不同温度和压力的情况下，进口区域的碳腐蚀程度基本相同，较高温度和压力下水蒸气分压的增加导致碳腐蚀程度的增加。

图 7-34a 显示了不同运行条件下阴极催化层内碳含量随时间的变化。图 7-34b 为 5000h 后剩余碳含量及衰减速率。虽然在稳定运行下，碳载体的腐蚀程度要小于水淹情况，但仍会影响燃料电池的后期性能。当碳重量损失在 5% ~ 10% 之间，

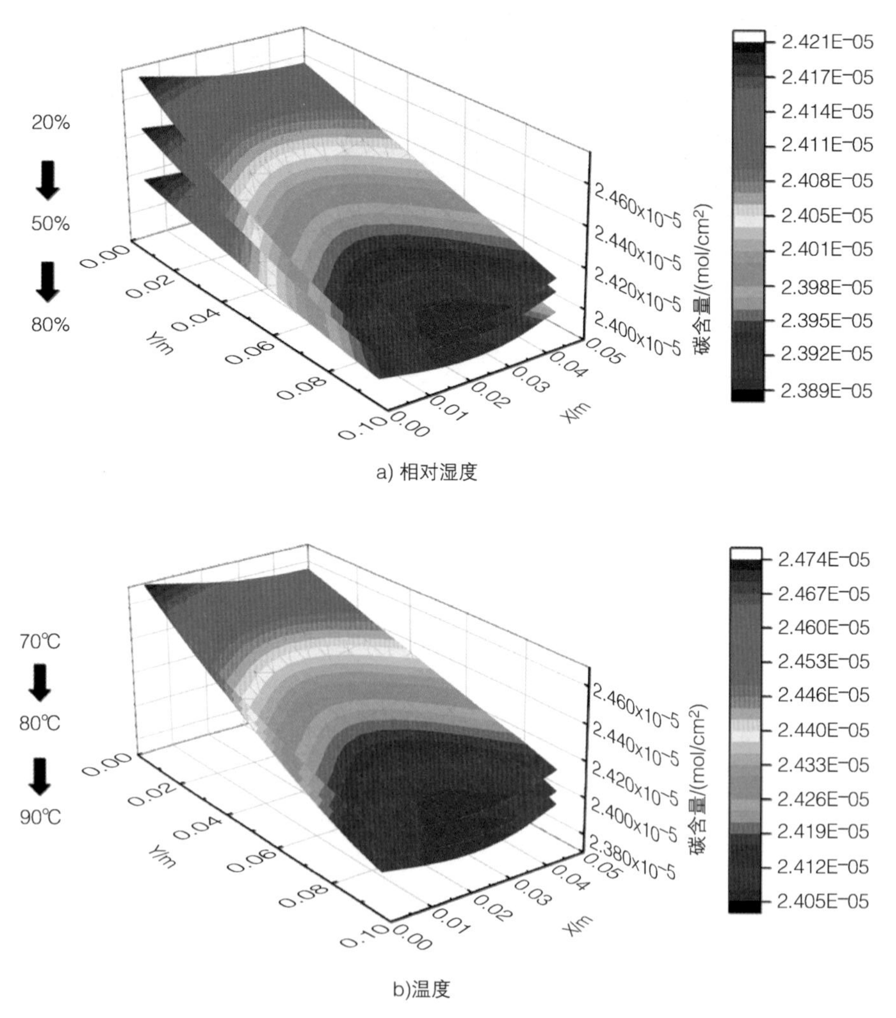

图 7-33 不同条件下以 1.6A/cm^2 电流密度运行 5000h 后阴极催化层各区域碳含量分布

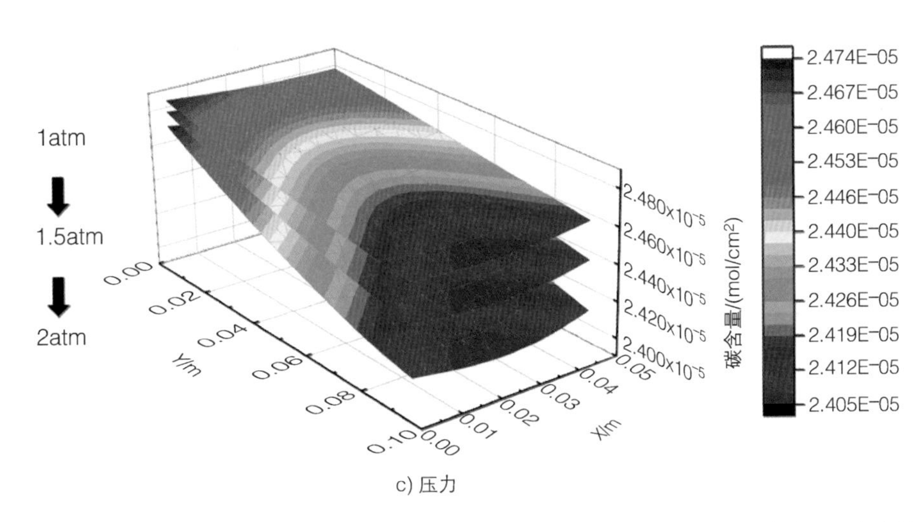

c) 压力

图 7-33　不同条件下以 1.6A/cm^2 电流密度运行 5000h 后阴极催化层各区域碳含量分布（续）

在大多数操作条件下均会导致性能大幅度下降。从图 7-34b 可以看出，压力和相对湿度对碳腐蚀速率的影响小于温度，5000h 后均在 4% 左右。这是因为碳腐蚀反应速率与温度呈指数关系，随着温度的升高，反应速率常数增大，显著提高了碳腐蚀反应速率。压力和相对湿度通过改变水蒸气分压来影响反应速率。当燃料电池的压力从 1atm 增加到 2atm 时，出口区域的水蒸气分压增加了 1.23 倍，而当燃料电池的相对湿度从 20% 增加到 80%，出口区域的水蒸气分压增加了 1.17 倍。碳腐蚀反应速率与水蒸气分压呈线性关系，未水淹区碳腐蚀反应速率较慢。因此，出口区域的碳腐蚀速率差异较小。从图 7-34 还可以看出，在高电流密度下，温度对碳支架腐蚀速率的影响最为显著。

但值得注意的是，在高电流密度下，燃料电池会产生大量的水，更易发生水淹现象。从图 7-34a 可以看出，燃料电池水淹区碳腐蚀速率极快，100h 后碳载体降解率高达 97.76% 左右。在图 7-30a 和图 7-32a 中，增加相对湿度和压力会增大燃料电池的水淹面积。水的饱和蒸气压随着温度的升高而增大，90℃时的饱和蒸气压是 70℃时的 2.25 倍。从图 7-31a 可以看出，气体在高温下可以带走更多的水，有助于缓解燃料电池的水淹问题。在燃料电池的稳定运行中，催化剂碳载体的腐蚀问题主要分为长期运行引起的腐蚀和水淹引起的腐蚀。在这两种情况下，增加压力和相对湿度都促进了碳载体的腐蚀，而在长期运行中，提高电池运行温度虽增加了碳的腐蚀速率，但有利于缓解水淹问题。水淹条件下碳载体腐蚀速率远高于正常运行条件，因此需要在燃料电池运行过程中减少水淹现象的发生，这对提升电池性能和寿命尤为关键。

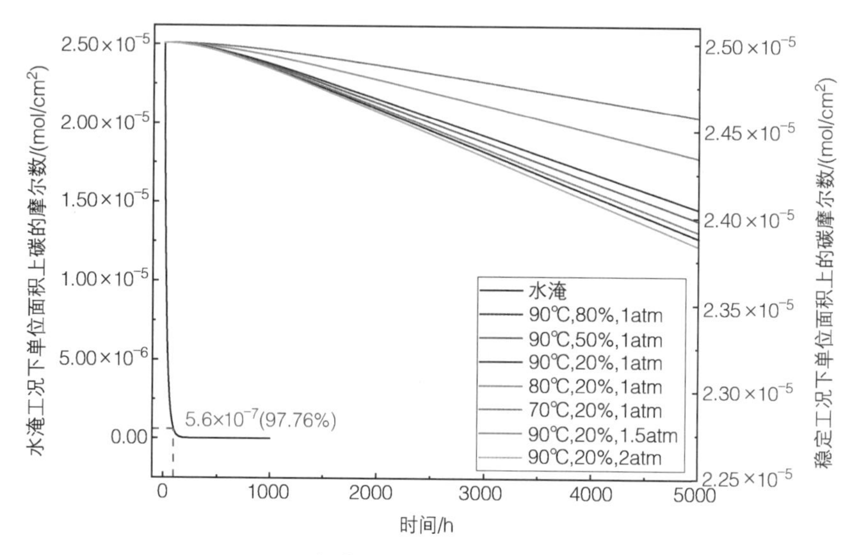

a) 阴极催化层碳含量随时间变化情况

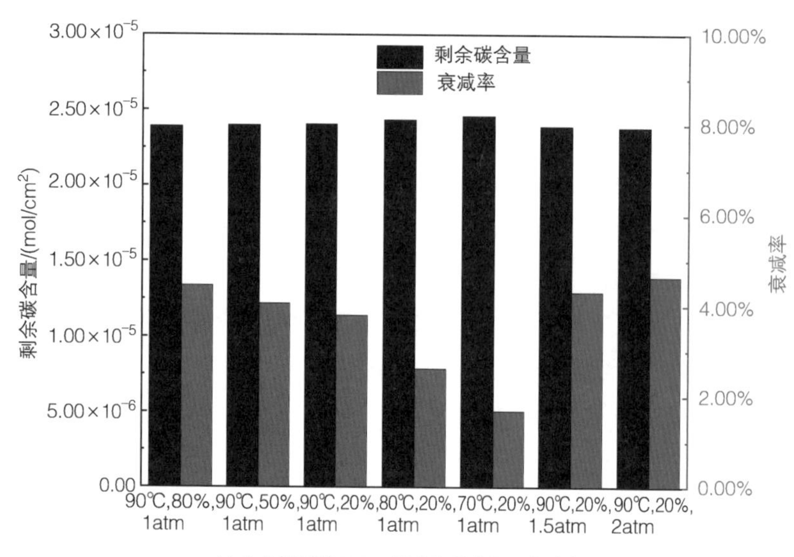

b) 未水淹区域5000h后剩余碳含量及衰减率

图 7-34　不同运行条件下的碳腐蚀

参考文献

[1] OHGURI N, NOSAKA A Y, NOSAKA Y. Detection of OH radicals as the effect of Pt particles in the membrane of polymer electrolyte fuel cells[J]. Journal of Power Sources, 2010, 195: 4647-4652.

[2] GUBLER L, DOCKHEER S M, KOPPENOL W H. Radical (HO, H and HOO) formation and ionomer degradation in polymer electrolyte fuel cells[J]. Journal of the Electrochemical Soci-

ety, 2011, 158 (7): B755-B769.
[3] GUMMALLA M, ATRAZHEV V V, CONDIT D, et al. Degradation of polymer-electrolyte membranes in fuel cells II. Theoretical model[J]. Journal of the Electrochemical Society, 2010, 157 (11): B1542-B1548.
[4] FUTTER G A, LATZ A, JAHNKE T. Physical modeling of chemical membrane degradation in polymer electrolyte membrane fuel cells: Influence of pressure, relative humidity and cell voltage[J]. Journal of Power Sources, 2019, 410: 78-90.
[5] DARLING R M, MEYERS J P. Kinetic model of platinum dissolution in PEMFCs[J]. Journal of the Electrochemical Society, 2003, 150 (11): A1523-A1527.
[6] CHEN H, ZHAO X, ZHANG T, et al. The reactant starvation of the proton exchange membrane fuel cells for vehicular applications: A review[J]. Energy Conversion and Management, 2019, 182: 282-298.
[7] TANIGUCHI A, AKITA T, YASUDA K, MIYAZAKI Y. Analysis of degradation in PEMFC caused by cell reversal during air starvation[J]. International Journal of Hydrogen Energy, 2008, 33: 2323-2329.
[8] WANG G, HUANG F, YU Y, et al. Degradation behavior of a proton exchange membrane fuel cell stack under dynamic cycles between idling and rated condition[J]. International Journal of Hydrogen Energy, 2018, 43: 4471-4481.
[9] KANG J, KIM J. Membrane electrode assembly degradation by dry/wet gas on a PEM fuel cell[J]. International Journal of Hydrogen Energy, 2010, 35: 13125-13130.
[10] LIU M, WANG C, ZHANG J, et al. Diagnosis of membrane electrode assembly degradation with drive cycle test technique[J]. International Journal of Hydrogen Energy, 2014, 39: 14370-14375.
[11] PARK J H, YIM S D, KIM T, et al. Understanding the mechanism of membrane electrode assembly degradation by carbon corrosion by analyzing the microstructural changes in the cathode catalyst layers and polarization losses in proton exchange membrane fuel cell[J]. Electrochimica Acta, 2012, 83: 294-304.
[12] YOUNG A P, STUMPER J, GYENGE E. Characterizing the structural degradation in a PEMFC cathode catalyst layer: Carbon corrosion[J]. Journal of the Electrochemical Society, 2009, 156: B913-B922.
[13] REISER C A, BREGOLI L, PATTERSON T W, et al. A reverse-current decay mechanism for fuel cells[J]. Electrochemical and Solid State Letters, 2005, 8: A273-A276.
[14] XIE X, WANG R, JIAO K, et al. Investigation of the effect of micro-porous layer on PEM fuel cell cold start operation[J]. Renewable Energy, 2018, 117: 125-134.
[15] KIM S, AHN B K, MENCH M M. Physical degradation of membrane electrode assemblies undergoing freeze/thaw cycling: Diffusion media effects[J]. Journal of Power Sources, 2008, 176 (1): 140-146.
[16] SONG K Y, KIM H T. Effect of air purging and dry operation on durability of PEMFC under freeze/thaw cycles[J]. International Journal of Hydrogen Energy, 2011, 36 (19): 12417-12426.
[17] CHANDESRIS M, VINCENT R, GUETAZ L, et al. Membrane degradation in PEM fuel cells: From experimental results to semi-empirical degradation laws[J]. International Journal of Hydrogen Energy, 2017, 42 (12): 8139-8149.
[18] OHMA A, SUGA S, YAMAMOTO S, et al. Membrane degradation behavior during open-circuit voltage hold test[J]. Journal of the Electrochemical Society, 2007, 154 (8): B757-B760.
[19] OHMA A, YAMAMOTO S, SHINOHARA K. Membrane degradation mechanism during open-circuit voltage hold test[J]. Journal of Power Sources, 2008, 182 (1): 39-47.

[20] HASEGAWA N, ASANO T, HATANAKA T, et al. Degradation of perfluorinated membranes having intentionally formed Pt-Band[J]. ECS Transactions, 2008, 10(16): 1713.
[21] YOON W, HUANG X Y. Study of polymer electrolyte membrane degradation under OCV hold using bilayer MEAs[J]. Journal of the Electrochemical Society, 2010, 157 (4): B599-B606.
[22] HELMLY S, HIESGEN R, MORAWIETZ T, et al. Microscopic investigation of platinum deposition in PEMFC cross-sections using AFM and SEM[J]. Journal of the Electrochemical Society, 2013, 160 (6): F687-F697.
[23] HELMLY S, ESLAMIBIDGOLI M J, FRIEDRICH K A, et al. Local impact of Pt nanodeposits on ionomer decomposition in polymer electrolyte membranes[J]. Electrocatalysis, 2017, 8 (6): 501-508.
[24] MACAULEY N, GHASSEMZADEH L, LIM C, et al. Pt Band formation enhances the stability of fuel cell membranes[J]. ECS Electrochemistry Letters, 2013, 2 (4): F33-F35.
[25] MACAULEY N, ALAVIJEH A S, WATSON M, et al. Accelerated membrane durability testing of heavy duty fuel cells[J]. Journal of the Electrochemical Society, 2015, 162 (1): F98-F107.
[26] RODGERS M P, PEARMAN B P, BONVILLE L J, et al. Evaluation of the effect of impregnated platinum on PFSA degradation for PEM fuel cells[J]. Journal of the Electrochemical Society, 2013, 160 (10): F1123-F1128.
[27] MACAULEY N, WONG K H, WATSON M, et al. Favorable effect of in-situ generated platinum in the membrane on fuel cell membrane durability[J]. Journal of Power Sources, 2015, 299: 139-148.
[28] LIM C, GHASSEMZADEH L, VAN HOVE F, et al. Membrane degradation during combined chemical and mechanical accelerated stress testing of polymer electrolyte fuel cells[J]. Journal of Power Sources, 2014, 257: 102-110.
[29] MYERS D J, WANG X P, SMITH M C, et al. Potentiostatic and potential cycling dissolution of polycrystalline platinum and platinum nano-particle fuel cell catalysts[J]. Journal of the Electrochemical Society, 2018, 165 (6): F3178-F3190.
[30] TANG L, HAN B, PERSSON K, et al. Electrochemical stability of nanometer-scale Pt particles in acidic environments[J]. Journal of the American Chemical Society, 2010, 132: 596-600.
[31] UCHIMURA M, SUGAWARA S, SUZUKI Y, et al. Electrocatalyst durability under simulated automotive drive cycles[J]. ECS Transactions, 2008, 162 (2): 225-234.
[32] GASTEIGER H A, KOCHA S S, SOMPALLI B, et al. Activity benchmarks and requirements for Pt, Pt-alloy, and non-Pt oxygen reduction catalysts for PEMFCs[J]. Applied Catalysis B: Environmental, 2005, 56 (1-2): 9-35.
[33] YANG Z, BALL S, CONDIT D, et al. Systematic study on the impact of Pt particle size and operating conditions on PEMFC cathode catalyst durability[J]. Journal of the Electrochemical Society, 2011, 158 (11): B1439-B1445.
[34] HARZER G S, SCHWAEMMLEIN J N, DAMJANOVIC A M, et al. Cathode loading impact on voltage cycling induced PEMFC degradation: A voltage loss analysis[J]. Journal of the Electrochemical Society, 2018, 165 (6): F3118-F3131.
[35] LIU W, ZUCKERBROD D. In situ detection of hydrogen peroxide in PEM fuel cells[J]. Journal of the Electrochemical Society, 2005, 152 (6): A1165-A1170.
[36] GALLAGHER K G, FULLER T F. Kinetic model of the electrochemical oxidation of graphitic carbon in acidic environments[J]. Physical Chemistry Chemical Physics, 2009, 11(48): 11557.
[37] DHANUSHKODI S R, KUNDU S, FOWLER M W, et al. Use of mechanistic carbon corrosion model to predict performance loss in Polymer Electrolyte Membrane fuel cells[J]. Journal of Power Sources, 2014, 267: 171-181.

电热氢联供系统建模仿真研究

结合氢燃料电池发电技术，太阳能、风能等可再生能源发电技术，电解池制氢技术和储氢技术的电热氢联供系统不仅可以有效解决目前可再生能源应用过程中的弃风、弃电问题，还可以有效提升能量利用效率。本章将首先对结合太阳能光伏发电、电解池制氢、金属氢化物储氢、燃料电池发电技术的电热氢联供系统组成及能量分配进行详细的介绍；然后分别搭建太阳能光伏阵列、碱性水电解槽、金属氢化物储氢和燃料电池等子系统模型，通过对上述子系统模型进行耦合，构建电热氢联供系统模型；最后利用上述系统模型对电热氢动态性能和电热氢的逐时匹配进行仿真分析，在此基础上对系统控制策略提出优化建议。

8.1 电热氢联供系统介绍

图 8-1 所示为基于太阳能的电热氢联供系统，该系统整合了太阳能光伏阵列（Photovoltaic array，PV）、碱性电解槽（Alkaline Water Electrolyzer，AWE）、金属氢化物储氢（Metal Hydride，MH）、质子交换膜燃料电池和换热器（Heat Exchanger，HE）等部件，实现了以氢气为能量载体的太阳能的稳定消纳。该联供系统包含两个管理系统：电管理系统（Power Management System，PMS）和热管理系统（Thermal Management System，TMS）。电、热管理系统在联供系统运行时可以根据系统的电热功率和负荷信息来控制碱性水电解槽和燃料电池的运行状态以及金属氢化物储氢罐中氢气的吸附和解吸过程，还可以通过控制电解槽和燃料电池的工作电流和冷却水 / 热水流量来分别调节每个子系统的功率和温度。电管理系统在光伏电力达到设定值时（该系统使用最大功率点跟踪方法获得光伏阵列的电功率）开启电解槽并调节其工作电流匹配其和光伏系统的电功率，此时电解制氢和氢气吸附过程同时发生，同时热管理系统通过调节冷却水流量控制电解槽和金属氢化物储氢罐的温度；在光伏电力不足时关闭电解槽并开启燃料电池，此时燃料电池发电和氢气解吸过程同时发生，同时热管理系统通过调节冷却水和热水流量控制燃料电池和金属氢化物储氢罐的温度。储氢罐中氢气解吸所需的热量由白天储存的热量提供，燃料电池的余热则用于满足加热负荷。

电解槽和燃料电池与外部环境之间的热交换分别通过换热器 1 和换热器 2 进

行。循环水分为内部循环水和外部循环水，其中内部循环水只在电解槽或燃料电池和换热器之间进行循环，避免外部管道的离子污染，从而保证系统运行的稳定性和安全性，外部循环水在换热器另一侧带走内部循环水的热量，并通过在整个外部系统中的流动进行热量传递。进入换热器 1 的外部循环水分成两部分，一部分冷却水直接从外部引入，另一部分冷却水首先吸收储氢罐中氢气的吸附热，两股冷却水混合后（混合后温度约为 30 ~ 35℃）进入换热器 1，可将进入换热器 1 的碱液由入口处的 80℃冷却至 70℃。考虑到金属氢化物储氢罐中氢气的解吸温度约为 65℃，进入储氢罐的热水温度被控制在 70℃。进入换热器 2 的外部循环水温度为 30℃，内部循环水的入口温度为 72℃。换热后进入燃料电池的冷却水水温为 62℃，外循环出口水被加热至 70℃。

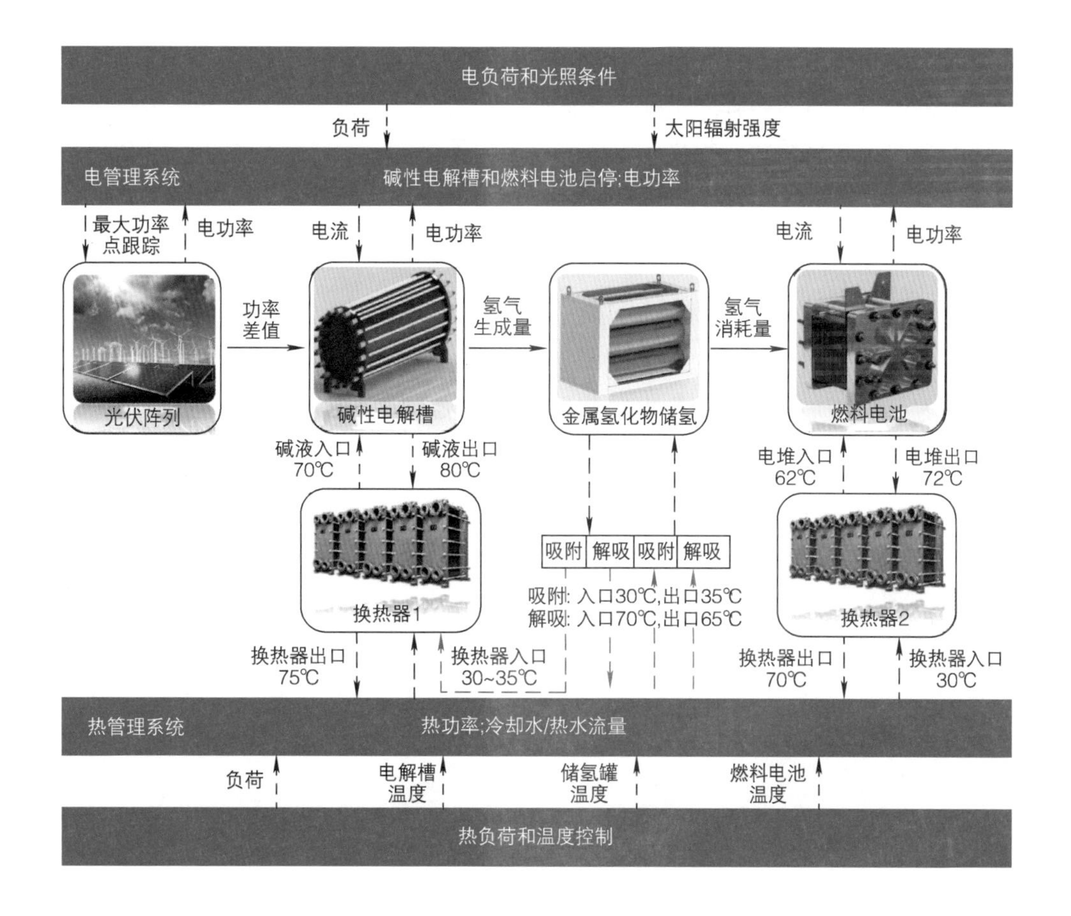

图 8-1　基于太阳能的电热氢联供系统

8.2 电热氢联供子系统建模

采用 MATLAB/Simulink 对电热氢联供系统中各子系统进行了建模仿真，主要包括太阳能光伏阵列模型、碱性水电解槽模型、金属氢化物储氢模型和质子交换膜燃料电池模型。

8.2.1 太阳能光伏阵列模型

本系统中使用的光伏电池型号为 CS6U-320，其参数见表 8-1。图 8-2 表示的是标准条件下不同太阳辐射水平的光伏面板的电流－电压曲线[1]。为了实现太阳能板的最大功率点跟踪，根据图 8-2 分别得到了不同太阳辐射强度下光伏板的最大电功率，并使用非线性拟合方法获得了光伏阵列最大功率点和太阳辐射之间的数据拟合公式（拟合优度 $R^2=99.9\%$）:

$$P_{\max}=0.30754G+1.409\times10^{-5}G^2 \tag{8-1}$$

式中，$P_{\max}$ 是光伏板的最大功率（W）; G 是太阳辐射（W/m^2）。

表 8-1 光伏电池（型号：CS6U-320）参数值

参数	值
开路电压 /V	45.3
短路电流 /A	9.26
最大功率点电压 /V	36.8
最大功率点电流 /A	8.69
开路电压的温度系数 /（%/K）	−0.31
短路电流的温度系数 /（%/K）	0.053

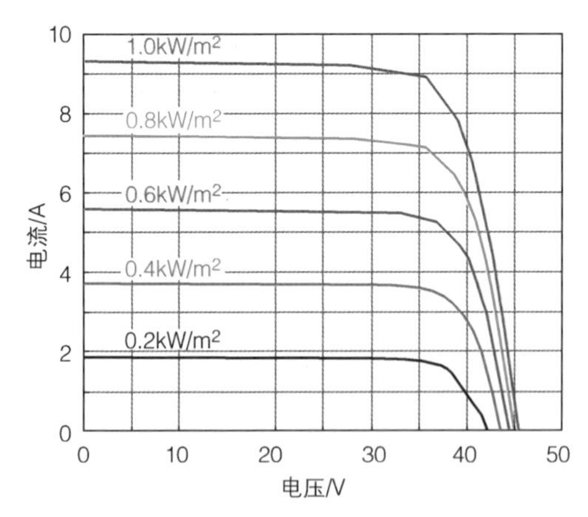

图 8-2 不同太阳辐射条件下光伏面板的电流－电压曲线[2]

8.2.2　碱性水电解槽模型

给定工作电流密度下，碱性电解槽的工作电压可表示为可逆电压 E_r 和阳极活化过电势 $\eta_{act\text{-}a}$、阴极活化过电势 $\eta_{act\text{-}c}$ 和欧姆过电势 η_{ohm} 之和 [3]：

$$V_{AWE} = E_r + \eta_{act\text{-}a} + \eta_{act\text{-}c} + \eta_{ohm} \tag{8-2}$$

考虑到碱性水电解槽主要在相对较低的电流密度（<0.5A/cm^2）下工作，浓差过电势影响较小，该模型忽略了浓差过电势的影响。同燃料电池类似，电解槽可逆电压可由能斯特方程计算得到 [3]：

$$E_r = E_r^0 + \frac{RT_{AWE}}{2F}\ln\left[\frac{\left(\frac{p_{AWE}}{p_{ref}} - \frac{p_{H_2O}}{p_{ref}}\right)^{1.5}\frac{p_{H_2O}^*}{p_{ref}}}{\frac{p_{H_2O}}{p_{ref}}}\right] \tag{8-3}$$

式中，E_r^0 是标准条件下的可逆电压（V）；R 是气体常数 [J/(mol·K)]；T_{AWE} 是电解槽温度（K）；F 是法拉第常数（C/mol）；p_{AWE} 是电解槽工作压力（kPa）；p_{H_2O} 和 $p_{H_2O}^*$ 分别是电极附近湿蒸汽分压和纯水的蒸汽分压（kPa），p_{ref} 是参考压力，p_{ref} = 101kPa。上式第一项代表标准电位，可以表示为温度的函数 [3]：

$$E_r^0 = 1.50342 - 9.956\times10^{-4}T_{AWE} + 2.5\times10^{-7}{T_{AWE}}^2 \tag{8-4}$$

第二项表示压力对可逆电压的影响。p_{H_2O} 可根据温度和氢氧化钾（KOH）溶液的质量分数计算得到：

$$p_{H_2O}^* = {T_{AWE}}^{-3.4159}\exp\left(37.043 - \frac{6275.7}{T_{AWE}}\right) \tag{8-5}$$

$$p_{H_2O} = {T_{AWE}}^{-3.498}\exp\left(37.93 - \frac{6426.32}{T_{AWE}}\right)\times\exp(0.016214 - 0.13082C_{KOH} + 0.1933{C_{KOH}}^{0.5}) \tag{8-6}$$

$$C_{KOH} = w\frac{\left[183.1221 - 0.56845T_{AWE} + 984.567\exp\left(\frac{w}{115.96277}\right)\right]}{5610.5} \tag{8-7}$$

式中，C_{KOH} 是 KOH 溶液的摩尔浓度（mol/m^3）；w 是 KOH 溶液的质量分数。

活化过电势与反应电极的材料有关，且通常情况下，阳极侧活化过电势更大。在本章中，阳极和阴极采用镍作为电极。使用 Butler-Volmer 方程计算活化损失 [3]：

$$\eta_{act} = \frac{RT_{AWE}}{F\alpha_{AWE,a}}\sinh^{-1}\left[\frac{i_{AWE}}{i_{AWE,0,a}(1-\theta)}\right] + \frac{RT_{AWE}}{F\alpha_{AWE,c}}\sinh^{-1}\left[\frac{i_{AWE}}{i_{AWE,0,c}(1-\theta)}\right] \tag{8-8}$$

$$i_{AWE,0,c} = 1.5\times10^{-4}\left(\frac{p_{AWE}}{p_{ref}}\right)^{0.1}\exp\left[-\frac{23000}{RT_{AWE}}\left(1-\frac{T_{AWE}}{T_{ref}}\right)\right] \tag{8-9}$$

$$i_{AWE,0,a} = 0.9\times10^{-4}\left(\frac{p_{AWE}}{p_{ref}}\right)^{0.1}\exp\left[-\frac{42000}{RT_{AWE}}\left(1-\frac{T_{AWE}}{T_{ref}}\right)\right] \tag{8-10}$$

$$\alpha_{AWE,a} = 0.07835 + 0.001T_{AWE} \tag{8-11}$$

$$\alpha_{AWE,c} = 0.1175 + 0.00095T_{AWE} \tag{8-12}$$

式中，i_{AWE} 是电流密度（A/cm^2）；θ 是气泡占据电极表面的比率；$i_{AWE,0,a}$ 和 $i_{AWE,0,c}$ 分别是阳极和阴极的交换电流密度（A/cm^2）；$\alpha_{AWE,a}$ 和 $\alpha_{AWE,c}$ 分别是阳极和阴极的电荷转移系数。

欧姆过电势是离子和电子传递过程中通过不同部件（包括电极、电解质和膜）造成的电压损失。假设双极板的电阻可以忽略不计，欧姆过电势可以通过总电阻和电流相乘来计算[4]：

$$\eta_{ohm} = I_{AWE}(R_c + R_a + R_{KOH} + R_{PEM}) \tag{8-13}$$

$$R = \begin{cases} \dfrac{1}{\sigma_a}\left[\dfrac{\delta}{A_{AWE}(1-\theta)}\right] & \text{阳极} \\ \dfrac{1}{\sigma_c}\left[\dfrac{\delta}{A_{AWE}(1-\theta)}\right] & \text{阴极} \\ \dfrac{1}{\sigma_{KOH}}\left[\dfrac{\delta}{A_{AWE}(1-\theta)}\right] & \text{氢氧化钾溶液} \end{cases} \tag{8-14}$$

式中，δ 是电极厚度（cm）；A_{AWE} 是活性面积（cm^2）；σ 是电导率（S/cm）。

质量分数为 30% 的 KOH 溶液电解质中的锆膜（厚度为 0.5mm）的电阻可根据下式计算：

$$R_{PEM} = \frac{0.06 + 80\exp\left(\dfrac{-T_{AWE}}{50}\right)}{10000A_{AWE}} \tag{8-15}$$

镍电极的电导率为温度的函数：

$$\sigma_a = \sigma_c = 60000000 - 279650T_{AWE} + 532T_{AWE}^2 - 0.38057T_{AWE}^3 \tag{8-16}$$

KOH 溶液的固有电导率为温度和摩尔浓度的函数 [4]，根据布鲁格曼方程 [5] 修正由于电极产气引起的电解质电导率的降低。当 KOH 溶液质量分数为 30% 时，固有电导率如下所示：

$$\sigma_{\mathrm{KOH}}=\left(\begin{array}{c}-2.041C_{\mathrm{KOH}}-0.0028C_{\mathrm{KOH}}^{2}+0.005332C_{\mathrm{KOH}}T_{\mathrm{AWE}}+207.2\dfrac{C_{\mathrm{KOH}}}{T_{\mathrm{AWE}}}+\\0.001043C_{\mathrm{KOH}}^{3}-0.0000003C_{\mathrm{KOH}}^{2}T_{\mathrm{AWE}}^{2}\end{array}\right)\left(1-\frac{2}{3}\theta\right)^{\frac{3}{2}} \tag{8-17}$$

电解槽中氢气和氧气产生的气泡会覆盖到电极表面，降低电极有效面积，增加电解槽活化过电势，如式（8-8）所示；而且气泡穿过电解质会造成电解质电导率的降低，增加欧姆过电势，如式（8-17）所示。假设产生的气泡呈球形，其占据电极表面的比率（θ）可表示为电流密度、温度和压力的函数 [3]：

$$\theta=0.023i_{\mathrm{AWE}}^{0.3}\left(\frac{T_{\mathrm{AWE}}}{T_{\mathrm{ref}}}\frac{p_{\mathrm{ref}}}{p_{\mathrm{AWE}}}\right)^{\frac{2}{3}} \tag{8-18}$$

电解槽的产氢速率如下所示：

$$n_{\mathrm{H_2}}=\eta_{\mathrm{F}}\frac{i_{\mathrm{AWE}}A_{\mathrm{AWE}}}{2F}N_{\mathrm{AWE}} \tag{8-19}$$

式中，η_{F} 是法拉第效率，指的是产氢速率与供应电流之比。该模型忽略通过隔膜扩散引起的氢气损失，因此 η_{F} 为 1。

当电解槽的电压大于热中性电压时，热量会积聚在电解槽中。本研究采用集总热容法对电解槽传热过程进行建模仿真，如下所示 [6]：

$$c_{\mathrm{t}}m_{\mathrm{AWE}}\frac{\mathrm{d}T_{\mathrm{AWE}}}{\mathrm{d}t}=\varPhi_{\mathrm{gen}}-\varPhi_{\mathrm{loss}}-\varPhi_{\mathrm{exch}}-\varPhi_{\mathrm{cool}} \tag{8-20}$$

式中，方程右侧第 1 项表示电解槽内部产生的热量，包括热中性电压的变化，并考虑低工作压力下温度和气泡覆盖电极表面的影响，当气泡在电极表面覆盖时会增加局部电流密度，并在电解槽中产生更多的热量，在该模型中，电解槽温度高达 80℃，热中性电压可以视为常数，相对偏差小于 2%；第 2 项表示散失到环境中的热量，包括气体分离器和电堆的热损失；第 3 项表示电解槽与氢气、氧气和反应水的热交换；第 4 项表示辅助冷却系统带走的热量，采用对数平均温差法计算。各项热量的具体计算公式如下所示：

$$\varPhi_{\mathrm{gen}}=N_{\mathrm{AWE}}(V_{\mathrm{AWE}}-V^{\mathrm{tn}})\frac{i_{\mathrm{AWE}}A_{\mathrm{AWE}}}{(1-\theta)} \tag{8-21}$$

$$\varPhi_{\mathrm{loss}}=\frac{1}{R_{\mathrm{t}}}(T_{\mathrm{AWE}}-T_{\mathrm{amb}}) \tag{8-22}$$

$$\Phi_{\mathrm{exch}}=\dot{m}_{\mathrm{H_2}}c_{\mathrm{p}}^{\mathrm{H_2}}(T_{\mathrm{AWE}}-T_{\mathrm{amb}})+\dot{m}_{\mathrm{O_2}}c_{\mathrm{p}}^{\mathrm{O_2}}(T_{\mathrm{AWE}}-T_{\mathrm{amb}})+\dot{m}_{\mathrm{H_2O}}c_{\mathrm{p}}^{\mathrm{H_2O}}(T_{\mathrm{AWE}}-T_{\mathrm{in}}) \quad (8\text{-}23)$$

$$\Phi_{\mathrm{cool}}=\dot{m}_{\mathrm{w}}c_{\mathrm{p}}^{\mathrm{H_2O}}\left[1-\exp\left(\frac{hA_{\mathrm{AWE}}}{\dot{m}_{\mathrm{w}}c_{\mathrm{p}}^{\mathrm{H_2O}}}\right)\right](T_{\mathrm{AWE}}-T_{\mathrm{in}}) \quad (8\text{-}24)$$

式中，N_{AWE} 是电解槽单池的数量；V_{AWE} 和 V^{th} 分别是电解槽电压和热中性电压（V）；c_{t} 是电解槽比热容 [J/(kg · K)]；R_{t} 是电解槽热阻（K/W）；$\dot{m}_{\mathrm{H_2}}$、$\dot{m}_{\mathrm{O_2}}$、$\dot{m}_{\mathrm{H_2O}}$ 和 $\dot{m}_{\mathrm{w}}$ 分别是氢气、氧气、反应水和冷却水的质量流量（kg/s）；$c_{\mathrm{p}}^{\mathrm{H_2}}$、$c_{\mathrm{p}}^{\mathrm{O_2}}$ 和 $c_{\mathrm{p}}^{\mathrm{H_2O}}$ 分别是氢气、氧气和水的比热容 [J/(kg · K)]；T_{amb} 和 T_{in} 分别是环境温度和冷却水入口温度（K）。

电解槽模型中使用的关键参数见表 8-2。

表 8-2　电解槽模型关键参数 [3]

参数	值
温度 /K	353.15
压力 /Pa	10^5
热中性电压 /V	1.48
氢氧化钾电解质质量分数（%）	30
活性面积 /m^2	0.2
阴极电极厚度 /mm	2.0
阳极电极厚度 /mm	2.0
阴极多孔传输层厚度 /mm	1.7
阳极多孔传输层厚度 /mm	1.7
隔膜厚度 /mm	0.5

8.2.3　金属氢化物储氢模型

金属氢化物储氢可以在相对较低的压力下直接填充氢气，具有紧凑、安全、低压储存和相对较高容量的优点。金属氢化物储氢罐中的氢气密度可根据质量守恒定律计算，如下所示 [7]：

吸附过程
$$\left(\frac{V_{\mathrm{tank}}}{V_{\mathrm{MH}}}-1+\varepsilon\right)\frac{\partial\rho_{\mathrm{g}}}{\partial t}=\frac{m_{\mathrm{H_2,\,AWE}}}{V_{\mathrm{MH}}}-S_{\mathrm{MH,\,ads}} \quad (8\text{-}25)$$

解吸过程
$$\left(\frac{V_{\mathrm{tank}}}{V_{\mathrm{MH}}}-1+\varepsilon\right)\frac{\partial\rho_{\mathrm{g}}}{\partial t}=S_{\mathrm{MH,\,des}}-\frac{m_{\mathrm{H_2,\,FC}}}{V_{\mathrm{MH}}} \quad (8\text{-}26)$$

式中，V_{tank} 和 V_{MH} 分别是储罐和金属氢化物的体积（m^3）；ε 是金属氢化物的孔隙

率；ρ_g 是氢气密度（kg/m^3）；$S_{MH,\ ads}$ 和 $S_{MH,\ des}$ 分别是吸附速率和解吸速率（W/m^3）；$\dot{m}_{H_2,\ AWE}$ 和 $\dot{m}_{H_2,\ FC}$ 分别是电解槽产生和燃料电池消耗的氢气质量流量（kg/s）。

金属氢化物的密度随着氢气吸附和解吸的进行而变化，如下式所示[8]：

吸附过程
$$(1-\varepsilon)\frac{\partial \rho_{MH}}{\partial t}=S_{MH,\ ads} \tag{8-27}$$

$$S_{MH,\ ads}=\psi_{ads}\exp\left(-\frac{E_{ads}}{RT_{MH}}\right)\ln\left(\frac{p_g}{p_{eq}}\right)(\rho_{MH,sat}-\rho_{MH}) \tag{8-28}$$

解吸过程
$$(1-\varepsilon)\frac{\partial \rho_{MH}}{\partial t}=-S_{MH,\ des} \tag{8-29}$$

$$S_{MH,\ des}=\psi_{des}\exp\left(-\frac{E_{des}}{RT_{MH}}\right)\ln\left(\frac{p_g-p_{eq}}{p_{eq}}\right)(\rho_{MH}-\rho_{MH,\ 0}) \tag{8-30}$$

式中，T_{MH} 是金属氢化物温度（K）；ψ_{ads} 和 ψ_{des} 分别是吸附和解吸速率常数（1/s）；$\rho_{MH,sat}$ 和 $\rho_{MH,0}$ 分别是饱和状态和初始状态的金属氢化物密度（kg/m^3）；E_{ads} 和 E_{des} 分别是吸附和解吸过程活化能（J/mol）；p_g 和 p_{eq} 分别是氢气压力和金属氢化物的平衡压力（kPa），可以使用以下公式计算[9]：

$$p_g=\rho_g\frac{RT_{MH}}{M_{H_2}} \tag{8-31}$$

$$p_{eq}=\exp\left(\frac{\Delta H}{RT_{MH}}-\frac{\Delta S}{R}\right) \tag{8-32}$$

式中，M_{H_2} 是氢气摩尔质量（kg/mol）；ΔH 是反应的焓变（J/mol）；ΔS 是反应的熵变 [J/(mol·K)]。

根据能量守恒定律可计算金属氢化物的温度，对于吸附过程和解吸过程，能量守恒方程式分别如下所示[9]：

$$\left(\frac{V_{tank}}{V_{MH}}-1+\varepsilon\right)\frac{\partial(\rho_g c_{p,\ g}T_{MH})}{\partial t}+(1-\varepsilon)\frac{\partial(\rho_{MH}c_{MH}T_{MH})}{\partial t}=k\nabla\cdot\left(\frac{\partial T_{MH}}{\partial t}\right)+\frac{S_{MH,\ ads}\Delta H}{M_{H_2}^2}+S_{cool} \tag{8-33}$$

$$\left(\frac{V_{tank}}{V_{MH}}-1+\varepsilon\right)\frac{\partial(\rho_g c_{p,\ g}T_{MH})}{\partial t}+(1-\varepsilon)\frac{\partial(\rho_{MH}c_{MH}T_{MH})}{\partial t}=k\nabla\cdot\left(\frac{\partial T_{MH}}{\partial t}\right)-\frac{S_{MH,\ des}\Delta H}{M_{H_2}^2}+S_{cool} \tag{8-34}$$

该模型假设罐内温度分布均匀，因此温度的拉普拉斯量可忽略不计。上式右侧第二项表示的是由于吸热反应引起的内部热源，第三项表示传热回路为加热氢化物并将其恢复到平衡温度所提供的热量。式中，$c_{p,g}$ 和 c_{MH} 分别是氢气和金属氢化物的比热容 [J/(kg · K)]；k 是金属氢化物的热导率 [W/(m · K)]；S_{cool} 是金属氢化物和冷却水之间的热量传递速率（W/m^3），如下式所示[9]：

$$S_{cool}=\frac{\dot{m}_w c_p^{H_2O}}{V_{MH}}\left[1-\exp\left(\frac{hA_{MH}}{\dot{m}_w c_p^{H_2O}}\right)\right](T_{in}-T_{MH}) \tag{8-35}$$

式中，A_{MH} 是金属氢化物储氢罐与冷却水的换热面积（m^2）。该模型设定金属氢化物为镍锰钴（MmNiMnCo）合金，其关键参数值见表 8-3。

表 8-3　金属氢化物模型的关键参数值[7]

参数	值
孔隙率	0.5
吸附速率常数 /（l/s）	40.4
解吸速率常数 /（l/s）	12.9
饱和状态下的金属氢化物密度 /（kg/m^3）	8410.67
初始状态下的金属氢化物密度 /（kg/m^3）	8300
吸附活化能 /（J/mol）	21179
解吸活化能 /（J/mol）	15850
金属氢化物比热 / [J/(kg · K)]	600
焓变 /（J/mol）	32000
熵变 / [J/(mol · K)]	118
金属氢化物热导率 / [W/(m · K)]	1.32

8.2.4　燃料电池模型

燃料电池单电池的输出电压可表示为[10]

$$V_{cell}=E_r-\eta_{act}-\eta_{ohm}-\eta_{con} \tag{8-36}$$

式中，E_r 是燃料电池的热力学可逆电压（V）；η_{act}、η_{ohm} 和 η_{con} 分别是燃料电池的活化损失、欧姆损失和浓差损失（V），其具体计算公式如下所示：

$$E_r=1.229-0.85\times10^{-3}(T_{cell}-298.15)+\frac{RT_{cell}}{2F}\ln(p_{H_2}p_{O_2}^{0.5}) \tag{8-37}$$

$$\eta_{act}=\frac{RT_{fc}}{2\alpha F}\ln\left(\frac{I_{fc}}{I_{fc,0}A_{cell}}\right) \tag{8-38}$$

$$\eta_{\mathrm{ohm}}=I_{\mathrm{cell}}(R_{\mathrm{C}}+R_{\mathrm{M}}) \tag{8-39}$$

$$\eta_{\mathrm{con}}=-\frac{RT_{\mathrm{fc}}}{2F}\ln\left(1-\frac{I_{\mathrm{fc}}}{A_{\mathrm{fc}}I_{\mathrm{L}}}\right) \tag{8-40}$$

$$R_{\mathrm{M}}=\frac{\delta_{\mathrm{PEM}}}{A_{\mathrm{cell}}}\frac{181.6\left[1+0.03\left(\dfrac{I_{\mathrm{fc}}}{A_{\mathrm{cell}}}\right)+0.062\left(\dfrac{T_{\mathrm{fc}}}{303}\right)^{2}\left(\dfrac{I_{\mathrm{fc}}}{A_{\mathrm{cell}}}\right)^{2.5}\right]}{\left[\lambda-0.634-3\left(\dfrac{I_{\mathrm{fc}}}{A_{\mathrm{cell}}}\right)\right]\exp\left[4.18\left(\dfrac{T_{\mathrm{fc}}-303}{T_{\mathrm{cell}}}\right)\right]} \tag{8-41}$$

式中，T_{fc} 是燃料电池温度（K）；α 是电子传递系数；A_{cell} 是燃料电池有效面积（m^2）；$I_{\mathrm{fc},0}$ 是交换电流密度（$\mathrm{A/m}^2$）；R_{C} 和 R_{M} 分别是质子转移的接触电阻和膜的内部电阻（Ω）；δ_{PEM} 是膜厚度（m）；λ 是膜态水含量；I_{L} 是极限电流密度（$\mathrm{A/m}^2$）。

燃料电池的耗氢速率为

$$n_{\mathrm{H_2,fc}}=\frac{I_{\mathrm{fc}}}{2F}N_{\mathrm{cell}} \tag{8-42}$$

燃料电池的能量平衡如下式所示[11]：

$$c_{\mathrm{fc}}m_{\mathrm{fc}}\frac{\mathrm{d}T_{\mathrm{fc}}}{\mathrm{d}t}=\varPhi_{\mathrm{tot}}-P_{\mathrm{fc}}-\varPhi_{\mathrm{pre}}-\varPhi_{\mathrm{ex}}-\varPhi_{\mathrm{cool}} \tag{8-43}$$

式中，$\varPhi_{\mathrm{tot}}$、P_{fc}、$\varPhi_{\mathrm{pre}}$、$\varPhi_{\mathrm{ex}}$ 和 $\varPhi_{\mathrm{cool}}$ 分别是进入燃料电池电堆燃料的总能量、电堆电功率、气体预热过程消耗的热功率、尾气损失的热功率和冷却水带走的热量（W），其具体计算公式分别如下：

$$\varPhi_{\mathrm{tot}}=\frac{N_{\mathrm{cell}}I_{\mathrm{fc}}}{2F}\Delta H \tag{8-44}$$

$$P_{\mathrm{fc}}=N_{\mathrm{cell}}V_{\mathrm{cell}}I_{\mathrm{fc}} \tag{8-45}$$

$$\varPhi_{\mathrm{pre}}=(\dot{m}_{\mathrm{H_2}}c_{\mathrm{p}}^{\mathrm{H_2}}+\dot{m}_{\mathrm{air}}c_{\mathrm{p}}^{\mathrm{air}})(T_{\mathrm{cell}}-T_{\mathrm{amb}}) \tag{8-46}$$

$$\varPhi_{\mathrm{ex}}=\dot{m}_{\mathrm{air}}c_{\mathrm{p}}^{\mathrm{air}}(T_{\mathrm{ex}}-T_{\mathrm{amb}}) \tag{8-47}$$

$$\varPhi_{\mathrm{cool}}=\dot{m}_{\mathrm{w}}c_{\mathrm{p}}^{\mathrm{H_2O}}\left[1-\exp\left(\frac{hA_{\mathrm{cell}}}{\dot{m}_{\mathrm{w}}c_{\mathrm{p}}^{\mathrm{H_2O}}}\right)\right](T_{\mathrm{fc}}-T_{\mathrm{in}}) \tag{8-48}$$

式中，N_{cell} 是燃料电池电堆中单电池数目；A_{cell} 是燃料电池与冷却水的换热面积（m^2）；T_{ex} 是对进气预热后排放到环境中的尾气温度（K）。

燃料电池模型中使用的关键参数值见表 8-4。

表 8-4 燃料电池模型的关键参数值 [10, 11]

参数	值
温度 /K	348.15
压力 /Pa	10^5
活性面积 /cm^2	500
单电池数量	300
尾气温度 /K	333.15
膜厚度 /μm	20
膜水合度	20
极限电流密度 /(A/cm^2)	2
电子转移系数	0.3
质子传导电阻 /μΩ	100

8.3 电热氢联供系统建模仿真

图 8-3 所示为电热氢联供系统各子系统连接示意图。光伏阵列与电解槽之间通过电连接，电控制系统在光伏电功率大于电负荷时开启电解槽，通过 PID 控制器控制电解槽的电流，使电解槽的电功率等于光伏电功率与电负荷的差值。电解槽与金属氢化物储氢罐之间通过氢气连接，通过电解槽电流可计算得到氢气产生量和金属氢化物储氢罐中氢气储存过程的吸附热，进而通过控制冷却水流量来控制金属储氢罐的温度，金属氢化物储氢罐的热量传递给电解槽。由金属氢化物储氢罐出来的冷却水通入电解槽中，吸收电解槽产生的热量后进入换热器进行热量交换。在光伏电功率小于电负荷时关闭电解槽，开启燃料电池，此时通过 PID 控制器控制燃料电池的电流来控制燃料电池的电功率等于电负荷与光伏电功率的差值。燃料电池与金属氢化物储氢罐之间通过氢气连接，通过燃料电池电流计算得到氢气消耗量和金属氢化物储氢罐中氢气释放过程所需的热量，此部分热量通过燃料电池提供。燃料电池冷却水出口分为两部分，一部分进入金属氢化物储氢罐经换热后进入换热器，剩余的部分直接进入换热器。

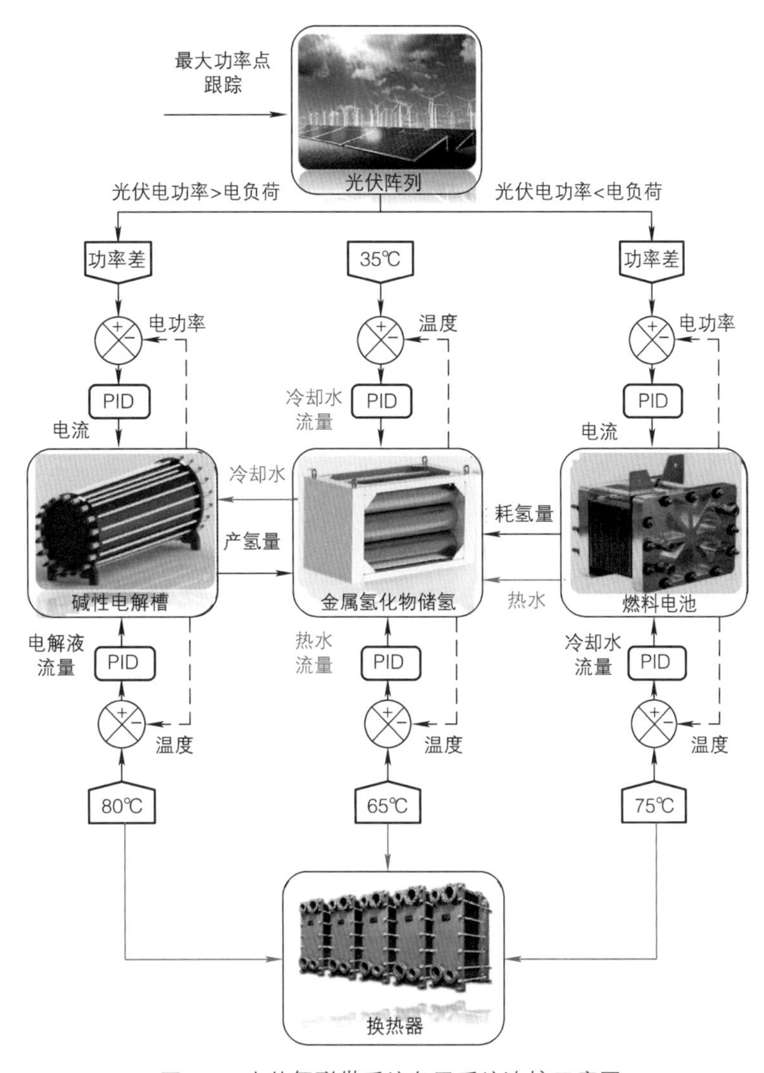

图 8-3　电热氢联供系统各子系统连接示意图

图 8-4 所示为各子系统 Simulink 模型耦合图，从图中可以看出各子系统模型之间的参数耦合关系。通过光伏阵列模块计算得到太阳辐射下的最大光伏电功率，并与用户电负荷比较，功率差值（dP）在光伏电功率大于电负荷时提供给电解槽模块。在给定的初始电解槽电流下，电解槽模块通过式（8-12）~ 式（8-18）计算出电解槽输出电压，并由此得到电解槽消耗的电功率，通过 PID 1 模块将电解槽消耗的电功率与提供给电解槽的电功率进行对比，从而控制电解槽的电流。同时在给定的初始冷却水质量流量下，通过式（8-20）~ 式（8-24）计算得到电解槽温度，通过 PID 2 模块将电解槽温度与设定温度进行对比，从而控制电解槽中冷却水的质量流量。此时通过开关控制金属氢化物储氢罐模块为氢气吸附模式。通过式（8-19）计算得到电解槽中的氢气生成速率，并将此值应用到式（8-25）

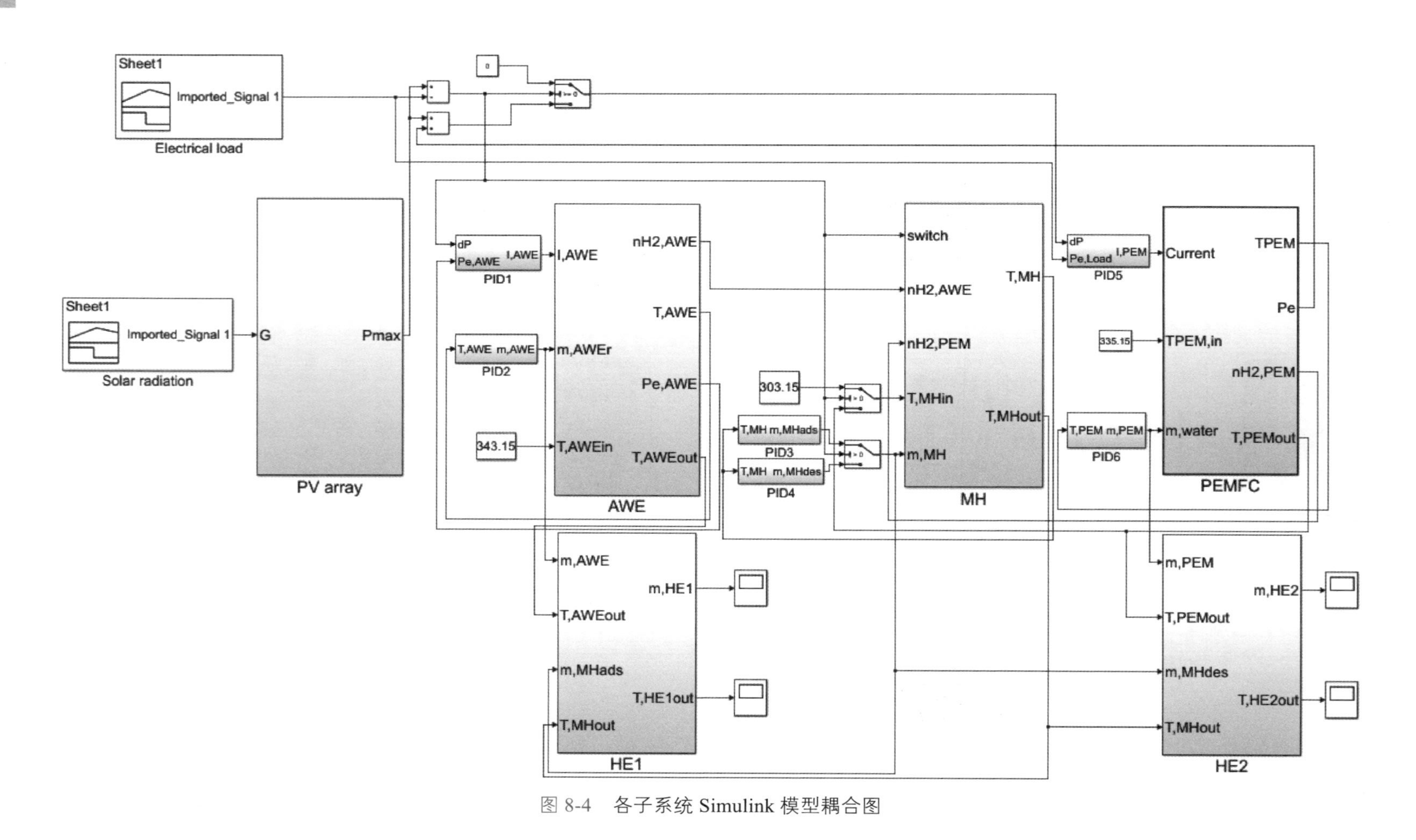

图 8-4　各子系统 Simulink 模型耦合图

的计算中，从而获得此时储氢罐的温度。通过 PID 3 模块将储氢罐温度与设定温度进行对比，从而控制储氢罐中冷却水的质量流量。当光伏电功率小于电负荷时，开启燃料电池，在给定的初始燃料电池电流下，通过式（8-36）~ 式（8-41）计算出燃料电池模块的输出电压，并由此得到燃料电池产生的电功率，通过 PID 5 模块将燃料电池产生的电功率与电功率差值进行对比，从而控制燃料电池的电流。在给定的初始冷却水质量流量下，通过式（8-43）~ 式（8-47）计算得到燃料电池的温度，通过 PID 6 模块将燃料电池温度与设定温度进行对比，从而控制燃料电池中冷却水的质量流量，通过开关将储氢罐模块切换至氢气解吸模式。通过式（8-42）计算得到燃料电池的氢气消耗速率，并将其应用到式（8-26）的计算中，获得储氢罐温度。通过 PID 4 模块将储氢罐温度与设定温度进行对比，从而控制储氢罐中热水的质量流量。根据各模块的热模型计算得到循环水的出口温度。将电解槽和储氢罐氢气吸附过程的热水出口温度和质量流量输入到换热器 1 模型，计算得到电解槽外循环水的出口温度和流量。将燃料电池和储氢罐氢气解吸过程的热水出口温度和质量流量输入到换热器 2 模型，计算得到燃料电池外循环水的出口温度和流量。

8.4　离网运行下系统电、热、氢动态性能分析

针对该基于太阳能的电热氢联供系统的离网应用情景，本节将提出一种基于质量流、能量流和信息流协同控制的能量管理策略。并且基于中国宁波某生态小区冬季和夏季典型日的电热负荷，研究联供系统中太阳能光伏发电、制氢、储氢和燃料电池运行整个过程中多源热流的波动和耦合特性。

8.4.1　用户电热负荷和太阳辐照条件

以中国浙江宁波市的某住宅小区为研究对象，以夏至和冬至两日为代表分别统计夏季和冬季时住宅的负荷，其中，夏季根据制冷系数将冷负荷转换为等效电负荷，冬季将住宅热水负荷和供暖负荷计算为热负荷。图 8-5 所示为是住宅逐时

电热负荷，其中夏季用电负荷在 0.77 ~ 2.23kW 之间，热负荷在 0 ~ 0.30kW 之间，全天消耗的电能和热量分别为 35.13kW·h 和 8.773×10^3kJ。冬季电力负荷在 0.43 ~ 2.21kW 之间，供暖负荷在 0.42 ~ 1.63kW 之间，全天消耗的总电能和热量分别为 27.74kW·h 和 8.60×10^4kJ。

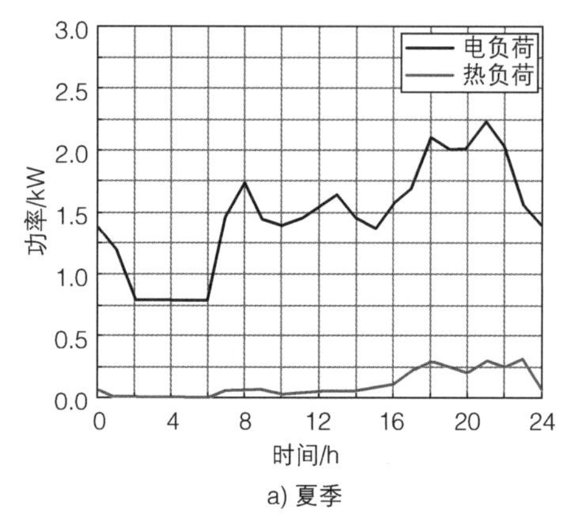

a) 夏季

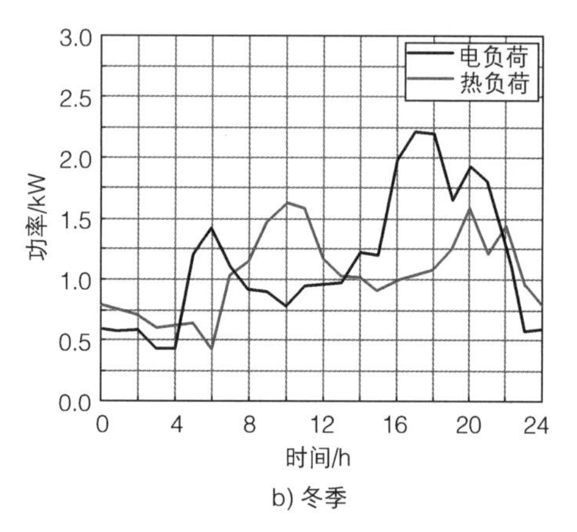

b) 冬季

图 8-5 住宅逐时电热负荷

图 8-6 所示为宁波冬季和夏季典型日逐时太阳辐射强度[12]。如图所示，冬季和夏季的最高太阳辐射均发生在中午 12 时附近，最高太阳辐射密度分别为 569W/m² 和 837W/m²。同时，夏季的日照时间比冬季长。冬天的日照时间是从早上 6 点到下午 5 点，而夏天是从早上 4 点到下午 7 点。考虑到太阳辐射和负荷需求，本节介绍的系统于早上 7 点开始运行。

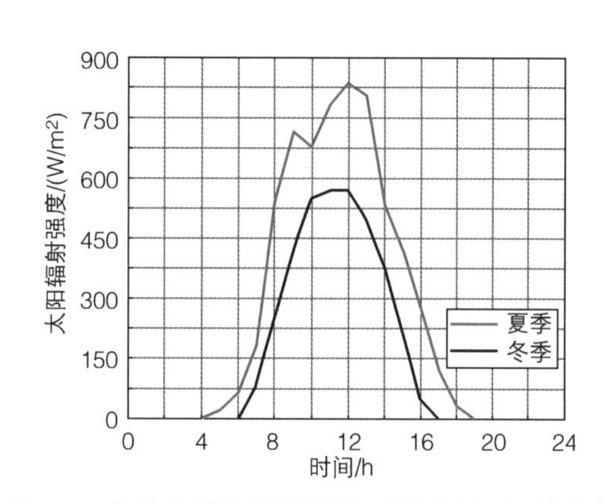

图 8-6 宁波冬季和夏季典型日逐时太阳辐射强度

8.4.2 系统控制策略

本节将提出一种基于质量、能量和信息流协同控制的能量管理策略，研究一天运行时间周期内的系统性能。信息流主要包括信息源（住宅负荷和太阳辐射）和系统中的信息输出（电功率、热功率和温度特性）。系统中的能量流与质量流密切相关。电解槽的功率变化伴随着金属储氢罐中氢气的吸附，而燃料电池的功率变化则伴随着金属储氢罐中氢气的解吸。同时，氢气在金属储氢罐中的吸附和

解吸也会引起热量的产生和消耗。

图 8-7 所示为电热氢联供系统在离网应用中的控制逻辑流程，光伏阵列在太阳辐射强度大于 0 时的电功率大于 0，而当光伏电功率大于电负荷时，电解槽开启并将光伏电功率和电负荷之间的功率差提供给电解槽进行水电解。通过调整电解槽的电流，使电解槽的电功率等于光伏电功率和电负荷之间的功率差，并且调整电解槽的冷却水流量将电解槽的温度控制在 353.15K 左右，此时储氢罐中发生氢气吸附，通过调整储氢罐的冷却水流量将储氢罐的温度控制在 308.15K 左右。当光伏电功率低于电负荷时，电解槽关闭，燃料电池开启以补充不足的电功率，通过调整燃料电池的工作电流使燃料电池的电功率等于不足部分的电功率，并调整燃料电池的冷却水流量将燃料电池的温度维持在 348.15K 左右。此时，储氢罐中发生氢气解吸且通过调整储氢罐中的热水流量将电解槽温度控制在 338.15K 左右。当无太阳光照时，燃料电池开启并通过调整燃料电池电流使燃料电池电功率等于电负荷，而燃料电池和储氢罐的温度通过调节冷却水流量进行控制。

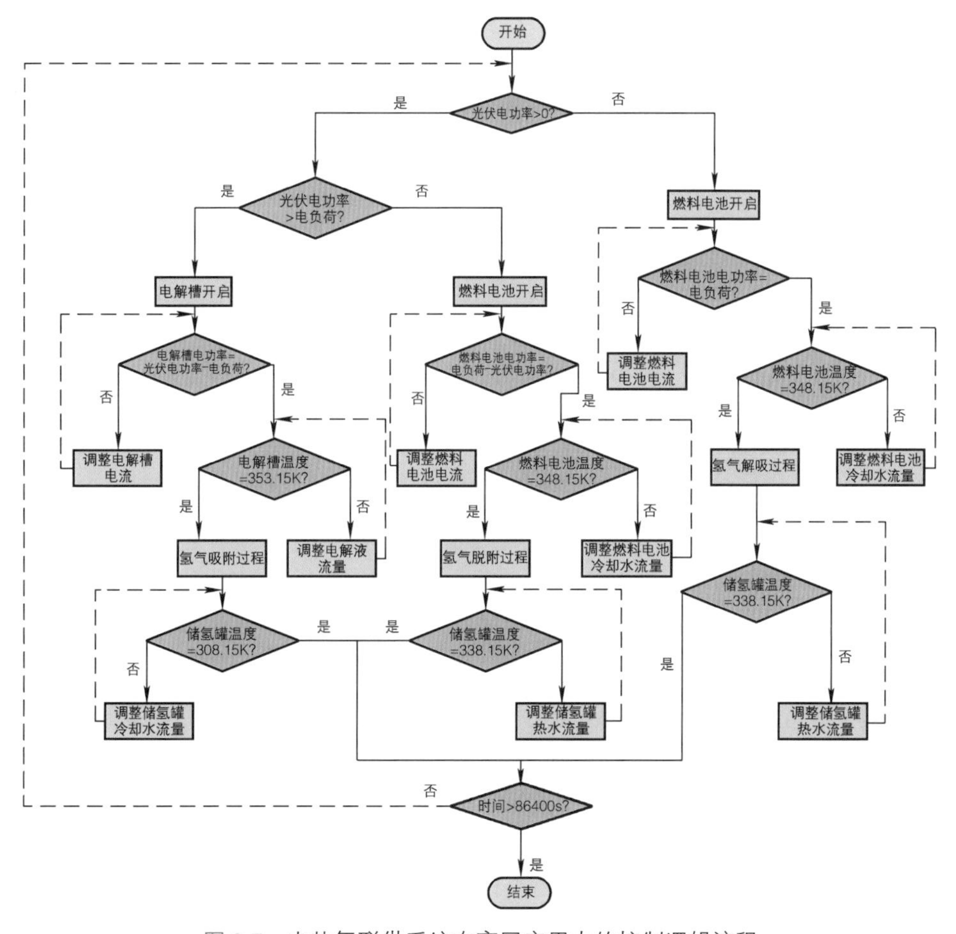

图 8-7　电热氢联供系统在离网应用中的控制逻辑流程

8.4.3 系统动态性能——夏季

由于夏季光照时间较长且太阳辐射强度较大，该系统可以满足 50 户居民的电、热负荷。图 8-8 所示为夏季一天内光伏阵列、电解槽及电功率和热功率的逐时变化。系统从早上 7 点开始运行，此时光伏阵列的电功率能够满足电负荷，多余的电功率提供给电解槽，电解槽产生氢气并在金属氢化物储氢罐中储存。如图 8-8a 所示，与太阳辐射强度变化相对应，光伏阵列和电解槽约在 12：00 时到达最大电功率，分别达到 867.50kW 和 789.44kW，电解槽和储氢罐的最大热功率分别达到 187.14kW 和 63.04kW。需要指出的是，系统启动运行初期电解槽和储氢罐的温度低于其最佳工作温度，此时电解槽和储存罐中所产生的热量在一段时间内用于自身加热。如图 8-8b 所示，电解槽和储氢罐分别运行 0.92h 和 0.32h 后，其工作温度达到标准运行温度，此时才向外输出热功率。整个系统在运行 10.3h（此时太阳辐射强度为 $20W/m^2$）后，光伏阵列的电功率不足以满足电负荷。此时，电解槽关闭，燃料电池开启。燃料电池产生的电功率用于补充不足的电功率。同时，储氢罐转换到解吸过程并吸收热量。运行 12h 后，光伏阵列不产生电功率，此时燃料电池单独提供电负荷。与最大电负荷相对应，燃料电池的最大电功率和热功率分别约为 111.75kW 和 87.68kW，储氢罐消耗的最大热功率约为 35kW。大约凌晨 4 点，光伏阵列再次发电，燃料电池提供的电功率比例逐渐降低。上午 5：30 左右，燃料电池关闭，电解槽开启。在夏季运行一天后，光伏阵

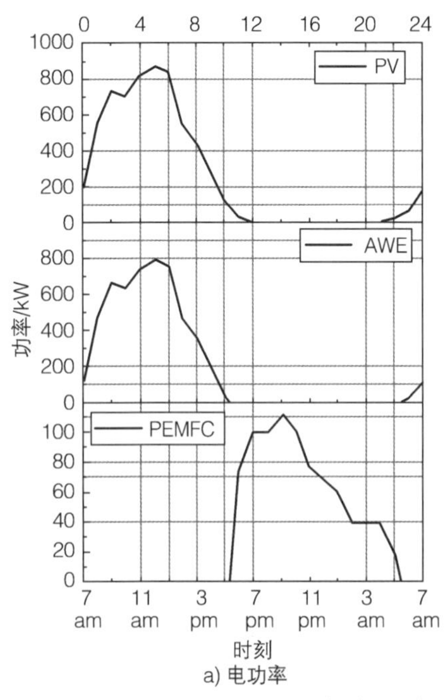

a) 电功率

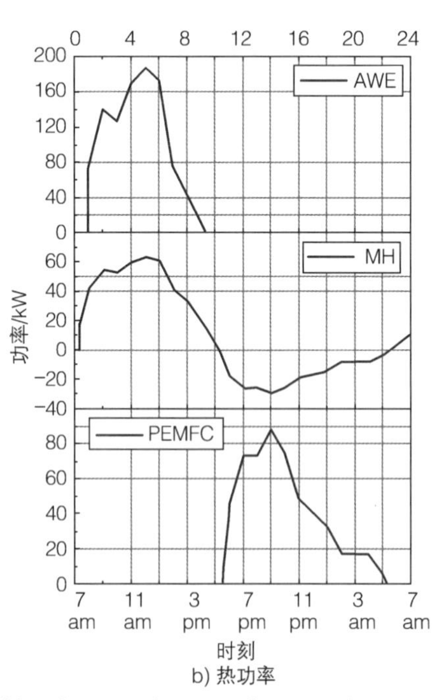

b) 热功率

图 8-8 夏季一天内光伏阵列、电解槽及燃料电池的电功率和热功率的逐时变化

列和燃料电池产生的总电量分别为 6179kW·h 和 814kW·h，电解槽消耗的总电量为 5236kW·h。同时，电解槽和燃料电池产生的总热量分别为 3453.55MJ 和 1864.88MJ，储氢罐中氢气吸附产生的总热量为 1576.1MJ，而氢气解吸消耗的总热量为 720.03MJ。

图 8-9 所示为夏季一天内储氢罐内氢气吸附和解吸的摩尔流量与金属氢化物密度的逐时变化。在系统运行 5h 后，即太阳最大辐射强度时，金属氢化物储氢罐达到最大氢气吸附速率，为 2.06mol/s。系统运行 14h 后，即住宅最大电负荷时，储氢罐内达到最大氢气解吸速率，为 0.98mol/s。从图中可看到，系统运行 10.3h 后，电解槽关闭，燃料电池开启，储氢罐的运行状态从氢气吸附变为氢气解吸。继续运行 12.06h，燃料电池关闭，电解槽开启，储氢罐的运行状态从氢气解吸变为氢气吸附。一天的运行过程中金属氢化物密度最高达到 8402kg/m^3，运行一天后金属氢化物的最终密度为 8357kg/m^3。在一天的运行期间内，电解槽生产的氢气质量为 104.20kg，燃料电池消耗的氢气质量是 47.03kg，储氢罐中储存的氢气质量为 57.17kg。

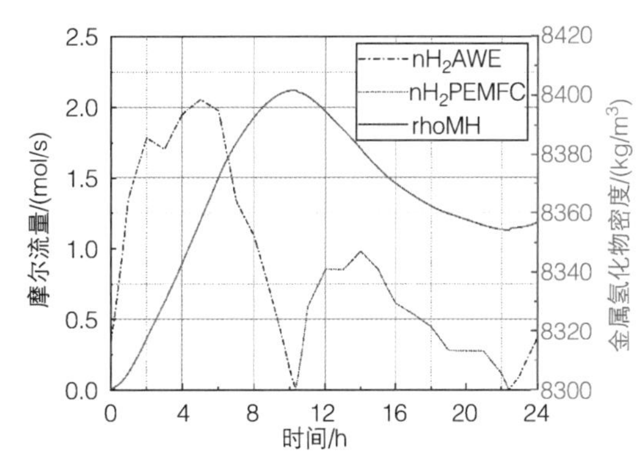

图 8-9　夏季一天内储氢罐内氢气吸附和解吸的摩尔流量与金属氢化物密度的逐时变化

图 8-10 所示为夏季一天内电解槽、储氢罐和燃料电池的水质量流量与温度的逐时变化。由于电解槽启动较为缓慢，其自身预热大约需要 0.92h。电解槽的温度在此期间从环境温度逐渐升高至 353.15K（标准工作温度）。引入冷却水带走电解槽的多余产热量。对应最大太阳辐射强度时刻，电解槽的冷却水流量达到最大值 4.61kg/s。在系统中，金属氢化物储氢罐启动时间相对较短，大约 0.31h 后储氢罐的温度升高至 308.15K（标准吸附温度设定值）。由于氢气的吸附温度需要保持在较低水平，冷却回路进、出口水温低，因此金属氢化物储氢罐吸氢过程需要的冷却水流量较大，最大冷却水流量可达到 11.69kg/s。燃料电池具有最快的响应速度，其温度在大约 0.21h 后升高至 348.15K。对应最大电负荷，燃料电池的最大冷却水流量为 1.93kg/s。

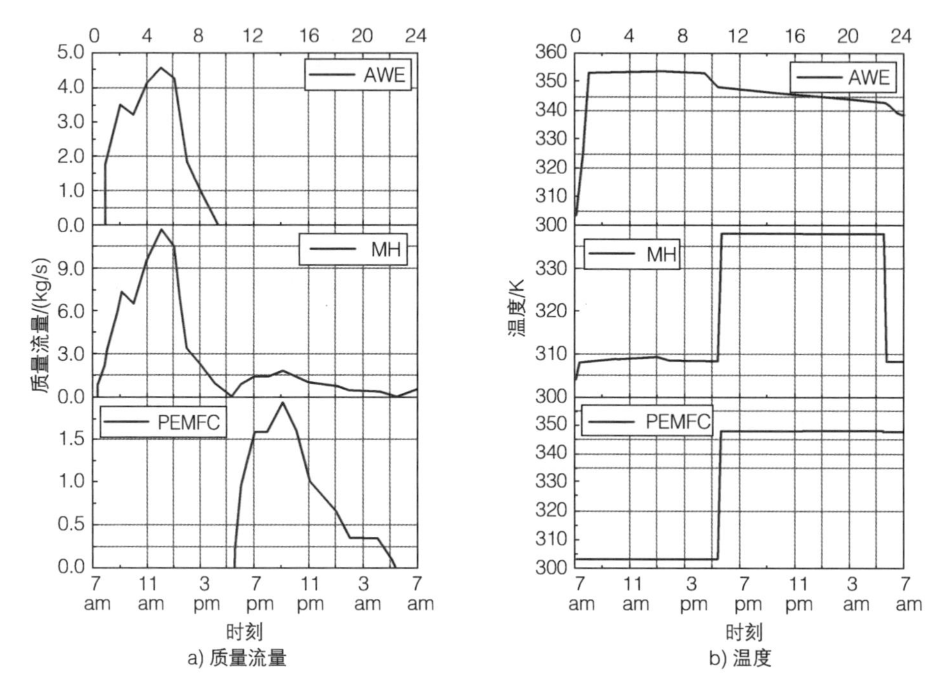

图 8-10　夏季一天内电解槽、储氢罐和燃料电池的水质量流量与温度的逐时变化

图 8-11 所示为联供系统夏季一天内系统的总热量与各部件的产/耗热量。从图中可发现，当系统优先满足电负荷时，会产生多余的热量。特别是在夏季，供暖负荷低，存在大量热量盈余。运行一天后，用户总热负荷量为 438.67MJ，系统产生的总热量为 6174.5MJ。因此，存在大约 5735.83MJ 的热量盈余。电解槽、氢气吸附过程和燃料电池产生的总热量分别为 3453.55MJ、1576.1MJ 和 1864.88MJ，氢气解吸过程消耗的总热量为 720.03MJ。

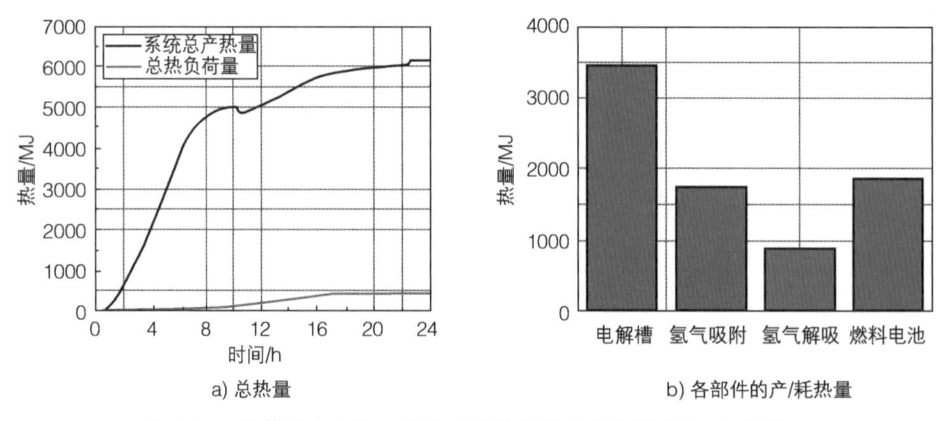

图 8-11　联供系统夏季一天内系统的总热量与各部件的产/耗热量

8.4.4　系统动态性能——冬季

由于冬季光照时间较短，且太阳辐射强度较低，该系统可以为 40 户居民提供电热负荷。图 8-12 所示为联供系统冬季一天内光伏阵列、电解槽和燃料电池的电功率与热功率的逐时变化。由于冬季太阳辐射强度低且日照时间短，电解槽和储氢罐需要更长的启动时间。电解槽和储氢罐分别运行 1.70h 和 0.55h 后，其工作温度达到相应的标准工作温度。同时，白天用于制氢的电功率也相应减少。当太阳辐射强度最高时，对应的光伏阵列和电解槽的最大电功率分别为 583.85kW 和 546.26kW，电解槽和储氢罐的最大热功率分别为 98.73kW 和 46.71kW。系统运行约 10h 后，光伏阵列输出的电功率降为零，此时燃料电池独立承担用户的电负荷。与用户最大电负荷时段相对应，燃料电池达到最大电功率和热功率，分别约为 88.31kW 和 59.12kW，此时储氢罐消耗的热功率约为 22.16kW。系统在次日上午 6：00 左右，光伏阵列再次启动发电。上午 6：35 左右，燃料电池系统关闭，电解槽开启。冬季工况运行一天后，光伏阵列和燃料电池产生的总电量分别为 3667kW · h 和 678kW · h，电解槽消耗的总电量为 3236kW · h。同时，电解槽和燃料电池产生的总热量分别为 1603.01MJ 和 1299.60MJ，储氢罐中氢气吸附产生的总热量为 1017.10MJ，而氢气解吸消耗的总热量为 562.36MJ。

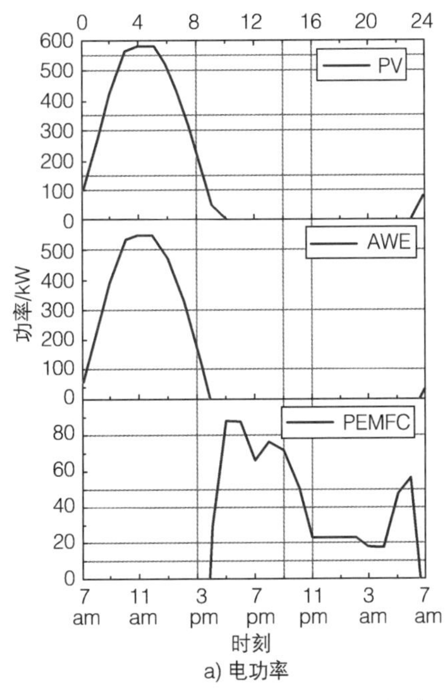

a) 电功率

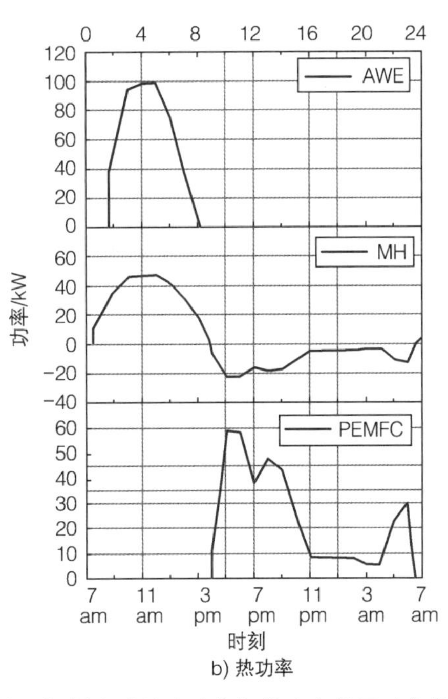

b) 热功率

图 8-12　联供系统冬季一天内光伏阵列、电解槽和燃料电池的电功率与热功率的逐时变化

图 8-13 所示为冬季一天内储氢罐内氢吸附和解吸过程摩尔流量与金属氢化物密度的逐时变化。从图中可看出，系统运行 4h 和 10h 后，对应当日最高太阳辐射强度和最大用户电负荷，储氢罐内氢气的最大吸附和解吸速率分别为 1.52mol/s 和 0.72mol/s。在系统运行 8.84h 后，电解槽关闭，燃料电池开启，储氢罐的运行状态从氢气吸附变为氢气解吸。然后继续运行 14.74h，燃料电池关闭，电解槽开启，储氢罐的运行状态从氢气解吸变为氢气吸附。一天的运行过程中金属氢化物密度最高达到 8367kg/m^3，运行一天后金属氢化物的最终密度为 8331kg/m^3。冬季工况运行一天时间，电解槽生产的氢气总质量为 67.53kg，燃料电池消耗的氢气质量为 36.66kg，系统运行一天后储氢罐中储存的氢气质量为 30.87kg。

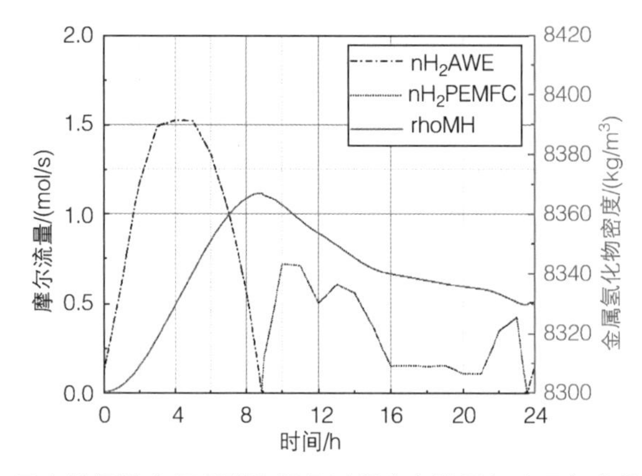

图 8-13　冬季一天内储氢罐内氢吸附和解吸过程摩尔流量与金属氢化物密度的逐时变化

图 8-14 所示为冬季工况一天内电解槽、储氢罐和燃料电池的水质量流量与温度的逐时变化。与夏季工况相比，由于冬季太阳辐射强度较低，电解槽和储氢罐启动时间相对较长，分别为 1.70h 和 0.55h。同时，对应当日最大太阳辐射强度时段，电解槽和储氢罐的最大冷却水流量分别为 2.47kg/s 和 4.60kg/s。对应用户当日最大电负荷时段，燃料电池的最大冷却水流量为 1.27kg/s。

由于冬季的太阳辐照强度较弱而用户供暖负荷较大，当系统优先满足电负荷时，可能会出现热量不足的情况。图 8-15 所示为冬季一天内系统的总热量与各部件的产 / 耗热量的逐时变化，从图中可以看出冬季工况运行一天时间，用户总热负荷量为 3583.76MJ，而系统产生的总热量为 3357.35MJ。因此存在约 226.41MJ 的热量赤字，产热量不足主要发生在晚上和凌晨时间段，此时可以通过降低室内供暖要求减少用户负荷，或通过额外的电加热器来补充不足的热量。图 8-15b 显示了每个部件的产热量。电解槽、氢气吸附过程和燃料电池的产热量分别为 1603.01MJ、1017.10MJ 和 1299.60MJ，氢气解吸过程消耗的热量为 562.36MJ。

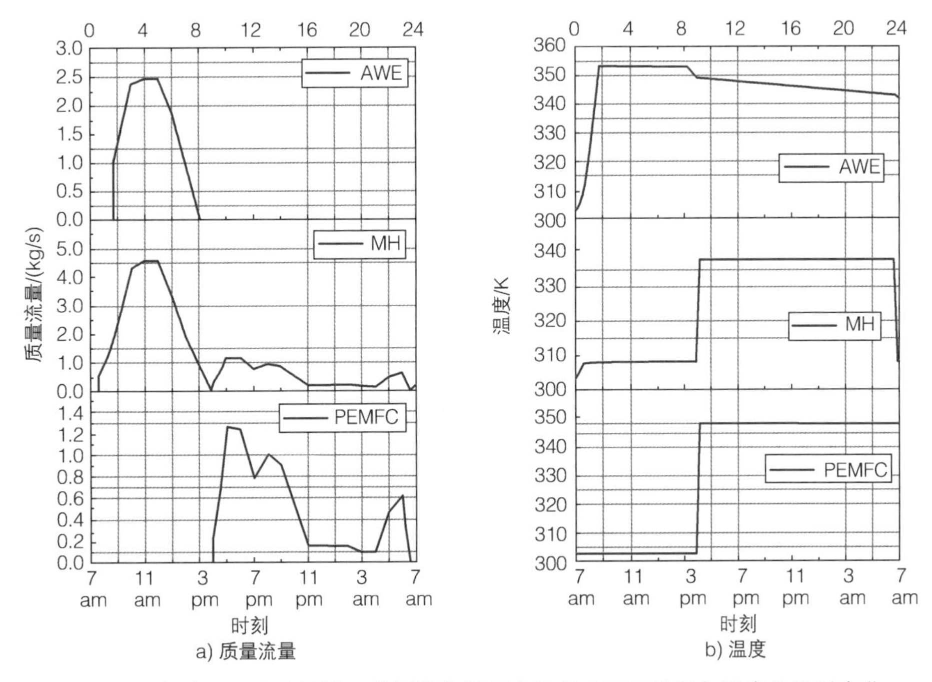

图 8-14　冬季一天内电解槽、储氢罐和燃料电池的水质量流量与温度的逐时变化

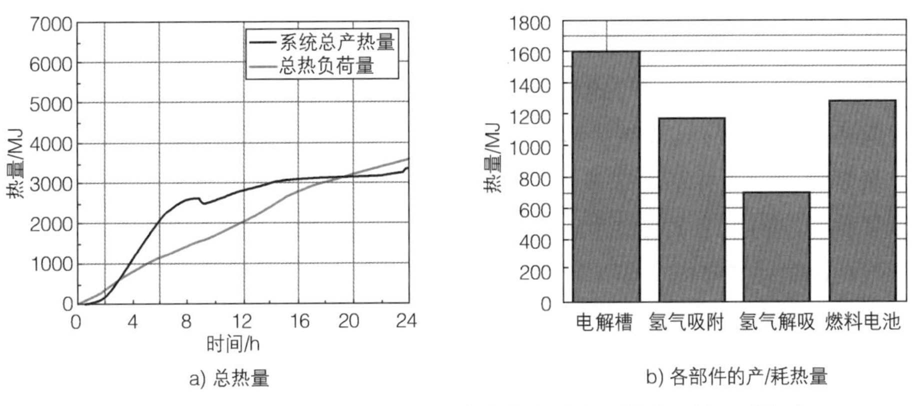

图 8-15　冬季一天内系统的总热量与各部件的产 / 耗热量的逐时变化

本章提出的基于太阳能的电热氢联供系统，充分利用了各组件的电能和热能，进一步提高了系统的能量效率。本研究中系统的效率定义为系统提供的电能、热能和储氢量与光伏功率的比值，系统的效率取决于各部件的效率。在白天，系统效率主要取决于电解槽的效率，并且由于利用氢气吸附过程中释放的热量，系统效率略高于电解槽的效率。在夜间，系统效率主要取决于燃料电池的效率，并且由于氢气解吸过程需要热量，系统效率略低于燃料电池的电热效率。同

时，本系统能够供给的用户规模主要受到燃料电池电功率的限制。本研究中设计的燃料电池最大电功率为100kW，可以发现在本研究的场景中夏季供给50户居民时，燃料电池的峰值功率已经达到90kW，然而在运行一天后，系统消耗47.03kg的氢气，仍有57.17kg的氢气剩余。可以发现，提高燃料电池装机容量可以显著提高系统的供给用户数。由于燃料电池的发电量和产热量接近，本系统更适用于电热负荷相近的场所。在冬季电热负荷量接近时，系统存在较少的能量盈余，而在夏季电负荷远大于热负荷时，系统存在大量的热量盈余。此时，需要考虑其他的热量利用方式（温差发电、热泵、吸附制冷）来减少热电负荷之间的差距。

8.5 离网运行下系统能量管理策略优化

目前，大多数基于可再生能源的热电联供系统采用电主导或热主导控制策略，常常导致系统的功率和用户负荷不匹配。为解决此问题，大多数研究采用增加辅助设备（如热泵和燃气轮机）的方法，但会明显增加系统的体积和成本。在本案例研究中，为了实现系统离网运行时电、热和氢的逐时匹配，我们提出了四种能源管理策略，并基于宁波某生态小区典型的夏季和冬季电力和热负荷需求，分析了四种控制策略下联供系统的性能。以此为基础，确定了该联供系统的最优控制策略以满足夏季和冬季用户电功率、热功率和氢气负荷的全覆盖，为基于可再生能源的联供系统离网运行提供了建议。

8.5.1 控制策略

图8-16所示为联供系统四种控制策略的流程，具体控制流程为：

1）当光伏阵列电功率大于用户电负荷时，电解槽开启，并将光伏电功率和电负荷之间的功率差提供给电解槽。然后，判断电解槽电功率是否等于光伏电功率和电负荷之间的功率差。如果不是，则调整电解槽的电流，直到二者相等。然后，判断电解槽的温度是否等于353.15K。如果不是，则调整电解槽的冷却水质量流量，直到电解槽温度达到最佳工作温度。此时，储氢罐中发生氢气吸附过程，

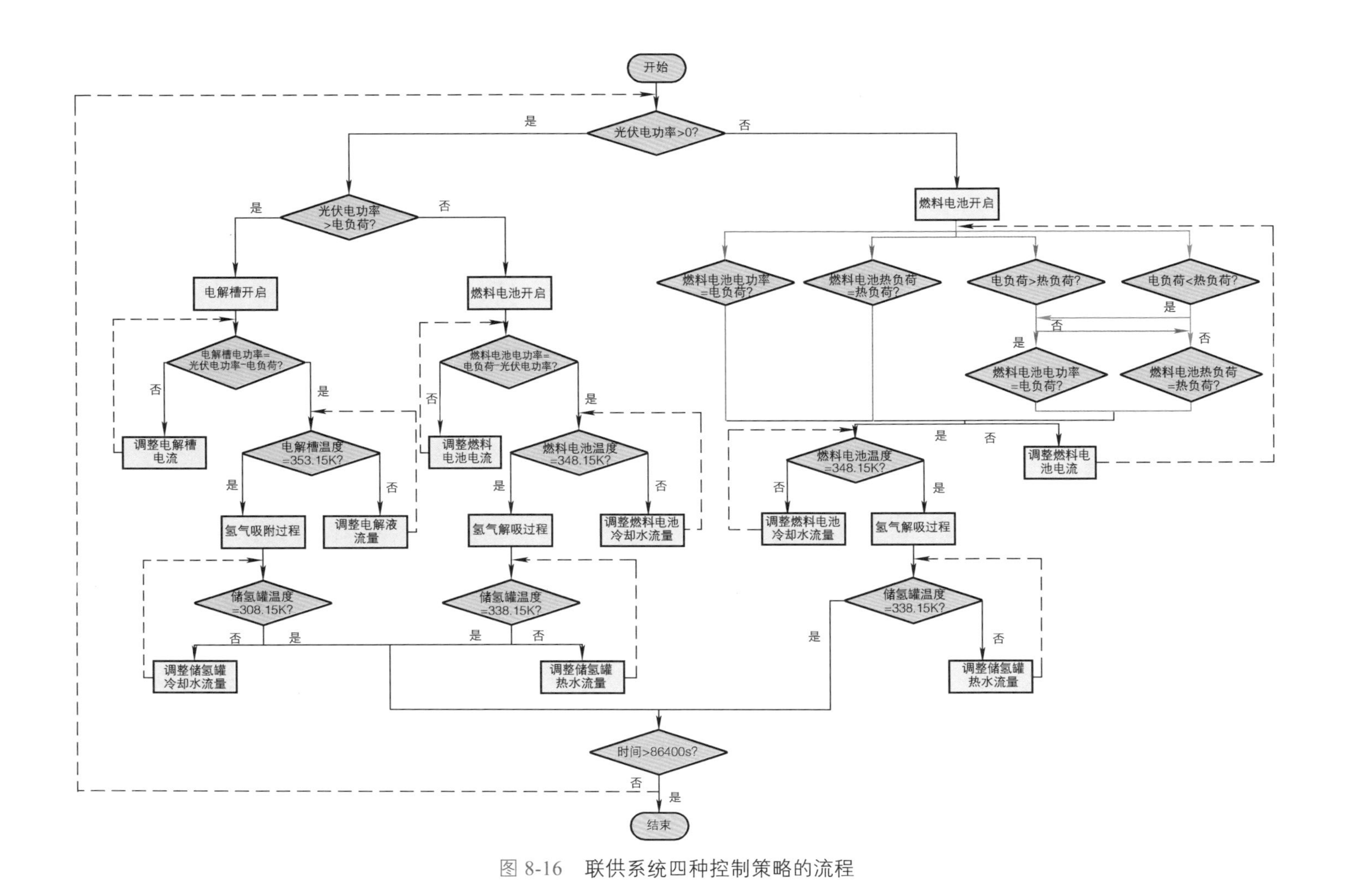

图 8-16　联供系统四种控制策略的流程

判断储氢罐的温度是否等于308.15K。如果不是，则调整储氢罐的冷却水质量流量，直到储氢罐温度达到最佳工作温度。

2）当光伏阵列电功率小于用户电负荷时，电解槽关闭，燃料电池开启以补充不足的电功率。然后，判断燃料电池的电功率是否等于光伏电功率和电负荷之间的差值。如果不是，则调节燃料电池的电流直到两者相等。然后，确定燃料电池的温度是否等于348.15K。如果不是，则调节燃料电池的冷却水质量流量，直到燃料电池温度达到最佳工作温度。此时，储氢罐中发生氢气脱附过程，判断储氢罐温度是否等于338.15K。如果不是，则调整储氢罐的热水流量直到储氢罐温度达到最佳工作温度。

3）当光伏阵列电功率等于0时，考虑了四种不同的控制策略，分别为：①电主导策略，控制燃料电池电功率等于电负荷；②热主导策略，控制燃料电池热功率等于热负荷；③高主导策略，如果电负荷大于热负荷，控制燃料电池电功率等于电负荷，否则控制燃料电池热功率等于热负荷；④低主导策略，如果电负荷小于热负荷，控制燃料电池电功率等于电负荷，否则控制燃料电池热功率等于热负荷。然后，判断燃料电池和储氢罐的温度是否等于最佳工作温度。最后，重复上述步骤，直到系统完整运行一天。

本研究旨在获得能够全面满足夏季和冬季用户电功率、热功率和氢气负荷的控制策略。首先，通过比较用户电热负荷与系统提供的电热功率来判断不同策略下系统供给是否能够满足负荷需求，同时白天产生的氢气应满足夜间燃料电池的氢气消耗量；其次，控制策略应尽可能保证系统提供电功率实时满足用户电负荷；最后，在满足上述条件下，保证系统电、热功率的冗余量最小，尽可能以氢气的形式储存。

8.5.2 性能对比——夏季

从夏季用户负荷曲线可以看出，电力负荷始终超过供暖负荷。因此，夏季只考虑控制策略1和策略2。图8-17所示为夏季工况下联供系统在策略1和策略2控制下系统的电功率和产热量的逐时变化。由于策略1在整个过程中采用了电主导控制策略，因此系统的电功率可以逐时满足用户电负荷要求。对于策略2，系统在运行12h后从电主导切换到热主导控制策略。此时，由于用户热负荷远低于电负荷，系统的电功率无法满足用户电负荷，存在约502kW·h的电量赤字。由于夏季较高的太阳辐射强度和较低的热负荷需求，在策略1和策略2下均存在大量的热量盈余，分别为5703MJ和4860MJ。

图8-18所示为夏季工况下联供系统在策略1和策略2控制下燃料电池的电流密度、氢气摩尔流量和金属氢化物密度的逐时变化。在策略1和策略2控制下，

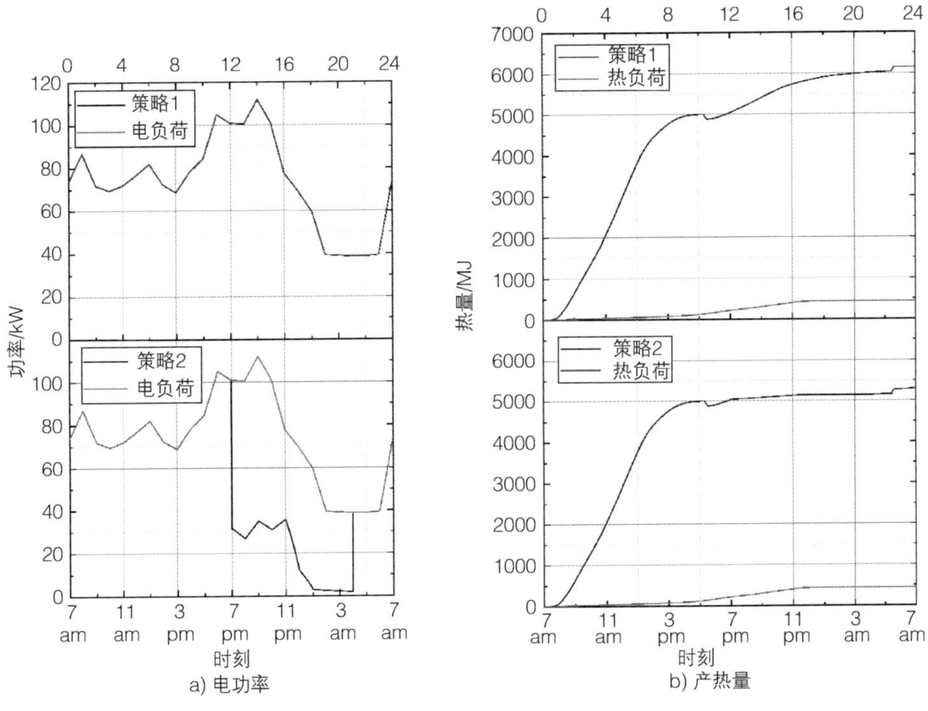

图 8-17 夏季工况下联供系统在策略 1 和策略 2 控制下系统的电功率和产热量的逐时变化

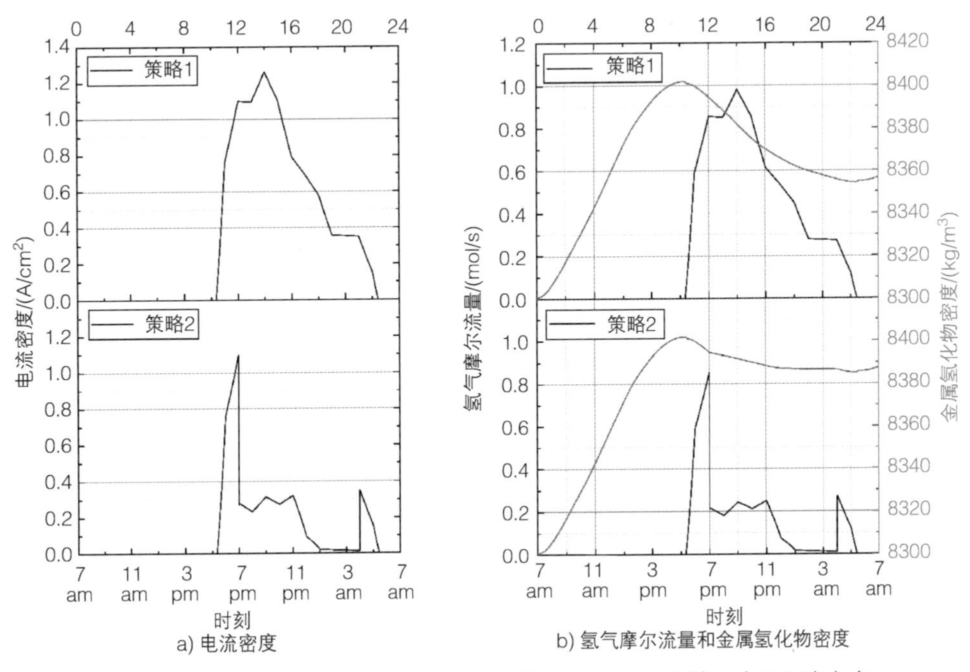

图 8-18 夏季工况下联供系统在策略 1 和策略 2 控制下燃料电池的电流密度、氢气摩尔流量和金属氢化物密度的逐时变化

燃料电池的最大电流密度分别为 1.26A/cm^2 和 1.10A/cm^2。在策略 1 控制下，燃料电池有一半以上的工作时间内电流密度高于 0.6A/cm^2，而在策略 2 控制下，燃料电池一半以上的工作时间内电流密度低于 0.4A/cm^2。因此，燃料电池在策略 1 和策略 2 控制下消耗的氢气总量完全不同，其分别为 23514mol 和 8101mol。在夏季工况下，联供系统运行一天后，在策略 1 和策略 2 控制下，储氢罐内金属氢化物的密度分别为 8357kg/m^3 和 8388kg/m^3，储氢罐中储存的氢气量分别为 57kg 和 87.82kg。

8.5.3 性能对比——冬季

图 8-19 所示为冬季工况下联供系统在四种策略控制下系统的电功率和产热量的逐时变化。由于策略 1 在整个运行过程中采用了电主导的控制策略，因此系统的电功率可以实时满足用户电负荷要求。在策略 2 控制下，系统在运行 10h 后从电主导控制策略切换到热主导控制策略。切换后，初始时系统的电功率小于用户电负荷，在继续运行 1.53h 后系统电功率高于用户电负荷，然后在运行 12.15h 后系统电功率又低于电负荷。在策略 3 控制下，在最初的 14.79h 内，系统采用电主导的控制策略，然后切换到热主导的控制策略，并在继续运行 6.45h 后切换回电主导的控制策略。同时，在热主导策略控制期间，系统电功率仍然可以满足用

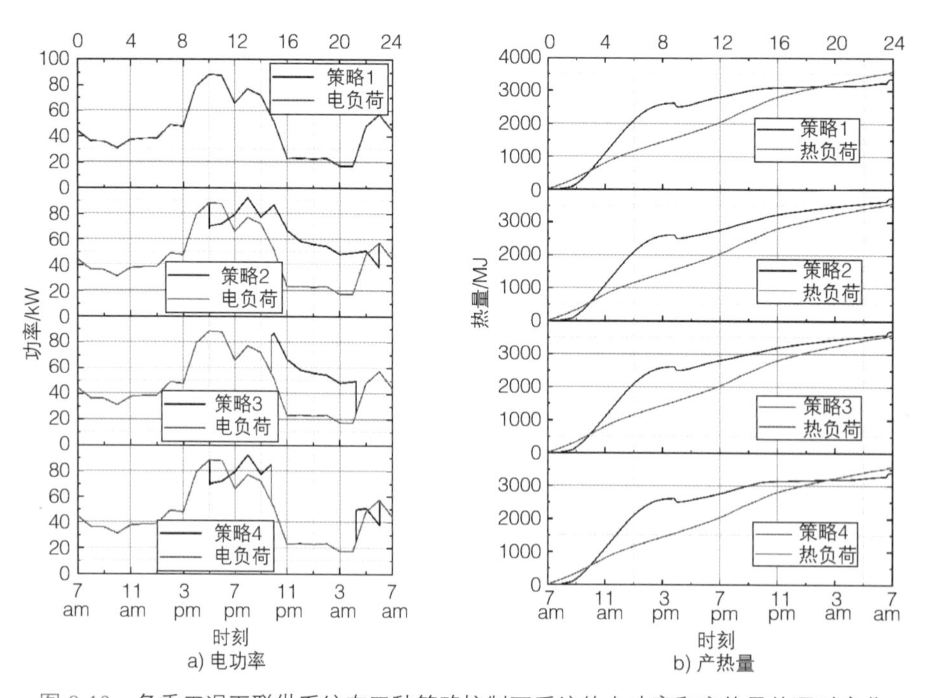

图 8-19 冬季工况下联供系统在四种策略控制下系统的电功率和产热量的逐时变化

户电负荷。因此，采用策略 3 可以确保系统运行过程中实时满足所需的电负荷。在策略 4 控制下，在系统运行 10—15h 和 21.24—23h 期间，采用热主导的控制策略，其余时间采用电主导的控制策略。其中，在系统运行 10—11.55h 和 22.13—23h 期间，系统电功率低于用户电负荷，而在剩余时间段内，系统电功率高于用户电负荷。冬季工况运行一天后，四种控制策略下联供系统的电力盈余分别为 0kW・h、251.69kW・h、242.44kW・h 和 29.44kW・h。由于冬季太阳辐射强度较低且电解槽和储氢罐启动时间较长，运行初期（2.94h 内）系统的产热量低于用户热负荷。运行一天后，采用策略 1 和策略 4 的系统的热量赤字分别为 237.54MJ 和 185.65MJ，而采用策略 2 和策略 3 的系统热量盈余分别为 154.09MJ 和 102.16MJ。

图 8-20 所示为冬季四种策略下燃料电池的电流密度、氢气摩尔流量和金属氢化物密度的逐时变化。在策略 1 和策略 3 控制下，燃料电池的最大电流密度为 $0.93A/cm^2$，而在策略 2 和策略 4 控制下燃料电池的最大电流密度为 $0.88A/cm^2$。四种策略控制下燃料电池的平均电流密度分别为 $0.44A/cm^2$、$0.62A/cm^2$、$0.60A/cm^2$ 和 $0.46A/cm^2$。在四种策略下，电流密度的分布范围不同，电流密度分布在大于 $0.6A/cm^2$ 的范围内的比例分别为 33.69%、48.01%、46.07% 和 35.76%，在 $0.3\sim0.6A/cm^2$ 范围内的比例分别为 22.34%、48.13%、46.15% 和 33.08%，而在低于 $0.3A/cm^2$ 的范围内的比例则分别为 43.97%、3.86%、7.78% 和 42.16%。如图 8-20b 所示，储氢罐中氢气的解吸速率呈现出与电流密度相同的变化趋势。在策略 1 和策略 3 控制下，

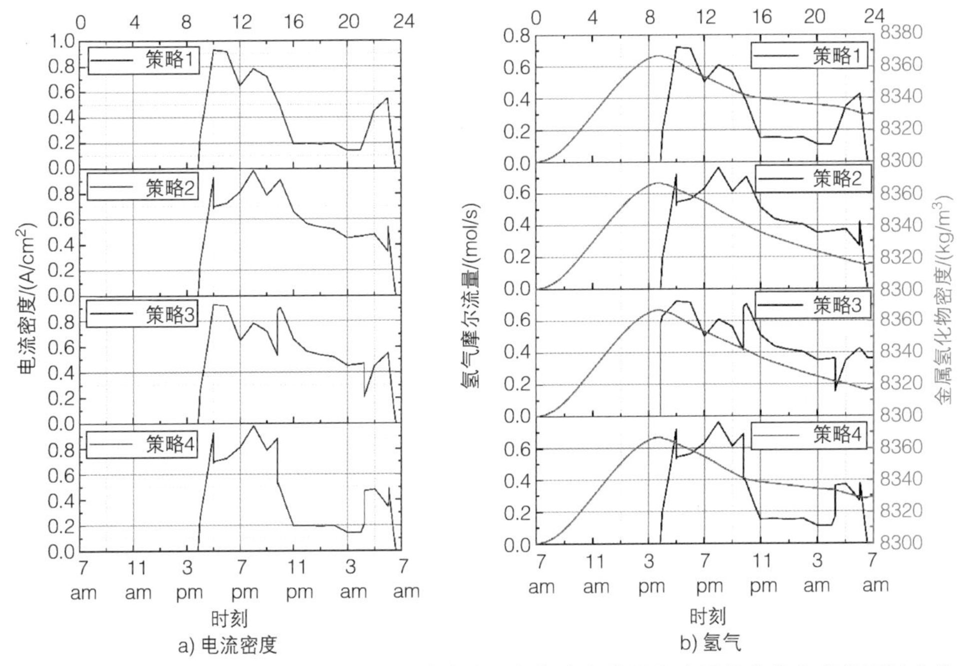

图 8-20　冬季四种策略下燃料电池的电流密度、氢气摩尔流量和金属氢化物密度的逐时变化

最大氢气解吸速率为 0.72mol/s，而在策略 2 和策略 4 控制下，最大氢气解吸速率为 0.76mol/s。四种策略下燃料电池消耗的总氢气量分别为 18328mol、25655mol、24857mol 和 19103mol。系统运行一天后，四种策略下的金属氢化物的密度分别为 8330kg/m^3、8316kg/m^3、8318kg/m^3 和 8329kg/m^3，储氢罐中储存的氢气量分别为 30.88kg、16.22kg、17.82kg 和 29.33kg。由于金属氢化物饱和密度为 8410.67kg/m^3，当金属氢化物的密度达到饱和密度时，储氢罐将不能继续储氢。因此，通过金属氢化物的密度变化可知金属氢化物最大持续存储时间以及储存的氢气量。当金属氢化物达到饱和密度时，应采取更换金属氢化物或将储存的氢气释放利用的方法。

8.5.4 盈余能量分析与最佳策略

四种策略控制下联供系统运行一天后电、热、氢的剩余量见表 8-5。夏季时，策略 1 和策略 2 均存在大量的热量盈余。策略 1 使用更多的氢气来确保用户电量供应，而策略 2 节省了更多的氢气，但存在电量赤字问题。考虑到该系统的离网应用场景，夏季建议采用策略 1，采用该策略运行一天后，热量和氢气盈余量分别为 5706MJ 和 57kg。同时，策略 2 与策略 1 的不同在于夜间采用热主导的策略，但二者的热量盈余分别 4860MJ 和 5706MJ。在夏季，大量的热量盈余主要出现在白天电解水和氢气储存过程中。因此，在电负荷远大于热负荷的应用场景下，需要增加其他热量利用方式缩小电热负荷之间的差值。在冬季，策略 1 和策略 4 均存在热量赤字，策略 2 和策略 3 均存在少量的电量、热量和氢气盈余，可以满足系统离网运行的条件。当采用策略 2 时，系统电功率在一段时间内会低于用户电负荷，而当采用策略3时，电功率可以满足整个运行期间的电负荷。因此，冬季建议采用策略 3，采用该策略运行一天后，电量、热量和氢气的盈余量分别为 221.5kW·h、102.16MJ 和 17.82kg。由于燃料电池的发热量和发电量相近，因此，在电热负荷接近的情况下，采用更高负荷主导的控制策略可以更好地实现负荷匹配。

表 8-5　四种策略控制下联供系统运行一天后电、热、氢的剩余量

季节	策略	电量 /kW·h	热量 /MJ	氢气 /kg
夏季	策略 1	0	5706	57
	策略 2	−502	4860	87.82
冬季	策略 1	0	−237.54	30.88
	策略 2	245.4	154.09	16.22
	策略 3	221.5	102.16	17.82
	策略 4	20.41	−185.65	29.33

参考文献

[1] KONG L, CAI G, XUE S, et al. Modeling and Coordinated Control Strategy of Large Scale Grid-Connected Wind/Photovoltaic/Energy Storage Hybrid Energy Conversion System[J]. Mathematical problems in engineering, 2015, 2015: 1-14.

[2] ZHAO J, LUO X, TU Z, et al. A novel CCHP system based on a closed PEMEC-PEMFC loop with water self-supply[J]. Applied Energy, 2023, 338: 120921.

[3] JANG D, CHO H, KANG S. Numerical modeling and analysis of the effect of pressure on the performance of an alkaline water electrolysis system[J]. Applied Energy, 2021, 287: 116554.

[4] GILLIAM R, GRAYDON J, KIRK D, et al. A review of specific conductivities of potassium hydroxide solutions for various concentrations and temperatures[J]. International Journal of Hydrogen Energy, 2007, 32(3): 359-364.

[5] WEIJS M P M G, JANSSEN L J J, VISSER G J. Ohmic resistance of solution in a vertical gas-evolving cell[J]. Journal of applied electrochemistry, 1997, 27(4): 371-378.

[6] HAMMOUDI M, HENAO C, AGBOSSOU K, et al. New multi-physics approach for modelling and design of alkaline electrolyzers[J]. International Journal of Hydrogen Energy, 2012, 37(19): 13895-13913.

[7] NGUYEN H Q, SHABANI B. Metal hydride thermal management using phase change material in the context of a standalone solar-hydrogen system[J]. Energy Conversion and Management, 2020, 224: 113352.

[8] CHO J, YU S, KIM M, et al. Dynamic modeling and simulation of hydrogen supply capacity from a metal hydride tank[J]. International Journal of Hydrogen Energy, 2013, 38(21): 8813-8828.

[9] CHABANE D, HAREL F, DJERDIR A, et al. Energetic modeling, simulation and experimental of hydrogen desorption in a hydride tank[J]. International Journal of Hydrogen Energy, 2019, 44(2): 1034-1046.

[10] SAEED E W, WARKOZEK E G. Modeling and Analysis of Renewable PEM Fuel Cell System[J]. Energy Procedia, 2015, 74: 87-101.

[11] CHANG H, XU X, SHEN J, et al. Performance analysis of a micro-combined heating and power system with PEM fuel cell as a prime mover for a typical household in North China[J]. International Journal of Hydrogen Energy, 2019, 44(45): 24965-24976.

[12] ZHAO J, LIU M, TU Z, et al. Off-grid solar photovoltaic-alkaline electrolysis-metal hydrogen storage-fuel cell system: An investigation for application in eco-neighborhood in Ningbo, China [J]. International Journal of Hydrogen Energy, 2023, 48(50): 19172-19187.

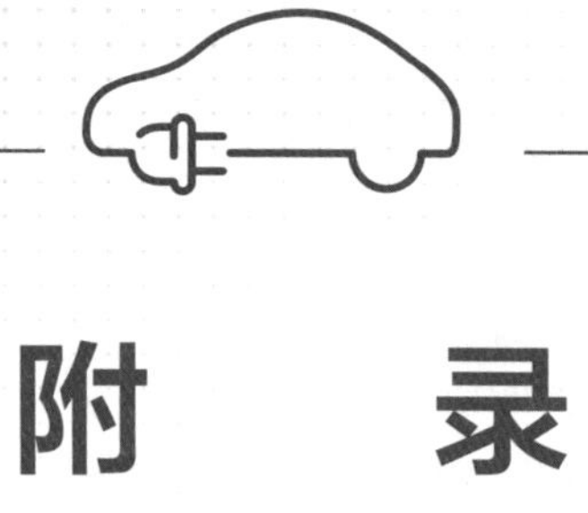

附　录

主要符号表

1. 缩写词

缩写词	中文名称	英文名称
ANN	人工神经网络	Artificial neural networks
ASR	面积比电阻	Area specific resistance
AWE	碱性电解槽	Alkaline water electrolyzer
BP	双极板	Bipolar plate
BPNN	误差反向传播人工神经网络	Back propagation neural network
B-V	巴特勒－福尔默方程	Butler-Volmer equation
CFD	计算流体动力学	Computational fluid dynamics
CH	流道	Channel
CL	催化层	Catalyst layer
CPU	中央处理器	Central processing unit
CUDA	统一计算设备架构	Compute unified device architecture
EHP	电化学氢泵	Electrochemical hydrogen pump
EM	排气歧管	Exhaust manifold
ESM	等效刚度模型	Equivalent stiffness model
GA	遗传算法	Genetic Algorithm
GDL	气体扩散层	Gas diffusion layer
GPU	图形处理单元	Graphic processing unit
HE	换热器	Heat exchanger
HOR	氢氧化反应	Hydrogen oxidation reaction
KCL	基尔霍夫电流定律	Kirchhoff's current law
KVL	基尔霍夫电压定律	Kirchhoff's voltage law
LBM	格子玻尔兹曼方法	Lattice Boltzmann method
MH	金属氢化物	Metal hydride
MPL	微孔层	Microporous layer
NDM	无点阵	No dot matrix
NEDC	新欧洲驾驶循环	New European driving cycle
OCV	开路电压	Open circuit voltage
ORR	氧还原反应	Oxygen reduction reaction
PAEF	聚砜类	Polysulfone acid-diphenol
PBI	聚苯并咪唑类	Polybenzimidazole
PEEK	聚醚醚酮	Poly-ether-ether-ketone
PEM	质子交换膜	Proton exchange membrane
PEMFC	质子交换膜燃料电池	Proton exchange membrane fuel cell
PEP	聚酮类	Phosphoric-pyridine-polyethers
PES	聚吡啶类	Poly-pyridines
PMS	电管理系统	Power management system
PTFE	聚四氟乙烯	Polytetrafluoroethylene

（续）

缩写词	中文名称	英文名称
PV	太阳能光伏阵列	Photovoltaic array
SC	单流道	Single channel
SEM	扫描电子显微镜	Scanning electron microscope
SM	供应歧管	Supply manifold
TMS	热管理系统	Thermal management system
TPB	三相界面	Triple phase boundary
VOF	流体体积方法	Volume of fluid
XCT	X- 射线计算机断层扫描	X-ray computed tomography

2. 英文字母

符号	物理含义
a	水活度
a_{Pt}	Pt 的有效比表面积（1/m）
A	面积（cm^2）
A_{act}	活化面积（m^2）
ASR_0	面积比电阻（$\Omega \cdot cm^2$）
b	神经网络偏置
$\boldsymbol{B}$	磁感应强度（T）
c_p	比热容 [J/（kg · K）]
c_{t}	修正系数
C	摩尔浓度（mol/m^3）
C_D	缩放因子
C_r	流量系数
C_0	黑体辐射系数 [W/（$m^2 \cdot K^4$）]
d	直径（m）
D	扩散系数（m^2/s）
e_i	离散速度
E	弹性元件的弹性模量（N/m^2）
$\boldsymbol{E}$	电场强度（V/m）
E_{a}	活化能（J/mol）
E_{r}	可逆电压（V）
ECSA	电化学反应面积（m^2/g）
EW	干膜当量重量（kg/mol）
f	阻力系数；沿程压力损失因子
	密度分布函数
f_{v}	膜态水体积分数
F	法拉第常数（C/mol）
	亥姆霍兹自由能（J）

（续）

符号	物理含义
F_σ	体积力（N）
F_{clamp}	施加在电堆上的总载荷（N）
g_i	浓度分布函数
G	吉布斯自由能 / 吉布斯函数（J）
	相互作用力强度
	太阳辐射（W/m^2）
h	对流换热系数 [W/（m^2 · K）]；比焓值 [J/kg]
H	焓值（J）
	Henry 系数 [（Pa · m^3）/mol]
ΔH	反应的焓变（J）
i	电流（A）
I	电流密度（A/cm^2）
$\boldsymbol{I}$	对角矩阵
j	单位活性反应面积电流密度（A/m^2）
J	转动惯量（kg · m^2）
	电化学反应速率（A/m^3）
	通量 [mol/（m^2 · s）]
k	流量系数 [kg/（Pa · s）]；导热系数 [W/（m · K）]；刚度（N/m）
k_l	液态水相对渗透率
k_{dis}	溶解速率（m/s）
k_{ele}	电化学反应系数（m/s）
k_g	气体相对渗透率
	气体 / 离聚物交界面阻力系数
k_{N_2}	氮气渗透系数 [mol/（m · Pa · s）]
k_{tor}	转矩系数
K	固有渗透率（m^2）
L	长度（m）；电感（H）
LHV	低热值（J/mol）
m	质量（kg）
$\dot{m}$	质量流量（kg/s）
m	矩空间内分布函数
M	摩尔质量（kg/mol）
	神经元个数
Ma	马赫数
n_d	电渗拖曳系数

（续）

符号	物理含义
N	单电池片数；换热器程数
	数量
	颗粒密度（$1/m^3$）
N_A	阿伏加德罗常数（1/mol）
Nu	努赛尔数
p	压力（Pa）
P	电功率（W）
Pr	普朗特数
q	电荷（C）
$\boldsymbol{q}$	热流量（W/m^2）
Q	热能（J）
$\boldsymbol{Q}$	转置矩阵
	金属氢化物和冷却水之间的热量传递速率（W/m^3）
r	转速（r/min）
	格子坐标
	化学反应速率 [mol/（m^3·s）]
	半径（m）
R	理想气体常数 [J/（mol·K）]；线圈电阻（Ω）；传输阻力（s/m）
Re	雷诺数
RH	相对湿度
s	液态水饱和度
	转化函数
$\boldsymbol{S}$	作用力矩阵
S	熵 [J/（mol·K）]
	源项 [mol/（m^3·s）]
ΔS	反应的熵变 [J/（mol·K）]
t	时间（s）
T	温度（K，℃）
$\boldsymbol{u}$	速度矢量（m/s）
U	内能 / 热力学能（J）
V	电压（V）；体积（m^3）
w_α	权重函数
W	功率（W）
	神经网络权值
Y_i	组分 i 的质量分数

3. 希腊字母

符号	物理含义	符号	物理含义
α	电荷转移系数；修正因子；节温器开度	κ	力矩常数
	速度方向		电导率（s/m）
	歧管构型参数		相界面的平均曲率
γ	表面张力（N/m）	χ	概率
	两相转换系数（1/s）	λ	膜态水含量
δ	厚度（cm）	μ	动力黏度（Pa·s）
ε	孔隙率；传热效能；体积分数	μ_M	介质磁导率（H/m）
	发射率	υ	运动黏度（m^2/s）
ξ	化学计量比	ρ	密度（kg/m^3）
ζ	影响程度	σ	表面张力系数（N/m）
	修正系数		黑体辐射常数 [W/（$m^2 \cdot K^4$）]
ζ_{ex}	换热器局部压力损失因子	τ	力矩（N·m）
$\zeta_{I/C}$	离聚物与碳载体质量比	φ	电势（V）
$\zeta_{Pt/C}$	铂碳比	ψ	伪势函数
η	效率；氢利用率	Φ	热功率（W）
	过电势（V）	ω	含湿量（kg/kg）
θ	接触角		溶液质量分数
	氧化铂覆盖率	Λ	松弛矩阵
	比率（%）	Γ	摩尔面密度（mol/m^2）
θ_T	温度修正系数	Ω	摩尔体积（m^3/mol）

4. 上标与下标

符号	物理含义	符号	物理含义
a	阳极	cp	空压机
act	活化损失项	cr	临界状态
ads	吸附	cross	交叉扩散过程
agg	聚集	des	解吸
amb	周围环境	dis	溶解
air	空气	dw	下游
b	逆向反应	e	蒸发状态；加湿器排气侧
bolt	螺栓		电子
bot	电堆的底部歧管，即汇流歧管	eff	有效值
c	阴极；冷凝状态		等效
cell	单电池	ele	电化学
cm	电机	electrode	电极
con	浓差损失项	em	排气歧管
cool	冷却液	eq	等效状态
			当量值
	冷却系统交换		平衡值

（续）

符号	物理含义	符号	物理含义
ex	换热器	ohm	欧姆损失项
	尾气损失	out	出口
exch	化学反应交换	Ox	氧化
EHP	电化学氢泵	p	氢循环装置一次流
f	正向反应		孔隙
fc	燃料电池堆	phase	相变过程
frac	沿程阻力损失	pre	预热过程
g	气体	Pt	铂
gen	内侧全部	ref	参考状态
hum	加湿器	r	可逆
H_2	氢气	rd	额定状态
H_2O	水	s	氢循环装置二次流；加湿器供气侧
in	进口	seal	密封
ion	离聚物	sat	饱和状态
l	液态水	scs	侧链断裂
leak	氢气微泄漏	scu	侧链裂解
lim	极限状态	sm	供应歧管
local	局部	stack	电堆
loss	损失	sur	外表面
max	最大值	surge	空压机喘振
mcs	主链断裂	tank	储罐
mcu	主链裂解	th	节温器
mi	小循环		热中性
min	最小值	top	电堆的顶部歧管，即分流歧管
mix	混合状态	tot	总
mj	大循环	tr	加湿器跨膜传输过程
mw	膜态水	up	上游
MF	歧管	v	水蒸气
MH	金属氢化物	w	壁面
nc	自然对流	0	参考状态
O_2	氧气		标准 / 初始状态